中国页岩气勘探开发技术丛书

页岩气地质综合评价技术

陈更生　杨　雨　杨洪志　石学文　等编著

石油工业出版社

内 容 提 要

本书简述了国内外页岩气勘探开发的基本情况，重点论述了四川盆地海相页岩地质特征、储层特征、富集高产主控因素等，系统阐述了页岩地质评价技术、资源评价技术和有利区优选技术。不仅对中国页岩气勘探开发具有现实指导意义，而且也丰富了世界页岩气勘探开发理论与技术。

本书可为从事页岩气勘探开发的广大科研和管理工作者提供参考和借鉴。

图书在版编目（CIP）数据

页岩气地质综合评价技术/陈更生等编著. —北京：石油工业出版社，2021.7

（中国页岩气勘探开发技术丛书）

ISBN 978-7-5183-4460-4

Ⅰ.①页… Ⅱ.①陈… Ⅲ.①油页岩—石油天然气地质—综合评价—研究 Ⅳ.① P618.130.2

中国版本图书馆 CIP 数据核字（2020）第 267370 号

审图号：GS（2021）274 号

出版发行：石油工业出版社
（北京安定门外安华里 2 区 1 号　100011）
网　　址：www.petropub.com
编辑部：（010）64523687　图书营销中心：（010）64523633
经　　销：全国新华书店
印　　刷：北京中石油彩色印刷有限责任公司

2021 年 7 月第 1 版　2021 年 7 月第 1 次印刷
787×1092 毫米　开本：1/16　印张：17.5
字数：360 千字

定价：146.00 元
（如出现印装质量问题，我社图书营销中心负责调换）
版权所有，翻印必究

《中国页岩气勘探开发技术丛书》

编委会

顾　问：胡文瑞　贾承造　刘振武
主　任：马新华
副主任：谢　军　张道伟　陈更生　张卫国
委　员：（按姓氏笔画排序）
　　　　王红岩　王红磊　乐　宏　朱　进　汤　林
　　　　杨　雨　杨洪志　李　杰　何　骁　宋　彬
　　　　陈力力　郑新权　钟　兵　党录瑞　桑　宇
　　　　章卫兵　雍　锐

专家组

（按姓氏笔画排序）
朱维耀　刘同斌　许可方　李　勇　李长俊　李仁科
李海平　张烈辉　张效羽　陈彰兵　赵金洲　原青民
梁　兴　梁狄刚

《页岩气地质综合评价技术》

— 编 写 组 —

组　长：陈更生

副组长：杨　雨　杨洪志　石学文

成　员：（按姓氏笔画排序）

马　波　尹　平　邓鸿斌　孔令明　田　冲
朱逸青　刘　佳　杨学锋　李　农　李国辉
肖富森　吴　伟　何沅翰　何家欢　张　鉴
张成林　陈盛吉　苟其勇　罗　超　赵圣贤
钟可塑　钟光海　唐　谢　黄浩勇　曹埒焰
彭钧亮　景　扬　蔡长宏　廖茂杰　黎丁源

序

FOREWORD

美国前国务卿基辛格曾说："谁控制了石油，谁就控制了所有国家。"这从侧面反映了抓住能源命脉的重要性。始于20世纪90年代末的美国页岩气革命，经过多年的发展，使美国一跃成为世界油气出口国，在很大程度上改写了世界能源的格局。

中国的页岩气储量极其丰富。根据自然资源部2019年底全国"十三五"油气资源评价成果，中国页岩气地质资源量超过100万亿立方米，潜力超过常规天然气，具备形成千亿立方米的资源基础。

中国页岩气地质条件和北美存在较大差异，在地质条件方面，经历多期构造运动，断层发育，保存条件和含气性总体较差，储层地质年代老，成熟度高，不产油，有机碳、孔隙度、含气量等储层关键评价参数较北美差；在工程条件方面，中国页岩气埋藏深、构造复杂，地层可钻性差、纵向压力系统多、地应力复杂，钻井和压裂难度大；在地面条件方面，山高坡陡，人口稠密，人均耕地少，环境容量有限。因此，综合地质条件、技术需求和社会环境等因素来看，照搬美国页岩气勘探开发技术和发展的路子行不通。为此，中国页岩气必须坚定地走自己的路，走引进消化再创新和协同创新之路。

中国实施"四个革命，一个合作"能源安全新战略以来，大力提升油气勘探开发力度和加快天然气产供销体系建设取得明显成效，与此同时，中国页岩气革命也悄然兴起。2009年，中美签署《中美关于在页岩气领域开展合作的谅解备忘录》；2011年，国务院批准页岩气为新的独立矿种；2012—2013年，陆续设立四个国家级页岩气示范区等。国家层面加大页岩气领域科技投入，在"大型油气田及煤层气开发"国家科技重大专项中设立"页岩气勘探开发关键技术"研究项目，在"973"计划中设立"南方古生界页岩气赋存富集机理和资源潜力评价"和"南方海相页岩气高效开发的基础研究"等项目，设立了国家能源页岩气研发（实验）中心。以中国石油、中国石化为核心的国有骨干企业也加强各层次联合攻关和技术创新。国家"能源革命"的战略驱动和政策的推动扶持，推动了页岩气勘探开发关键理论技术的突破和重大工程项目的实施，加快了海相、海陆过渡相、陆相页岩气资源的评价，加速了页岩气对常规天然气主动接替的进程。

中国页岩气革命率先在四川盆地海相页岩气中取得了突破,实现了规模有效开发。纵观中国石油、中国石化等企业的页岩气勘探开发历程,大致可划分为四个阶段。2006—2009年为评层选区阶段,从无到有建立了本土化的页岩气资源评价方法和评层选区技术体系,优选了有利区层,奠定了页岩气发展的基础;2009—2013年为先导试验阶段,掌握了平台水平井钻完井及压裂主体工艺技术,建立了"工厂化"作业模式,突破了单井出气关、技术关和商业开发关,填补了国内空白,坚定了开发页岩气的信心;2014—2016年为示范区建设阶段,在涪陵、长宁—威远、昭通建成了三个国家级页岩气示范区,初步实现了规模效益开发,完善了主体技术,进一步落实了资源,初步完成了体系建设,奠定了加快发展的基础;2017年至今为工业化开采阶段,中国石油和中国石化持续加大页岩气产能建设工作,2019年中国页岩气产量达到了153亿立方米,居全球页岩气产量第二名,2020年中国页岩气产量将达到200亿立方米。历时十余年的探索与攻关,中国页岩气勘探开发人员勠力同心、锐意进取,创新形成了适应于中国地质条件的页岩气勘探开发理论、技术和方法,实现了中国页岩气产业的跨越式发展。

为了总结和推广这些研究成果,进一步促进我国页岩气事业的发展,中国石油组织相关院士、专家编写出版《中国页岩气勘探开发技术丛书》,包括《页岩气勘探开发概论》《页岩气地质综合评价技术》《页岩气开发优化技术》《页岩气水平井钻井技术》《页岩气水平井压裂技术》《页岩气地面工程技术》《页岩气清洁生产技术》共7个分册。

本套丛书是中国第一套成系列的有关页岩气勘探开发技术与实践的丛书,是中国页岩气革命创新实践的成果总结和凝练,是中国页岩气勘探开发历程的印记和见证,是有关专家和一线科技人员辛勤耕耘的智慧和结晶。本套丛书入选了"十三五"国家重点图书出版规划和国家出版基金项目。

我们很高兴地看到这套丛书的问世!

中国工程院院士 胡文瑞

前言
PREFACE

随着国民经济持续高速发展，社会对天然气等清洁能源的需求也在不断扩大。中国页岩气有利勘探面积 $43×10^4 km^2$，根据美国能源信息署（EIA）2011年、2013年和2016年的评价结果，中国页岩气可采资源量为 $31.2×10^{12} \sim 36.1×10^{12} m^3$，位居世界前列。大力发展页岩气产业，对降低中国油气对外依存度、保障国家能源安全、实现"生态优先、绿色发展"具有重大战略意义。

通过"十二五"以来的持续攻关和探索，中国海相页岩气开发取得突破，截至2020年，中国累计探明页岩气地质储量超 $2×10^{12} m^3$，均位于四川盆地。2020年，中国页岩气产量达 $200.6×10^8 m^3$，占中国天然气年产量10.52%，建成了全球第二大页岩气生产基地。在此过程中，中国页岩气地质工作者并没有完全照搬美国页岩气开发的经验，而是针对川南地区页岩气经历多期构造运动，保存条件复杂，储层地质年代老，有机碳含量、孔隙度、含气量等储层关键评价参数较北美地区差等特点，走出了适合中国的页岩气勘探开发之路。因此总结川南地区海相页岩气勘探开发过程中形成的经验和技术，有利于进一步推动页岩气勘探开发和科学研究更快更好发展。

本书是《中国页岩气勘探开发技术丛书》分册之一，主要介绍了中国海相页岩气勘探开发过程中得到的最新地质认识、形成的最新理论和技术，并针对川南地区海相页岩基本地质概况、页岩气富集高产的主控因素，以及页岩地质评价、资源评价和有利区带优选技术等作了较为全面的论述。

本书共分七章。第一章介绍了全球页岩气勘探开发概况；第二章介绍了海相页岩的地层特征、沉积特征以及区域构造特征。第三章介绍了页岩储层的分类标准、有机地化特征、矿物组分特征、物性特征、微观储集空间特征、含气性和储层展布特征；第四章介绍了沉积成岩控储、保存条件控藏、I类储层连续厚度控产；第五章介绍了分析实验技术、录井评价技术、测井评价技术和地震评价技术；第六章介绍了页岩气资源量和储量定义、页岩气资源评价方法及实例和页岩气储量评价方法及实例；第七章介绍了页岩气选区评价方法及参数、四川盆地海相页岩气有利区优选实例。

本书编写组由陈更生担任组长，杨雨、杨洪志、石学文担任副组长。第一章由吴伟、张鉴、黎丁源和刘佳负责编写；第二章由罗超和朱逸青负责编写；第三章由赵圣贤、罗超、钟可塑、曹埒焰和何沅翰负责编写；第四章由杨洪志、罗超、朱逸青和张鉴负责编写；第五章由张鉴、罗超、钟光海、苟其勇和曹埒焰负责编写；第六章由田冲负责编写；第七章由朱逸青和钟可塑负责编写。

本书在编写过程中，得到了中国石油勘探开发研究院、西南石油大学和成都理工大学等相关单位的专家及技术人员的大力支持和帮助；梁狄刚和刘旭宁对本书内容提出了许多宝贵的意见，促进了本书的编写工作，在此一并表示深切的谢意。

受技术水平和文字表达能力的限制，书中难免有不足之处，恳请读者批评指正。

目 录
CONTENTS

第一章 绪论	1
第一节　国外页岩气勘探开发现状	3
第二节　中国页岩气勘探开发概况	5
参考文献	16

第二章 四川盆地海相页岩区域地质特征	17
第一节　海相页岩地层特征	17
第二节　海相页岩沉积特征	35
第三节　海相页岩区域构造特征	48
参考文献	54

第三章 四川盆地海相页岩储层特征	58
第一节　储层分类标准	58
第二节　有机地球化学特征	61
第三节　矿物组分特征	68
第四节　物性特征	74
第五节　微观储集空间特征	79
第六节　储层含气性特征	89
第七节　储层展布特征	106
参考文献	109

第四章 海相页岩气"三控"富集高产理论	110
第一节　沉积成岩控储	110
第二节　保存条件控藏	123

第三节　优质页岩储层连续厚度控产 …………………………………… 134
　　参考文献 ……………………………………………………………………… 138
第五章　页岩地质评价技术 ……………………………………………… **140**
　　第一节　分析实验技术 ……………………………………………………… 140
　　第二节　录井评价技术 ……………………………………………………… 163
　　第三节　测井评价技术 ……………………………………………………… 177
　　第四节　地震预测评价技术 ………………………………………………… 202
　　参考文献 ……………………………………………………………………… 224
第六章　四川盆地海相页岩气资源量和储量评价技术 …………… **226**
　　第一节　页岩气资源量和储量定义 ………………………………………… 226
　　第二节　页岩气资源评价方法及实例 ……………………………………… 227
　　第三节　页岩气储量评价方法及实例 ……………………………………… 240
　　参考文献 ……………………………………………………………………… 250
第七章　四川盆地海相页岩气有利区优选技术 …………………… **252**
　　第一节　页岩气有利区优选方法及指标 …………………………………… 252
　　第二节　页岩气有利区优选实例 …………………………………………… 263
　　参考文献 ……………………………………………………………………… 267

第一章

绪　论

页岩气是以吸附或游离状态，储集于暗色泥页岩或高碳泥页岩等常规天然气的烃源岩中的非常规天然气资源，可以是生物化学成因，也可以是热成因或者二者的混合，甲烷含量一般在85%以上，最高可达到99.8%，部分含有C_{2+}以上烃组分、少量氮气和二氧化碳等非烃组分，是一种清洁、高效的能源。页岩气资源丰富，具有自生自储、无明显圈闭、储层超致密、气体赋存状态多样、大面积连续聚集等特点。

页岩气的资源量是常规天然气的2倍，美国能源信息署[1]初步评价认为全球页岩气地质资源超过$900 \times 10^{12} m^3$，目前已评价可采资源量达$221 \times 10^{12} m^3$，主要分布在美国、中国和阿根廷等国家，地质资源量仅次于天然气水合物。美国是最早实现页岩气商业开发的国家。通过页岩气开发，美国开启了"页岩油气革命"，改变了天然气供应格局，引起了全球能源供应格局的重大改变。受北美地区（美国、加拿大）页岩气勘探开发成功案例启发，欧洲的德国、英国、法国、瑞典、奥地利与波兰，亚洲的中国，南美洲的阿根廷，大洋洲的澳大利亚与新西兰，非洲的南非等国家均对本国页岩气资源进行前期评价研究。但在北美地区以外，仅中国、阿根廷两国进入了工业化规模开采阶段。

中国是继美国、加拿大之后全球第三个成功实现页岩气商业勘探开发的国家。2000—2008年，中国有关科研院机构开始研究美国页岩气、跟踪其勘探开发进展，并对中国页岩气资源潜力开展了前期评价。初步研究表明，中国页岩地层共16套，涵盖了海相、陆相和海陆过渡相地层三种类型；中国石油、中国石化等公司所属研究院及有关油气田公司做了大量的前期地质评价、资源排查及有利区优选工作；国土资源部联合国有油公司、相关高校，组织开展了中国第一轮全国页岩气资源调查、前景和战略选区，这些工作的开展为中国"页岩气发展"起步奠定了良好基础。四川盆地及其周缘五峰组—龙马溪组海相页岩气产量取得突破并成为中国页岩气开采最为成功的地区，目前已经建成了涪陵、长宁、威远、昭通、泸州等页岩气田。2020年中国页岩

气产量约 $200\times10^8\mathrm{m}^3$，位居全球第二位，占当年天然气增量的 10.59%，为中国天然气产量新的增长极。

四川盆地海相页岩气开发的条件与北美地区相比，主要存在三方面的差异。一是地质条件方面：四川盆地经历多期构造运动、断层发育，保存条件和含气性总体较差；有利储层地质时代老，成熟度高，不产油，有机碳含量（TOC）、孔隙度、含气量等储层关键评价参数较北美地区差（表1-1）。二是工程条件方面：有利储层埋藏深，构造复杂，地层可钻性差，纵向压力系统多，地应力复杂，钻井和压裂难度大。三是地面条件方面：四川盆地山高坡陡，人口稠密，人均耕地少，环境容量有限。因此，这三方面的差异导致北美地区成熟的经验技术在四川盆地并不能简单复制，开发难度大于北美地区。

表1-1 川南海相页岩与北美地区典型页岩参数对比[2-3]

层系	地区	沉积环境	有机碳含量 %	孔隙度 %	含气量 m³/t	脆性矿物 %	黏土 %	优质页岩厚度 m	成熟度 %	岩性
龙潭组	上扬子	海陆交互相	2~4	4~9	—	70~85	10~20	20~60	1.8~3.2	砂质页岩、凝灰质砂岩、含煤
龙马溪组	上扬子	深水陆棚	2~5	3~7	1.7~8.4	40~80	15~40	20~80	2.1~3.6	碳质泥页岩
筇竹寺组	上扬子	深水陆棚	4~8	0.92~1.91	0.8~2.8	51.5~95	10~34.6	60~135	2.5~4.3	粉砂质页岩
陡山沱组	上扬子	滨海—浅海	0.3~3.5	—	—	40~75	20~40	20~100	3.0~4.5	石英砂岩、黑色碳质页岩砂泥质白云岩
Marcellus	Appalachian	深水陆棚	3~12	4.6~11.1	1.7~6.8	30~60	40~70	18~83	1.23~2.56	碳质页岩
Barnett	福特沃思	硅质陆棚	2~7	3~10	1.4~3.2	65~80	<35	15~61	1.0~1.8	硅质页岩
Haynesville	Appalachian	钙质陆棚	0.5~5	4~14	2.8~12.4	35~65	25~35	30~120	1.2~3.5	含钙页岩
Utica	北路易斯安那州	深水陆棚	3~10	3~15	—	60~85	<15	90~210	1.5~4.0	笔石页岩

第一节 国外页岩气勘探开发现状

2020年，全球天然气总产量 $39200\times10^8m^3$，同比下降3.6%，其中页岩气总产量 $7688\times10^8m^3$，约占天然气总产量的20%，同比增长3.2%，成为天然气增产最快速的领域。美国页岩气产量 $7330\times10^8m^3$，中国页岩气产量 $200\times10^8m^3$，阿根廷页岩气产量 $103\times10^8m^3$，加拿大页岩气产量 $55\times10^8m^3$。

一、美国

页岩气的开发利用始于美国。1821年Appalachian盆地泥盆系钻探了第一口页岩气井[3]。此后美国东部地区Michigan、Illinois和Appalachian等盆地页岩气产量缓慢发展。2000年以前美国主要采用泡沫或者二氧化碳压裂技术，仅在Fort Worth盆地的Barnett页岩、Michigan盆地的Antrim页岩和Appalachian盆地的泥盆系三个区块进行了开发和利用。2000年美国页岩气产量 $112\times10^8m^3$。2005年后，得益于水平井多段压裂、工厂化开采等技术的突破和大规模推广应用，Haynesville、Marcellus、Utica等页岩气田也相继取得突破，美国页岩气进入迅猛发展阶段（图1-1）。2017年美国在22个盆地或区带（图1-2）实现了页岩气的规模开发和利用，页岩气产量达到 $4746\times10^8m^3$，占该国天然气总产量的62.4%。2020年，美国页岩气产量为 $7330\times10^8m^3$，占该国天然气总产量的80%左右，实现了页岩气取代常规气的革命。美国是世界页岩气开发的第一主体，占全球页岩气产量的95%以上。

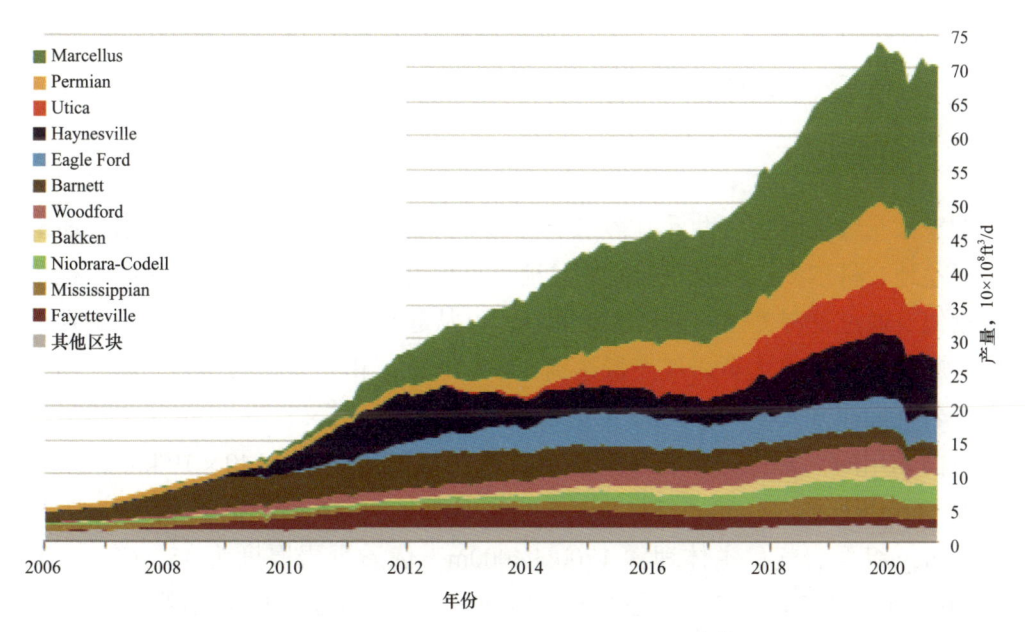

图1-1 美国主要区块页岩气产量增长图[4]

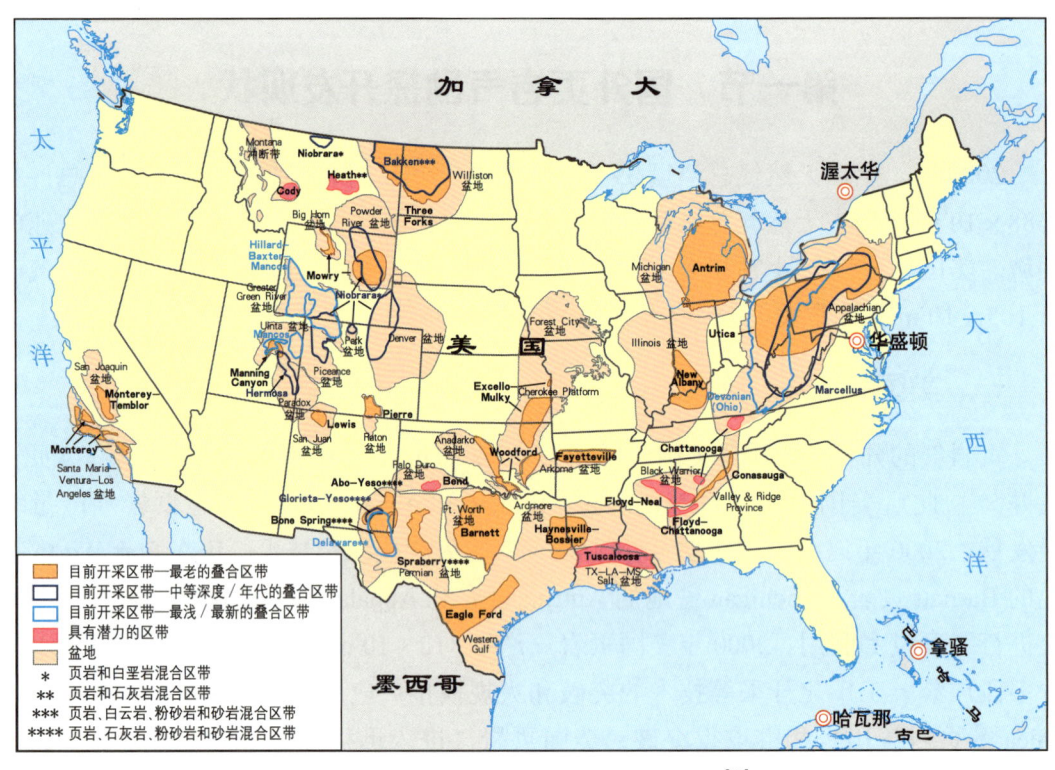

图1-2 2017年美国页岩气开发形势图[5]

美国目前规模最大的页岩气田是Appalachian盆地Marcellus页岩气田，它横跨美国东北部6个州，面积$19.4×10^4km^2$，可采资源量$8.5×10^{12}m^3$，主体埋深1200~2700m，优质页岩厚度20~80m，有机碳含量为4%~9.7%，成熟度（R_o）为1.3%~2.6%，孔隙度为3.9%~10%，平均气藏压力为27.6MPa，主体区为一单斜构造，是浅层超压气藏，2020年产量为$2500×10^8m^3$左右。

二、加拿大

加拿大是继美国之后世界上第二个成功对页岩气实现勘探开发的国家。加拿大的霍恩河盆地、科尔多瓦盆地和利亚德盆地都沉积泥盆纪海相页岩，地质和工程条件与美国近似，通过复制美国的成功经验和技术，从起步到规模建产仅仅用了不到十年的时间。2017年，加拿大页岩气产量达到$570×10^8m^3$。由于受低气价等影响，加拿大降低了页岩气勘探开发投入，2020年页岩气产量下降至$55×10^8m^3$，位居全球第四。加拿大目前动用的页岩气资源全部集中在西加拿大盆地，面积$140×10^4km^2$，主要的层系包括Horn River、Montney和Doig，可采资源量$16.22×10^{12}m^3$，其中主要为三叠系Montney组页岩气，主体埋深1700~4000m，优质页岩厚度为45~65m，TOC为1%~7%，R_o为0.5%~2.5%，孔隙度为1.0%~6.0%，为超压页岩气藏。

三、阿根廷

阿根廷是全球第四个实现页岩气商业化开发的国家，据 EIA[1] 统计表明，阿根廷页岩气储量位列全球第三，为 $22.71 \times 10^{12} m^3$，占全球页岩气总储量的 10% 以上，是北美地区之外最好的页岩气资源区之一。阿根廷页岩气资源主要集中在内乌肯、奥斯特拉尔和诺罗斯特三个盆地。2014 年阿根廷取得页岩气勘探开发突破，2017 年开始规模建产，2020 年产量 $103 \times 10^8 m^3$。阿根廷主要页岩气产区为内乌肯盆地，面积 $11 \times 10^4 km^2$，可采资源量 $16.5 \times 10^{12} m^3$，其中主要为 VacaMuerta 组页岩气，主体埋深 1500～4000m，优质页岩厚度 220～270m，TOC 为 2%～8%，R_o 为 0.39%～1.52%，处于生油—生气阶段，孔隙度为 10%～12%，为超压页岩气藏。

第二节　中国页岩气勘探开发概况

中国陆域页岩地层发育的层位多、类型多、分布广，自元古宇至新生界发育共 16 套地层，有海相、海陆过渡相、陆相（湖相和湖沼相）三种类型；主要分布在四川、新疆、湖北和华北等地区，早期均开展了大量评价工作，经历了评层选区、先导性试验、产能建设和规模上产等勘探开发阶段。在四川盆地奥陶系五峰组—志留系龙马溪组实现了海相页岩气工业化开采，四川盆地和湖北地区的寒武系筇竹寺组取得了突破，在鄂尔多斯盆地的三叠系延长组发现了陆相页岩气，在华北地区发现了石炭系—二叠系海陆过渡相页岩气。

一、中国页岩气资源分布概况

中国富有机质页岩类型复杂，整体呈现"南海北陆"的分布格局，是世界上页岩气种类最多的国家。纵向上发育 9 个海相页岩层系和 7 个过渡相、陆相页岩层系，其中海相页岩主要分布在扬子地区、滇黔桂地区、塔里木盆地、鄂尔多斯盆地、华北地区和青藏地区，海陆过渡相页岩主要分布在南方地区、华北地区、二连盆地、海拉尔盆地和错勒盆地，陆相页岩主要分布于上古生界二叠系—新生界古近系的沉积盆地中。近 70 年的常规油气勘探开发中，在这些含油气盆地的页岩层系中见到页岩（油）气显示，如松辽盆地古龙凹陷、柴达木盆地花海—金塔、渤海湾盆地歧口凹陷、四川盆地威远、阳高寺和九奎山等地区（图 1–3）。

2011 年以来，不同的学者或机构采用体积法和类比法等多种方法对中国的页岩气资源进行了评价（表 1–2）。根据 EIA[1] 的评价结果，中国页岩气可采资源量为 $31.2 \times 10^{12} \sim 36.1 \times 10^{12} m^3$，位居世界前列，以海相页岩气为主，其 2016 年的评价结果显示海相、海陆过渡相与陆相页岩气可采资源量分别为 $23.3 \times 10^{12} m^3$、$7.4 \times 10^{12} m^3$ 和

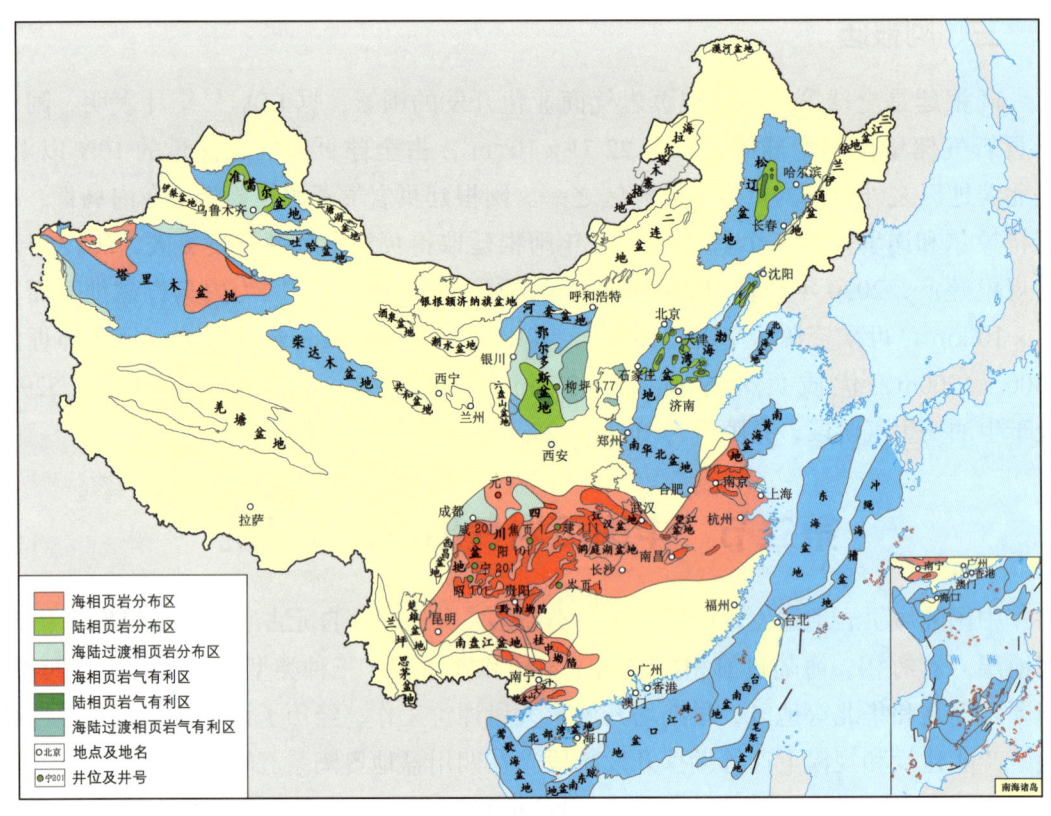

图 1-3 中国三类页岩及页岩气有利区分布图[6]

$0.9 \times 10^{12} m^3$。2015年,国土资源部[7]预测的可采资源量为 $21.8 \times 10^{12} m^3$,其中海相 $13.0 \times 10^{12} m^3$、海陆过渡相 $5.1 \times 10^{12} m^3$、陆相 $3.7 \times 10^{12} m^3$。与EIA的评价结果相比,可采资源差别较大,且3种类型的页岩气资源三分天下。2012年,中国工程院[8]评价的结果显示,中国页岩气可采资源量为 $11.5 \times 10^{12} m^3$,其中海相 $8.8 \times 10^{12} m^3$、海陆过渡相 $2.2 \times 10^{12} m^3$、陆相 $0.5 \times 10^{12} m^3$。2014年,中国石油勘探开发研究院[9]预测中国页岩气可采资源量为 $12.85 \times 10^{12} m^3$,其中海相 $8.82 \times 10^{12} m^3$、海陆过渡相 $3.48 \times 10^{12} m^3$、陆相 $0.55 \times 10^{12} m^3$。总体来说,中国页岩气资源总量丰富,富有机质页岩类型复杂,其中海相页岩资源潜力最大,其次为海陆过渡相页岩,第三为陆相页岩。

表 1-2 中国页岩气可采资源量预测　　　　　　　　　　　　单位:$10^{12} m^3$

评价机构	评价时间	海相	海陆过渡相	陆相	合计
美国能源信息署	2011年	36.1	—	—	36.1
国土资源部	2012年	8.19	8.97	7.92	25.08
中国工程院	2012年	8.8	2.2	0.5	11.5
美国能源信息署	2013年	29.66	—	1.91	31.57

续表

评价机构	评价时间	海相	海陆过渡相	陆相	合计
中国石油勘探开发研究院	2014 年	8.82	3.48	0.55	12.85
国土资源部	2015 年	13	5.1	3.7	21.8
美国能源信息署	2016 年	23.3	7.4	0.9	31.2

二、中国页岩气勘探开发历程

中国页岩气从 2004 年左右引入页岩气的概念开始，2006 年启动评层选区，2009 年开钻第一口页岩气井威 201 井并获得突破，2012 年钻获第一口商业气井宁 201-H1 井，同年在长宁地区开展先导试验，2013 年开始大规模建产，截至 2020 年底，中国页岩气已累计提交探明储量 $2.0018 \times 10^{12} m^3$，年产量达到 $200 \times 10^8 m^3$，全面实现了海相页岩气的工业化开采。

中国石油已进入大规模工业化页岩气开发阶段。中国石油从 2006 年起开始评价四川盆地页岩气的开发潜力，2007 年与美国新田公司合作开展了威远地区页岩气资源潜力评价与开发可行性研究。该项目是中国与国外第一个页岩气联合研究项目。2009 年，中国石油西南油气田与壳牌（Shell）公司在四川盆地富顺—永川地区进行中国第一个页岩气国际合作勘探开发项目。在与国外公司合作的同时，中国石油也积极开展自主研究。2009 年开钻了威 201 井。2010 年分别在筇竹寺组和龙马溪组压裂获气，突破了中国页岩气出气关。2011 年中国第一口页岩气水平井威 201-H1 井（井深 2823m，水平段长 1559m）完钻并压裂获气。2012 年 3 月宁 201-H1 井测试获得 $15.26 \times 10^4 m^3/d$ 高产商业气流，成为中国第一口具有商业开发价值的页岩气水平井。从 2012 年开始，长宁区块开钻中国第一个工厂化试验平台（宁 201H2 平台），开展了水平井巷道位置、间距、方位和水平段长度的先导试验，当年也获批"长宁—威远和昭通国家级页岩气示范区"。2013 年底，中国石油启动了长宁、威远和昭通三个页岩气田的产能建设工作，规模 $25 \times 10^8 m^3/a$。通过不断探索实践，中国石油提出了"沉积成岩控储、保存条件控藏、储层连续厚度控产"的"三控"海相页岩气富集高产理论，形成了适宜于 3500m 以浅页岩气勘探开发六大主体技术。2017 年将产能建设目标提高到 $120 \times 10^8 m^3/a$，并在 2020 年建成。期间，在泸州、大足等深层页岩气区块也获得了商业突破，开始了工业化开采。截至 2020 年底，累计提交探明储量 $1.06 \times 10^{12} m^3$，日产量达到 $4000 \times 10^4 m^3$，建成国内最大的页岩气生产基地，当年产气 $116 \times 10^8 m^3$，累计产气 $315 \times 10^8 m^3$。

中国石化已进入大规模工业化页岩气开发阶段。中国石化从 2007 年开始借鉴美国海相页岩气勘探评价方法，对南方海相烃源岩开展评价，优选出宣城、黔西、黄平、湘鄂西等页岩气有利区。2010年在宣城、湘鄂西、黄平三个有利区部署实施宣页1井、黄页1、河页1井，揭开了中国石化页岩气勘探的序幕。同时优选方深1井、元坝9井、建111井进行压裂测试。经过第一轮评价，在元坝9井、建111井、黄页1井获页岩气流，但整体效果不佳。从2011年开始，在四川盆地及周缘优选出川西新场、涪陵、元坝、建南、彭水等有利区块，部署实施建页HF-1（中国石化第一口页岩气水平井）、涪页HF-1、元页HF-1、新页HF-1、焦页1、彭页1等井。2012年，焦页1HF井开钻，同年11月放喷测试，获$20.3 \times 10^4 m^3/d$的工业气流，发现涪陵焦石坝页岩气田，2013年国家能源局正式批准设立重庆涪陵国家级页岩气示范区。2013年焦页1HF井投入试采，随后启动焦石坝区块试验井组开发，同年底累计产气$1.42 \times 10^8 m^3$，实现当年开发、当年生产、当年见效。2014年首次提交页岩气探明储量$1067.5 \times 10^8 m^3$。2017年底，建成产能$100 \times 10^8 m^3/a$，气田年产气量保持在$60 \times 10^8 m^3$左右，提出深水陆棚相优质页岩发育是"成烃控储"的基础，良好保存条件是页岩气"成藏控产"的关键为核心的页岩气"二元富集"理论，形成了配套的勘探开发技术体系。随后中国石化陆续在四川盆地及周缘发现了威荣、永川等页岩气田。截至2020年底，累计提交探明储量$0.94 \times 10^{12} m^3$，当年产气$78.7 \times 10^8 m^3$，累计产气$369 \times 10^8 m^3$。

延长石油已进入先导试验阶段。延长石油以鄂尔多斯盆地三叠系延长组陆相页岩气为重点开展评价，2011年在盆地东南部下寺湾地区钻探了柳评177、柳评179、新57等多口井。同年4月，经压裂测试，在三叠系延长组长7页岩段获日产气流$1530 \sim 4000 m^3$。2012年1月延长石油第一口页岩气水平井延页平1井完钻，水平段长605m，分7段压裂，日产页岩气$9785 m^3$。延页平1井成功后，在该平台相继完钻、压裂了2口水平井——延页平2井和延页平3井，分段压裂测试，日产页岩气$1.5 \times 10^4 \sim 2.5 \times 10^4 m^3$。2017年针对二叠系山西组钻探了云页平3井，井深3715.00m，水平段长1000m，2018年采用自主研发的超临界CO_2混合气体，对该井1000m水平井段分10段压裂测试，日产气$5.3 \times 10^4 m^3$。

中国海油的勘探主体正在开展页岩气评价工作。在安徽芜湖近$5000 km^2$的页岩气矿权区内，实施了二维地震500km、三维地震$100 km^2$，钻地质浅井5口。

除上述石油企业外，许多地方政府和企业均不同程度地获得了海相、陆相及海陆过渡相页岩气的发现，但认识程度、单井产量都较低，投入工作量少，未能实现商业化开采。

三、中国页岩气勘探开发现状

通过十余年不断探索与实践，中国石油和中国石化持续深入评价了页岩气地质条件，陆续发现了威远页岩气田、长宁页岩气田、涪陵页岩气田、威荣页岩气田、永川页岩气田和泸州页岩气田等，累计投产页岩气井1679口，累计生产页岩气

$695×10^8m^3$。本书仅对涪陵、长宁、威远和昭通四个勘探开发程度较高、资料较完善的典型页岩气田进行简要介绍。

1. 箱状背斜型涪陵页岩气田

涪陵页岩气田位于重庆市涪陵区焦石镇，构造位于四川盆地川东隔档式褶皱带南段石柱复向斜、方斗山复背斜和万县复向斜等多个构造单元的结合部，主要发育北东向和北西向两组断层，整体分七个局部构造，焦石坝似箱状断背斜、太和断背斜、凤来向斜、乌江断鼻、平桥断背斜、沙子吃断鼻和白马向斜（图1-4），目前的两个产建区分别位于焦石坝似箱状断背斜和平桥断背斜。五峰组—龙马溪组为开发目的层段，五峰组厚度较薄，厚度一般为3.5～7m；龙马溪组厚度一般为220～360m。五峰组底界埋深主要介于2000～4000m，普遍小于3500m，向构造西北方向埋深逐渐增大，属于中深层—深层页岩气田。

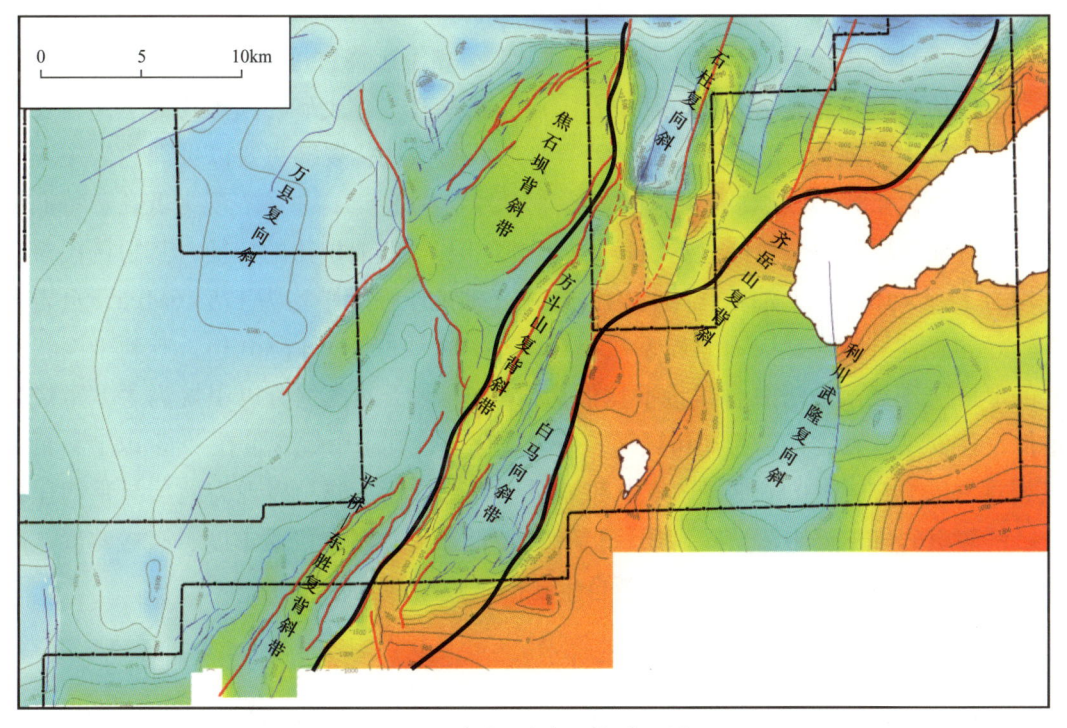

图1-4 涪陵页岩气田构造区划图

涪陵页岩气田的页岩气勘探开发大体可分为四个主要阶段：2009—2012年页岩气选区评价阶段，2013—2014年页岩气先导性试验阶段，2014—2015年页岩气产能建设阶段，2016年进入深化评价与规模上产阶段。截至2020年底，涪陵页岩气田累计提交探明储量$7926.41×10^8m^3$，2020年生产页岩气$67.05×10^8m^3$，累计产气$345.69×10^8m^3$。

涪陵页岩气田五峰组—龙马溪组在石炭纪末期之前，处于沉积压实阶段，由于埋深始终较浅，有机质处于未成熟阶段；晚二叠世末—早三叠世初期生油，中侏罗世—早白垩世大规模生气，海西期—喜马拉雅期涪陵区块构造隆升、沉降不同期次、规模的断裂影响了页岩气的保存，背斜相对富集，焦石坝似箱状背斜宽缓，地层平缓，利于页岩气富集。

涪陵页岩气田在晚奥陶世五峰组—早志留世龙马溪组沉积期属陆棚相沉积。页岩气层TOC平均值为2.73%，总体反映区内主要为中—高有机碳含量，有机质类型为Ⅰ型干酪根，有机质演化程度高，R_o平均值为2.6%，有机质成熟度均达到过成熟阶段，以产干气为主。岩石类型主要为含放射虫碳质笔石页岩、碳质笔石页岩、含骨针放射虫笔石页岩、含碳含粉砂泥岩、含碳质笔石页岩及含粉砂泥岩，页理发育，富含生物化石，包括笔石、腕足、硅质放射虫、海绵骨针等。纵向上具有脆性矿物（硅质＋长石＋方解石＋白云石）含量高、黏土含量低等特点，脆性矿物含量平均为56.5%，以硅质矿物（石英＋长石）为主，平均为38.6%；黏土矿物含量平均为40.1%。储集空间类型包括孔隙和裂缝两大类，其中孔隙以有机质孔、黏土矿物间微孔为主，并发育晶间孔、次生溶蚀孔等，孔径主要为小于10nm的微孔；裂缝主要以页理缝为主。孔隙度平均值为4.87%，全直径水平渗透率平均为0.4908mD，总体表现为低孔、特低—低渗透特征。岩石力学总体显示出较高杨氏模量及较低泊松比的特征，其中杨氏模量平均为2.99×10^4MPa，泊松比平均为0.20，三轴抗压强度平均为175.46MPa，页岩具有较好的脆性。水平地应力差异系数相对较小，主要介于0.12~0.14，有利于网状裂缝的形成。现场解吸法总含气量平均值为4.61m³/t。天然气组分以甲烷为主，重烃含量低，含少量二氧化碳、氮气和氦气，不含硫化氢，其中甲烷含量在98%以上，页岩气相对密度0.5593~0.5668。气藏中部地层压力系数为1.55，表现为地层异常高压特征。涪陵页岩气田属中深层—深层、低孔、特低渗透、高有机质丰度、高成熟度、高脆性、高含气性、高压力系数的大型自生自储式连续性页岩气藏。

2. 向斜构造型长宁页岩气田

长宁页岩气田位于四川省宜宾市高县、珙县、筠连县、长宁县、兴文县境内。构造位于川南低陡构造带和娄山褶皱带交界处，发育向斜构造及多个不同规模的背斜构造，从西向东发育双龙—罗场向斜、建武向斜、长宁背斜（图1-5）。目前的产建区位于长宁背斜南翼—建武向斜。五峰组—龙马溪组为开发目的层段，气田内长宁背斜受喜马拉雅运动影响遭受剥蚀，其核部出露中寒武统，现今龙马溪组残余厚度主要在200~350m之间，五峰组厚度一般介于2~13m。五峰组底界埋深主要介于1500~4500m，埋深普遍小于3500m，埋深适中利于页岩气富集。

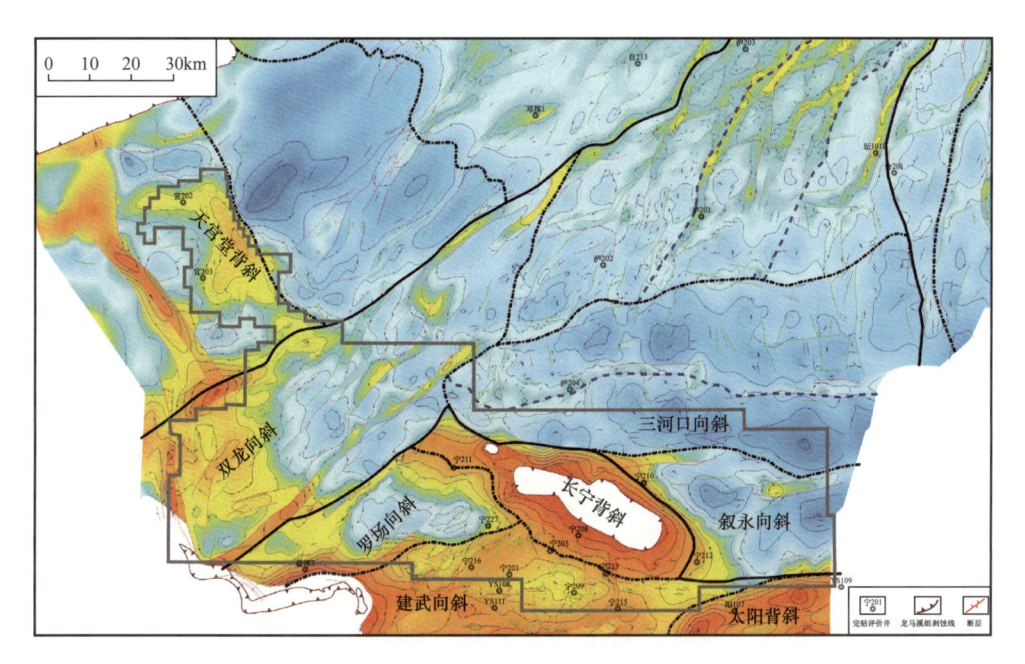

图 1-5 长宁页岩气田构造区划图

长宁页岩气田历经十余年页岩气勘探开发，可分为四个主要阶段：2006—2009 年是评层选区阶段，2009—2014 年是先导试验阶段，2014—2016 年是示范区建设阶段，2017 年进入工业化开采阶段。截至 2020 年底，累计提交探明储量 4446.84×10^{8}m^3，已开钻平台 113 个，开钻井 491 口，完钻井 455 口，完成压裂井 365 口，完成测试水平井 331 口，累计获测试产量 7761.65×10^{4}m^3/d，平均测试产量 23.45×10^{4}m^3/d，最高测试产量 73.58×10^{4}m^3/d。已投产页岩气水平井 365 口，日产气 1949.88×10^{4}m^3。2020 年产气 56.13×10^{8}m^3，历年累计产气 139.60×10^{8}m^3。

长宁页岩气田处于盆山结合部，晚二叠世—晚三叠世生油，侏罗纪—白垩纪大规模生气，燕山期—喜马拉雅期长宁构造抬升、剥蚀和不同期次、规模的断裂影响了页岩气的保存，背斜、斜坡和浅洼相对富集，建武向斜为长宁背斜背景下的浅洼，地层平缓，相对富集；西部双龙—罗场向斜为深洼区，古埋深和现今埋深均较大，过高的热成熟度不利于页岩气富集。

长宁页岩气田晚奥陶世五峰组—早志留世龙马溪组沉积期属陆棚相沉积。页岩气层 TOC 平均值为 2.32%，总体反映区内主要为中—高有机碳含量，有机质类型为 I 型干酪根，有机质演化程度高，R_o 平均值为 2.6%，有机质成熟度均达到过成熟阶段，以产干气为主。岩石类型主要为黑色炭质页岩、黑色页岩、硅质页岩、黑色泥岩、黑色粉砂质泥岩和灰黑色粉砂质泥岩，页理发育，富含生物化石，包括笔石、腹足、腕足、三叶虫、硅质放射虫、海绵骨针等。纵向上具有脆性矿物含量高、黏土含量低等特点，脆性矿物含量平均为 67.3%，以硅质矿物为主，平均为 52.0%，黏土含量平均为30.5%。储集空间类型与涪陵页岩气田类似，包括孔隙和裂缝两大类，其中孔隙以有机孔为主，孔径主要为10~300nm的中孔；裂缝以页理缝为主。孔隙度平均值为4.58%，基质渗透率平均值为1.02×10^4mD，总体表现为低孔、超低渗透特征。岩石力学特征总体显示较高的杨氏模量和较低的泊松比特征，其中杨氏模量平均值为3.99×10^4MPa，泊松比平均值为0.25，三轴抗压强度平均值为355.92MPa，页岩具有较好的脆性。三向主应力分布规律为$\sigma_H>\sigma_v>\sigma_h$，最小水平主应力$\sigma_h$为74~77MPa，最大水平主应力$\sigma_H$为87~92MPa，最大最小主应力差为10~18MPa，垂向主应力σ_v为81~82MPa，地应力方向为近东西向。现场解吸法总含气量平均值为3.2m³/t，含气饱和度平均值为62.2%。天然气组分与涪陵页岩气田类似，以甲烷为主，重烃含量低，含少量二氧化碳、氮气和氦气，不含硫化氢，其中甲烷含量平均值为98.89%，氮气含量平均值为0.27%，二氧化碳含量平均值为0.40%，氦气含量平均值为0.03%。气藏中部地层压力为51.52MPa，中部地层压力系数为1.80，除距离长宁背斜最近的宁208井压力系数小于1以外，其他井均表现为地层异常高压特征；中部地层温度为102.27℃，地温梯度为2.8℃/100m（按地表温度20℃），表现为正常地温梯度。长宁页岩气田属中深层、低孔、特低渗透、高有机质丰度、高成熟度、高脆性、高含气性、高压力系数的大型自生自储式连续性页岩气藏。

3. 斜坡构造型威远页岩气田

威远页岩气田位于四川省内江市威远县、资中县、自贡市荣县境内，构造位于川西南低褶构造带，以乐山—龙女寺古隆起为构造背景，整体表现为由北西向南东方向倾斜的大型宽缓单斜构造，局部发育鼻状构造（图1-6）。地层整体较为平缓，倾角小，断裂整体不发育。威远页岩气田地层整体较为平缓，倾角小，断裂整体不发育。目前的产建区位于威远背斜东南翼。五峰组—龙马溪组为开发目的层段，威远地区靠近剥蚀线地层遭受不同程度剥蚀，龙马溪组厚度为0~600m。五峰组底界埋深1500~4000m，自北西向南、东方向埋深逐渐增加，中部埋深3060m，属于中深层页岩气田。

威远页岩气田历经十余年页岩气勘探开发，历经四个主要阶段：2007—2012年是评层选区阶段，2012—2014年是先导试验阶段，2014—2016年是示范区建设阶段，2017年进入工业化开采阶段。截至2020年底，累计提交探明储量4276.96×10^8m³，已开钻平台79个，开钻井425口，完钻井384口，完成压裂井352口，完成测试水平井348口，累计获测试产量7284.28×10^4m³/d，平均测试产量20.93×10^4m³/d，最高测试产量80.36×10^4m³/d。已投产页岩气水平井352口，日产气1370.21×10^4m³。2020年产气40.46×10^8m³，历年累计产气113.00×10^8m³。

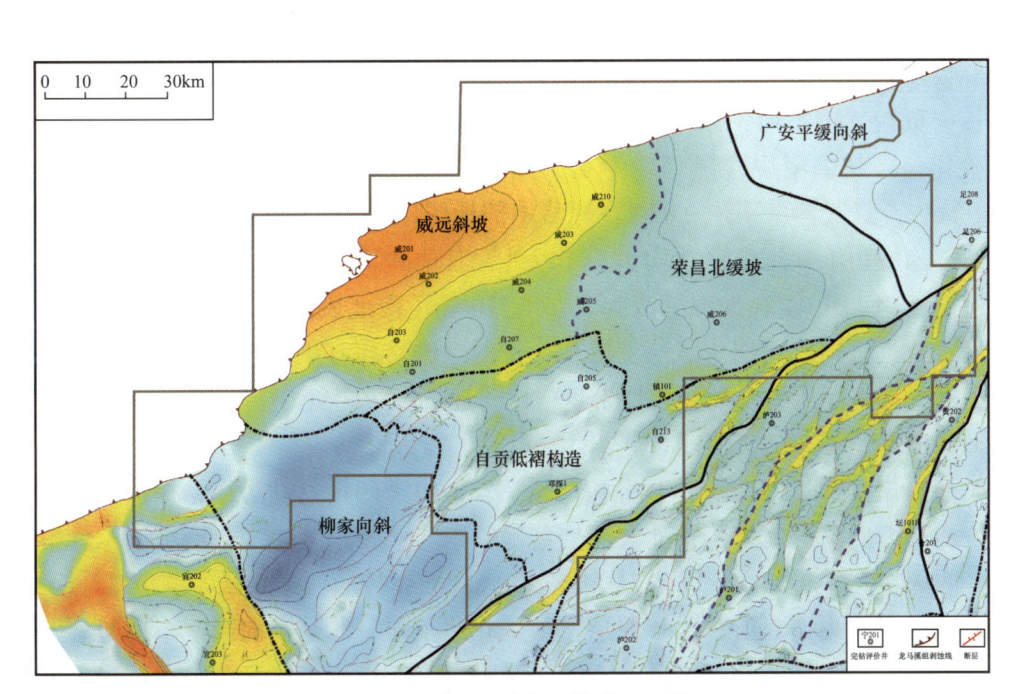

图 1-6　威远页岩气田构造区划图

威远页岩气田晚二叠世—早侏罗世生油，中侏罗世—早白垩世大规模生气，持续位于古隆起附近，古埋深浅、热演化程度相对低。受乐山—龙女寺古隆起及加里东期古剥蚀控制，构造变形强度低，斜坡区构造简单，斜坡区持续受到深部烃源补给，远离古剥蚀线、Ⅰ类储层连续厚度较大区域均是有利富集区带。

威远页岩气田晚奥陶世五峰组沉积期—早志留世龙马溪组沉积期属陆棚相沉积。页岩气层 TOC 平均值为 2.97%，总体反映区内主要为中—特高有机碳含量，有机质类型为Ⅰ型干酪根，有机质演化程度高，R_o 平均值为 2.3%，有机质成熟度均达到高—过成熟阶段，以产干气为主。岩石类型主要为黑色碳质、硅质页岩、黑色页岩、灰黑色页岩、黑色粉砂质页岩，页理发育，富含生物化石，包括笔石、腹足、腕足、三叶虫、硅质放射虫、海绵骨针等。纵向上具有脆性矿物含量高、黏土含量低等特点，脆性矿物含量平均为 69.0%，以石英为主，平均 49.2%，黏土含量平均为 28.5%。储集空间类型与涪陵页岩气田类似，包括孔隙和裂缝两大类，其中孔隙以有机孔为主，孔径主要为 10~300nm 的中孔；裂缝以页理缝为主。孔隙度平均值为 6.20%，基质渗透率平均值为 1.60×10^{4}mD，总体表现为中孔、特低渗透特征，孔隙度高于涪陵、长宁页岩气田。岩石力学总体显示较高的杨氏模量和较低的泊松比特征，其中杨氏模量平均值为 1.096×10^{4}MPa；泊松比平均值为 0.850，三轴抗压强度平均值为 97.7MPa，页岩具有较好的脆性。三向主应力分布规律为 $\sigma_H > \sigma_v > \sigma_h$，最小水平主应力 σ_h 为 64.34~78.89MPa，最大水平主应力 σ_H 为 71.85~89.09MPa/m，最大最小水平主应力差为 5.36~10.2MPa，垂向主应力 σ_h 为 78.17~97.08MPa，地应力方向为近东西向。

现场解吸法总含气量平均值为 5.4m³/t，含气饱和度平均值为 61.1%。天然气组分与涪陵、长宁页岩气田类似，以甲烷为主，重烃含量低，含少量二氧化碳、氮气和氦气，不含硫化氢，其中甲烷含量平均为 97.90%，二氧化碳含量平均为 0.83%，氮气含量平均 0.66%，氦气含量平均 0.04%。气藏中部地层压力为 51.87MPa，中部地层压力系数 1.73，除威 201 井压力系数均小于 1 以外，其他井均表现为地层异常高压特征；中部地层温度为 110.1℃，地温梯度为 2.76℃/100m（按地表温度 20℃），表现为正常地温梯度。威远页岩气田属中深层、低孔、特低渗透、高有机质丰度、高成熟度、高脆性、高含气性、高压力系数的大型自生自储式连续性页岩气藏。

4. 盆缘复杂型昭通页岩气田

昭通页岩气田地跨四川、云南和贵州三省，位于四川盆地边缘，构造主体位于扬子板块西南部的滇黔北坳陷，北接四川盆地，东与武陵坳陷相邻，南与滇东黔中隆起相接，西邻康滇隆起，处于以下震旦统为基底的准克拉通构造背景（图 1-7）。区内断层较发育，主要为逆断层和平移断层，多呈北北东向、北东东向及近东西向。上奥陶统五峰组—下志留统龙马溪组分布稳定、厚度大、有机质丰度高、保存较好，是本区页岩气勘探开发的主要层系，气田主要建产区位于太阳、黄金坝和紫金坝三个区块。目的层主体埋深 1000～3500m，地层厚度呈南薄北厚特征。

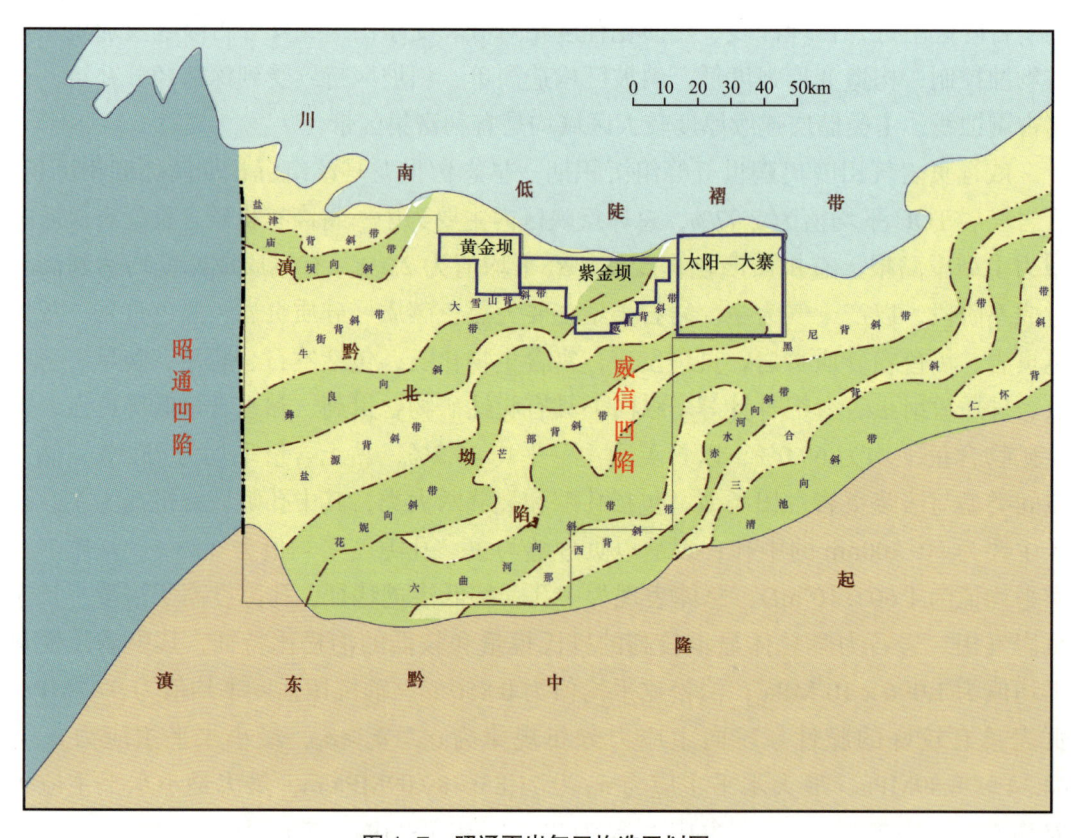

图 1-7 昭通页岩气田构造区划图

昭通页岩气田的页岩气勘探开发大体可分为以下阶段：2009—2010 年是页岩气勘探评价阶段，2011—2013 年是"甜点"区评价优选阶段，2013 年至今是页岩气产能建设阶段。截至 2020 年底，昭通页岩气田累计提交探明储量 $1886.66\times10^8m^3$。已开钻平台 52 个，开钻井 202 口，完钻井 187 口，完成压裂井 171 口，完成测试水平井 92 口，累计获测试产量 $1844.51\times10^4m^3/d$，平均测试产量 $20.05\times10^4m^3/d$，最高测试产量 $63.14\times10^4m^3/d$。已投产页岩气水平井 171 口，日产气 $449.33\times10^4m^3$。2020 年产气 $14.23\times10^8m^3$，历年累计产气 $49.16\times10^8m^3$。

昭通页岩气田晚二叠世—中三叠世生油，晚二叠世—早白垩世大规模生气，在页岩埋藏与改造期仍经历过热解与裂解生气高峰，且已生成的烃气绝大多数滞留在页岩烃源岩内，古埋深浅、热演化程度相对低，背斜、斜坡和断块均可富气。太阳背斜为典型压扭性改造圈闭富集成藏模式，在震旦纪就有水下古隆起雏形、加里东期—印支期古背斜构造与今构造圈闭继承性叠合封闭的富集指向区。

昭通页岩气田晚奥陶世五峰组沉积期—早志留世龙马溪组沉积期属陆棚相沉积。页岩气层段 TOC 平均值为 3.4%，有机质类型为Ⅰ—Ⅱ₁型干酪根，R_o 平均值为 2.2%，有机质成熟度均达到高—过成熟阶段，以产干气为主。岩石类型主要为碳质泥页岩及含粉砂泥页岩，页理发育，富含生物化石，包括笔石、硅质放射虫、海绵骨针等。纵向上具有脆性矿物含量高、黏土含量低等特点，脆性矿物含量平均值为 73.4%，以石英为主，平均为 34.6%。储集空间类型与长宁、威远页岩气田类似，包括孔隙和裂缝两大类，其中孔隙以有机孔为主，裂缝以页理缝为主。孔隙度平均值为 3.5%，属于低孔隙度，低于涪陵、长宁和威远页岩气田。岩石力学总体显示较高的杨氏模量和较低的泊松比特征，其中弹性模量平均为 33.6GPa，杨氏模量平均为 1.84，三轴抗压强度平均为 249.42MPa，页岩具有较高的脆性。三向主应力分布规律为 $\sigma_H>\sigma_v>\sigma_h$，最小水平主应力 σ_h 平均为 52.53MPa，最大水平主应力 σ_H 平均为 75.35MPa，最大最小水平应力差平均为 22.78MPa，西部黄金坝—紫金坝气田向东部太阳—大寨地区，最大主应力方向由北西西—南东东向逐渐向北东东—南西西向发生偏转。现场解吸法总含气量平均值为 $3.9m^3/t$，含气饱和度平均值为 65.12%。天然气组分与四川盆地海相页岩气田类似，以甲烷为主，重烃含量低，含少量二氧化碳、氮气和氦气，不含硫化氢，其中甲烷含量平均为 97.62%，二氧化碳含量平均为 0.15%。压力系数在平面上变化较大，黄金坝气田压力系数为 1.75~1.98，紫金坝气田压力系数为 1.35~1.80，大寨地区压力系数为 1.03~1.60。区内地温梯度普遍介于 2.5~3.5℃/100m，表现为正常地温梯度。昭通页岩气田属浅层—中深层、低孔、高有机质丰度、高成熟度、高脆性的大型自生自储式连续性页岩气藏。

参 考 文 献

[1] Advanced Resources International, Inc. EIA/ARI World Shale Gas and Shale OilResource Assessment [C]. U.S. Energy information Administration, 2013.

[2] 马新华,谢军. 川南地区页岩气勘探开发进展及发展前景[J]. 石油勘探与开发,2018,45(1):161-169.

[3] Curtis J B.Fractured Shale-gas Systems [J].AAPG, 2002, 86(11): 1921-1938.

[4] Monthly Dry Shale Gas Production. Energy information Administration derived frin state administrative data collected by Enverus Drillinginfo Inc [C].U.S., 2020.

[5] Shale Gas and Oil Plays, Lower 48 States Energy information administration based on data from various published studies [C].U.S., 2016.

[6] Dazhong Dong, Caineng Zou, Jinxing Dai, et al. Suggestions on the development strategy of shale gas in China [J]. Natural Gas Geoscience 1, 2016: 413-423.

[7] 李富兵,白国平,王志欣,等."一带一路"油气资源潜力及合作前景[J]. 中国矿业,2015,24(10):1-3,26.

[8] 赵文智,李建忠,杨涛,等. 我国页岩气资源开发利用的机遇与挑战[C]. 中国工程院/国家能源局能源论坛,2012.

[9] 董大忠,王玉满,黄旭楠,等. 中国页岩气地质特征、资源评价方法及关键参数[J]. 天然气地球科学,2016,27(9):1583-1601.

第二章
四川盆地海相页岩区域地质特征

筇竹寺组和五峰组—龙马溪组是海相页岩分布最广的两套黑色页岩。过去作为烃源岩研究时，地层的研究多针对野外露头，地层的划分相对较为粗略，尤其四川盆地内部钻井岩心的地层研究较为薄弱。随着页岩气勘探开发的不断深入，上述两套黑色页岩的岩性地层和生物地层越发精细。依据岩性、电性和沉积旋回等特征，岩性地层划分精细到了小层，生物地层建立起了序列，并细分出若干个化石带，确定了各化石带的代表性化石，并建立了岩石地层和生物地层对比关系，有效指导页岩气"甜点"识别、靶体优选和地质导向等。

第一节 海相页岩地层特征

一、岩石地层特征

1. 下寒武统筇竹寺组页岩地层

由卢衍豪（1941）于云南省昆明市西郊 7km 筇竹寺创名"筇竹寺统"。原始定义：主要由页岩组成，在观音山、龙潭街、宜良、路南地区，见假整合于震旦纪石灰岩之上，为滇东下寒武统的下部，主要产三叶虫 *Pseudoptychoparia* 及 *Redlichia walcott* 生物群[1]。滇东地区筇竹寺组自下而上划分为石岩头段和玉案山段，前者为梅树村组晚期沉积，含小巧化石的黑色页岩段，后者为筇竹寺组沉积，含三叶虫的黑色页岩段。筇竹寺组在四川省岩性以灰黑色—深灰色页岩、粉砂质页岩及粉砂岩为主。结合岩性、古生物和电性等特征，也将筇竹寺组分为筇一段和筇二段。其中：筇一段对应滇东石岩头段，根据沉积旋回可细分为筇一$_1$亚段和筇一$_2$亚段（图 2-1）；筇二段对应滇东玉案山段，即四川盆地生物地层与滇东地区是完全对应的，只是由于相变不同地区岩性略有差异而已。

1）筇一段

筇一段习惯称为下黑色页岩段，下部为黑色薄层状含磷泥质粉砂岩，中上部为灰色、深灰色薄—中层状泥质、白云质粉砂岩夹粉砂质白云岩，底部为一层 0.4m 厚的结核状海绿石质硅质磷块岩及黏土质页岩为标志层。下伏地层接触关系受桐湾运动影响，裂陷槽内基本与下伏麦地坪组整合接触，而裂陷槽外大部分与下伏灯影组不整合接触。中部产小壳化石 *Allatheca*，*Eonovitatus*，*Chancelloria*，*Hyolithellus* 等；上部产遗迹化石 *Plagiogmus*，*Gordia* 等，生物以（Ⅲ）*Lapwothella-Tannuolina-Sinosachites* 组合带为特征。

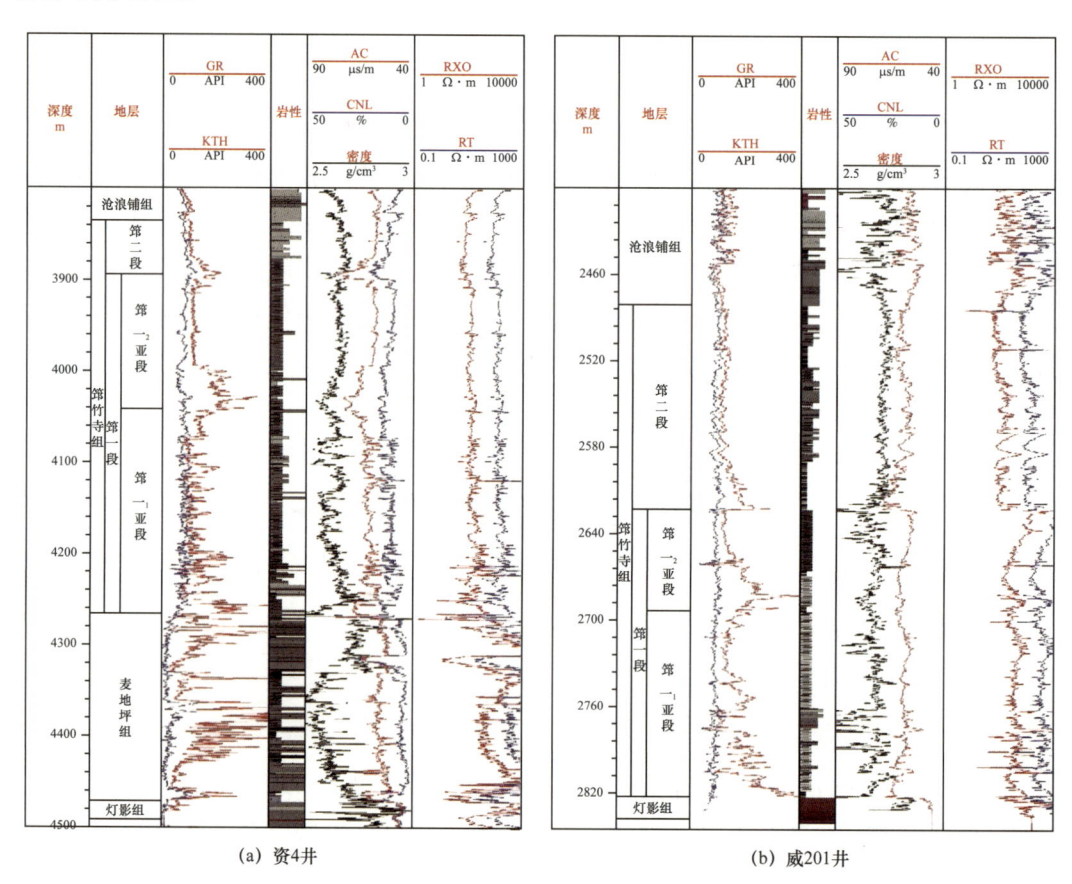

图 2-1　四川盆地麦地坪组—筇竹寺组综合柱状图

如图 2-1 所示筇一₁亚段岩性主要为黑色页岩、碳质页岩夹杂泥质粉砂岩或者粉砂质白云岩薄层，水平层理发育。测井伽马值较高，在 150～300API 之间，从筇竹寺组底部最高处向上逐渐降低，间或有高伽马值夹层分布，电阻率在 300～1000Ω·m 之间，具有向上逐渐增大的趋势，曲线形态从中幅中齿状逐渐变化为中幅低齿状，曲线特征反应筇一₁亚段为一逐渐海退的过程。筇一₁亚段有机质含量高，TOC 一般大于 1.0%。筇一₂亚段岩性主要为灰色泥页岩、粉砂质泥页岩、泥质粉砂岩夹粉砂岩薄层，层理不发育。测井伽马值较低，在 120～300API 之间，呈现先增大再降低的特征，间或有极低伽马值夹层分布，电阻率在 200～1500Ω·m 之间，向上有逐渐增大的趋势，曲线形态从中幅中齿状逐渐变化为中幅低齿状，曲线特征反应筇一$_2$亚段为先缓慢海进，再海退的过程；筇一$_2$亚段有机质含量较低，TOC由下往上由最高值3.0%迅速降低到1.0%以下。

2）筇二段

筇二段地质时代对应下寒武统筇竹寺阶，为一完整的海水由深变浅的海退阶段，反应了当时先迅速海进再逐渐海退的海平面变化过程。沉积物粒度从下至上由细变粗，沉积物粒度逐渐由泥变粗至粉砂、细砂、砂，岩石类型较筇一段更多样，岩石颜色也逐渐变浅，岩性主要为灰色—黄绿色泥页岩、粉砂质泥页岩、泥质粉砂岩夹砂岩薄层，层理不发育。测井上伽马值较低，在60~240API之间，从下到上伽马曲线由高变低，最低值小于90API，电阻率有平稳减小的趋势，曲线形态为中幅低齿状。筇二段有机质含量较低，TOC一般小于1.0%，电阻率在100~600Ω·m之间。筇二段在生物地层上属于 *Eoredlichia-Wutingaspis* 带。

2. 上奥陶统—下志留统页岩地层

1）上奥陶统五峰组（含观音桥段）

五峰组以黑色页岩为主，底部以灰色含介形类和少许笔石泥岩的出现与下伏临湘组含三叶虫 *Nankinolithus* 的瘤状灰岩相区分，顶部以上覆龙马溪组底部黑色页岩的出现为分界标志，其间常见有一层0.3~0.5m厚的观音桥段介壳泥灰岩层，局部地区可厚至3m，上下均为整合接触。

2）下志留统龙马溪组

通过典型取心井岩性观察与描述，龙马溪组内部为水体持续变浅的进积式沉积旋回，旋回内部有一次短时期水体缓慢下降到迅速抬升阶段，依据旋回分界将龙马溪组分为龙一段和龙二段两个次级旋回，龙二段底部灰黑色页岩与下伏龙一段黑色页岩—灰色粉砂质页岩相间的韵律层分界。长宁地区旋回变化特征较威远地区突出，较易分界；龙一段包含龙马溪组70%以上的笔石分布，种类多样，个体分异大；龙二段少见笔石，多以个体较小、破碎的半耙笔石为特征，上部浅水腹足生物发育。长宁地区GR曲线在龙一段顶部为持续线性降低的钟形，到达分界线迅速突变抬升，之后又是一个持续线性降低的钟形特征（图2-2），而威远地区特征不明显。威远地区DEN分界明显，在龙一段顶部呈尖峰状震荡，进入龙二段突变增大。

（1）龙一段。

龙一段为持续海退的进积式反旋回，依照次级旋回和岩性特征将其自上而下分为2个亚段（图2-3和图2-4）。龙一$_2$亚段沉积旋回为高体系域逐渐海退的过程，出现大段砂泥质互层或夹层岩性组合，为粉砂质泥棚相沉积，沉积构造有风暴岩、钙质结核、平行层理等，笔石数量少；龙一$_1$亚段为一套富有机质黑色碳质页岩，发育大量形态各异的笔石群，为灰泥质深水陆棚相。岩性以龙一₂亚段底部深灰色页岩与下伏龙一₁亚段灰黑色页岩分界，界线在长宁地区不明显，在威远地区较为明显。

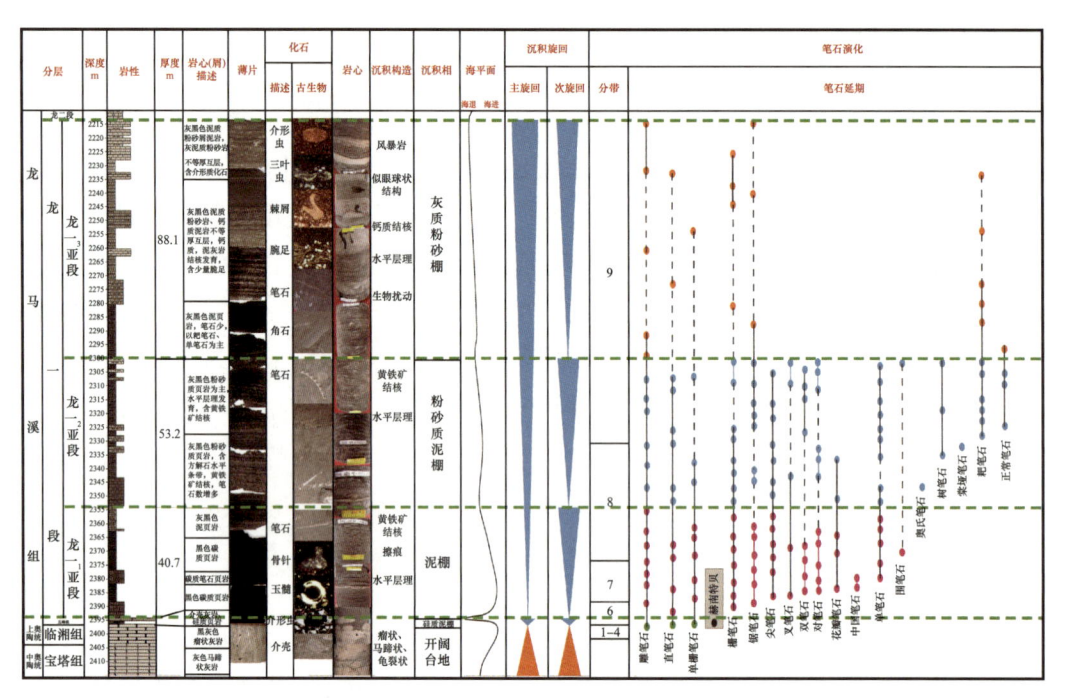

图 2-2 长宁—威远地区五峰组—龙马溪组沉积与层序地层综合柱状图

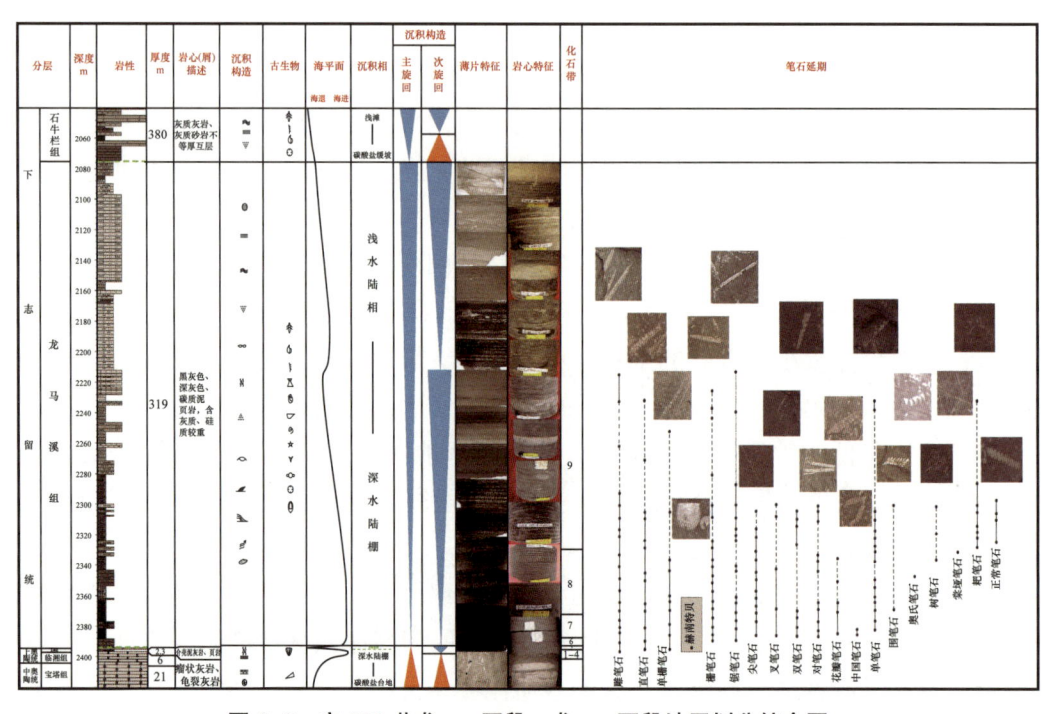

图 2-3 宁 203 井龙一₁亚段、龙一₂亚段地层划分综合图

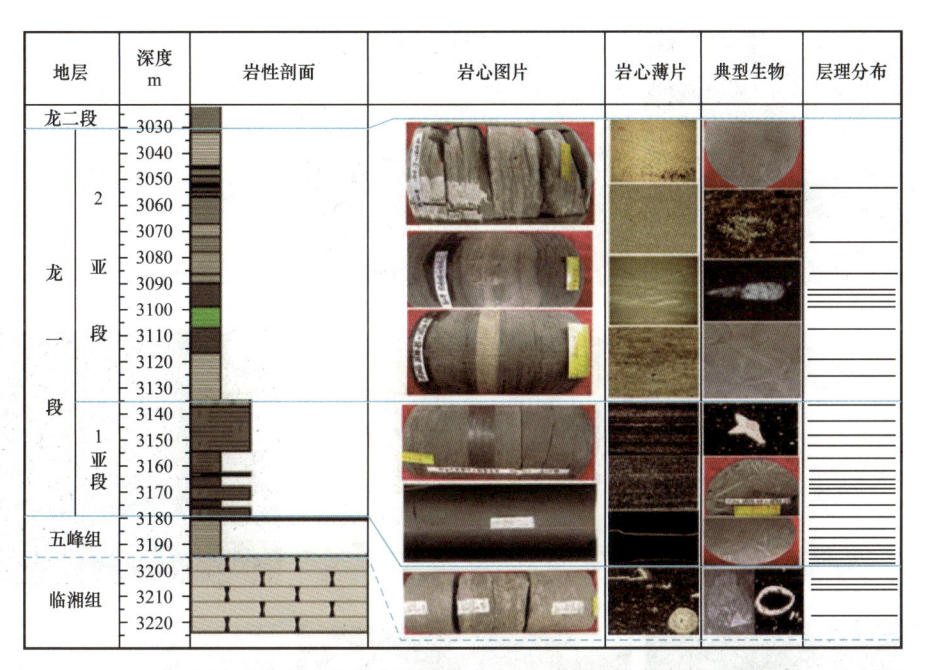

图 2-4 威202井龙一₁亚段、龙一₂亚段地层划分综合图

龙一₁亚段页理发育，富含黄铁矿结核以及黄铁矿充填水平缝，厚度在36~48m之间。

龙一₁亚段是主要的勘探开发层段，在开发过程中钻遇不同部位的压裂效果和开发效果差异较大，根据实际需求，重点针对该亚段进行小层细分。利用岩石学特征、沉积构造特征、古生物和电性特征将其由下至上进一步划分为4个小层：龙一₁¹小层、龙一₁²小层、龙一₁³小层和龙一₁⁴小层（图2-5和图2-6）。

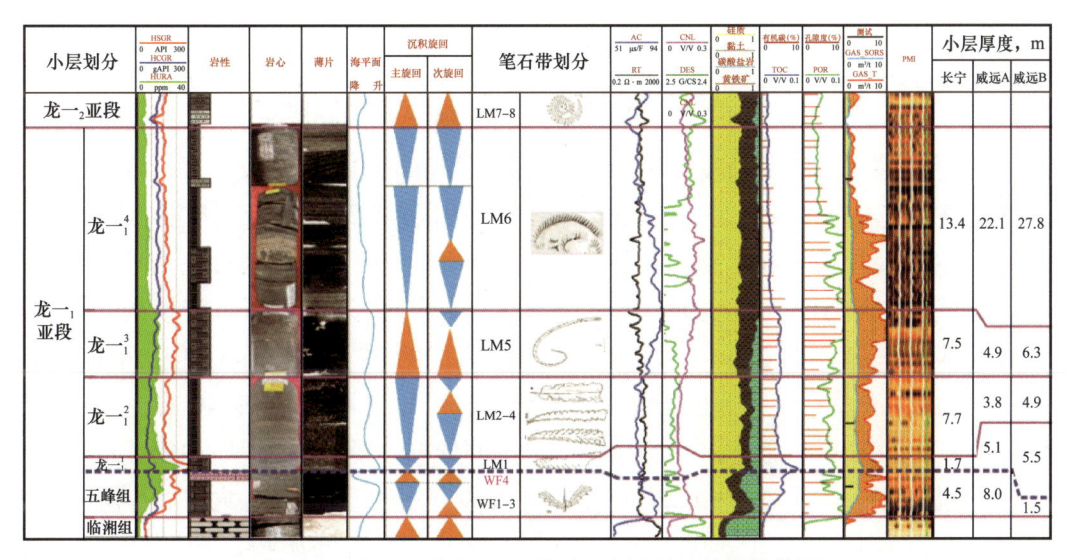

图 2-5 宁203井龙一₁亚段小层划分地层综合柱状图

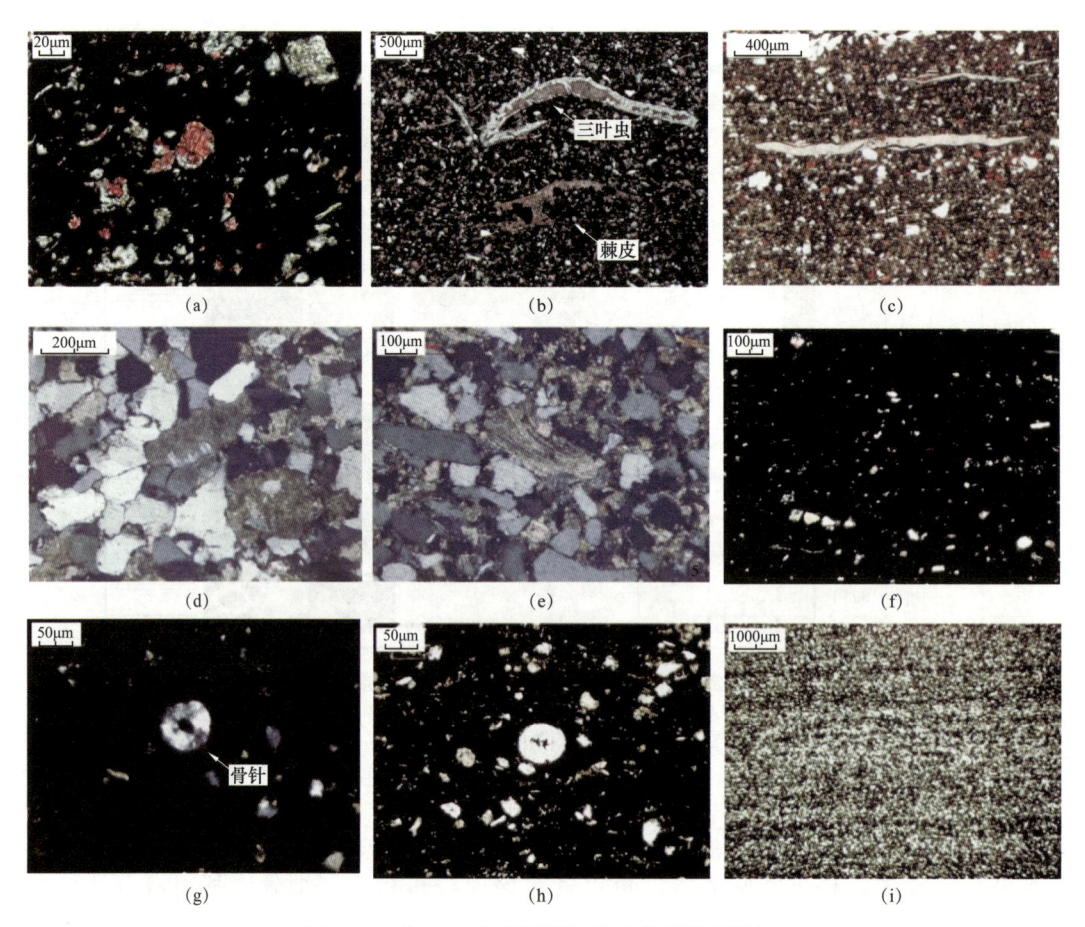

图 2-6　宁 211 井龙马溪组岩心薄片微观特征

（a）含钙粉砂质泥岩，-50，五峰组，2349.40m；（b）含三叶虫和棘皮动物碎屑泥灰岩，-5，观音桥段，2348.71m；（c）钙质粉砂质页岩，-5，龙一$_1^2$亚段，2260.99m；（d）钙质极细砂岩，+10，龙一$_1^2$亚段顶，2210.68m；（e）钙质含细砂粗粉砂岩，+10，龙二段，2202.46m；（f）黑色碳质页岩，-10，龙一$_1^1$小层，2347.86m；（g）黑色碳质页岩，+20，龙一$_1^3$小层，2332.48m；（h）黑色含粉砂钙质碳质页岩，-10，龙一$_1^2$小层，2344.90m；（i）粉砂质页岩，-1.25，龙一$_1^4$小层，2326.64m

龙一$_1^1$小层：位于龙马溪组底部，为水体缓慢降低的进积式反循环，水体深度最大，岩性为黑色碳质灰质页岩，含钙质结核，为碳质泥棚沉积，泥级颗粒也高于龙一$_1^2$小层；与底界观音桥段岩性及生物界线明显，与顶界龙一$_1^2$小层岩性不明显，区域厚度分布较稳定，在 10~13m 之间。GR 在龙一$_1^1$小层底部出现龙一$_1$亚段最高值，向上呈钟形降低，范围为 200~500API；龙一$_1^1$小层的 RT 在长宁地区向上小幅增加，平均在 100Ω·m 左右，威远地区向上小幅降低，平均为 40Ω·m；AC 在龙一$_1^1$小层为指状特征；DEN 是划分龙一$_1^1$小层另一个重要依据，是龙一$_1$亚段内密度最低的小层，呈反指状特征，在 2.1~2.5g/cm^3 之间；矿物组分中碳酸盐在龙一$_1^1$小层特征明显，龙一$_1^1$小层向上含量急剧降低，在 0~30% 之间，硅质矿物含量为 50%~70%，黏土含量为 20%，黄铁矿含量约为 4%。

龙一$_1^2$小层：作为全区标志层，具有区域对比性好、分布稳定等特征。岩性为黑色碳质页岩，碳质泥棚沉积，长宁地区为水体持续缓慢升高的退积式正旋回，威远地区为高体系域水体快速升高后缓慢降低的进积式反旋回；含钙质结核，黄铁矿层理分布，笔石种类较多，个体保存完整；龙一$_1^2$小层顶部泥级颗粒进入龙一$_1^3$小层逐渐增多，证明龙一$_1^2$小层为水体缓慢增加的正旋回特征；长宁地区厚度分布稳定，在 6～8m 之间，威远地区由西向东逐渐增大。GR 在龙一$_1^2$小层与龙一$_1^1$小层界线处发生明显突变，向上呈漏斗形降增大，龙一$_1^2$小层 GR 形态类似陀螺形分布，范围为 160～270API，平均为 200API；RT 在龙一$_1^2$小层内部小幅振荡降低，平均在 16Ω·m 左右；AC 变化规律与 GR 类似；矿物组分中硅质矿物显著降低，普遍为 40%，碳酸盐增大至 15% 左右，黏土变化不大。

龙一$_1^3$小层：与龙一$_1^2$小层岩性分界以龙一$_1^2$小层顶部黑色碳质页岩与龙一$_1^3$小层底部灰黑色粉砂质钙质泥页岩分界，龙一$_1^3$小层内部岩性以灰黑色灰质页岩为主，为水体缓慢退去的灰质泥棚沉积，含钙质、黄铁矿结核；通过对宁 203 井龙一$_1$亚段镜下薄片粒度观察，龙一$_1^3$小层底部相对龙一$_1^4$小层顶部泥—粉砂级颗粒少，而泥级颗粒相对多，粉砂级保持不变；长宁地区龙一$_1^3$小层厚度由西向东变大，为 6～16m 之间，威远地区厚度均匀，在 10～13m 之间。GR 在龙一$_1^3$小层与龙一$_1^2$小层界线处发生明显突变，向上呈钟形降低 30～60API，龙一$_1^3$小层内部呈箱形稳定分布，范围为 140～180API，平均为 160API；RT 在龙一$_1^3$小层与龙一$_1^2$小层界线向上有个小幅度抬升，龙一$_1^3$小层顶部有一段小幅度振荡变化，威远特征不明显；AC 在龙一$_1^3$小层与龙一$_1^2$小层界线向上明显降低；DEN 在界线处明显抬升，进入龙一$_1^3$小层后逐渐增大，平均为 2.56g/cm³；矿物组分中碳酸盐含量为 4 个小层中最大，达 10%～20%，黏土含量开始增大，约 30%。

龙一$_1^4$小层：与龙一$_1^3$小层岩性分界以龙一$_1^4$小层底部黑灰色粉砂质页岩与龙一$_1^3$小层顶部灰黑色钙质页岩分界，龙一$_1^4$小层内部为水体缓慢退去的反旋回，为灰质—粉砂质泥棚沉积，含少量泥质、黄铁矿结核；长宁地区由西向东厚度逐渐增大，在 5～14m 之间，威远地区厚度分布较稳定，在 10～12m 之间。GR 在龙一$_1^4$小层内为低平型分布，平均范围为 120～150API；RT 在龙一$_1^4$小层与龙一$_1^3$小层界线向上有个小幅度降低，平均在 25Ω·m 左右；AC 在界线向上异常增大；DEN 在界线处明显降低，进入龙一$_1^4$小层后逐渐增大，平均为 2.56g/cm³；矿物组分中石英含量降低，碳酸盐含量为 4 个小层中最小，仅为 25%，黏土含量增加，为 40% 左右。

总体而言，4 个小层厚度变化趋势一致，表现为远离剥蚀线厚度增大；厚度最大，平均厚度在 25m 以上，其他小层均在 10m 以下；与长宁地区小层厚度对比，威远地区除龙一$_1^2$小层外，其余小层均大于长宁地区。

龙一$_2$亚段：沉积旋回为高体系域逐渐海退的过程，出现大段砂泥质互层或夹层岩性组合，为粉砂质泥棚相沉积，沉积构造有风暴岩、钙质结核、平行层理，笔石数量少。

（2）龙二段。

由于四川盆地加里东构造运动剧烈，乐山—龙女寺古隆起的抬升，各区域龙马溪组与不同的上覆地层接触。

威远地区龙马溪组顶部的深灰色、灰绿色页岩或粉砂质页岩与二叠系梁山组底部的黑灰色泥岩及泥灰岩假整合接触。二者的电性特征差异明显，龙马溪组顶部为泥质粉砂岩和粉砂质泥岩互层，其自然伽马值明显高于梁山组石灰岩的伽马值，界线处曲线突变明显（图2-7）。

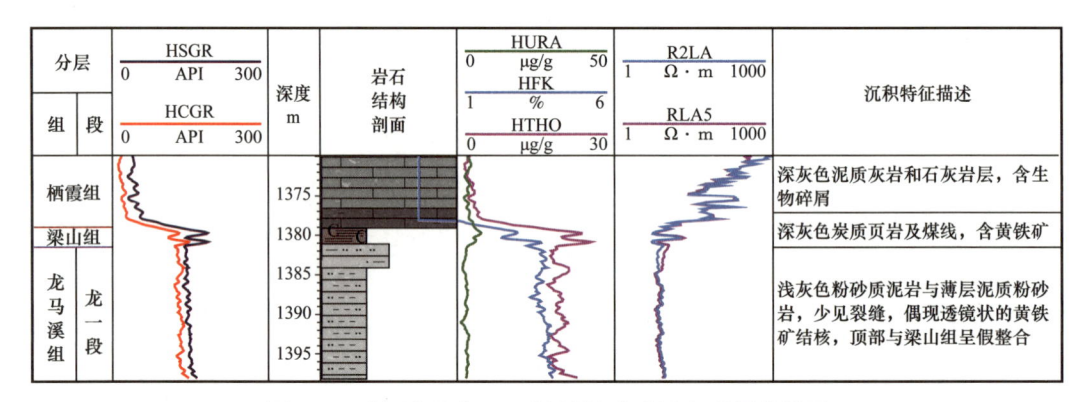

图2-7 威远地区威201龙马溪组与梁山组分界线简图

长宁地区龙马溪组顶部深灰色、黑灰色页岩与石牛栏组灰绿色泥岩、薄层瘤状灰岩整合接触，测井响应特征差异性较明显，自然伽马和钍曲线在龙马溪组顶部页岩段值相对较高，且曲线波动微弱，由于上覆石牛栏组为泥岩与石灰岩互层，因此上述两条曲线在该处出现明显的齿状起伏（图2-8）。

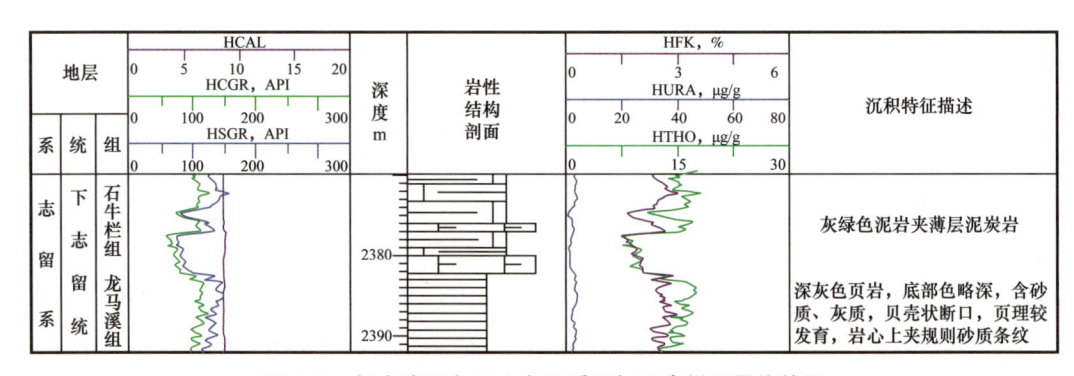

图2-8 长宁地区宁201龙马溪组与石牛栏组界线简图

龙马溪组二段除笔石外，又有三叶虫、腕足类等的发育，且在钙质重、泥质少的地区，笔石少见，而三叶虫、腕足类较富，说明海水转为浑浊，沉积物质更替频繁，还原作用减弱（如黄铁矿减少），海水略为清洁（碳质减少，特别是最晚期）和补充的物质成分不同（砂质、钙质增多），但沉积环境的这种变化却为腕足类、三叶虫等生存繁殖创造了一定的条件。龙二段主要为一套灰色、灰黑色灰质粉砂质页岩或灰质页岩夹泥灰岩、粉砂岩，由下而上碳质逐渐减少，钙质逐渐增多，并影响着不同生物群的发育。

二、生物地层特征

1. 早寒武世生物地层

虽然寒武纪生物大爆发事件仍然是地质史中的一个重大不解之谜，但保存下来的古生物化石却对地层学有重要的意义。前寒武纪晚期软躯体后生动物开始繁衍，但由于早期动物由软躯体组成，极难保存为化石。至早寒武世相继发生两幕生物大爆发，即梅树村期梅树村动物群和筇竹寺期澄江动物群。梅树村阶生物地层的划分主要是依据小壳化石划分3个组合带，第一段中上部发育粉砂岩或细砂岩夹灰岩条带中发育Ⅲ小壳化石组合带，即 *Lapworthella-Tannuolina-Sinoscachites* 组合带；筇竹寺阶则主要依据三叶虫，岩石地层对应筇二段。

1) *Lapworthella-Tannuolina-Sinoscachites* 组合带

该带为Ⅲ小壳化石组合带，主要是在滇东常见，川西南化石组合略有差异，为 *Ebianotheca-Sinoscachites* 组合带，贵州、湘西和鄂西等地缺失该带化石。

2) *Parabadiella-Mianxiandiscus* 组合带

张文堂（1979）于川北—陕南郭家坝组建组，周志毅（1980）以滇东寒武系为标准，创名 *Parabadiella-Mianxiandiscus* 组合带，主要分布于筇竹寺组玉案山段下部[2]。遵义—清镇一线以西的遵义松林、金沙岩孔和织金等地的牛蹄塘组下部略有差异，以金沙岩孔牛蹄塘组剖面为代表，改称 *Mianxiandiscus* 顶峰带。

3) *Eoredlichia-Wutingaspis* 带

该带由卢衍豪（1941）在昆明建立 *Redlichia intermedia* 带演变而来[1]。周志毅（1980）建立"滇东型" *Eoredlichia-Wutingaspis* 带，分布于筇竹寺组玉案山段上部[3-4]。张文堂等（1964）以遵义牛蹄塘剖面为标准，创名 *Hebeidiscus niutitangensis* 带，1974年厘定为 *Tsunyidiscus niutitangensis* 带。尹恭正（1987）改称为 *Tsunyidiscus* 顶峰带。该带适用于务川—湄潭—瓮安一线以西地区，分布于牛蹄塘组上部，习称"黔北型"。

2. 晚奥陶世—早志留世生物地层

利用岩心寻找古生物进行生物地层划分。因为岩心面积较小且不能横向探寻，且页岩气评价井岩心宝贵，基于保护岩心的目的，只能通过观察岩心页理的自然破裂面，寻找化石并现场图像采集。采集图像位置有限且带化石位置或许并非最低，因此判断笔石带的界线非绝对准确，但通过带化石和组合带确定的分带界线也是可信的。五峰组—龙一$_1$亚段黑色页岩地层厚度小，沉积速率低，笔石丰度高，样品图像采集加密，基本30~50cm采集一个样品的标本图像，龙一$_2$亚段—龙二段厚度大，沉积速率快，笔石稀少，约3~5m采集一次图像。同一时期能代表的岩心面积较小，不能像野外露头一样横向同层探究，也不能无间断地劈开岩心观察，因此利用钻井岩心进行生物分带可能有一定的误差，但也可以得到相对准确的生物地层划分。川南地区龙马溪组生物地层差异较小，本书仅以宁211井为例详细介绍生物地层。

1）凯迪阶

根据陈旭院士建立的扬子区五峰组—龙马溪组笔石带序列，扬子区五峰组中下部对应上奥陶统凯迪阶由老到新的3个笔石带，分别是 *Dicellograptus complanatus* 带（WF1带）、*Dicellograptus complexus* 带（WF2带）和 *Paraorthograptus pacificus* 带（WF3带）。其中 *Dicellograptus complanatus* 带仅在松桃陆地坪和桐梓红花园等少数剖面可见。根据前人在邻近长宁地区双河剖面和兴文麒麟剖面的研究，认为宁211井并未发育 *Dicellograptus complanatus* 带（WF1带）的笔石相地层，而是由 *Dicellograptus complexus* 带地层直接上覆于临湘组瘤状灰岩。

宁211井2353.99m处出现了 *Paraorthograptus pacificus*（Ruedemann），其下的3.51m笔石稀少，且不具有时代意义。根据上述分析，可推测该段应属于 *Dicellograptus complexus* 带。*Paraorthograptus pacificus*（Ruedemann）首现后，于2353.72m再次发现，且其间的2353.94m出现 *Dicellograptus ornatus*（Elles and Wood），向上至2351.67m出现 *Normalograptus extraordinarius*（Sobolevskaya），表明2351.67~2353.99m属于 *Paraorthograptus pacificus* 带（WF3带）。

2）赫南特阶

戎嘉余等最早提议建立赫南特阶，并以宜昌王家湾剖面 *N.extraordinarius-ojsuensis* 带为该阶的底界。此后研究发现这两种笔石首现位置并不相同，王家湾剖面 *N.ojsuensis* 首现位于 *N.extraordinarius* 之下4cm，故该带更名为 *Normalograptus extraordinarius* 带。

自宁211井2351.67m井段首现 *Normalograptus extraordinarius*（Sobolevskaya）后，向上至赫南特动物群出现之前的黑色页岩对应五峰组上部。2351.66m再次出现 *Normalograptus extraordinarius*（Sobolevskaya），并于2351.51m出现 *Normalograptus ojsuensis*（Koren and Mikhailova）。值得注意的是宁211井 *N.ojsuensis* 首现位于 *N.extraordinarius* 之上16cm，与"金钉子"王家湾剖面出现顺序相反，可能是岩心面积小，在 *N.extraordinarius* 之下并未钻遇 *N.ojsuensis*。2349.04m出现产腕足类的泥灰岩，可判断2349.04~2351.67m属于 *Normalograptus extraordinarius* 带（WF4带）。宁221井五峰组之上覆盖观音桥段泥灰岩0.54m（2349.04~2348.50m），产丰富的腕足类（图2-9）。在仅有的岩心断面可见极少数完整的腕足类化石，如2348.91m出现 *Eostropheodonta parvicostellata* 带；2348.75m出现数个欠完整的腕足类，极有可能包括 *Hirnantia sagittifera*，它们均是 *Hirnantia* 动物群的重要分子。

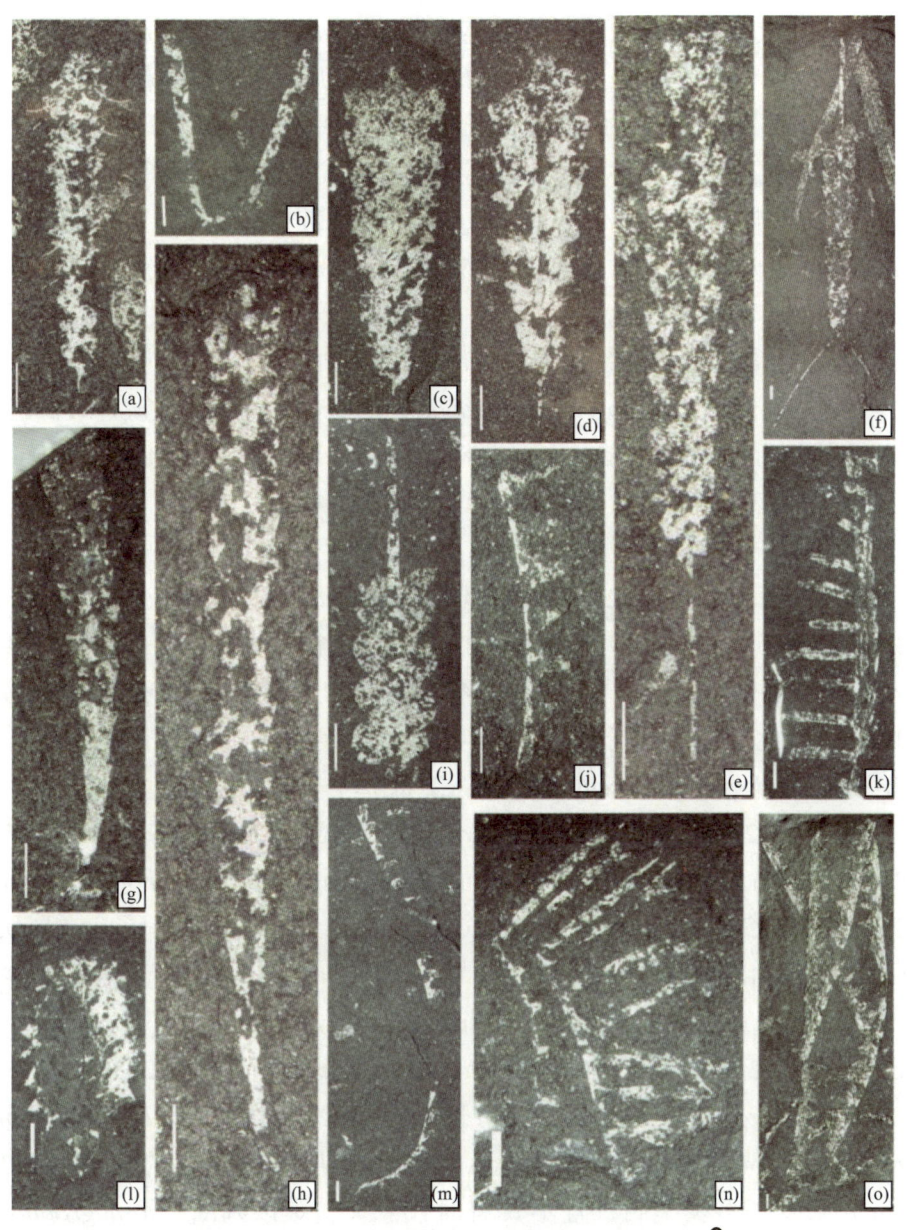

图 2-9　宁 211 井五峰组和龙马溪组部分典型笔石 ❶

(a) *Paraorthograptus pacificus*（Ruedemann）2353.72m；(b) *Dicellograptus ornatus*（Elles and Wood）2353.94m；
(c) *Normalograptus extraordinarius*（Sobolevskaya）2351.66m；(d) *Normalograptus ojsuensis*（Koren and Mikhailova）2351.51m；(e) *Avitograptus avitus*（Davies）2346.87m；(f) *Normalograptus bicaudatus*（Chen and Lin）2344.47m；
(g) *Akidograptus ascensus*（Davies）2343.08m；(h) *Parakidograptus acuminatus*（Nicholson）2341.18m；
(i) *Cystograptus penna*（Hopkison）2335.24m；(j) *Demirastrites* sp.2313.44m；(k) *Rastrites* sp.2280.13m；
(l) *Petalolithus minor*（Elles）2276.77m；(m) *Monograptus* sp.2270.90m；(n) *Lituigraptus convolutus*（Hisinger）2251.73m；(o) *Stimulograptus sedgwickii*（Portlock）2213.16m

---

❶ 陈旭等，长宁地区宁 211 井五峰组和龙马溪组黑色页岩地层划分和对比（内部咨询报告），2016，中国科学院南京地质古生物研究所，第 1～12 页。

观音桥段之上的赫南特阶最后一个笔石带 *Persculptogr persculptus* 带（LM1 带），也是龙马溪组第一个笔石带，对应龙马溪组最底部龙一$_1^1$小层高伽马值和富有机质的黑色页岩，地层厚度薄，约 2.17m，沉积速率为 3.62m/Ma，是冰期过后全球气候变暖，南极冰盖消融导致海平面迅速升高所致，形成一套凝缩沉积黑色页岩。宁 211 井 2346.33~2348.5m 为 *Persculptograptus persculptus* 带（LM1 带）。该带虽未发现 *Persculptograptus persculptus*，但在 2347.79m 出现 *Korenograptus sp.*，2346.87m 出现 *Avitograptus avitus*（Davies），后者为该带常见特征分子[5]。与此相邻的仁怀石场、杨柳沟、兴文古宋和长宁双河等剖面均以 *Avitograptus avitus*（Davies）大量出现为标志[6]。2344.47~2346.33m 产 *Normalograptus bicaudatus*（Chen and Lin），该种最低出现于志留系第一个笔石带，亦即 *Akidograptus ascensus* 带（LM2 带），因此，基本可以确定 2344.47m 处为奥陶系—志留系界线。

3）鲁丹阶

据上述分析，2344.47~2346.33m 产 *Normalograptus bicaudatus*（Chen and Lin），2345.53m 出现 *Normalograptus anjiensis*（Yang），并在 2342.56~2343.08m 连续出现 *Akidograptus ascensus*（Davies），之上 2342.20m 处，出现 *Parakidograptus acuminatus*（Nicholson）。据此，2342.20~2346.33m 应属于志留系第一个笔石带，也是龙马溪组第二个笔石带 *Akidograptus ascensus* 带（LM2 带）。

2337.21~2342.20m 为宁 211 井 *Parakidograptus acuminatus* 带（LM3 带）。在 2341.18~2342.20m 连续出现 LM3 带化石 *Parakidograptus acuminatus*（Nicholson），在 2338.88m 出现 *Cystograptus similaris*（Chen），二者的出现揭示了 *Parakidograptus acuminatus* 带（LM3 带）的层位。

2313.44~2337.21m 为 *Cystograptus vesiculosus* 带（LM4 带）至 *Coronograptus cyphus* 带（LM5 带）。此 2 带并未发现 *Cystograptus vesiculosus* 笔石，但在 2335.24~2336.35m 出现 *Cystograptus penna*（Hopkison）。另外，在 2332.58m 还发现 *Paraclimacograptus innotatus*（Nicholson），也可判断已进入 LM4 带地层。但遗憾的是，从 2313.44~2332.58m 并未发现多少笔石，且不具有时代意义，难以判断 *Coronograptus cyphus* 带（LM5 带）具体首现位置。根据岩性可知，2313.44~2326.97m 为粉砂质页岩到钙质粉砂质页岩，是黑色碳质页岩沉积后的还退沉积所致，海水变浅，陆源碎屑增加，环境的变化可能不适于笔石生存，直到 2313.44m 才出现大量 *Demirastrites triangulatus* 带（LM6 带）的 *Demirastrites sp.*。根据岩性暂且将 2326.97m 作为 *Cystograptus vesiculosus* 带（LM4 带）之顶和 *Coronograptus cyphus* 带（LM5 带）之底。

4）埃隆阶

华南埃隆阶包括 3 个笔石带，自下而上分别是 *Demirastrites triangulatus* 带（LM6

带)、*Lituigraptus convolutus* 带（LM7 带）和 *Stimulograptus sedgwickii* 带（LM8 带）。埃隆阶最底部在欧洲还可识别出 *Demirastrites pectinatus–Monograptus argenteus* 带，只是在华南尚未区分，而其上的两个带则能与欧洲很好的对比。

宁 211 井 2251.73～2313.44m 为 *Demirastrites triangulatus* 带（LM6 带），2312.06～2313.44m 连续出现 *Demirastrites sp.*，在 2270.92～2280.13m 出现 *Rastrites sp.*，2276.77m 出现 *Petalolithus minor*（Elles），2270.9m 出现 *Monograptus sp.*，直至 2251.73m 出现 *Lituigraptus convolutus*（Hisinger）。

2313.44m 之上多为钙质粉砂质页岩夹钙质粉砂岩条带，水体动荡，岩石碎屑颗粒较大，不适于笔石生存，笔石的个体密度和多样性均较差，仅发现少数带化石。2251.73m 出现 *Lituigraptus convolutus*（Hisinger），2213.16m 出现 *Stimulograptus sedgwickii*（Portlock），表明 2213.16～2251.73m 为 *Lituigraptus convolutus* 带。相应地，2213.16m 之上则为 *Stimulograptus sedgwickii* 带（LM8 带）。

最终，宁 211 井钻井剖面从上奥陶统凯迪阶至下志留统兰多维列统埃隆阶共识别出 4 阶 9 个笔石带和 1 个 *Hirnantia* 动物群，其时限为 447.62～438.49Ma，共计 9.13Ma[7-8]。虽然受到岩心的面积限制，五峰组 *Dicellograptus complexus* 带（WF2 带）和龙马溪组 *Coronograptus cyphus* 带（LM5 带）并未被识别出，但是根据区域笔石分布特征，并不影响这两个笔石带的客观存在性，依然可以建立从上奥陶统凯迪阶上部的 *Dicellograptus complexus* 带（WF2 带）至志留系兰多维列统埃隆阶顶部的 *Stimulograptus sedgwickii* 带（LM8 带）的 12 个连续生物带和组合。

威远地区稍有不同，五峰组—龙马溪组共可识别 5 阶 13 个笔石带和一个赫南特动物群，和长宁地区主要的区别在于龙马溪组中上部便可见 *Spirograptus guerichi*（LM9），且厚度较大，长宁地区龙马溪组不发育该笔石带，可能其时限对应石牛栏组。

三、岩石地层和生物地层对比关系

四川盆地龙马溪组共可识别出 3 阶 9 个笔石带，其中长宁—泸州地区见 LM1—LM8，威远—渝西地区见 LM1—LM9，指示特里奇阶长宁地区和威远地区为不同沉积环境，当长宁地区接受石牛栏组碳酸盐岩沉积时，威远气田仍接受陆源碎屑沉积（对应小河坝组或罗惹坪组），水体相对较深，可能对应广西运动的阶段性抬升，导致四川盆地西南部产生向北的构造掀斜作用，长宁地区页岩气田比威远更早抬升。

通过威 202、泸 202、宁 211 和焦页 1 等各地区典型代表井岩石地层和生物地层的对比研究发现，它们具有一定的对应关系（表 2-1）。龙一₁亚段长宁—涪陵地区笔石带对应 LM1—LM5 笔石带，威远地区对应 LM1—LM8/LM9 底部笔石带，古生物层位较高，泸州地区介于两者之间，对应 LM1—LM7 笔石带。说明长宁—泸州—威远应为阶梯式进入水动力条件高的环境，长宁地区优先进入高水动力条件环境，龙一$_1$亚段沉积速率高，笔石有所稀释。龙一$_1$亚段的笔石分布与笔石和组一级的对应关系一致。

表 2-1 四川盆地五峰组—龙马溪组岩石地层与笔石带对应关系表

地层			笔石带			
			威 202	泸 202	宁 202	焦页 1
龙二段			LM9 上部	LM8	LM8	LM8
龙一段	2 亚段		LM9 下部	LM8	LM6—LM8	LM6—LM8
	1 亚段	4	LM6—LM8/LM9 底部	LM5—LM7	LM5	LM5
		3	LM5—LM6	LM4—LM5	LM3—LM4	LM4—LM5
		2	LM5	LM2—LM3	LM2—LM3	LM2—LM4
		1	LM1—LM4	LM1	LM1	LM1

长宁—涪陵地区龙一$_2$亚段对应 LM6—LM8 笔石带，泸州地区对应 LM8 笔石带，威远地区对应 LM8 局部和 LM9 下部笔石带。LM6 笔石带延期很长，因此长宁和涪陵地区可以用 LM6 或 LM7 的出现来大致划分龙一$_1$亚段的顶，泸州、威远地区可以用 LM8 的出现来大致划分龙一$_1$亚段的顶。龙二段泸州、长宁和涪陵地区均对应 LM8，而威远地区对应 LM9 上部笔石带，笔石已经很难卡层，此时应主要运用岩性、电性、沉积构造来进行龙一段和龙二段的分层。各小层对应笔石带在四川盆地稍存差异，尤其是龙一$_1^1$小层威远地区大致对应 LM1—LM4 笔石带（<1.96Ma），而泸州、长宁和涪陵地区对应 LM1 笔石带（约 0.6Ma），尽管稍有穿时，但并不影响岩石地层的划分。

四、地层展布特征

1. 筇竹寺组地层展布特征

1）纵向展布特征

选取近东西向和近南北向两条剖面连线进行地层对比，以揭示麦地坪组—牛蹄塘组发育及展布特征。老龙 1—金页 1—威 201—威 207—资 5—资 3—资 4—资阳 1—高石 17—高石 1—磨溪 9 连井剖面呈近东西走向展布，贯穿四川盆地绵阳—长宁裂陷槽东西两侧（图 2-10）；中江 2—资阳 1—高石 17—宁 2—川龙 1—YS106—YS102—昭 103 连井剖面呈南北向展布，基本位于裂陷槽中心位置（图 2-11）。地层划分与对比方面，金页 1 井、资阳 1 井和高石 17 井均见小壳化石，虽不能确切鉴定其种属，但仍可判断该地层为麦地坪组，时代为梅树村组沉积早中期；二者岩性均与雷波花生地—永善肖滩相似，自下而上包括含磷硅质岩段、硅化磷块岩段和含磷碳酸盐段，因此，麦地坪组发育较全。根据自然伽马曲线特征，麦地坪组曲线特征区内具有可对比性，呈尖刺状。据此规律，认为近东西向的资3井、资5井和老龙1井均发育部分麦地坪组，由于桐湾运动Ⅲ幕地表抬升而地层顶部遭受部分剥蚀；南北向的中江2—昭103一线连井剖面均发育麦地坪组，且筇竹寺组与麦地坪组整合接触。筇竹寺组测井曲线区内特征具有一致性，完整的筇竹寺组发育两个大的旋回，筇二段对应最顶部的自然伽马高值段，此时三叶虫开始大量繁殖，区内永善肖滩、威207井、宁206井、宁208井均可见三叶虫。地层厚度及地貌形态方面，近东西向的老龙1—磨溪9一线连井地层受裂陷槽控制，位于裂陷槽中的资4井、资阳1井和高石17井麦地坪组和筇竹寺组厚度均远大于两侧的威远地区和高磨地区。威远地区下伏麦地坪组剥蚀殆尽，高磨地区甚至筇一$_1$亚段缺失。就裂陷槽内部而言，麦地坪组—筇竹寺组地层发育均较完整，高石17井、资阳1井和中江2井筇竹寺组厚度分别为505.7m、540.7m和703.8m，明显呈现从中段向北变深，且裂陷槽北陡南缓的特征。

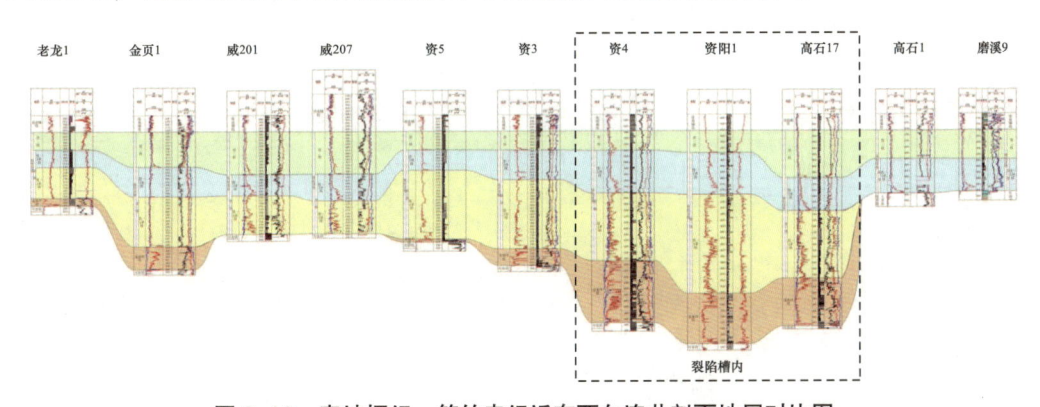

图2-10 麦地坪组—筇竹寺组近东西向连井剖面地层对比图

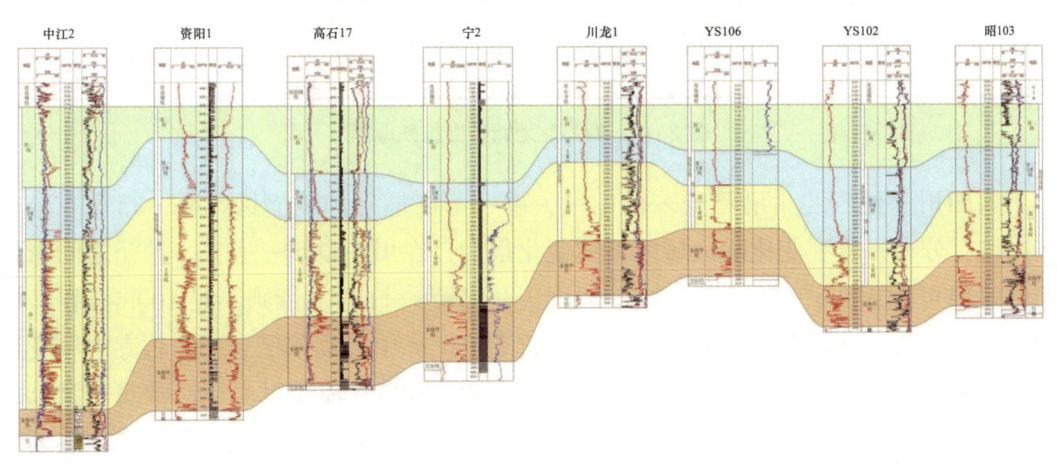

图2-11 麦地坪组—筇竹寺组南北向连井剖面地层对比图

2）平面展布特征

在研究区筇竹寺组地面剖面地层划分、单井地层划分和连井对比的基础上，参考井位和野外剖面的分布，对研究区筇竹寺组平面展布进行研究，绘制了研究区筇竹寺组残余厚度平面展布图（图2-12）。

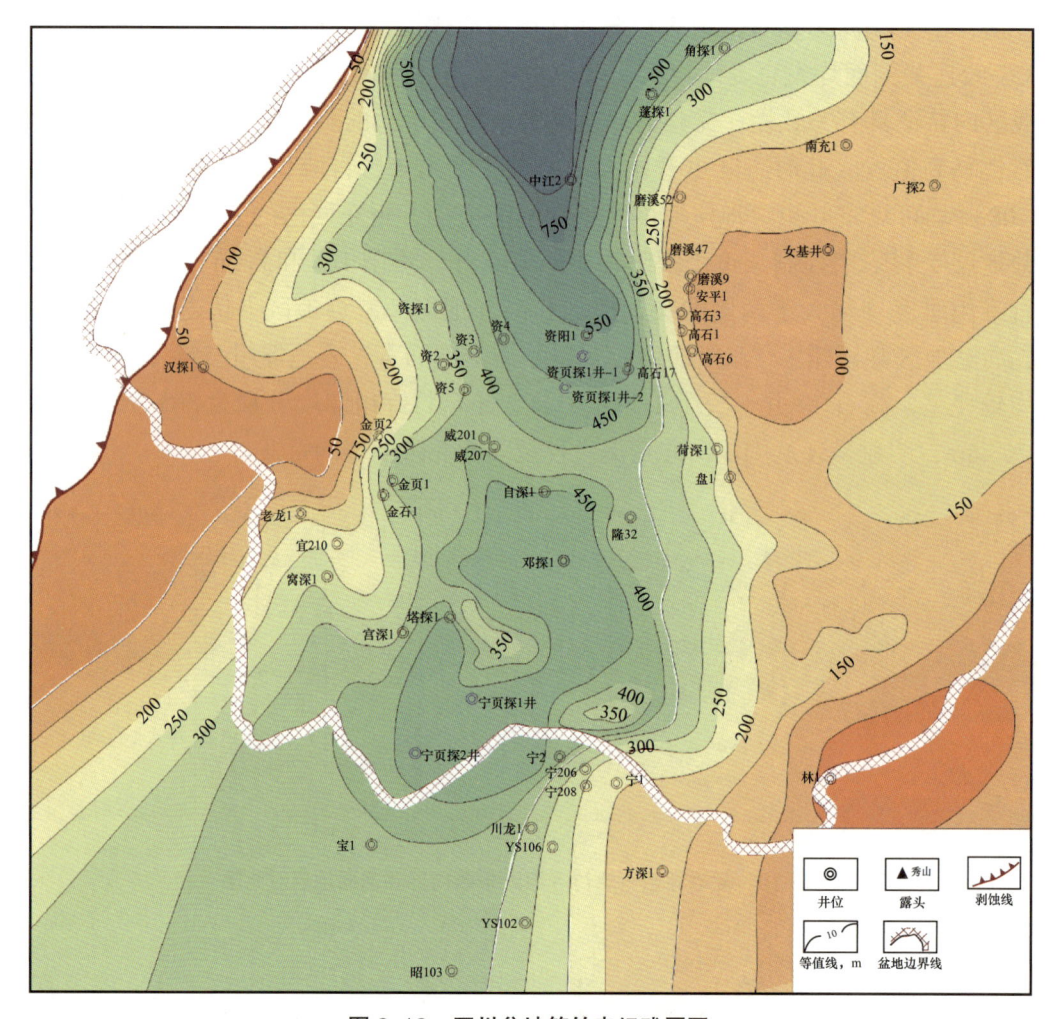

图2-12 四川盆地筇竹寺组残厚图

除四川盆地西北角沿雅安—名山—大邑—都江堰延伸的剥蚀区外，筇竹寺组在区内均有分布，厚度变化随区域的不同变化很大，在川南自贡—宜宾—泸州之间筇竹寺组最厚可超500m，在四川盆地东部重庆—涪陵—长寿一带则不足100m。裂陷槽南段乐至—内江—宜宾一线为研究区内筇竹寺组沉降中心坳陷区域，筇竹寺组厚度最大，普遍大于400m。以乐至—内江—宜宾一线为轴线，轴线以西，沿雅安—洪雅—乐山—威远一线，筇竹寺组厚度分布受乐山—龙女寺古隆起的影响，从东向西逐渐减薄，从威201井的341.4m减薄至汉深1井的74.5m。轴线以东，筇竹寺组厚度分布受高石梯—磨溪构造的影响，厚度由西向东迅速减薄，位于沉积坳陷区的高石17井筇竹寺组厚505.7m，而高—磨构造西侧的女基井筇竹寺组厚度减薄到163m。泸州—沐川以南长宁地区由于靠近黔中古陆，远离沉降中心，筇竹寺组厚度自北向南减薄，由沉降中心的400~500m减薄至200m以下。

综上所述，筇竹寺组厚度分布受裂陷槽分布影响，研究区内中部存在近南北向的绵阳—长宁大型裂陷槽，是筇竹寺组沉积时的沉积中心，是筇竹寺组厚度最大的区域。从裂陷槽向西北和东南，筇竹寺组厚度逐渐减薄，裂陷槽两侧的区域，筇竹寺组埋深相对较浅。研究区内筇竹寺组的平面展布特征，反映了筇竹寺组是一个在凹槽地貌上填平补齐的沉积过程中形成的（图2-11）。

2. 五峰组—龙马溪组展布特征

1）纵向展布特征

威201—威202—威204—威205—镇101—泸203—阳101—合201连井剖面呈北西—南东向展布（图2-13），而宁201—宁210—泸204—泸202—海201—H1—阳202—H2—阳101—黄202—黄203—足202—足201连井剖面呈南西—北东向展布（图2-14），两条剖面基本反映四川盆地的地层展布规律。

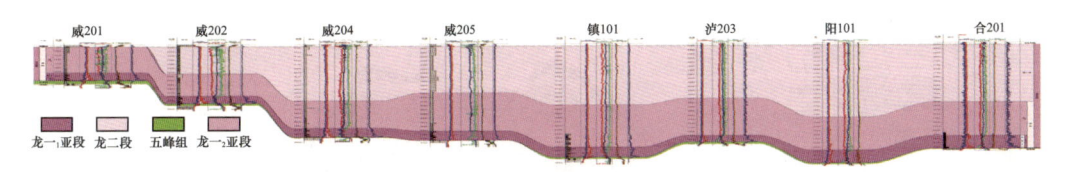

图2-13 威远—合江地区连井剖面地层对比图

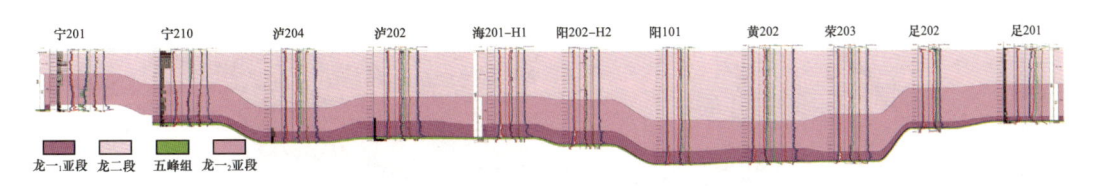

图2-14 长宁—大足地区连井剖面地层对比图

地层划分与对比方面，威远地区龙马溪组普遍发育3阶9个笔石带。该地区受加里东古隆起影响，龙马溪组上部受到剥蚀，地层分布不稳定，威201井甚至缺失龙二段。该区龙马溪组与上覆梁山组不整合接触。长宁、泸州和渝西地区普遍发育2阶8个笔石带，龙马溪组与上覆石牛栏组整合接触。地层厚度与古地貌方面，由威远古隆起向斜坡带有增厚的趋势，相似地由长宁背斜向北也有逐渐增厚的趋势，至泸州地区地层厚度最大（图2-12）。五峰组厚度较薄，一般为1~15m，沿威201井—威204井厚度逐渐减薄。龙马溪组厚度为180~574m。威

201井西北方向遭受剥蚀严重，威201井缺失龙二段页岩。威202井剥蚀程度比威201井弱，龙二段与上覆梁山组假整合接触。五峰组厚度平面上沿威201井—威204井由西北向东南逐渐减薄，甚至威205井五峰组顶部和观音桥段存在缺失现象。龙马溪组厚度呈现相反的趋势，龙一段及其各小层厚度分布稳定，但有向东南方向增厚的趋势，但威203井和威205井有所减薄，甚至威205井龙马溪组底部存在缺失。龙二段威201井剥蚀殆尽，其他钻井则不同程度的剥蚀，残留厚度向东南方向增厚，这与乐山—龙女寺古隆起有关，靠近隆起部位的地区顶部遭受剥蚀程度相对较严重，而远离古隆起的地区龙二段则相对保留完整。长宁地区凯迪期—埃隆期基本未受乐山—龙女寺地区水下高地影响，五峰组—龙马溪组厚度稳定，在300m左右。整体而言，两条连井剖面从威远和从长宁至泸州地区地层厚度逐渐增厚，其中阳01井龙马溪组厚度甚至达到915.6m，然后向西南和北东方向地层具有减薄趋势（图2-13）。

2）平面展布特征

区域上，四川盆地遭受两次不同时期的剥蚀，分别在川西—川北地区大面积缺失和在长宁背斜局部缺失，其他地区龙马溪组分布稳定，厚度在300~600m之间（图2-15）。总体变化趋势由威远地区向东南和由长宁地区向北西方向增厚，在长宁—

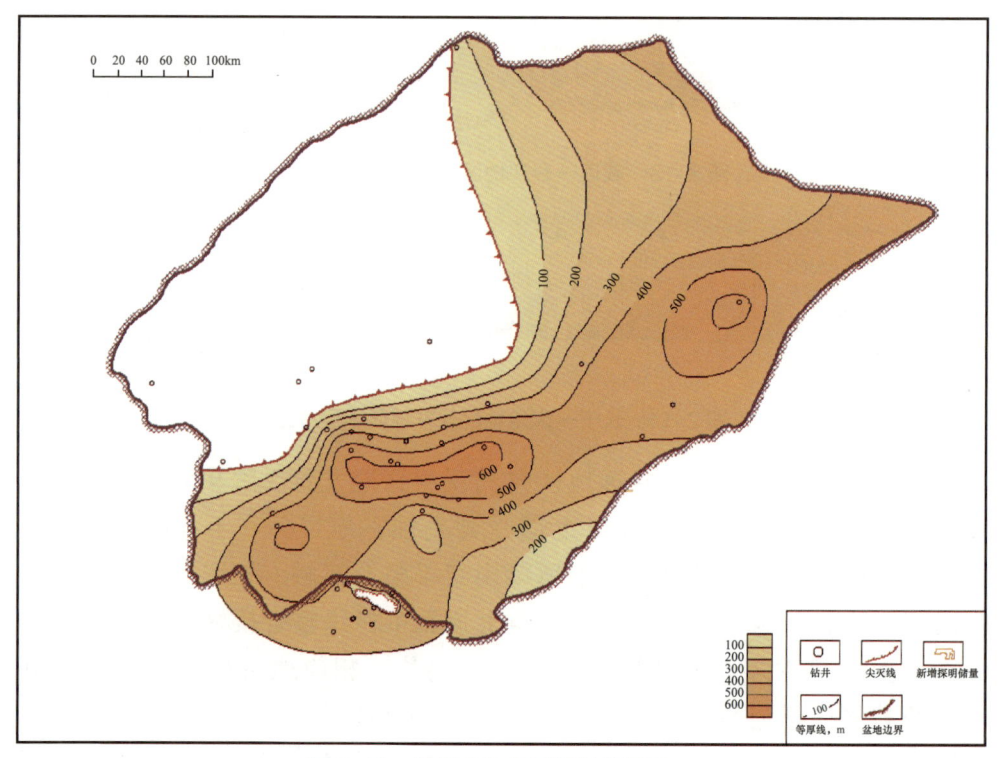

图2-15 四川盆地龙马溪组等厚图

威远地区之间的夹持部位厚度最大，最厚地层可达 600m 左右，且靠近乐山—龙女寺古隆起的威远地区地层厚度由于剥蚀作用，残留地层厚度明显薄于其他地区。从优质页岩（TOC＞2%）地层厚度展布来看（图 2-16），与龙马溪组等厚图展布基本一致，只是在内江—自贡地区优质页岩变薄，该区域在凯迪晚期—鲁丹期存在一水下高地，早期存在地层缺失，至鲁丹晚期开始接受沉积，可见 LM3 笔石带化石，至埃隆期和特里奇期，依然受水下高地控制，水体较浅，原始生长力低，因此，该区沉积的优质页岩厚度相对更薄。

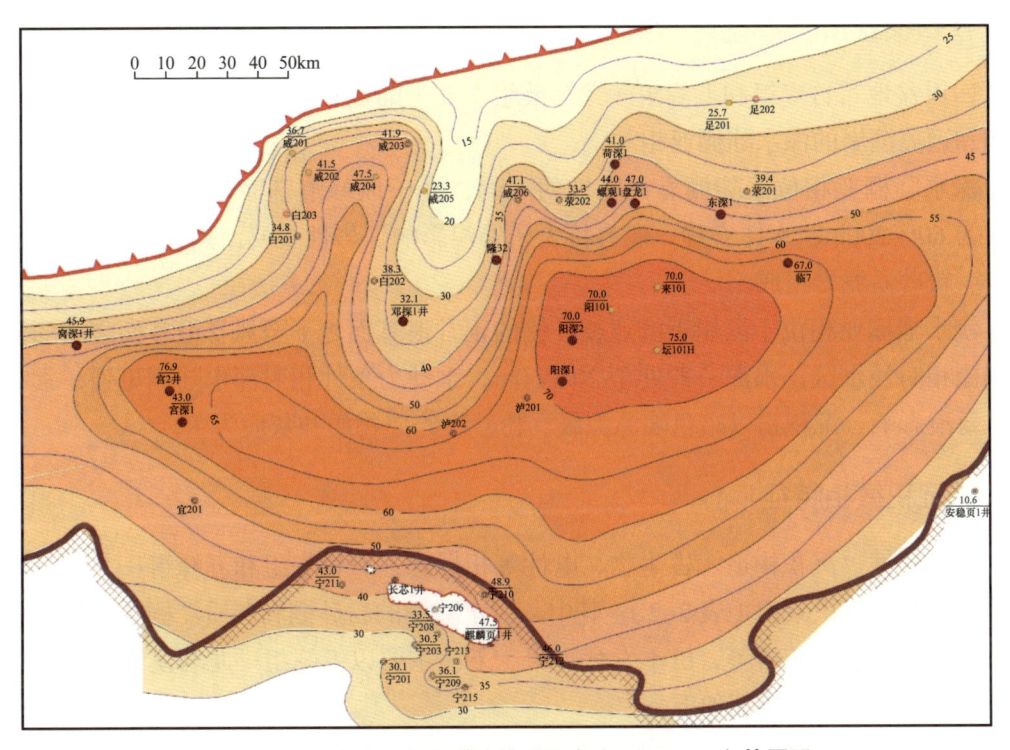

图 2-16　川南地区龙马溪组优质页岩（TOC＞2%）等厚图

第二节　海相页岩沉积特征

常规油气勘探中，沉积相研究的重点和作用主要是利用相标志来精细划分沉积相带，并结合储层特征来确定优势相，然后在等时格架下识别有利相带在平面上的分布，从而达到预测有利区带的目的。有别于常规油气的沉积相研究，针对以海相页岩为主体岩性的沉积相研究不但需要囊括沉积相划分和优势相带预测，而且更需要侧重沉积环境研究。本节主要从沉积相划分、沉积相展布特征和沉积环境特征三个方面进行系统的梳理。

一、沉积相划分

筇竹寺组沉积时期，四川盆地南部发育绵阳—长宁裂陷槽，同时也为寒武纪海侵最大的时期，裂陷槽内及裂陷槽缘广泛发育陆棚沉积体系；五峰组—龙马溪组沉积时期（凯迪期—特列奇期）受广西运动影响，华夏与扬子地块碰撞拼合作用减缓，四川盆地及邻区形成了三隆夹一坳的古地理格局，广泛发育海侵。这种半封闭、半滞留的沉积格局水体深度大，广泛发育陆棚沉积体系。

1. 相及亚相

四川盆地筇竹寺组和五峰组—龙马溪组主要为陆棚相，包括靠近滨岸的浅水陆棚亚相和远离滨岸的深水陆棚亚相。

深水陆棚亚相位于陆棚靠大陆坡的一侧，处于风暴浪基面以下的深水区，水深一般为60~200m，水体安静，偶有特大风暴浪影响。岩性主要由黑色—灰黑色页岩、泥岩、粉砂质泥岩组成。

浅水陆棚亚相位于滨岸近滨亚相外侧的正常浪基面之下至风暴浪基面之间的滨深水陆棚相对浅水区，水深一般处于20~60m，水动力条件相对深水陆棚更强，常有特大风暴浪影响。沉积物以暗色陆源泥级、粉砂级碎屑物质和灰质为主。

2. 沉积微相特征

结合岩性、沉积构造、古生物、电性等相标志，筇竹寺组和五峰组—龙马溪组共识别出了8种沉积微相（表2-2）。其中，浅水陆棚的粉砂棚和灰质泥棚主要发育粉砂岩、灰质泥岩、泥灰岩等，已不发育页岩。下面主要以五峰组—龙马溪组为例介绍其余6种沉积微相，其特征如下。

表2-2　四川盆地筇竹寺组和五峰组—龙马溪组陆棚主要沉积微相类型

沉积相	亚相	微相
陆棚	浅水陆棚	粉砂棚
		灰质泥棚
		泥质粉砂棚
		浅水粉砂质泥棚
	深水陆棚	深水粉砂质泥棚
		黏土质泥棚
		富有机质黏土质泥棚
		富有机质硅质泥棚

1）富有机质硅质泥棚微相

该微相处于深水陆棚水体能量最低、水动力条件最弱、水体最还原的海域，基本不受海流和风暴流的影响，U 含量普遍大于 10μg/g，U/Th 平均大于 1.25，为强还原环境。

该微相稳定发育于五峰组顶—龙一$_1^3$小层，沉积产物以深色硅质页岩为主。其主要特点为富碳、高硅，五峰组 TOC 多大于 3.0%，龙一$_1^1$—龙一$_1^3$小层内 TOC 多大于 4.0%，脆性矿物含量一般大于 70%，石英含量一般大于 50%，脆性指数较高；GR 平均介于 180~250API（图 2-17）。实验分析表明，TOC 与孔隙度有明显正相关关系，该微相孔隙度亦较高。在页岩气勘探中，该微相是最有利的储集相带。

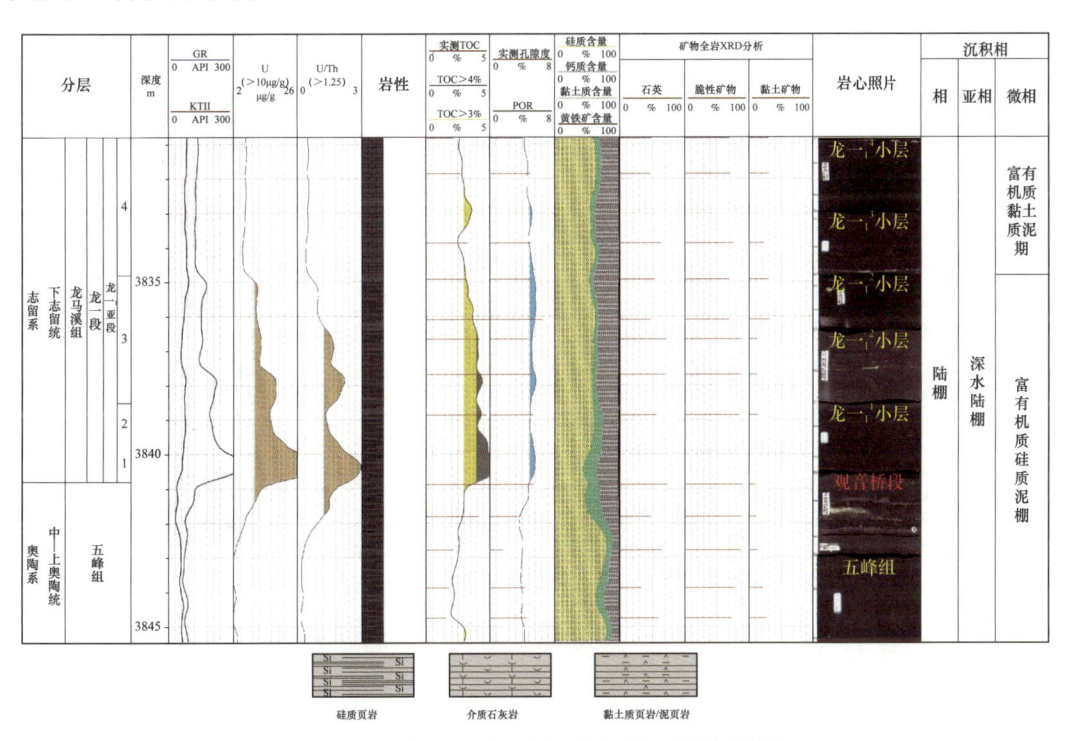

图 2-17 泸 208 井富有机质硅质泥棚微相简图

2）富有机质黏土质泥棚微相

该微相处于水体能量相对较低、还原性中等的海域，水动力条件较弱，偶受海流和风暴流的影响，U 含量介于 1~12μg/g，U/Th 介于 0.3~0.8，实测样品偶大于 1.25，为含氧—贫氧、偶缺氧的氧化还原环境。

该类微相稳定发育在龙一$_1^3$小层局部—龙一$_1^4$小层，沉积产物以黑色、黑灰色黏土质页岩为主；纹层发育，偶见块状层理，黄铁矿呈条带状或纹层状为主，局部发育重晶石结核；岩心断面见大量笔石化石，底栖生物化石较少，见少量生物碎屑，如硅质骨针、介形虫等。该微相黏土矿物含量相对硅质泥棚较高，介于 30%~50%，因此无机孔隙相对发育,总孔隙度也较高且稳定,大于4%。此外,虽然氧化还原条件不利于有机质的保存,但在水动力条件不高、氧含量适宜的条件下,古生产力极高(Ba和Ba_{ex}含量为所有微相中最高),有机质含量也较高且较稳定,介于2%~3%。因此,该微相总体表现为"富碳中黏"特征,GR介于100~130API(图2-18)。在页岩气勘探中,是十分有利的页岩气储集相带。

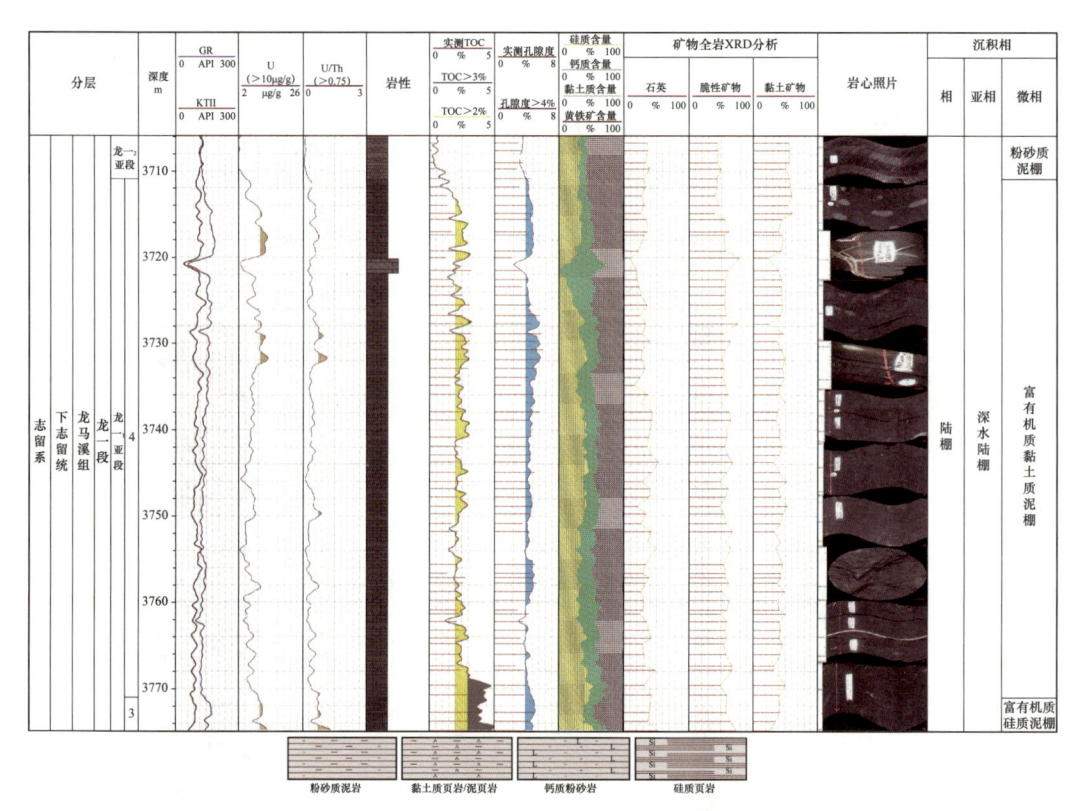

图2-18 阳101H3-8井富有机质黏土质泥棚微相简图

3)黏土质泥棚微相

该微相处于水体开放、非滞留且水体能量和水动力条件稍强的海域,U含量较低,介于1~4μg/g,U/Th稳定,小于0.75,为含氧环境。

该微相稳定发育于五峰组底部,沉积物以深灰色—灰色黏土质页岩为主(图2-19),沉积构造多见生物扰动,见细小黄铁矿结核、不成纹层,偶见冲刷侵蚀面;生物化石稀少,偶见WF2的笔石;与富有机黏土质泥棚微相相比,该微相最大的特征是有机质含量低,实测TOC介于0.5%~3.0%,平均小于1.7%;X射线衍射成果显示陆源石英含量较低,介于10%~30%,脆性矿物含量介于50%~70%,黏土矿物含量较高,介于30%~50%;孔隙度介于3%~4%,GR介于80~120API。在页岩气勘探中,该微相也是优势相带。

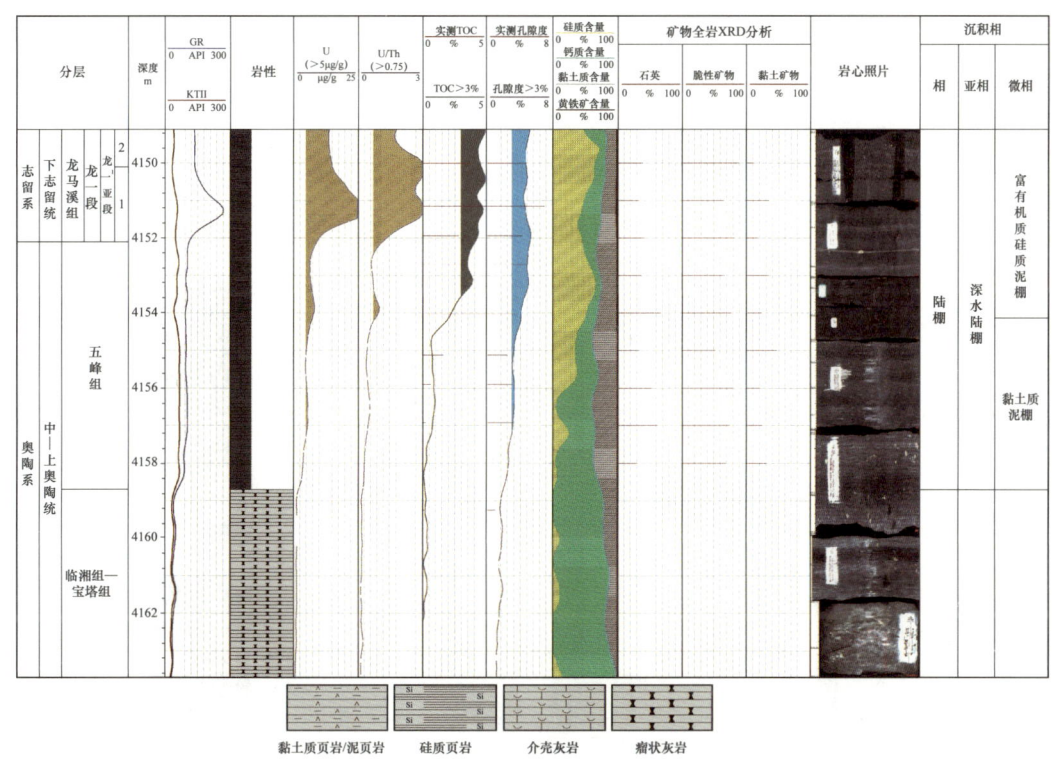

图 2-19 阳 101H2-7 井黏土质泥棚微相简图

4）深水粉砂质泥棚微相

处于深水陆棚内向浅水陆棚一侧，沉积时水动力条件比较强，水体浅，细粉砂含量更高，U 含量介于 3～10μg/g，平均为 6μg/g，U/Th 介于 0.1～0.4，平均为 0.18，为稳定的含氧环境。

该微相主要发育在龙一$_2$亚段，沉积产物主要由灰黑色（含）粉砂质泥岩组成，多夹中—薄层黏土岩条带，形成韵律互层（图 2—20），黄铁矿结核明显减少；沉积速率较快，笔石化石含量少，且多破碎；有机质含量较低，一般小于 1.0%，介于 0.2%～0.7%，平均为 0.6%；孔隙度介于 3%～5%；GR 介于 110～130API。在页岩气勘探中，该微相也是优势相带。

5）浅水粉砂质泥棚微相

该微相在长宁地区极发育，一般处于浅水陆棚底部，其沉积水体相对更浅，泥质含量更低。

该微相主要特点是沉积物颜色浅，主要由灰绿色、黄绿色（含）粉砂质泥岩、泥岩组成（图 2-21），局部夹薄层粉砂岩；有机质含量较低，一般小于 1%，显示生烃潜力弱；块状层理、水平层理及韵律层理发育，见冲刷面、小型砂纹层理及少量结核状黄铁矿，偶见生物扰动构造。少量笔石化石及硅质骨针等动物组合，表明沉积时水动力条件比较弱，水深相对浅，呈弱还原—氧化环境。由于泥质含量较高，测井显示，GR 不低，一般为 110～160API（图 2-22），陆源石英、长石含量稳定，一般大于 30%；U 含量平均为 3.5～4μg/g，Th/U 平均值在 4.5～7.7 之间，反映微相处于海相弱氧化环境。在页岩气勘探开发过程中，该微相不是优势沉积微相。

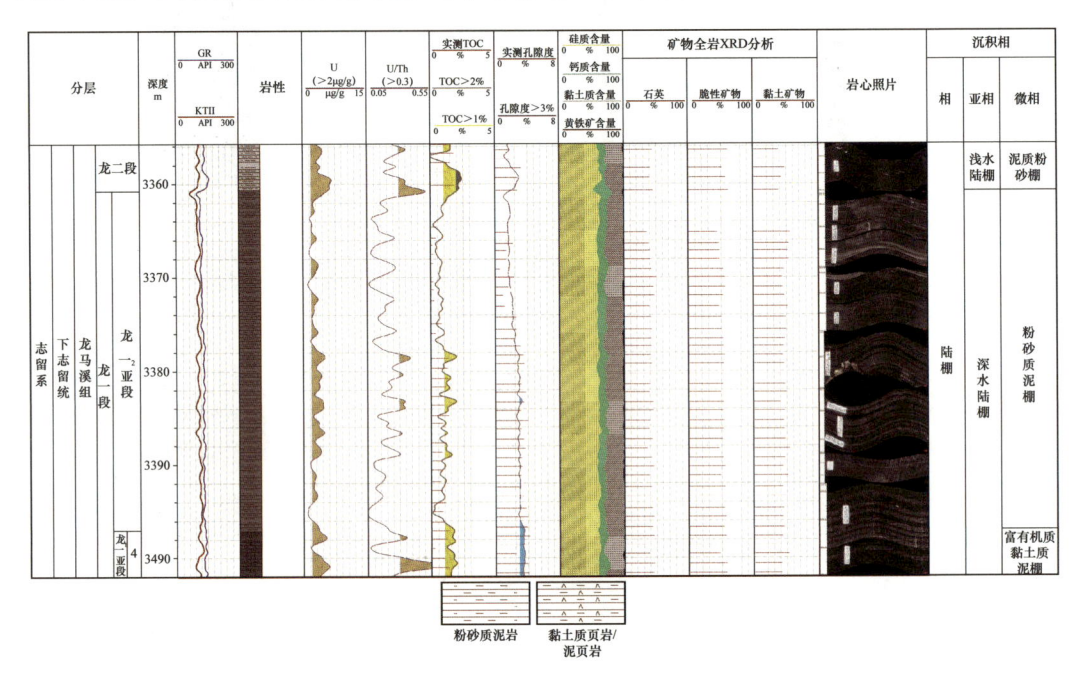

图 2-20　泸 207 井，粉砂质泥棚微相简图

(a) 宁203井，2330.25m，粉砂质页岩，韵律层理　　(b) 宁210井，2153.67～2153.83m，水平层理发育

图 2-21　长宁地区龙马溪组龙一段沉积相标志特征

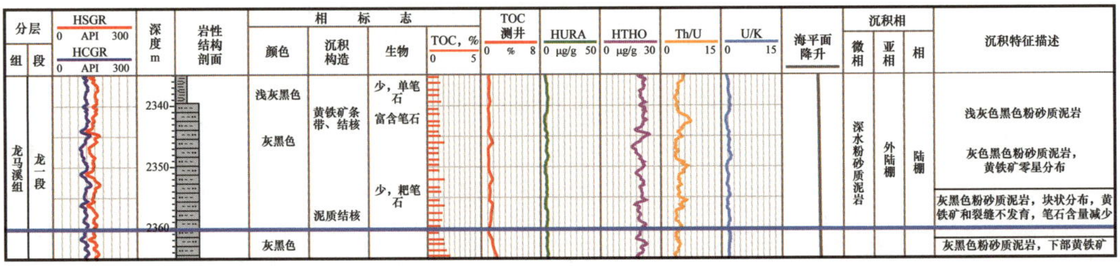

图 2-22　宁 203 井龙马溪组龙一段深水粉砂质泥棚沉积微相简图

6）泥质粉砂棚微相

该微相位于浅水陆棚向岸一侧的较浅水氧化区，水体相对粉砂质泥棚微相更浅，U含量介于1～7μg/g，U/Th介于0.1～0.5，为稳定的含氧环境。

该微相主要发育在龙二段，沉积产物以浅灰色—灰色泥质粉砂岩、粉砂质泥岩为主（图2-23），与浅水粉砂质泥棚比较，该微相韵律性互层明显减少，极少见黄铁矿结核；测井和实测TOC表明该微相有机质含量低，TOC介于0.1%～1.5%；孔隙度介于2%～4%，平均为3%；GR介于100～140API，平均为120API。在页岩气勘探中，该微相是较一般的储集相带，但可能是致密气的优质储层和页岩气良好的盖层。

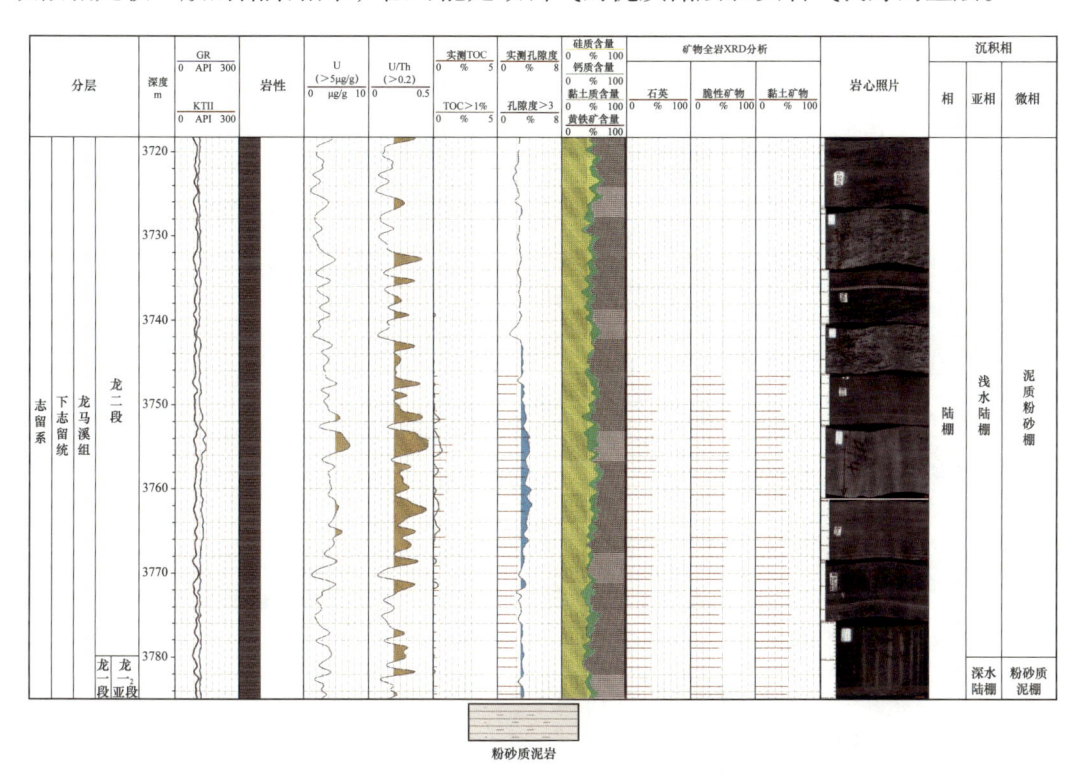

图2-23 阳101H10-3井泥质粉砂棚微相简图

总体而言，深水陆棚内的微相基本均为页岩沉积优势相带，浅水陆棚内的微相均不是有利的页岩沉积优势相带。

二、沉积相展布特征

1. 筇竹寺组沉积相展布及岩相古地理

浅水陆棚亚相主要分布于四川盆地绵阳—长宁地区裂陷槽外，深水陆棚主要分布于四川盆地绵阳—长宁地区裂陷槽内（图2-24）。

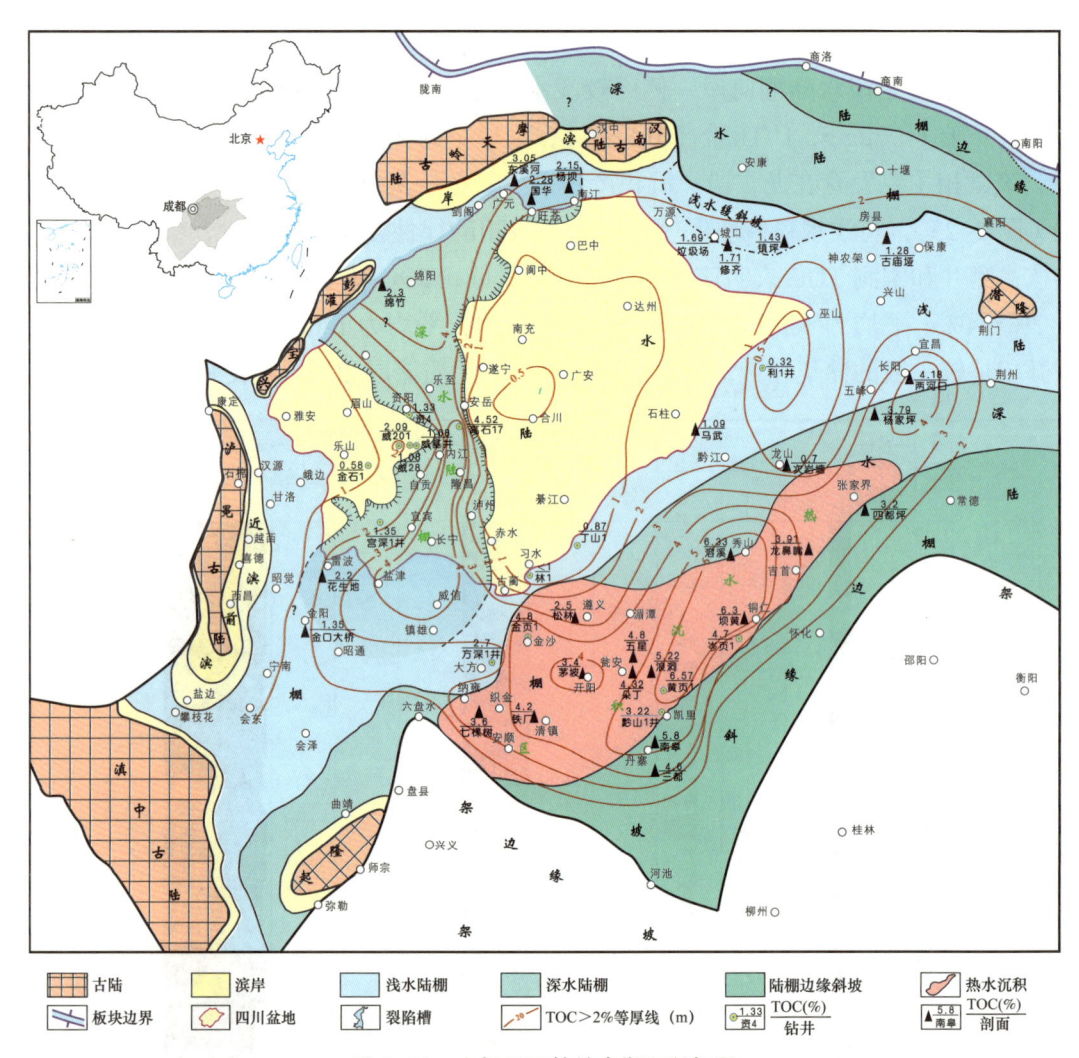

图 2-24　上扬子区筇竹寺期沉积相图

　　浅水陆棚亚相由于水体相对较浅、海底能量也相对较高，并间歇性地受到风暴流、潮流和海流等的影响和改造，从而使沉积体发生分异，形成了相对高能的陆源碎屑粉砂岩类或碳酸盐岩类，夹相对低能的泥页岩类，发育水平层理、块状层理、递变层理及眼球状等沉积构造，生物扰动构造较为常见，生物化石以较破碎的棘皮类、三叶虫、有孔虫类和介形虫类等常见，偶见少量的腕足类、海绵骨针。

　　深水陆棚亚相水体相对较深，一般在 50~200m 之间，水动力条件较弱，水体安静，沉积物主要以深灰色页片状（块状）粉砂质泥岩、灰黑色页片状（块状）泥岩和黑色笔石泥岩为主，局部夹灰色等深岩和薄层碳酸盐岩，发育水平层理、块状层理，局部见定向沙纹层理和生物扰动构造。在筇竹寺组生物化石较少，偶见一些三叶虫和金臂虫碎片，在梅树村组可见小壳化石，反映了安静贫氧水体沉积环境，同时也可见大量的结核状和侵染状黄铁矿发育。

2. 五峰组—龙马溪组沉积相展布及岩相古地理

总体而言，四川盆地五峰组—龙马溪组沉积相带在远离古陆、古隆，以及局部水下高点的区域基本一致。凯迪中晚期（五峰组底部）发育深水陆棚亚相黏土质泥棚微相（图2-25），黏土含量高，TOC较低，凯迪晚期—鲁丹期（五峰组中上部—龙一$_1^3$小层）以富有机质硅质泥棚微相为主，相带分布均匀，除了古陆、古隆及局部水下高点及其周缘，整个四川盆地均有发育；埃隆期（龙一$_1^4$小层）以富有机质黏土质泥棚微相为主，虽然黏土质含量稍高，但有机质含量仍较高（图2-26）；龙一$_2$亚段总体以黏土质泥棚微相和深水粉砂质泥棚微相为主，TOC相对较低，但平均值也大于1%。龙二段基本为浅水陆棚亚相（图2-27），均不是有利的页岩沉积优势相带。

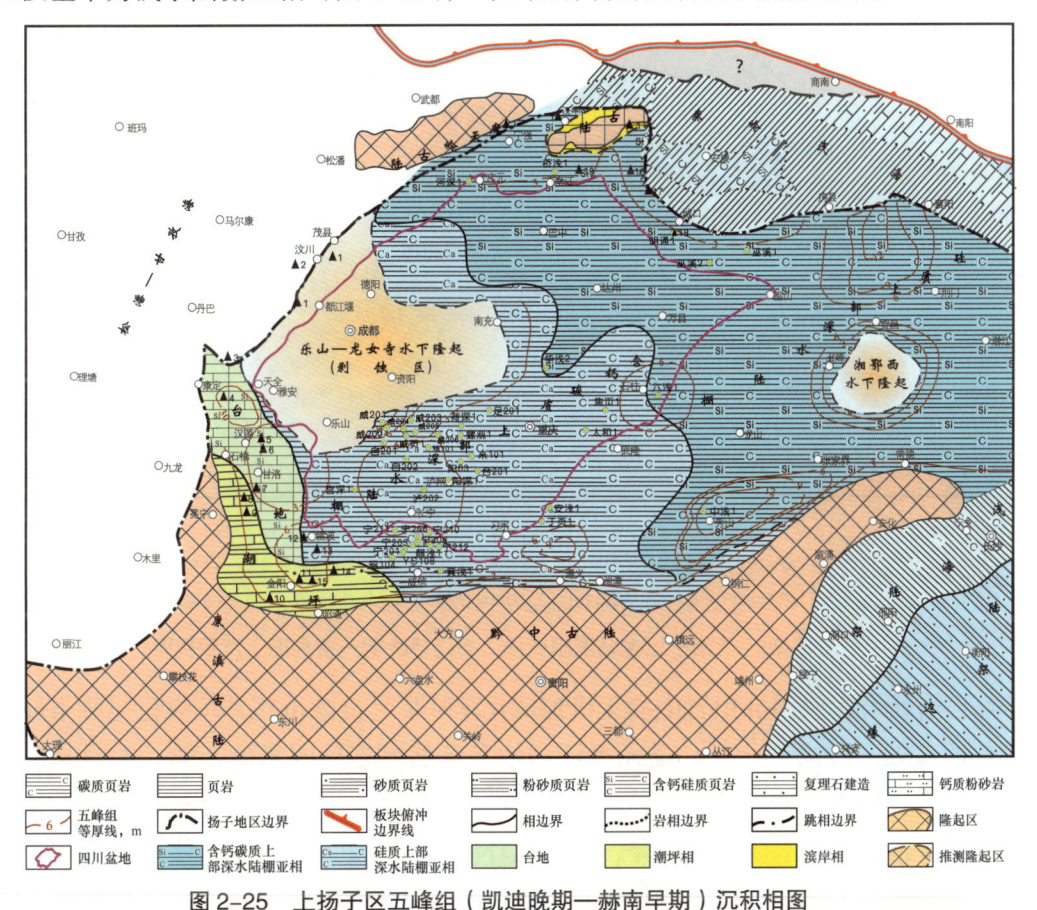

图2-25 上扬子区五峰组（凯迪晚期—赫南早期）沉积相图

三、沉积环境特征

沉积环境的研究内容是十分系统的，即沉积过程中所涉及的物理、化学和生物条件，主要包括沉积介质的温度、盐度、水深、水动力条件、水体循环及氧化还原条件等。但对于海相页岩地层来说，由于有机质的富集程度是影响页岩气成藏的重要因素之一，影响其有机质含量的关键就是沉积时的氧化还原条件，即古氧相特征，因此本部分主要对古氧相的判别和古氧相的演化作介绍。

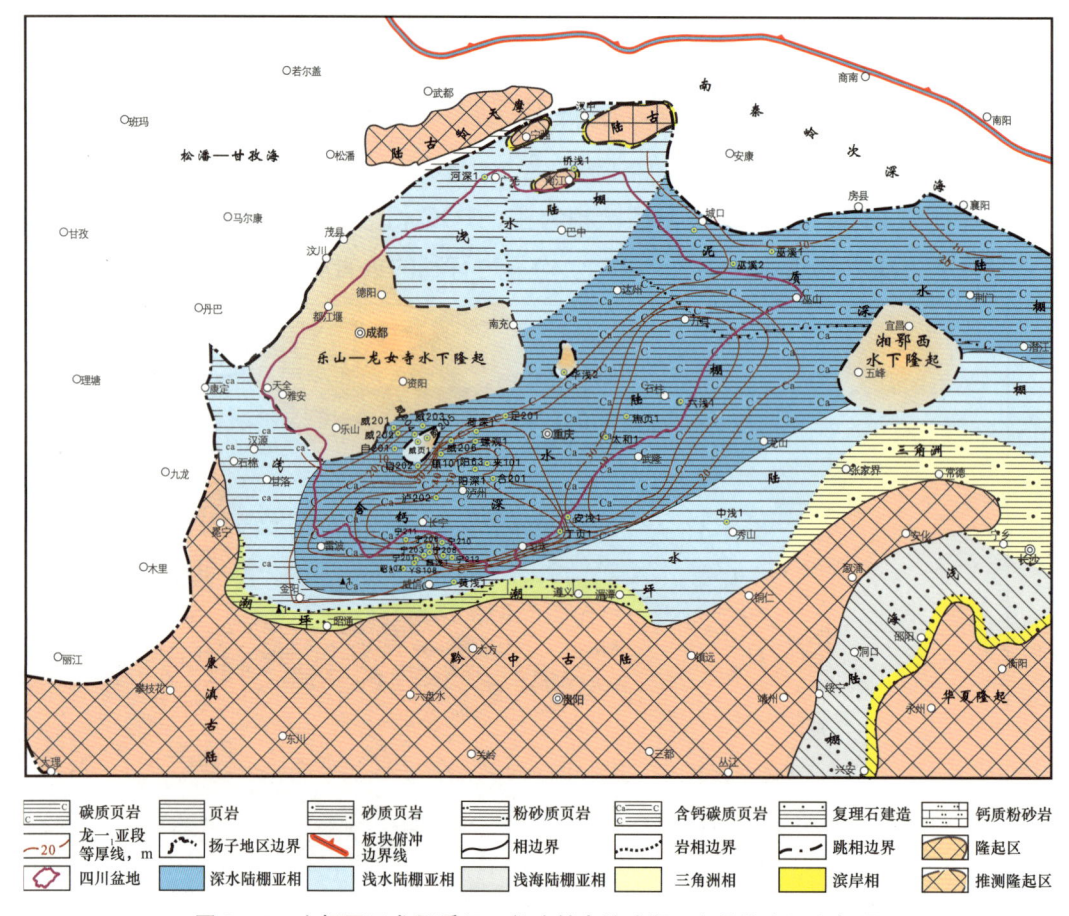

图2-26 上扬子区龙马溪组一段（赫南特晚期—鲁丹期）沉积相图

已有研究表明，沉积岩中的无机地球化学特征是反映沉积环境氧化还原条件及其演化的有效手段之一[9-10]。受元素活动性和自然界多种因素的影响，不同元素保留和富集的古环境信息各有不同。这些元素的回应特征，如氧化—还原指数、含氧量指数、温湿指数及热水成因指数等，在沉积环境、成岩史、古气候、古水深和海平面变化、沉积介质条件和物源区识别等方面都可作为常用的代用指标。对于中国南方筇竹寺组、五峰组—下志留统龙马溪组，前人对其页岩的无机地球化学特征进行了初步的研究，利用野外剖面的同位素和微量元素对其沉积环境进行了判别和恢复[11-14]，重点对"组"一级的地层单元进行了沉积环境中水动力条件、氧化还原条件、盐度条件进行了分析（表2-3）。本书在结合前人研究背景的基础上，同时对"段"和"亚段"一级的地层单元进行了古氧相的精细解剖。

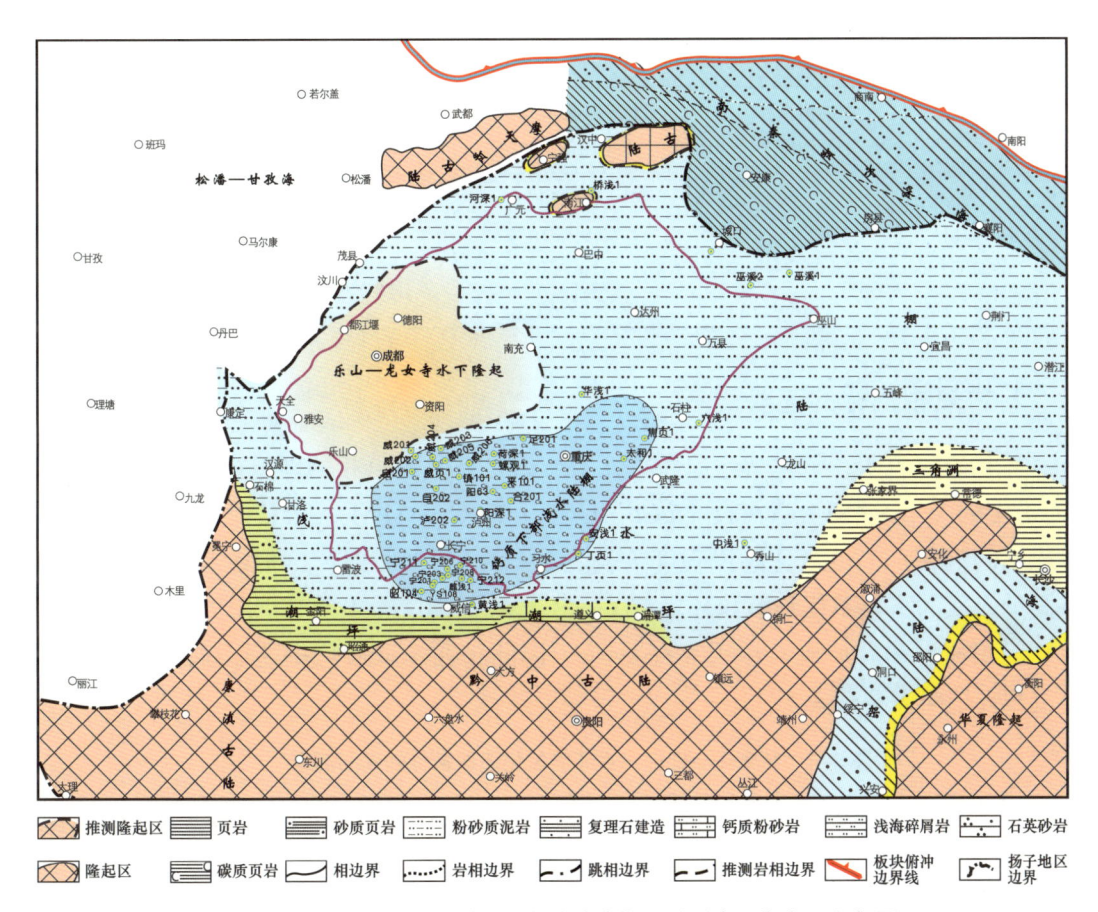

图 2-27　上扬子区龙马溪组二段（埃隆期—特列奇早期）沉积相图

表 2-3　贵州习水骑龙村五峰组—龙马溪组剖面无机地球化学指示意义对比表[13]

层段	水动力指标 （平均值）	氧化—还原指标 （平均值）	盐度指标 （平均值）	参数评价
五峰组 黑色页岩段	Zr/Rb： 1.38	Th/U：0.51 V/Cr：9.64 V/（V+Ni）：0.85 V/Sc：95.1	Rb/K：0.006 Sr/Ba：0.055 Fe/Mn：505.13	水体动荡 缺氧环境 低盐度
观音桥段 （引用南坝子 剖面）	Zr/Rb： 1.37	Th/U：3.16 V/Cr：1.37 V/（V+Ni）：0.576 V/Sc：9.84	Rb/K：0.005 Sr/Ba：2.07 Fe/Mn：24.30	水体动荡 富氧环境 高盐度
龙马溪组 黑色页岩段	Zr/Rb： 1.15	Th/U：1.40 V/Cr：3.48 V/（V+Ni）：0.73 V/Sc：24.0	Rb/K：0.00605 Sr/Ba：0.25 Fe/Mn：242.76	水体安静 缺氧环境 低盐度

续表

层段	水动力指标 （平均值）	氧化—还原指标 （平均值）	盐度指标 （平均值）	参数评价
龙马溪组 非黑色页岩段	Zr/Rb： 0.95	Th/U：4.13 V/Cr：1.35 V/（V+Ni）：0.71 V/Sc：8.23	Rb/K：0.0062 Sr/Ba：0.43 Fe/Mn：220.05	水体安静 富氧环境 低盐度

1. 古氧相指标的选取

已有研究表明，氧化—还原敏感元素比值是恢复古氧相的理想指标，利用沉积物（岩）中的V/（V+Ni）、V/Cr、Ni/Co、U/Th（Th/U）、U/Mo和δU能够较好地确定与对比不同沉积环境的氧化还原程度（表2-3、表2-4）[10, 15-20]。但也有资料显示，这些微量元素的富集不仅与沉积环境有关，还与沉积物（岩）中有机质的类型、TOC丰度、沉积速率和后期成岩作用等有关[21]。因此，在选取氧化—还原敏感元素比值确定沉积环境时需要慎重考虑。

表2-4 氧化还原指标对古环境氧化还原条件的判别简表[15-17]

参考文献	Jones and Manning，1994			Hatch，Leventhal，1992	Crusius et al.，1996
指标	V/（V+Ni）	V/Cr	Ni/Co	U/Th	Re/Mo
富氧环境	<0.46	<2	<2.5	<0.75	$>9 \times 10^{-3}$
贫氧环境	0.46～0.54	2～4.25	2.5～5	0.75～1.25	$0.8 \times 10^{-3} \sim 9 \times 10^{-3}$
厌氧环境	>0.54	>4.25	>5	>1.25	$<0.8 \times 10^{-3}$

表2-5 Th/U和自生U对沉积环境的判别指标简表[19-20]

参考文献	Wignall，Twitchett，1996	Wignall，1987
指标	Th/U	δU=U/［1/2（U+Th/3）］
正常海水沉积环境	2～8	<1
缺氧沉积环境	0～2	>1

除上述微量元素外，稀土元素也可以用来反映沉积环境中古含氧量的变化情况。稀土元素在地壳中较为稳定，一般不会随着风化作用发生过多流失[22]。δCe被认为可以作为判断海平面变化的依据，同时也是判别页岩沉积环境有效的氧化—还原指标之一[23-26]。海平面上升可能会导致沉积环境中底层水含氧量的降低，从而降低其δCe

的含量；与之相反，海平面下降会导致底层水含氧量升高，从而增加 δCe 的含量。

2. 古氧相纵横向变化

一般说来，野外地表样品经历了现代表生岩溶作用的改造，其无机地球化学特征与地下深处的岩心相比或多或少发生了改变。因此，地下深处岩心样品的地化特征更能反映其沉积和成岩历史。

根据四川盆地威201、足201、包201三口井五峰组—龙马溪组岩心的 δU 和 Th/U 分析，五峰组沉积时期并非盆地内所有地区均处于缺氧的还原环境，而是在靠近乐山—龙女寺古隆起的井处于正常海水（贫氧—含氧）夹缺氧环境中（威201井），远离古隆起的井处于缺氧环境中（包201井），过渡区域则处于缺氧与正常海水交互的环境（足201井），表明距离古隆起越远，五峰组沉积时期水体越深，缺氧程度越强。龙马溪组的 δU 和 Th/U 总体指示龙马溪组由下至上存在一个完整的由缺氧至正常海水的沉积旋回（图2-28）。

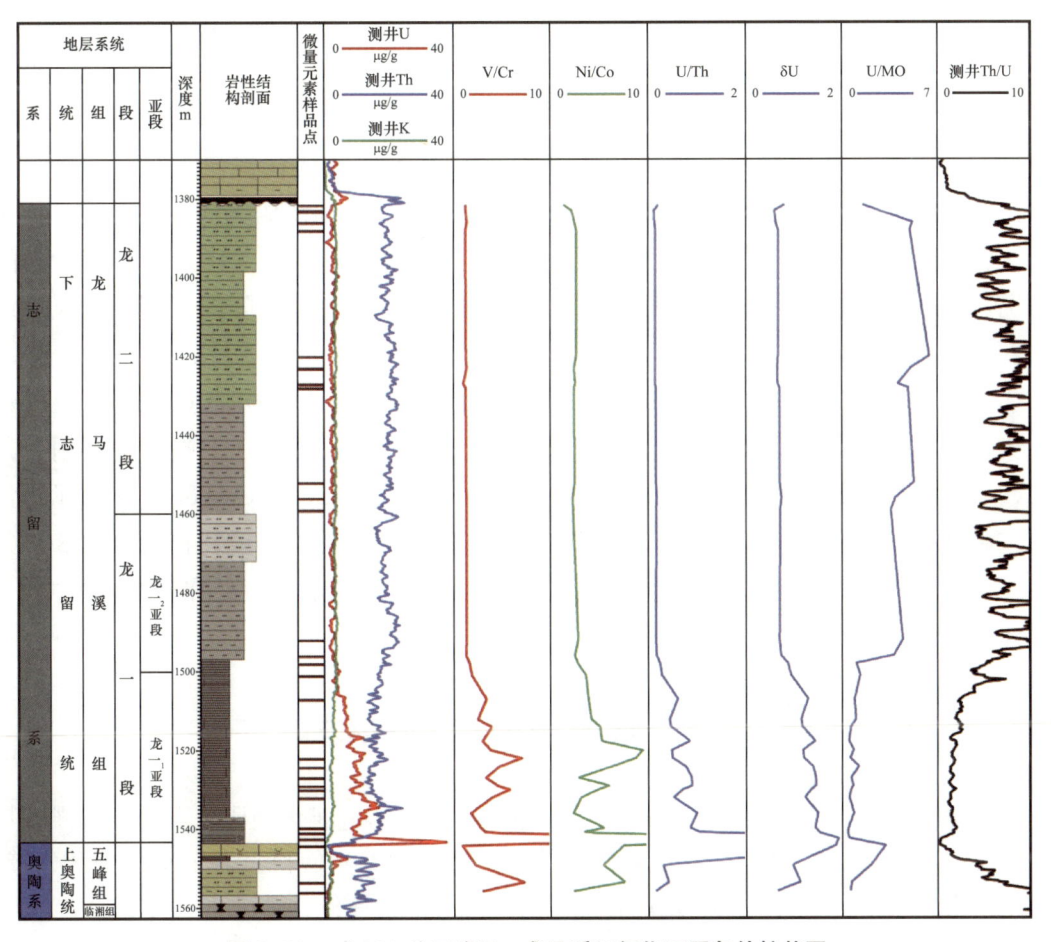

图2-28 威201井五峰组—龙马溪组氧化还原条件柱状图

U/Th 指标可以更精确地表达氧化还原条件（图 2-28），龙一₁亚段 U/Th 普遍分布在 0.75～1.25 之间，属于贫氧沉积环境，在底部存在高值（＞1.25），即底部缺氧更加明显，向上含氧量逐渐增加。在进入龙一₂亚段前，U/Th 开始迅速降低，并在龙一₁亚段顶部出现小于 0.75 的值，即进入含氧沉积环境，此后的龙一₂亚段 U/Th 趋于稳定（＜0.75），属于含氧沉积环境；龙二段 U/Th 基本无变化，普遍低于 0.75，指示为含氧沉积环境。从 U/Mo 纵向变化趋势可以看出，其值在五峰组由小变大，代表含氧量逐渐增加；龙一段 U/Mo 含量最低，代表缺氧的还原环境，但也具有由下向上含氧量逐渐增加；龙二段整体向上存在含氧量逐渐增加的过程，且龙二段含氧量大于龙一₂亚段。其他氧化—还原敏感元素比值如 V/Cr、Ni/Co 等，虽然不能准确判别龙马溪组的古氧化还原环境，但其值域变化范围仍可与 U/Th 进行较好的对应：如 V/Cr 和 Ni/Co 同样在龙马溪组底部存在最大值，指示为缺氧环境，龙一₁亚段 V/Cr 分布在 2～4.25 之间，Ni/Co 分布在 2.5～5 之间，指示其为贫氧环境，龙一₂亚段 V/Cr 小于 2，Ni/Co 小于 2.5，指示为含氧沉积环境；龙二段由于有机质含量较低，原始页岩中所测 V、Ni 含量误差较低，因此 V/Cr、Ni/Co 可以较好地反映其古氧化还原环境；龙二段 V/Cr 稳定，小于 2，Ni/Co 稳定，小于 2.5，指示其为含氧沉积环境，与 U/Th 得到的结论相同。根据四川盆地 3 口井五峰组—龙马溪组岩心的稀土元素分析（表 2-5），其 δCe 的变化规律表明：五峰组为一快速海平面上升的产物，底部含氧，中上部缺氧；龙马溪组的海平面自龙一₁亚段由底部向上开始下降，至龙一₂亚段开始升降不明显，至龙二段趋于稳定。总的来说，龙马溪组总体为一海退沉积旋回，为一个海平面持续下降的过程，古氧相由缺氧向含氧演化。

此外，稀土元素中 Ce 和 Eu 具有变价性质，在不同的沉积环境下常可造成正或负的异常，因此 δCe 和 δEu 通常被用作为沉积环境的氧化—还原指标，利用公式 δCe=CeN/（LaN×PrN）1/2 和 δEu=EuN/（SmN×GdN）1/2，δCe 或 δEu＞1 表示正常或过剩，指示氧化环境；δCe 或 δEu＜1 表示亏损，表明还原环境。在所测试 3 口井中，龙马溪组样品的 δCe 绝大部分小于 1，表明龙马溪组整体应处在还原环境之中，符合较深水陆棚亚相沉积环境特征。

第三节　海相页岩区域构造特征

中国海相页岩普遍经历了多期构造改造，不同的构造演化经历及不同改造强度是页岩气差异富集的关键所在，不同构造单元构造活动差异使得页岩气富集分区分带，因此，构造演化恢复及构造单元划分是页岩气地质综合评价的基础。

一、构造单元划分

四川盆地位于青藏高原东缘，是目前中国南方最有利的油气勘探区。四川盆地周缘被海拔 2000~3000m 的山脉或高原所环绕，北接米仓山隆起构造带，西邻龙门山冲断带，东面与齐岳山—大娄山褶皱带接壤，南面与峨眉山—凉山断褶带相连，为典型的构造沉积盆地，具有清晰的盆山边界[26]。根据四川盆地的构造单元及其特征，可以将其分为六个不同的构造区带（图 2-29）。

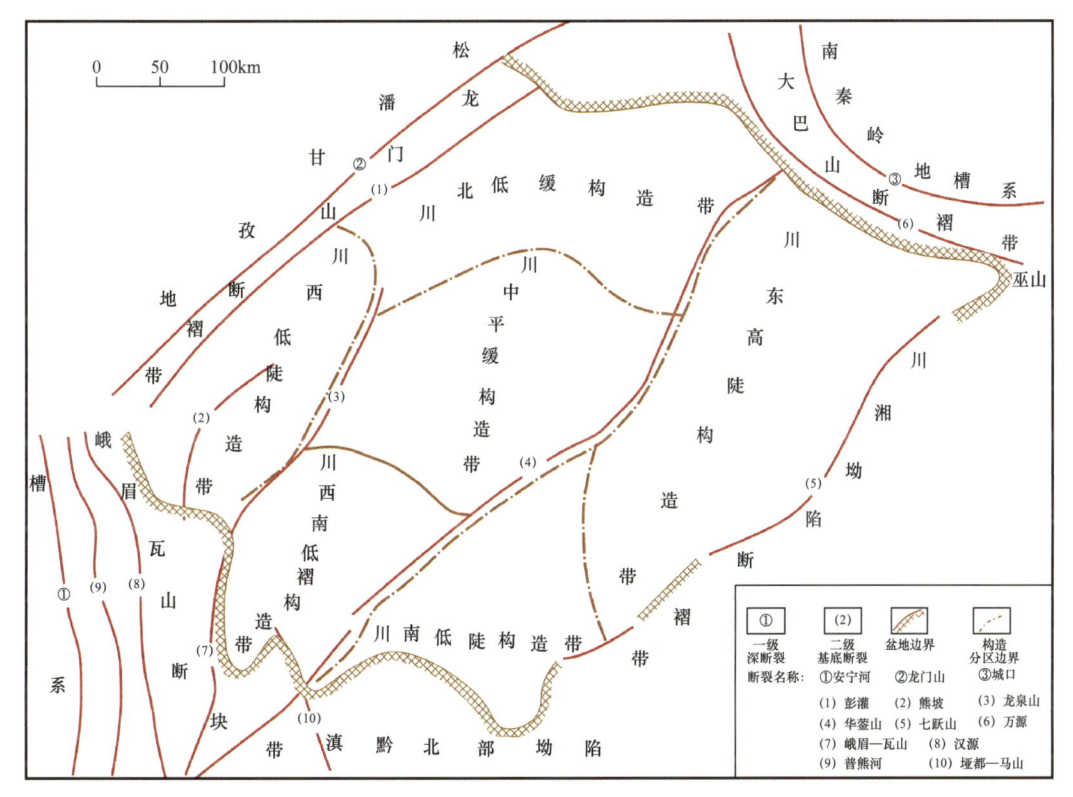

图 2-29 四川盆地构造区划图

川北低缓构造带：分布于三台—仪陇以北、广元—旺苍—南江以南、剑阁—桐梓以东、平昌—通江—镇巴以西，主要构造为在川北边缘由喜马拉雅运动造成四川盆地周缘强烈挤压所形成了大巴山推覆体带和米仓山基底隆起断褶构造带。

川东高陡构造带：分布于华蓥山以东、齐耀山以西，万源—城口—巫溪以南、武隆—利川以北，广泛发育南西—北东向的开阔隔挡式褶皱构造，与川东北地区的大巴山前缘交会，复杂的叠加关系以及印支期板块俯冲、碰撞造山和燕山期—喜马拉雅期陆内造山使得大巴山前缘构造复杂且强烈。

川西低陡构造带：分布于松潘甘孜地槽系与龙门山断褶带以东、龙泉山—南江以西、米仓山前缘以南，峨眉瓦块山断带以北。受秦岭造山带、三江造山带北段影响，中三叠世形成川西凹陷，发生前陆褶冲，呈北东方向展布。

川中平缓构造带：主要指围限在龙门山、大巴山、雪峰山之间的隆起平缓构造区，构造特征主要表现为褶皱平缓、方向散乱、沉积盖层薄、滑脱层不发育、地面少见断层，形成低缓的构造，构造轴主要呈近东西向，与川东高陡构造带、川西低陡构造带的构造特征明显不同。

川西南低褶构造带：主要由威远—乐山—宜宾地区低缓褶皱区组成，它北部接川西低陡构造带和川中平缓构造带，西南与峨眉—瓦山断块相连。区内由于乐山—龙女寺古隆起多期叠加的抬升作用，威远地区呈现为穹窿背斜，其东南翼发育自贡低褶构造、天宫堂构造、五指山构造和柳家向斜等。

川南低陡构造带：主要由川南帚状带隔挡式构造组成，它西接川中平缓构造带和川西南低褶构造带，东邻川东高陡构造带，南与滇黔北部凹陷相接。受华蓥山断裂带和雪峰陆内构造系统影响，构造变形增强，常显示出北东、东西和南北向复合联合叠加构造。构造带整体呈北东—南西向展布，北部为典型的隔挡式构造，南部以沙溪沟、三河口、叙永和双龙等大的向斜为主，盆地边缘发育长宁背斜。

二、构造演化

四川盆地是在扬子克拉通地台基础上形成和发展的叠合型沉积盆地。基底由中—上元古界的结晶基底和褶皱基底构成，经历了震旦纪—中三叠世以海相碳酸盐岩为主的台地和晚三叠世以来的前陆盆地的两大演化阶段[27]。

四川盆地经历了漫长而又复杂的地质演化历史，克拉通演化阶段以多次升降运动为主，期间可能在强烈拉张之后发生了弱的挤压；前陆盆地演化阶段受周缘造山带周期活动的影响，频繁受到多向构造挤压，晚白垩世以来整体抬升剥蚀，盆地受到强烈改造。震旦纪以来，四川盆地经历了多期构造运动，具体的构造演化如下。

1. 晋宁运动

晋宁运动是发生在震旦纪以前的一次强烈构造运动，它使前震旦系褶皱变形，会理群、峨边群、火地垭群、板溪群等发生变质，并伴有岩浆侵入（年龄830—820Ma），扬子准地台普遍固结成为统一基底。晋宁运动还形成了安宁河、龙门山、城口等深断裂，这些深断裂控制了扬子准地台的西部和北部边界，成为后期控制盆地边缘演化的重要边界断层。

2. 澄江运动

澄江运动发生在早震旦世中晚期，以大凉山一带列古六组与开建桥组间的平行不整合为代表。四川盆地深井钻探揭示，在盆地地腹上震旦统的下伏地层是一套火山喷发岩或岩浆侵入岩。川中女基井为紫红色英安质霏细斑岩，钻厚88m（未见底），初步认为可与川西南下震旦统苏雄组对比，威远两口深井为花岗岩，其岩性与峨眉山花岗岩体相似，属早震旦世澄江期产物。由此看来，早震旦世的火山运动和岩浆侵入已延至盆地的西部和川中腹部，从而使"前震旦系"基底复杂化。

3. 桐湾运动

桐湾运动最早指在湘西怀化铜湾、银藏湾地区早寒武世五里牌组和南沱冰碛岩间形成的不整合运动，并认为其可能大范围规模性发育。桐湾运动为幕式整体抬升，局部存在差异升降，古构造继承性隆升使得多期不整合面在该区发生叠合。桐湾运动Ⅰ幕发生在灯二段沉积末期，致使灯二段与灯三段间呈不整合接触；盆地西缘先锋、东部巫溪康家坪可见二者岩性突变接触，盆内灯二段顶部可见大量的侵蚀证据，被灯三段超覆。桐湾运动Ⅱ幕发生在灯影组沉积末期，盆缘露头、盆地地震和钻井均揭示了灯影组顶部遭受不同程度剥蚀，与上覆地层呈不整合接触[26,28-30]。一些学者也提出在早寒武世麦地坪组沉积期末发生桐湾运动Ⅲ幕，造成下寒武统麦地坪组与筇竹寺组呈不整合接触[30-31]。桐湾期幕式抬升，局部差异升降，加剧了隆坳格局分异，导致四川盆地在震旦纪—早寒武世形成了南北向的绵阳—长宁裂陷槽构造（拉张槽或坳拉槽）[26,31-33]，控制了四川盆地下寒武统黑色页岩沉积分布。

4. 加里东运动

加里东运动指全球早古生代的地壳运动总称[34-35]。四川盆地普遍经历了3幕构造运动：郁南运动、都匀运动和广西运动。晚寒武世—早奥陶世，郁南运动使四川盆地地层整体抬升，导致盆地西缘、北缘上寒武统遭受剥蚀，与奥陶系呈不整合接触，在川中形成水下隆起，在川东连续沉积。受滇黔桂古陆和雪峰山局部隆起活动影响，晚奥陶世—早志留世，华南地区发生了都匀运动，川北的南郑上升使米仓山及大巴山一带隆升成陆，大面积缺失中—上寒武统至中—下奥陶统。晚志留世，扬子板块与华夏板块陆内造山，发生了广西运动，使扬子板块和华夏板块最终拼合形成统一的华南古陆，并在扬子东南缘形成江南隆起带，四川盆地形成了大型的隆坳格局，如乐山—龙女寺古隆起，是加里东运动在地台内部形成的、影响范围最广的一个大型北东东向隆起，自西向东，从盆地西南向东北方向延伸。五峰组—龙马溪组区域上大面积连续沉积，但是从乐山—龙女寺古隆起向川南腹地地层有减薄趋势，在威远背斜可见上超现象，据此推测在古隆起核部五峰组—龙马溪组存在沉积间断。

5. 海西运动

志留纪末，加里东运动造成四川盆地大部抬升成陆，除川东外，泥盆系和石炭系仅在盆地边缘沉积发育。石炭纪末期发生的云南运动，地壳进一步整体抬升，四川盆地遭受广泛的剥蚀，造成地层缺失和上下地层间呈假整合接触。发生在早—晚二叠世之间的东吴运动，峨眉山地幔柱的活动引起了区域抬升，使扬子地台在经历早二叠世海盆沉积后再次抬升成陆，上—下二叠统在广大地区内呈假整合接触。期间，四川盆地的构造—沉积格局发生了重要变化，川北发育多个近平行的北东向的海槽，出现明显的沉积分异。威远地区表现为区域性抬升作用，造成泥盆系和石炭系的缺失，无构造变形发生。

6. 印支运动

印支运动是中国现今大陆构造形成的关键变革时期。古特提斯洋的关闭，导致了华南板块、华北板块俯冲碰撞拼贴，四川盆地也结束了海相克拉通沉积，进入了前陆盆地发育阶段。扬子板块西缘发生了强烈的变形变质作用[36-39]，并伴随零星分布的岩浆活动，引起了松潘—甘孜褶皱带发生了初始隆升，为后期四川盆地的陆相沉积提供了大量物源。位于四川盆地西缘的龙门山构造反转，开始向盆地方向褶皱逆冲。盆内形成了北东向的大型隆起和坳陷，以华蓥山为中心的隆起带上升幅度最大，其北段称为开江古隆起，南段称为泸州古隆起。泸州古隆起的发育时限几乎横跨了整个三叠纪，具有持续发展变化的特征。嘉陵江组沉积末期，泸州古隆起已初具雏形，表现为水下古隆起的性质，接受缓慢的沉积作用；雷口坡组沉积早期，泸州古隆起在嘉陵江组沉积末期的基础之上持续隆升，但仍表现为水下古隆起的性质，接受缓慢的沉积作用，两翼地层逐渐向嘉陵江组之上超覆，形成沉积不整合面；雷口坡组沉积晚期，泸州古隆起开始逐渐露出水面，早期沉积的雷口坡组和嘉陵江组沉积物遭受剥蚀作用，使其成了隆起周缘的陆源碎屑供给区，随着泸州古隆起的持续拓展，周缘地带形成了先沉积、后剥蚀的沉积模式；须家河组沉积早期，泸州古隆起隆升幅度更大，其东南侧的雪峰山前缘坳陷带也已完全露出水面，并与雪峰山造山带一起组成了上扬子古隆起带，成了广泛的隆升剥蚀区，向泸州古隆起西北一侧的坳陷带提供充足的物源供给；须家河组沉积晚期，整个四川盆地表现为西低东高的地势特征，泸州古隆起虽仍然保持了早期的形态，但在持续的填平补齐过程中逐渐消亡，埋藏于下伏沉积层中。

7. 燕山运动

燕山运动指侏罗纪以来至白垩纪末的构造运动。燕山旋回是陆相沉积盆地发育的主要阶段，当时盆地范围可能遍及整个上扬子区，而且有几个沉积中心，如四川、西昌、楚雄等。早侏罗世，四川盆地内部以稳定沉积为主，表现为整体上的沉降，构造变动微弱，下侏罗统珍珠冲段、东岳庙段和马鞍山—大安寨段均处于沉降阶段，形成主体为陆内弱拉张环境下的大型克拉通内坳陷盆地，处于构造相对平静期[40-42]；而盆缘受周缘造山带活动影响，在中侏罗世晚期，受大巴山构造带南向挤压，盆地沉降中心处于川北地区；晚侏罗世到早白垩世，在龙门山冲断带北段东向挤压与米仓山冲断构造带南向挤压的联合作用下，沉降中心迁至川西北地区；晚白垩世到古近纪，受龙门山构造活动南向传递的影响，沉降中心迁移至川西南地区。燕山运动期间，乐山—龙女寺古隆起的中段向威远地区迁移，威远构造形成雏形。

8. 喜马拉雅运动

喜马拉雅运动是四川盆地构造定型的关键时期[27]。新生代，青藏高原的隆升和向东生长对其周缘沉积盆地产生了至关重要的影响。前人通过构造解析、碎屑锆石、低温年代学等研究成果揭示了盆地西缘的龙门山冲断带发生了多阶段的隆升和冲断变形[43-45]，四川盆地西南地区记录和保存其沉积响应[46]。喜马拉雅运动早幕（始新世中期），四川盆地大部分结束了陆相沉积，是四川盆地和局部构造主要形成时期；川西前陆盆地北段开始抬升，盆地中心逐渐沿龙门山前缘走向西南迁移[42, 46]，致使川西前陆盆地南段仍然接受沉积，并在喜马拉雅运动晚幕（中新世）开始隆升[46]。早喜马拉雅期形成的构造进一步得到加强和改造，最终定型构成现今四川盆地的构造面貌。上新统—第四系大邑组砾岩不整合于下伏古近系—始新统名山组和白垩系，又被第四系雅安砾岩不整合覆盖[47]，分别记录了这两次重要的构造事件响应。第四纪更新世彻底结束了整个新生代沉积，受欧亚板块持续碰撞的影响，新构造间歇性活动。

磷灰石裂变径迹测量和热史模式揭示，长宁地区晚白垩世以来埋深增温过程逐渐停止、新生代早期 50—45Ma 发生缓慢抬升过程，30—25Ma 以来逐渐中等速率抬升剥蚀过程，总体导致地表抬升剥蚀量达到 3500~4000m。泸州地区晚白垩世以来埋深增温过程逐渐停止、晚白垩世末期—新生代早期 80—40Ma 中等速率抬升剥蚀过程（抬升剥蚀量相对较高），晚新生代 20Ma 以来中等速率抬升剥蚀过程，总体导致地表抬升剥蚀量达到 2000~3000m。威远地区晚白垩世以来埋深增温过程逐渐停止、晚新生代 20Ma 以来快速抬升剥蚀过程，总体导致地表抬升剥蚀量达到 2000~3000m。

三、多期构造特征

四川盆地经历了多方向应力作用，内部构造从印支期至喜马拉雅期形成，且大多数构造是在喜马拉雅期加强或定型的[27]。始新世中期印度板块与欧亚板块发生碰撞，引起康滇地区早期南北向构造的复合，由此传导入四川盆地，区域地应力场为东西向的挤压，形成盆地内南北向构造；渐新世—中新世太平洋板块向北西西俯冲，其西岛弧、边缘海生成，中国东部的断陷盆地演变为坳陷盆地，形成了分布较广的古近系—新近系的不整合接触。受此影响，四川盆地形成了北北东构造，川东低地区受燕山期构造的干扰，有的形成了北东或北北东向构造，但应力场是北西向的地应力。盆地北部的北西向构造发育，主要是受大巴山弧形构造地应力传递所致，大巴山和汉南两地区基底具有不同的性质，其东西向构造均来自秦岭的压应力所致（图2-30）。

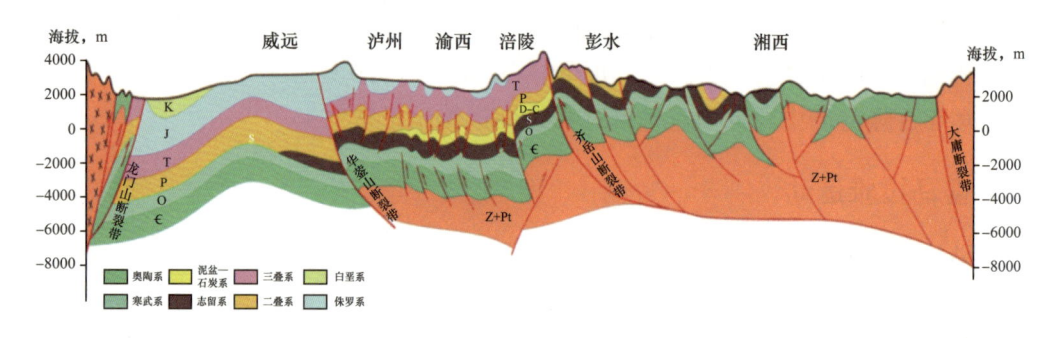

图2-30 四川盆地东西向剖面特征

四川盆地经历了多期次构造作用，最早是龙门山北段前缘的印支期褶曲；其次是川东和川北地区燕山晚期低幅褶曲；第三期是晚始新世喜马拉雅早期近南北向褶皱；第四期是古近纪—新近纪间的以NNE向构造为代表的褶曲，主要分布于川东和川南一带；第五期是新近纪中形成的北西向或东西向构造；第六期是新近纪与第四纪之间的喜马拉雅晚期褶曲，川西一带反应强烈。

四川盆地受多方向地应力和多期构造挤压，由川中向东和向南至盆地边缘表现出构造差异，呈现不同的构造特征。威远低缓的单斜构造、泸州的帚状构造、渝西的隔挡式构造、涪陵的似箱状背斜构造和湘鄂西的隔槽式构造等都是上述作用的结果（图2-30）。不同的构造具有不同的页岩气富集规律，构造作用强弱是页岩气保存和破坏的关键。以泸州为例，轴迹总体呈北东向展布，但是也有近南北向和近东西向构造，使得泸州具有独特的页岩气富集规律。另外，由于构造挤压和荷载作用，在埋深较深的向斜核部和断块的断层面附近页岩储层物性降低，电阻率和含气性存在降低现象，这也是四川盆地页岩气与北美地区页岩气构造特征上最大的差异（图2-31）。

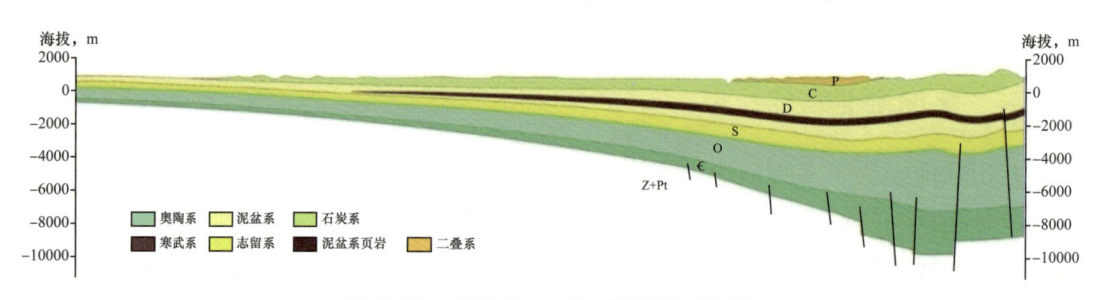

图2-31 美国Marcellus页岩剖面特征

参 考 文 献

[1] 卢衍豪.云南昆明附近下寒武纪之地层及三叶虫[J].中国地质学会志，1941，21（1）：71-90.

［2］张文堂.论三叶虫纲的少节目与多节目［J］.中国科学，1979（10）：996–1004.

［3］周志毅，袁金良.西南地区下寒武统三叶虫序列［J］.古生物学报，1980，19（4）：331–339.

［4］李善姬.西南地区地层总结——寒武系［R］.成都：地质部成都地质矿产研究所，1980.

［5］樊隽轩，MELCHIN Michael J.，陈旭峰，等.华南奥陶—志留系龙马溪组黑色笔石页岩的生物地层学［J］.中国科学：地球科学，2012，42（1）：130–139.

［6］Rong J Y, Chen X, Harper D A T. The latest Ordovician Hirnantian Fauna（Branchiopoda）in time and space［J］. 2002, 35（3）：231–249.

［7］Melchin M J, Sadler P M, Cramer B D, et al. Chapter 21-The Silurian Period［M］. Boston：Elsevier, 2012：525–558.

［8］Cooper R A, Sadler P M, Hammer O, et al. Chapter 20-The Ordovician Period［M］. The Geologic Time Scale. Boston：Elsevier, 2012：489–523.

［9］Murphy A E, Sageman B B, Hollander D J, et al. Black shale deposition and faunal overturn in the Devonian Appalachian Basin：Clastic starvation, seasonal water-column mixing, and efficient biolimiting nutrient recycling［J］. Paleoceanography, 2000, 15（3）：280–291.

［10］Abanda P A, Hannigan R E. Effect of diagenesis on trace element partitioning in shales［J］. Chemical Geology, 2006, 230（1）：42–59.

［11］严德天，陈代钊，王清晨，等.扬子地区奥陶系—志留系界线附近地球化学研究［J］.中国科学：地球科学，2009（3）：285–299.

［12］周炼，苏洁，黄俊华，等.判识缺氧事件的地球化学新标志——钼同位素［J］.中国科学：地球科学，2011，41（3）：309.

［13］王世玉.黔北地区上奥陶统五峰组—下志留统龙马溪组黑色页岩（气）特征研究［D］.成都：成都理工大学，2013.

［14］杨珊，廖泽文，刘虎，等.渝东漆辽剖面五峰组—龙马溪组页岩及残余干酪根中微量元素地球化学特征［J］.矿物岩石地球化学通报，2015，34（6）：1231–1237.

［15］Hatch J R, Leventhal J S. Relationship between inferred redox potential of the depositional environment and geochemistry of the Upper Pennsylvanian（Missourian）Stark Shale Member of the Dennis Limestone, Wabaunsee County, Kansas, U.S.A.［J］. Chemical Geology, 1992, 99（1–3）：65–82.

［16］Jones B, Manning D A C. CoMParison of geochemical indices used for the interpretation of palaeoredox conditions in ancient mudstones［J］. Chemical Geology, 1994, 111（111）：111–129.

［17］CrusiusJ, CalvertS, PedersenT, et al. Rhenium and molybdenum enrichments in sediments as indicator so foxic, suboxic and sulfidic conditions of deposition［J］. Earth and Planetary Science Letters, 1996, 145（1–4）：65–78.

［18］Ross D J K, Bustin R M. Investigating the use of sedimentary geochemical proxies for paleoenvironment interpretation of thermally mature organic-rich strata：Examples from the Devonian – Mississippian shales, Western Canadian Sedimentary Basin［J］. Chemical Geology, 2009, 260（1）：1–19.

[19] Wignall P B, Twitchett R J. Oceanic anoxia and the end permian mass extinction [J]. Science, 1996, 272 (5265): 1155–1158.

[20] Wignall, Paul & Myers, Keith. Interpreting benthic oxygen levels in mudrocks: a new approach [J]. 1988, 16 (1): 452–455.

[21] Rimmer S M. Geochemical paleoredox indicators in Devonian–Mississippian black shales, Central Appalachian Basin (USA) [J]. Chemical Geology, 2004, 206 (3-4): 373–391.

[22] Elderfield H, Greaves M. The rare earth elements in seawater [J]. Nature, 1982, 296 (3), 214–219.

[23] Wright J, Schrader H, Holser W T. Paleoredox variations in ancient oceans recorded by rare earth elements in fossil apatite [J]. Geochimica Et Cosmochimica Acta, 1987, 51 (3): 631–644.

[24] Murray R W, Brink M R B T, Gerlach D C, et al. Interoceanic variation in the rare earth, major, and trace element depositional chemistry of chert: Perspectives gained from the DSDP and ODP record [J]. Geochimica Et Cosmochimica Acta, 1992, 56 (5): 1897–1913.

[25] Wilde P, Quinby-Hunt M S, Erdtmann B D. The whole-rock cerium anomaly: a potential indicator of eustatic sea-level changes in shales of the anoxic facies [J]. Sedimentary Geology, 1996, 101 (1-2): 43–53.

[26] 刘树根, 王世玉, 孙玮冉, 等. 四川盆地及其周缘五峰组—龙马溪组黑色页岩特征 [J]. 成都理工大学学报（自然科学版）, 2013, 40 (6): 621–639.

[27] 郭正吾, 邓康龄, 韩永辉, 等. 四川盆地形成与演化 [M]. 北京: 地质出版社, 1996.

[28] 杜金虎, 邹才能, 徐春春, 等. 川中古隆起龙王庙组特大型气田战略发现与理论技术创新 [J]. 石油勘探与开发, 2014, 41 (3): 268–277.

[29] 汪泽成, 姜华, 王铜山, 等. 四川盆地桐湾期古地貌特征及成藏意义 [J]. 石油勘探与开发, 2014, 41 (3): 305–312.

[30] 武赛军, 魏国齐, 杨威, 等. 四川盆地桐湾运动及其油气地质意义 [J]. 天然气地球科学, 2016, 27 (1): 60–70.

[31] 薛耀松, 唐天福, 俞从流. 皖南与湘西晚震旦世地层的划分与对比 [J]. 地层学, 1989 (1): 52–58, 83.

[32] 钟勇, 李亚林, 张晓斌, 等. 四川盆地下组合张性构造特征 [J]. 成都理工大学学报（自然科学版）, 2013, 40 (5): 498–510.

[33] 魏国齐, 杨威, 杜金虎, 等. 四川盆地震旦纪—早寒武世克拉通内裂陷地质特征 [J]. 天然气工业, 2015, 35 (1): 24–35.

[34] 胡艳华, 钱俊锋, 褚先尧, 等. 华南加里东运动研究综述及其性质初探 1 [J]. 科技通报, 2012, 28 (11): 42–48, 71.

[35] 张浩然, 姜华, 陈志勇, 等. 四川盆地及周缘地区加里东运动幕次研究现状综述 [J]. 地质科技通报, 2020, 39 (5): 118–126.

[36] 罗志立, 金以钟, 朱夔玉, 等. 试论上扬子地台的峨眉地裂运动 [J]. 地质论评, 1988, (1):

11-24.

[37] 刘和甫, 梁慧社, 蔡立国, 等. 川西龙门山冲断系构造样式与前陆盆地演化[J]. 地质学报, 1994, (2): 101-118.

[38] Weislogel A L, Graham S A, Chang E Z, et al. Detrital-zircon provenance of the Late Triassic Songpan-Ganzi complex: sedimentary record of collision of the North and South China blocks [J]. Geology, 2006, 34 (2): 97-100.

[39] Weislogel A L, Graham S A, Chang E Z, et al. Detrital zircon provenance from three turbidite depocenters of the Middle-Upper Triassic Songpan-Ganzi complex, central China: Record of collisional tectonics, erosional exhumation, and sediment production [J]. Geological Society of America Bulletin, 2010, 122 (11-12): 2041-2062.

[40] Meng Q R, Wang E, Hu J M. Mesozoic sedimentary evolution of the northwest Sichuan basin [J]. Controversy and Reconciliation, 2005, 27 (2): 123-126.

[41] 李智武, 刘树根, 罗玉宏, 等. 南大巴山前陆冲断带构造样式及变形机制分析[J]. 大地构造与成矿学, 2006, (3): 294-304.

[42] 何登发, 李英强, 黄涵宇, 等. 四川多旋回叠合盆地的形成演化与油气聚集[M]. 北京: 科学出版社, 2020.

[43] 刘树根, 罗志立, 赵锡奎, 等. 内蒙古海拉尔盆地演化研究[J]. 成都地质学院学报, 1993, (2): 78-87, 125-130.

[44] Burchfiel B C, Chen Z L, Liu Y, et al. Tectonics of the Longmen Shan and Adjacent Regions, Central China [J]. International Geology Review, 1995, 37 (8): 661-735.

[45] Chen S F, Wilson C J L, Luo Z L, et al. The evolution of the western Sichuan foreland basin, southwestern China [J]. Journal of Southeast Asia Earth Science, 1994, 10 (3-4): 159-168.

[46] Li Z W, Liu S, Chen H, et al. Spatial variation in Meso-Cenozoic exhumation history of the Longmen Shan thrust belt (eastern Tibetan Plateau) and the adjacent western Sichuan basin: Constraints from fission track thermochronology [J]. Journal of Asian Earth Sciences, 2012, 47: 185-203.

[47] 四川省地矿局. 中华人民共和国地质矿产部地质专报1区域地质第23号四川省区域地质志[M]. 北京: 地质出版社, 1991.

第三章

四川盆地海相页岩储层特征

随着对富有机质黑色泥页岩研究的不断深入，认识到泥页岩是一种优质的自生自储的岩石[1-3]。近年，非常规页岩气勘探开发得到快速发展，在四川盆地取得了显著成果，为适应非常规页岩气勘探开发现状，对泥页岩储层特征的研究也需要不断深入。泥页岩储层具有岩石类型多样、矿物成分复杂、孔隙结构复杂、非均质性强等特点，整体为低孔低渗透，较常规储层有更强的特殊性和复杂性，需要更全面、全方位地进行评价，综合考虑生烃能力、储烃能力和改造能力等特征。根据四川盆地海相页岩研究现状，其储层特征研究主要从有机地球化学特征、矿物组成、物性特征、孔隙结构特征、含气性特征及展布特征六个方面进行。针对四川盆地龙马溪组和筇竹寺组页岩，本章对其储层特征和横纵向差异进行描述。

第一节 储层分类标准

在常规油气田中，泥页岩通常作为油气藏的盖层，阻挡油气向上运移。在页岩气藏中，泥页岩岩层既是烃源岩也是储层，具有自生自储的特征。近几年来的页岩气勘探情况表明，并非所有的泥页岩都可以作为页岩气储层，只有满足一定划分标准的页岩层段才具有经济规模开采价值，即具有经济效益的页岩气（Economic gas shales），页岩气储层主要为具有经济规模开采价值的高伽马富有机质页岩[4]。大多数高产页岩气藏中的页岩气储层厚度大，连续分布，岩层相对平缓，开发井能够持续稳定生产几十年。

对于四川盆地龙马溪组页岩储层分类，国内早期尚无一个统一的标准，沿用的是自然资源部于2014年发布的《页岩气资源/储量计算与评价技术规范》内的储层评价参数，包括页岩有效厚度、含气量、TOC、R_o、脆性矿物含量（表3-1），但目的性不强，局限性较大，未多方面考虑页岩的复杂性。

表 3-1　页岩储层评价参数

页岩有效厚度 m	总含气量 m³/t	TOC %	R_o %	脆性矿物含量 %
>50	1	1	0.7	30
50～30	2			
<30	4			

随着认识的深入，需不断优化储层分类标准。根据四川盆地页岩气勘探开发工作经验，有效孔隙度对页岩游离气含量影响较大，因此有必要将孔隙度作为页岩储层评价指标之一。页岩储层受控因素较多，大致可以分为生气潜力、储集物性、宜开采性和含气性等四大类别。本书选取有机碳含量、孔隙度、脆性矿物含量、含气量4个参数作为静态页岩储层评价代表，将龙马溪组页岩储层分为Ⅰ类储层、Ⅱ类储层和Ⅲ类储层，见表3-2。龙马溪组页岩储层必须满足：TOC≥1.0%，总含气量≥1.0 m³/t，有效孔隙度≥2.0%，脆性矿物≥40%。

表 3-2　四川盆地龙马溪组页岩储层分类标准

参数	页岩储层 Ⅰ类储层	页岩储层 Ⅱ类储层	页岩储层 Ⅲ类储层
TOC，%	≥3	2～3	1～2
有效孔隙度，%	≥5	3～5	2～3
脆性指数，%	≥55	45～55	40～45
总含气量，m³/t	≥3	2～3	1～2

筇竹寺组储层具有明显的分段性，呈不连续分布。五峰组—龙马溪组基本连续，可统一作为一个储层单元进行研究。根据现有的测井特征和实验数据分析表明，由于地层缺失或沉积相变，筇竹寺组页岩储层发育并不均衡，盆地边缘可能不发育储层，而裂陷槽内最多可发育4套储层。以裂陷槽内高石17井和裂陷槽外威201井为例，4套储层对应高伽马段。依据地层与储层的匹配关系，①号储层和②号储层位于筇一₁亚段，③号储层位于筇一₂亚段底部，④号储层位于筇二段底部（图3-1）。①号储层和③号储层整体伽马值较高，储层品质较优，发育分布较广。因此，根据筇竹寺组储层分段性特征、发育不均衡特征，下面将针对筇竹寺组4套储层分别展开研究，重点研究①号储层和③号储层。

(a) 高石17井　　　　(b) 威201

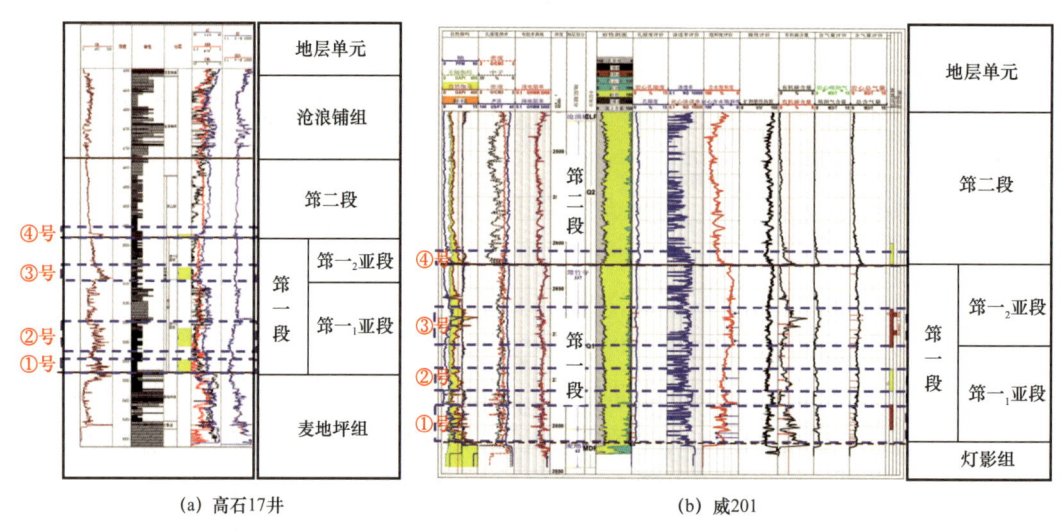

图3-1　四川盆地高石17井和威201井筇竹寺组储层分布图

由于四川盆地筇竹寺组在生气能力、储层厚度、储层造缝能力等方面与五峰组—龙马溪组存在一定差异，储层分类标准也做了相应调整。在生气能力方面，筇竹寺组尽管整体TOC低于龙马溪组，但由于埋深较深、热演化程度较高等原因，生气能力更强。在储层厚度方面，与龙马溪组页岩相比，筇竹寺组页岩储层段厚度更大。筇竹寺组裂陷槽内高石17井TOC大于1%的储层段厚度约285m，而龙马溪组宁201井和威202井龙一$_1$亚段储层厚度分别为40m和50m，远低于筇竹寺组。因此，筇竹寺组储层厚度大可以弥补其在储层品质参数的不足，可适当降低筇竹寺组储层分类标准。在储层造缝能力方面，筇竹寺组储层整体纵向页岩矿物组成均匀，纵向变化更小、非均质性更弱、层理发育更少、纵向上应力差变化较小，更有利于后期储层改造中压裂缝的纵向延展。

综上所述，综合考虑TOC、孔隙度、总含气量和脆性矿物特征，制定了筇竹寺组页岩储层的划分方法（表3-3）。

表3-3　四川盆地筇竹寺组页岩储层划分方法

项目	评价参数	分类		
		Ⅰ类储层	Ⅱ类储层	非储层
烃源岩	TOC, %	>2	1~2	<1
物性	孔隙度, %	>3	2~3	<2
含气性	总含气量, m³/t	>2	1.5~2	<1.5
岩石力学	脆性矿物, %	>55	35~55	<35

第二节 有机地球化学特征

只有当泥页岩是有效烃源岩时，才可能形成具备商业开采价值的页岩气富集区，而评价页岩是否为有效烃源岩，主要取决于其中有机质丰度、类型及成熟度等。其中有机质丰度反映页岩中有机质含量，是页岩生烃能力的基础；不同有机质类型生烃能力不同，对页岩气生成量也有较大影响；有机质成熟度则反映有机质演化阶段，只有达到一定成熟度，才满足大量生烃、产气的条件。通过对有机质丰度、类型和成熟度的研究，可以直观反映页岩生烃能力，为评价选区提供依据。

一、有机质丰度

泥页岩有机质丰度指单位重量的烃源岩中残留有机质的比重。有机质丰度的表征参数主要包括有机碳含量，氯仿沥青"A"含量以及总烃。考虑到高成熟度后氯仿沥青"A"含量和总烃不能有效反映有机质的原始丰度，本书主要采用有机碳含量对四川盆地五峰组—龙马溪组、筇竹寺组的页岩有机质丰度进行表征与评价。

威远区块五峰组—龙一段 TOC 分布在 0.1%~8.2% 之间，平均为 2.3%（表3-4），其中 TOC≥1.0% 的样品频率高，达到总样品数的 77.4%；长宁地区宁201井和宁203井 TOC 主要分布在 0.2%~7.9% 之间，平均为 2.05%，其中 TOC≥1.0% 的样品频率高，达到总样品数的 61.5%。泸州区块和渝西区块龙马溪组页岩平均埋深超过 4000m，其中泸州区块 TOC 主要分布在 0.16%~6.6% 之间，平均为 2.48%，最大值略低于威远区块，平均值与威远区块和长宁区块相当；渝西区块 TOC 主要分布在 0.16%~5.31% 之间，平均为 2.3%。以上区块均总体反映区内页岩有机碳含量高，为形成有利的页岩气藏提供了良好的物质基础。

表 3-4　四川盆地典型井五峰组—龙一段 TOC 统计表

区块	井名	样品数 个	最小值 %	最大值 %	平均值 %
威远区块	威201	65	0.1	8.2	1.9
	威202	45	0.4	8.1	2.8
	威203	30	0.8	6.3	2.6
	威204	27	0.5	4.3	2.9
	威205	20	0.9	4.1	2.1
	合计/平均	187	0.1	8.2	2.3

续表

区块	井名	样品数 个	最小值 %	最大值 %	平均值 %
长宁区块	宁201	44	0.5	7.1	2.8
	宁203	184	0.2	7.9	1.3
	合计/平均	228	0.2	7.9	2.05
泸州区块	泸206	85	0.17	5.04	2.44
	泸207	40	1.65	6.6	2.83
	泸209	66	0.16	4.98	2.32
	合计/平均	191	0.48	5.35	2.48
渝西区块	足205	46	0.38	5.31	2.48
	足206	45	0.91	4.73	2.45
	足207	46	0.16	4.68	1.98
	合计/平均	137	0.48	4.97	2.3
焦石坝区块	焦页1井	173	0.55	5.89	2.54
	焦页2井	80	1.01	7.13	2.88
	焦页3井	33	0.46	4.53	2.21
	焦页4井	59	0.58	6.79	2.95
	合计/平均	345	0.65	6.08	2.65

平面上，四川盆地在中深层长宁—威远区块和深层泸州—渝西区块范围内五峰组—龙一$_1$亚段Ⅰ+Ⅱ类储层TOC均大于2.0%，位于高值区，尤其长宁区块宁201井区及威远区块威202—威204井区一带均值可达3.0%以上，泸州区块北部和渝西区块西南部为TOC高值，在长宁—威远中间位置TOC逐渐降低（图3-2）。

根据有机质丰度实验数据，筇竹寺组裂陷槽内有机质丰度多数大于2.0%，高于裂陷槽外（平均小于2.0%），且①号储层和③号储层有机质丰度高于②号储层和④号储层（图3-3）。根据测井数据，绘制了筇竹寺组TOC平面等值线图来探究筇竹寺组储层TOC平面展布特征（图3-4）。平面上，①号储层和③号储层TOC＞1.0%的范围分布更广，且槽内TOC高于槽外；②号储层和④号储层分布局限。纵向上，①号储层整体TOC最高，②号储层、③号储层和④号储层差异不大。①号储层整体TOC含量最高，大部分大于2.0%，局部大于3.0%，最高可大于4.0%；②号储层分布在裂陷槽北—中段，整体TOC＞1.0%，局部＞2.0%；③号储层裂陷槽南段TOC较高，整体TOC＞3.0%；④号储层大部分分布于裂陷槽北—中段，小部分分布于南段，整体TOC＞1.0%，局部＞3.0%。

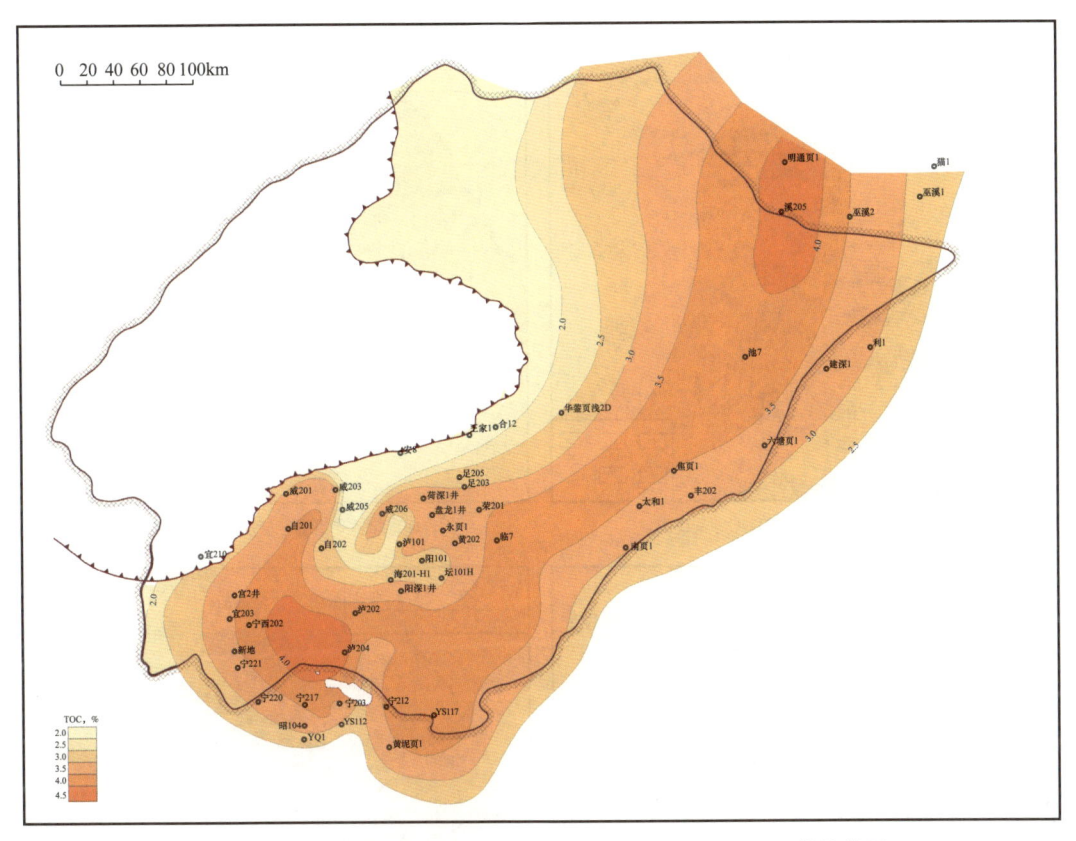

图 3-2　四川盆地五峰组—龙一$_1$亚段Ⅰ+Ⅱ类储层 TOC 等值线图

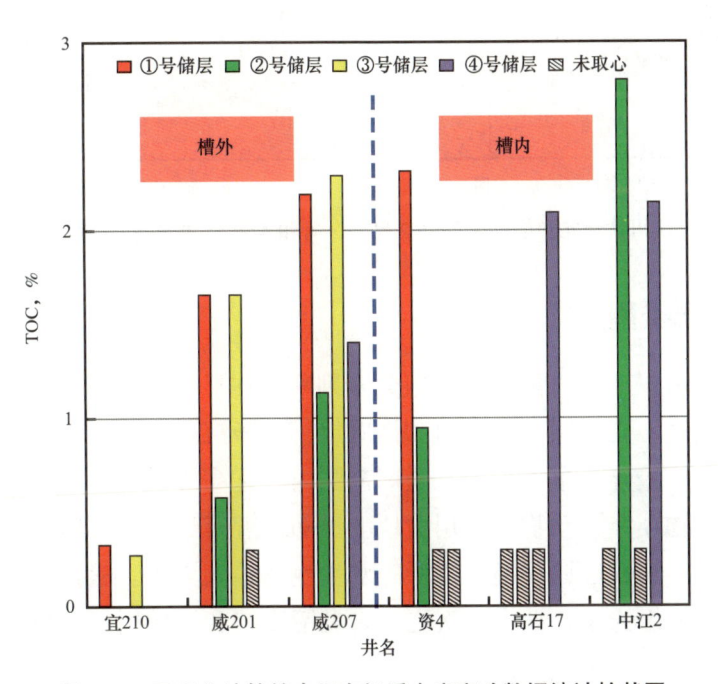

图 3-3　四川盆地筇竹寺组有机质丰度实验数据统计柱状图

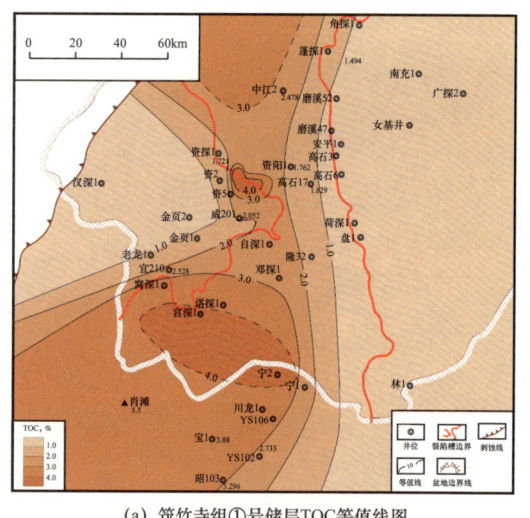

(a) 筇竹寺组①号储层TOC等值线图

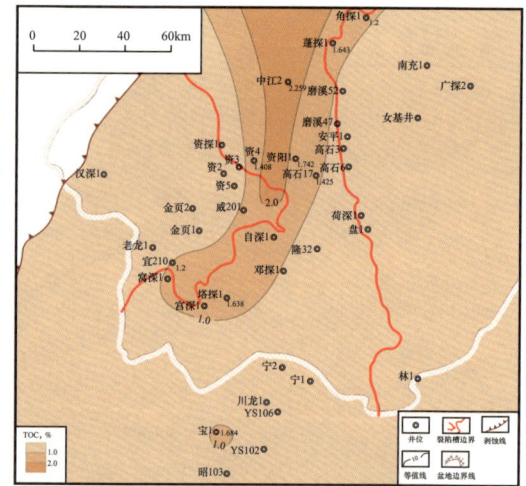

(b) 筇竹寺组②号储层TOC等值线图

(c) 筇竹寺组③号储层TOC等值线图

(d) 筇竹寺组④号储层TOC等值线图

图 3-4　四川盆地筇竹寺组①号、②号、③号和④号 I+II 类储层 TOC 等值线图

二、有机质类型

有机质类型可以通过干酪根显微组分来判断。在显微镜下，可以识别干酪根的四种组分，即腐泥组、壳质组、镜质组和惰质组。由于沉积环境与物源的差异，干酪根各组分的含量有所差异。早古生代，全球范围内缺乏高等植物，干酪根的生物主要来源于低等水生生物、浮游动物。四川盆地上奥陶统五峰组和下志留统龙马溪组沉积颗粒细，富含笔石，为强还原环境，以低等水生生物输入为主。根据镜检结果，五峰组和龙马溪组以腐泥组为主，沥青组次之，未见镜质组和惰质组，有机质类型为 I 型干酪根（表3-5）。

表 3-5 四川盆地典型井五峰组—龙马溪组有机质显微组分表

样品号	钻井号	层位	井深 m	组分含量，% 腐泥组	组分含量，% 沥青组	组分含量，% 壳质组	类型
1	宁 203 井	龙马溪组	2098.75	85	12	—	Ⅰ
2	宁 203 井	龙马溪组	2145.78	82	17	—	Ⅰ
3	宁 203 井	龙马溪组	2195.83	86	14	—	Ⅰ
4	宁 203 井	龙马溪组	2295.73	75	20	—	Ⅰ
5	宁 203 井	龙马溪组	2345.97	84	16	—	Ⅰ
6	宁 201 井	龙马溪组	2510.89	84	16	—	Ⅰ
7	宁 201 井	龙马溪组	2512.74	87	13	—	Ⅰ
8	宁 201 井	龙马溪组	2516.97	84	16	—	Ⅰ
9	宁 201 井	龙马溪组	2518.29	82	18	—	Ⅰ
10	宁 215 井	龙马溪组	2445.29	89	11	—	Ⅰ
11	宁 215 井	龙马溪组	2472.80	89	11	—	Ⅰ
12	宁 215 井	龙马溪组	2491.59	87	13	—	Ⅰ
13	宁 215 井	龙马溪组	2511.41	85	15	—	Ⅰ
14	宁 209H6-2	龙马溪组	3371.75	95	5	—	Ⅰ
15	威 201 井	龙马溪组	1383.21	83	15	—	Ⅰ
16	威 201 井	龙马溪组	1429.79	90	10	—	Ⅰ
17	威 201 井	龙马溪组	1490.39	89	11	—	Ⅰ
18	威 201 井	龙马溪组	1506.03	78	19	—	Ⅰ
19	威 201 井	龙马溪组	1540.08	84	16	—	Ⅰ
20	威 201 井	五峰组	1548.60	83	17	—	Ⅰ

四川盆地筇竹寺组有机显微组分以腐泥组为主，缺乏壳质组、镜质组和惰质组，其中腐泥组为 79%～92%，沥青质为 7%～22%（表 3-6），有机质类型主要为Ⅰ型，表明有机质以低等水生生物输入为主，有利于油气的生成。

表 3-6　四川盆地筇竹寺组页岩有机质显微组分含量表

地区或井号	组分含量，%				类型	个数
	腐泥组	沥青组	镜质组	惰质组		
高石 17 井	83~92	8~16	—	—	I	18
汉深 1 井	79~88	11~20	—	—	I	10
威 201 井	84~93	9~20	—	—	I	19
宁 208 井	74~85	15~25	—	—	I	21
峨眉张村	78~90	10~22	—	—	I	16
峨眉六道河	83~91	9~20	—	—	I	4
乐山范店	84~92	7~16	—	—	I	14
马边雪口山	82~92	8~19	—	—	I	17
遵义牛蹄塘	79~91	9~20	—	—	I	32

三、有机质成熟度

成熟度是页岩生气能力评价的一项指标。干酪根 R_o 是最直观的表征有机质成熟度的参数，其划分烃源岩热演化阶段的标准见表 3-7。由于黑色页岩中固体有机质通常十分细小、其高演化阶段固体有机质光学非均质性较强，因此在显微镜下难以准确找到镜质组，也难以准确测量其镜质组反射率。刘德汉[5]通过激光拉曼光谱中 D 峰与 G 峰的峰间距（G-D）和峰高比（Dh/Gh）参数与标准煤样镜质组反射率（vR_o%）之间的对应关系，建立了与传统镜质组反射率参数等效的拉曼参数计算反射率（$_{Rmc}R_o$），该方法不受样品制备条件影响，同时受人为因素影响较小，可以更好地高演化黑色页岩有机质的热演化程度。目前该技术在川南地区使用较为广泛。

表 3-7　烃源岩热演化阶段划分

成熟阶段划分	未成熟	成熟		高成熟		过成熟	
		低成熟	成熟	早期	晚期	早期	晚期
R_o，%	0.0<R_o<0.5	0.5≤R_o<0.8	0.8≤R_o<1.3	1.3≤R_o<1.6	1.6≤R_o<2.0	2.0≤R_o<3.5	R_o≥3.5

如图 3-5 所示，川南地区五峰组—龙马溪组 $_{Rmc}R_o$ 普遍在 2.5% 以上，均达到了过成熟阶段。平面上，与其他地区相比，威远地区整体成熟度较低，小于 3.0%。自威远地区向东南方向，成熟度逐渐增高。长宁地区成熟度整体高于威远地区，且长宁西地区成熟度最高，大于 3.5%。

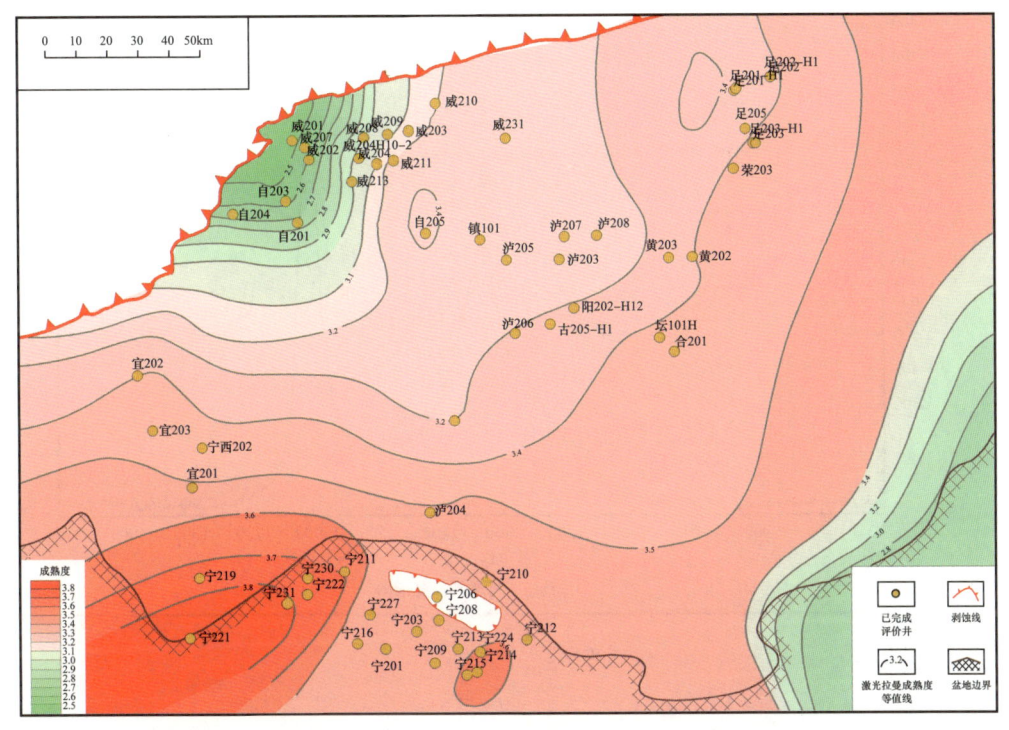

图 3-5 川南地区五峰组—龙一$_1$亚段激光拉曼计算成熟度等值线图

四川盆地筇竹寺组受岩心资料限制，目前激光拉曼测试工作开展较少。但根据现有数据来看，四川盆地筇竹寺组页岩 $_{Rmc}R_o$ 一般都大于 3.0%，目前处于过成熟演化阶段，整体成熟度略高于五峰组—龙马溪组（表3-8）。裂陷槽内（高石17井、宁206井和宁208井）通常激光拉曼光谱中 D 峰与 G 峰峰位移间距较大 [图3-6（a）]，反应成熟度相对较高，$_{Rmc}R_o$ 位于 3.5%～3.7%，而裂陷槽外（威201井、金石1井和蓬探1井）通常激光拉曼光谱中 D 峰与 G 峰峰位移间距较小 [图3-6（b）]，反应成熟度相对较低，$_{Rmc}R_o$ 位于 3.0%～3.4%。

表 3-8 四川盆地筇竹寺组页岩 $_{Rmc}R_o$ 统计表

位置	井名	埋深 m	$_{Rmc}R_o$，% 范围	$_{Rmc}R_o$，% 均值
槽内	高石17井	4976.86	3.54～3.60	3.57
槽内	宁206井	1863.57	3.71～3.75	3.74
槽内	宁208井	3237.97	3.72～3.81	3.78
槽外	威201井	2822.42	3.02～3.33	3.22
槽外	金石1井	3280.52	3.41～3.50	3.46
槽外	蓬探1井	3280.52	3.38～3.52	3.44

(a) 高石17井激光拉曼谱图

(b) 威201井激光拉曼谱图

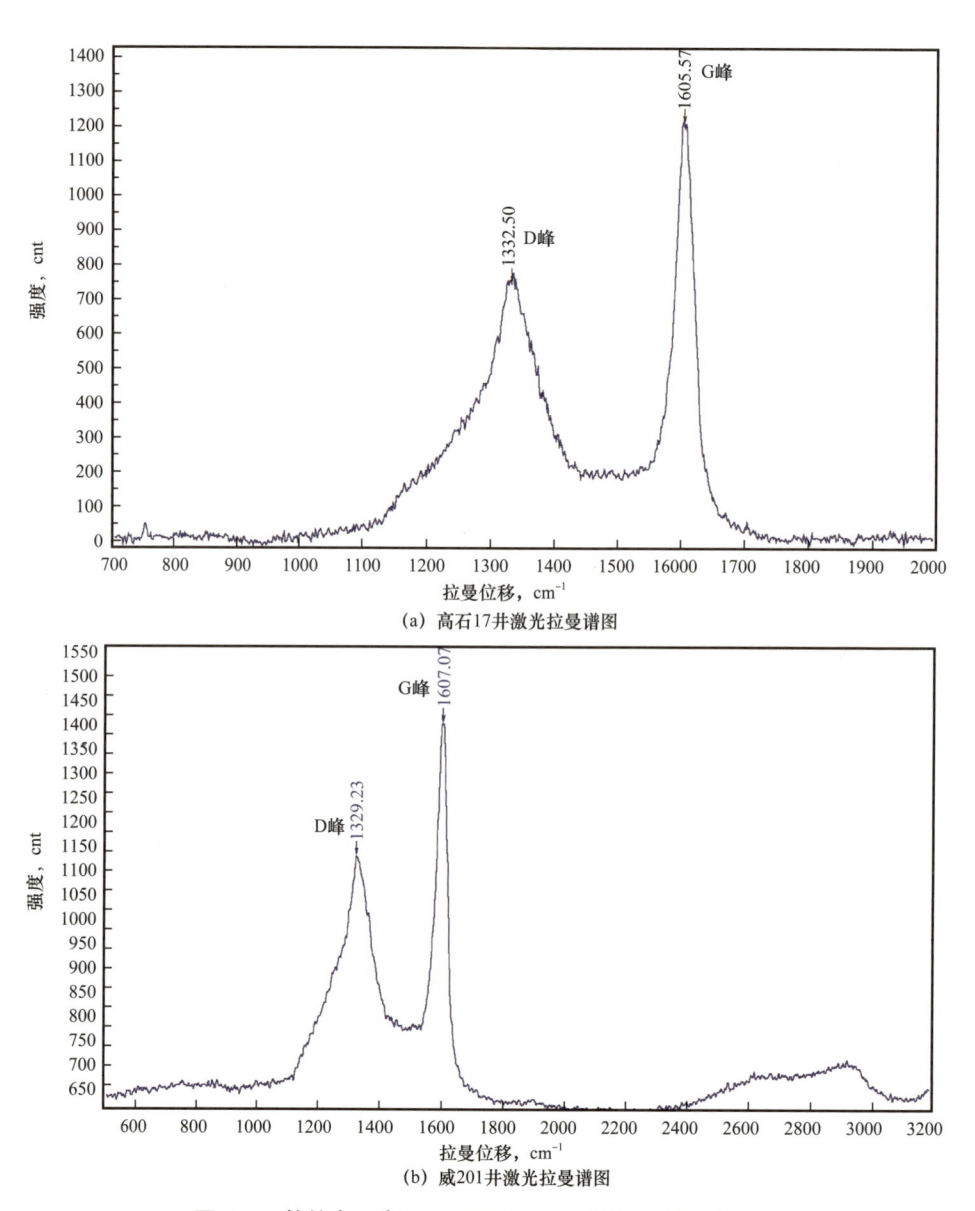

图 3-6　筇竹寺组高石 17 井和威 201 井激光拉曼光谱图

第三节　矿物组分特征

页岩中矿物组分大致可分为三类：黏土矿物、碳酸盐类矿物、其他矿物。黏土矿物可细分为伊利石、绿泥石、蒙皂石、伊/蒙混层等；碳酸盐类矿物主要为方解石、白云石；其他矿物为石英、正长石、斜长石、黄铁矿等。各种矿物组分对页岩气藏的形成、储层物性、开采性具有重要的影响，其中硅质矿物（包括石英、长石类）含量影响页岩的脆性及裂缝发育，对页岩气层的识别和商业化开采十分重要。黏土矿物对页岩气具有良好的吸附能力，进而影响页岩的含气量，同时黏土矿物表面含有水分子，对页岩含水饱和度也有一定影响。长石、碳酸盐易于形成溶蚀孔，是页岩中储集空间的一种常见类型。黄铁矿结核中的晶间孔也对页岩的总孔隙有一定贡献。评价页岩矿物组分，主要采用X射线衍射矿物分析，结合普通显微镜及扫描电镜等进行组分鉴定。

四川盆地南部地区龙马溪组泥页岩富含有机质及分散黄铁矿，颜色较深，一般以黑色为主，易染手，少见化石，层理发育。页岩中常混入一定数量的砂质成分，粒径一般小于50nm。岩石类型常见碳质页岩、钙质页岩及粉砂质页岩；筇竹寺组的矿物组成主要包括石英、黏土、长石、方解石、白云石、黄铁矿等，其中石英是筇竹寺组最主要的矿物，局部见碳酸盐和少量的黄铁矿。

四川盆地各井龙马溪组岩石矿物组成特征在纵向上的变化规律具有一致性：从上自下，石英含量整体呈增加趋势，在龙一$_1$亚段，石英平均含量一般在50%以上；方解石一般在五峰组含量较高，平均含量一般在20%左右；白云石含量低于方解石，平均含量一般小于10%；黏土矿物含量从上自下整体呈减少趋势，在龙一$_1^1$小层（层位在图中没有）含量较低，平均含量一般在10%~20%之间。黄铁矿由上至下，含量整体呈增加的趋势，平均含量均在龙一$_1^1$小层相对较高。

筇竹寺组优质页岩储层脆性矿物含量高，黏土含量较低，压裂过程中容易产生裂缝，有利于页岩气藏的开采。其中威远区块石英、长石含量为53.3%~81.6%，长宁区块石英、长石含量为55.3%~58%；两个区块碳酸盐矿物和黄铁矿含量均较少；威远区块黏土含量为9.1%~25.1%，长宁区块黏土含量为26.5%~31%。深层泸州区块石英、长石含量为43%~74%，渝西区块石英、长石含量为24.3%~54.6%，碳酸盐矿物和黄铁矿含量较低，泸州区块黏土含量为8.6%~32%，渝西区块黏土含量为11.6%~37.6%。

一、脆性矿物

脆性矿物含量直接影响到泥页岩孔隙和裂缝的发育情况。一般说来，页岩脆性强，容易在外力作用下形成天然裂隙和诱导裂隙，有利于渗流；脆性矿物含量是影响页岩基质孔隙和微裂缝发育程度、含气性及压裂改造方式等的重要因素。页岩中黏土矿物含量越低，石英、长石、方解石等脆性矿物含量越高，岩石脆性越强，在人工压裂外力作用下越易形成天然裂缝和诱导裂缝，形成多树—网状结构缝，有利于页岩气的开采。高黏土矿物含量的页岩塑性强，吸收能量以形成平面裂缝为主，不利于页岩体积改造[6]。

四川盆地龙马溪组和筇竹寺组脆性矿物类型主要为石英、长石、碳酸盐矿物（方解石和白云石）。五峰组—龙一$_1$亚段脆性矿物含量平均值在55.3%~83.0%范围内，平均为 68.8%。硅质（石英和长石）含量平均值在 40.5%~65.5% 范围内，平均为 52.4%，其中石英含量相对最高，平均值均大于 30%，长石含量平均值分布在 13.9%~28%；碳酸盐矿物含量仅次于硅质，平均值范围为 2.0%~34.4%，平均为 16.4%。

筇竹寺组优质页岩储层脆性矿物含量高，黏土含量较低，威远区块由于更靠近西边的康滇古陆，石英、长石含量明显高于长宁区块，其中威远区块石英、长石含量为 53.3.%~81.6%，长宁区块石英、长石含量为 55.3%~58%（表 3-9）。

表 3-9　四川盆地筇竹寺组优质页岩矿物成分 X 射线衍射值统计表

井名	层位	矿物含量	黏土%	石英%	长石%	碳酸盐%	黄铁矿%
威 201	筇一$_1$亚段	范围	14.3~49.3	12.8~58.1	13.9~35.5	0~11.6	3~9.0
		平均值	25.1	44.2	21.2	4.6	4.9
	筇一$_2$亚段	范围	13.8~34.6	32.7~46.7	17.5~41.4	0~8.1	1.6~5.6
		平均值	23.3	40	29.2	4.0	3.5
威 001~4	筇一$_1$亚段	范围	2~37.4	4.5~91	0~38.9	0~36.1	0.8~22.3
		平均值	11.3	52	23	6.5	8.2
	筇一$_2$亚段	范围	5.0~19.3	29.3~60	22~44.4	0~5.7	2.2~13
		平均值	9.1	51	30.6	3.1	6.2
宁 206	筇一$_1$亚段	范围	0~48.1	33~63.2	0~13.8	0~29.3	0~19.4
		平均值	31	46.2	9.1	8.6	5.9
宁 208	筇一$_1$亚段	范围	20.6~46.5	34.2~58.2	0~8	0~21.7	0.9~13.7
		平均值	26.5	52	6	10	4.5

四川盆地龙马溪组 I + II 类储层脆性矿物含量平均值在 57.7%~88.1% 范围内，平均为 71.6%。硅质（石英和长石）含量平均值在 44.4%~66.8% 范围内，平均为 55.6%，其中石英最为普遍，含量相对最高，平均值均大于 30%；碳酸盐矿物含量仅次于硅质，平均值范围为 2.9%~33.0%，平均为 16.0%（表 3-10）。

表 3-10　四川盆地五峰组—龙一$_1$亚段 I + II 类储层脆性矿物测井数据统计表

井名	层位	硅质，%	碳酸盐，%	脆性矿物，%	黏土，%
阳 101	五峰组—龙一$_1$亚段	31.8~72.6	1~12.4	32.8~84	13.7~50
临 7	五峰组—龙一$_1$亚段	8.9~69.7	0~21	8~87	1~41.7

续表

井名	层位	硅质，%	碳酸盐，%	脆性矿物，%	黏土，%
丁山1	五峰组—龙一₁亚段	50.4～89	0～39		0～26.4
宫2	五峰组—龙一₁亚段	36.8～58.2	0～21.9		30.6～39.5
威201	五峰组—龙一₁亚段	24.7～86.7	0～41.8		11.3～53.8
宁203	五峰组—龙一₁亚段	17.4～67.5	0～62		17.7～41
宁208	五峰组—龙一₁亚段	20.5～74.5	0～54		14.1～54.6
自201	五峰组—龙一₁亚段	7～73.8	3.6～82		7.2～41.6
丁山1	五峰组—龙一₁亚段	50.4～89	0～39.4		3.3～24.7

从四川盆地龙马溪组Ⅰ+Ⅱ类储层整体上看（图3-7），脆性矿物含量平面上具有自四面向中部减少的趋势，南北较东西脆性矿物含量更大的基本特征。

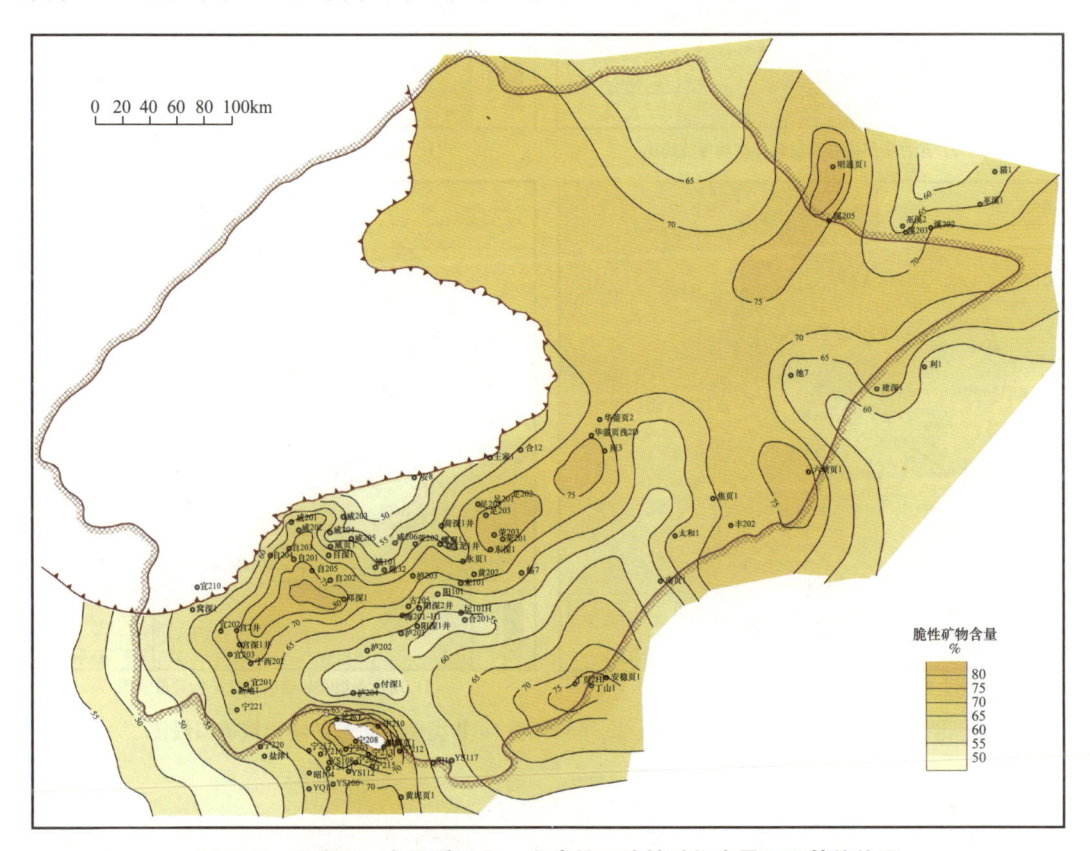

图3-7 五峰组—龙马溪组Ⅰ+Ⅱ类储层脆性矿物含量平面等值线图

根据测井数据，绘制了筇竹寺组脆性矿物平面等值线图（图3-8）来探究筇竹寺组储层脆性矿物平面展布特征。筇竹寺组整体上看脆性矿物含量高，裂陷槽内脆性矿物含量大于60%，部分大于70%，整体高于槽外。平面上，①号储层高脆性矿物分布最广，整个裂陷槽均有分布，②号储层次之，③号储层和④号储层高脆性矿物储层分布相对局限。整体脆性矿物含量，在纵向上，①号储层和②号储层略高于③号和④号储层。

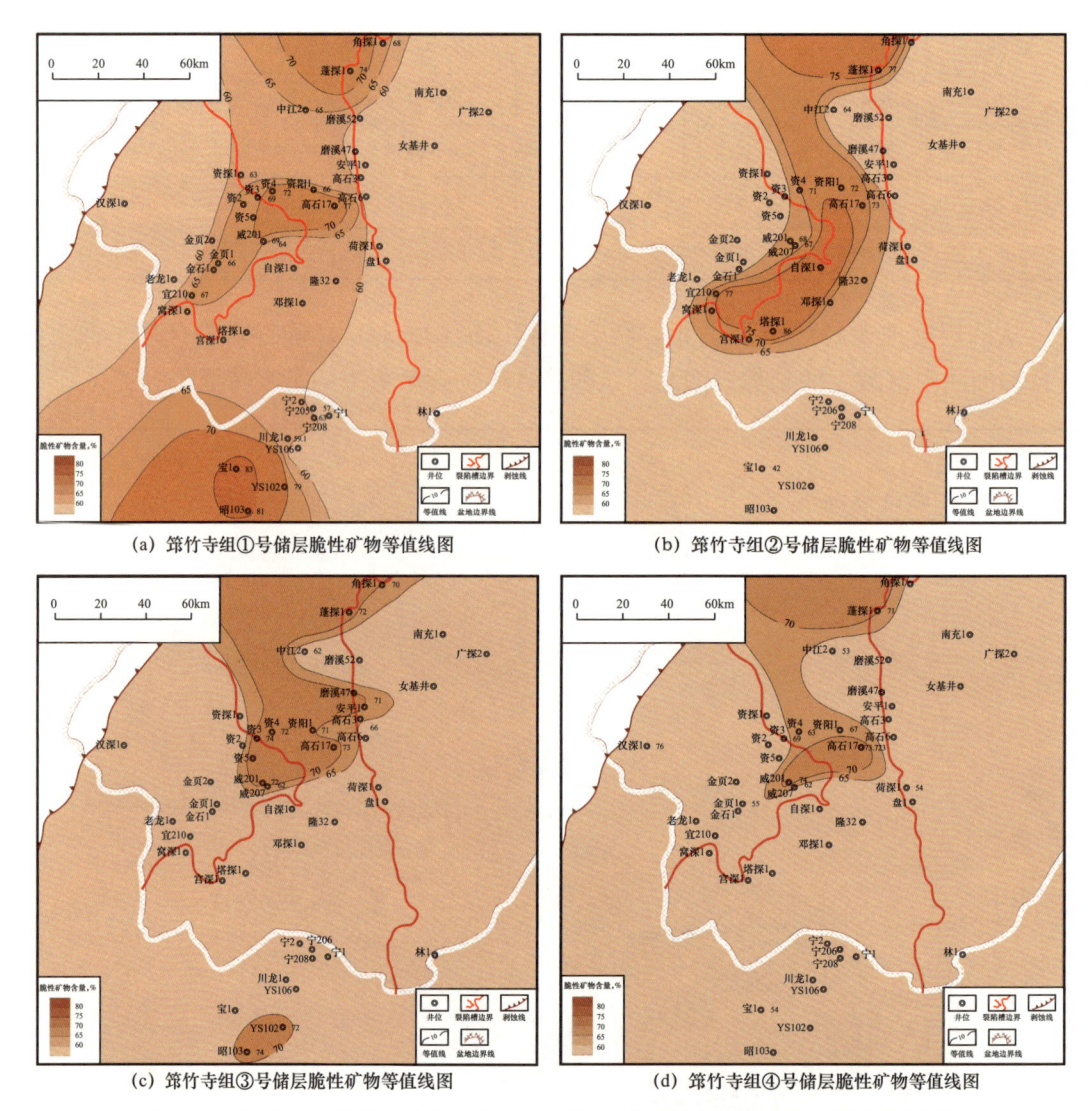

(a) 筇竹寺组①号储层脆性矿物等值线图

(b) 筇竹寺组②号储层脆性矿物等值线图

(c) 筇竹寺组③号储层脆性矿物等值线图

(d) 筇竹寺组④号储层脆性矿物等值线图

图3-8 筇竹寺组①号、②号、③号和④号Ⅰ+Ⅱ类储层脆性矿物含量等值线图

二、黏土矿物

四川盆地龙马溪组页岩黏土矿物主要由伊利石、伊/蒙混层、高岭石和绿泥石构成。其中伊利石含量最高，伊/蒙混层次之，平均值在20%～37%范围内，绿泥石含量平均值在2%～34%之间，基本不含高岭石；由于伊/蒙混层的含量高，其

水敏性强，较强的吸水膨胀性对水力压裂有一定影响，会堵塞孔隙和喉道，从而降低储层渗透率，对储层造成一定的伤害，但区内黏土矿物的总体含量较低，五峰组—龙一$_1$亚段平均黏土含量为29.4%（表3-11），因此总体对水力压裂影响不是很大。

表3-11 四川盆地龙马溪组黏土矿物分析表

井名	层位	黏土矿物质量分数，%			
		伊利石	伊/蒙混层	绿泥石	高岭石
威201	龙马溪组	51	37	27	
		3~100	5~94	3~93	
宁203	龙马溪组	56	24	34	
		8~95	1~87	4~72	
麒麟页浅	龙马溪组	64	20	28	13
		23~99	2~63	1~56	12~13
黄坭页浅	龙马溪组	53	31	2	35
		18~79	3~71		6~57

四川盆地筇竹寺组优质页岩的黏土矿物含量不超过1/3，研究区筇竹寺组优质页岩黏土矿物组成以伊利石为主，其中威远区块伊利石含量为58%~66%，长宁区块伊利石含量为46.3%~57.8%，伊利石常成极细小的鳞片状、薄片状或纹层状分布；其次为绿泥石和伊/蒙混层，其中威远区块绿泥石和伊/蒙混层含量分别为22%~29%和12.2%~18%，长宁区块绿泥石和伊/蒙混层含量分别为20.3%~24%和27%~29.7%（表3-12）。另外，筇组寺组优质页岩不含水敏性矿物蒙皂石，有利于压裂改造。

表3-12 四川盆地筇竹寺组优质页岩黏土矿物组成X射线衍射值统计表

井号	X射线衍射值			
	层位	伊利石	伊/蒙混层	高岭石	绿泥石
威201井	筇一段	66	16		22
	筇二段	60	18		22
威001-4	筇一段	60	17.5	0.5	22
	筇二段	58	12.2	0.8	29
宁206井	筇一段	57.8	27		20.3
宁208井	筇一段	46.3	29.7		24

页岩中黏土矿物含量越低，石英、长石、方解石等脆性矿物含量越高，岩石脆性越强，在外力作用下越易形成天然裂缝和诱导裂缝，形成树状或网状结构缝，有利于页岩气开采。而黏土含量高的页岩塑形强，吸收能量强，以形成平面裂缝为主，不利于页岩体积改造。岩石矿物组成对页岩气后期开发至关重要，具有商业性开发价值的页岩，一般脆性矿物含量要高于40%，黏土矿物含量小于30%。

第四节 物性特征

储层的物性特征是储层储集性能和储层质量的直观反映，主要包括孔隙度和渗透率。页岩作为非常规储层，不同于常规气储层，其基质孔隙度和渗透率极低（ϕ 通常小于10%，K 通常小于 0.001mD），但通常页岩总含气量与孔隙度大小呈正相关性，页岩气的动用率和动用范围受到渗透率的控制，通过加强对页岩孔隙度和渗透率的研究，对区块评价和有利区优选有着重要意义。

一、孔隙度

页岩孔隙度是确定游离气含量和评价页岩气储层质量的主要参数，对页岩气的赋存状态存有影响，孔隙度较大的页岩主要以游离气存在孔隙中，而孔隙度较小的页岩也验证气体吸附在干酪根和黏土矿物表面[7]。

四川盆地五峰组—龙一$_1$亚段孔隙度介于2.2%～9.2%，平均为5.3%，其中长宁区块孔隙度均值介于4.8%～6.0%，威远区块孔隙度均值介于4.9%～7.0%，泸州区块孔隙度均值介于2.45%～3.27%，渝西区块孔隙度均值介于3.64%～4.46%。纵向上，龙一$_1^1$小层和龙一$_1^3$小层孔隙度较高（表3-13）。平面上，四川盆地整体孔隙度较大，大于4.5%，长宁地区剥蚀线附近局部孔隙度降低（图3-9）。

表3-13 四川盆地五峰组—龙一$_1$亚段各小层孔隙度统计

地层区间		长宁区块孔隙度 %		威远区块孔隙度 %		泸州区块孔隙度 %		渝西区块孔隙度 %	
		区间	平均值	区间	平均值	区间	平均值	区间	平均值
龙一$_1$亚段	龙一$_1^4$小层	2.6～7.5	5.3	4.3～7.8	5.8	3.3～6.0	4.7	1.41～4.9	3.64
	龙一$_1^3$小层	3.5～8.8	5.7	4.2～7.5	6.1	3.1～6.8	5.2	3.71～5.03	4.64
	龙一$_1^2$小层	2.6～6.7	4.8	3.5～8.0	5.5	2.7～6.0	4.7	3.37～4.41	3.84
	龙一$_1^1$小层	2.7～8.5	5.4	3.6～9.2	6.3	2.3～6.6	4.8	3.81～5.02	4.48
五峰组		2.2～7.9	4.9	3.5～7.1	4.9	2.0～5.4	4.1	1.34～4.56	3.81

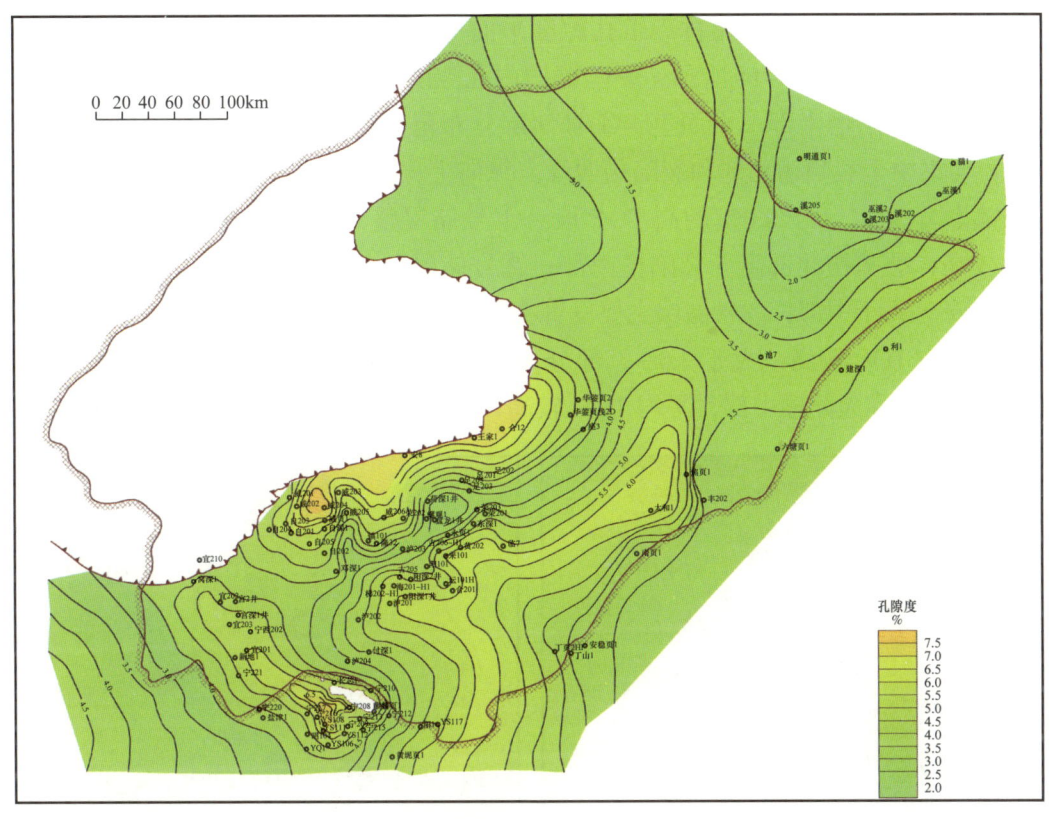

图 3-9 四川盆地五峰组—龙一₁亚段孔隙度等值线图

四川盆地筇竹寺组裂陷槽内孔隙度高于裂陷槽外，长宁地区筇竹寺组页岩孔隙度总体比威远地区低。威远地区威201井筇竹寺组①号储层、②号储层和③号储层孔隙度分别为1.50%、1.60%和2.45%，平均值为1.85%；威207井①号储层至④号储层孔隙度分别为1.77%、1.75%、3.73%和3.27%，平均值为2.63%。长宁地区宁206井和宁208井①号储层孔隙度分别为0.52%和1.07%。高石17井位于裂陷槽内，仅有④号储层取得了岩心，孔隙度为4.31%，明显高于裂陷槽外其他井。

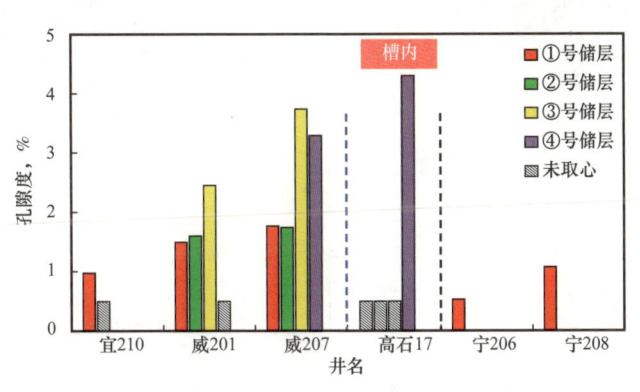

图 3-10 四川盆地筇竹寺组页岩储层岩心孔隙度柱状图

根据测井数据，绘制筇竹寺组孔隙度平面等值线图来探究筇竹寺组储层孔隙度平面展布特征。如图 3-11 所示，裂陷槽槽内孔隙度整体优于槽外，裂陷槽北部孔隙度整体高于裂陷槽南部。平面上，①号储层分布范围最广，其他三套储层分布范围相似，均集中于裂陷槽北部和裂陷槽西缘。纵向上，除②号储层以外，其余三套储层均局部发育 TOC 大于 4.0% 的高 TOC 段。①号储层整个裂陷槽内几乎都发育储层，TOC 较高，裂陷槽北部高于裂陷槽南部；②号储层发育在裂陷槽中北部，北部 TOC 大于 3.0%，高于中部；③号储层主要发育在裂陷槽北部，部分发育在裂陷槽中部以及南部，平均 TOC 较高，大于 3.0%，部分大于 4.0%；④号储层主要发育在裂陷槽北部，部分发育在裂陷槽中部，平均 TOC 较高，大于 3.0%，部分大于 4.0%。

(a) 筇竹寺组①号储层孔隙度等值线图

(b) 筇竹寺组②号储层孔隙度等值线图

(c) 筇竹寺组③号储层孔隙度等值线图

(d) 筇竹寺组④号储层孔隙度等值线图

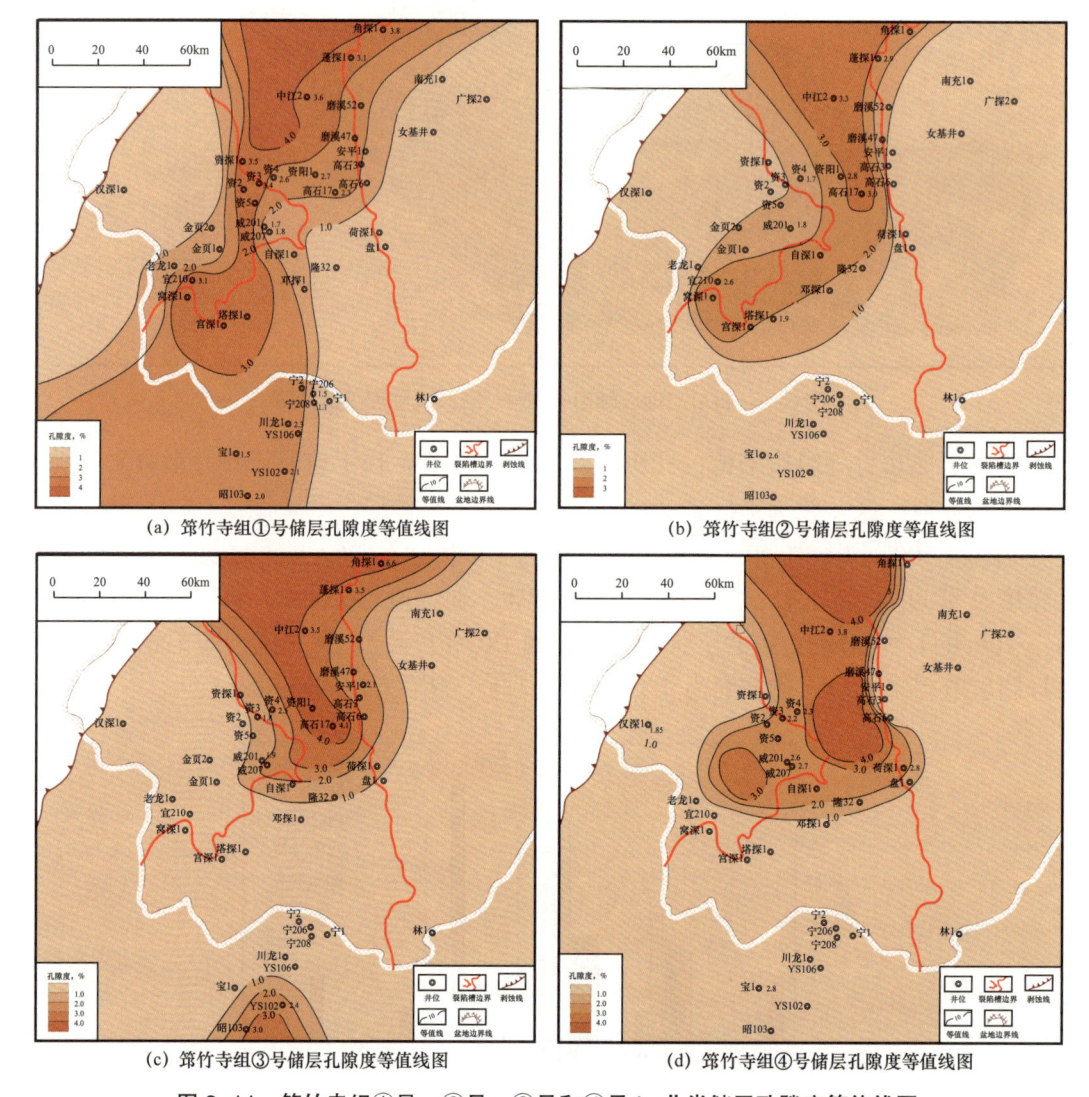

图 3-11 筇竹寺组①号、②号、③号和④号 Ⅰ+Ⅱ 类储层孔隙度等值线图

二、渗透率

页岩由于极低的渗透率，从而使得其气体产出缓慢，虽然页岩开发主要靠压裂来提高储层渗透率，但是天然存在的裂缝对提高渗透率从而影响页岩气藏资源量仍然具有重要的意义。如美国 San Juan 盆地的 Lewis 页岩，虽然孔隙度和渗透率很低，但储层中的一些天然裂缝提高其渗透率，从而能够达到工业产能。

四川盆地单井五峰组—龙一$_1$亚段实测平均基质渗透率介于 0.234×10^{-4}～3.80×10^{-4} mD，平均为 1.3×10^{-4} mD，其中长宁区块单井实测平均基质渗透率介于 0.714×10^{-4}～1.48×10^{-4} mD，平均为 1.02×10^{-4} mD；威远区块单井实测平均基质渗透率为 0.234×10^{-4}～3.80×10^{-4} mD，平均为 1.60×10^{-4} mD（表 3–14）。

表 3–14　长宁、威远区块页岩渗透率测试成果

区块	井号	渗透率范围 10^{-4} mD	平均渗透率 10^{-4} mD
长宁	宁 201	0.318～2.42	1.48
	宁 203	0.109～0.45	1.07
	宁 208	0.52～7.15	0.714
	宁 209	0.0236～12.50	1.06
	宁 210	0.213～1.48	0.974
	宁 211	0.95～6.02	0.835
	宁 212	0.53～2.96	1.03
	平均	—	1.02
威远	威 201	0.289～0.572	0.395
	威 202	0.106～5.25	1.50
	威 203	0.519～6.02	0.234
	威 204	0.95～6.02	3.80
	威 205	0.95～4.76	2.05
	平均	—	1.60

此外，受页岩水平层理发育的影响，长宁和威远地区水平渗透率远大于垂向渗透率（表 3–15）。

表 3-15　宁 201 井和威 204H10-2 井龙一 $_1^1$ 小层水平渗透率与垂向渗透率比较表

样品编号	井名	深度 m	垂向渗透率 $K_{垂向}$ 10^{-4}mD	水平渗透率 $K_{水平}$ mD	$K_{水平}/K_{垂向}$
3B	宁 201	2521.47	0.37	18.28	494054
26JX	威 204H10-2	3357.2	0.29	2.23	76897

在不同的闭合应力下威 001-4 井筇竹寺组进行了页岩岩心的气测渗透率实验。由于页岩的层理发育，岩心中有一条贯穿整个岩心的层理面。实验结果如图 3-12、图 3-13 所示。

图 3-12　威 001-4 井岩心天然层理面

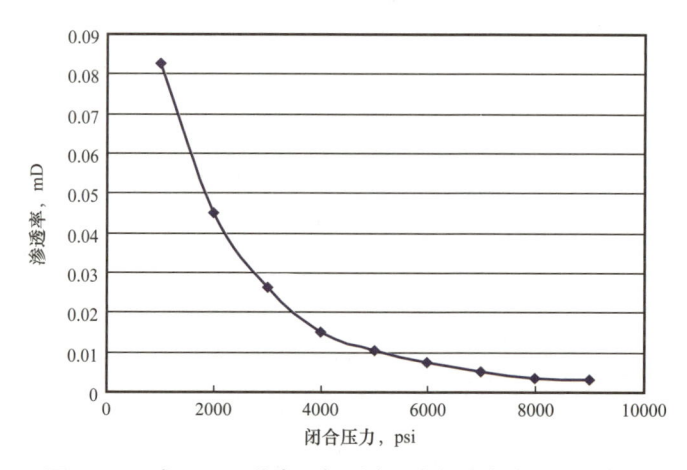

图 3-13　威 001-4 井岩心气测渗透率与闭合应力关系曲线

气体在岩心中的渗流通道应是岩心中的天然层理面，即使是在低闭合应力状态下，渗透率也非常低，在接近岩心对应取心地层的应力为 9000psi（计算值）时，渗透率仅有 0.003356mD。

因此，依靠页岩基质以及天然层理面的导流能力是无法获得自然产能的，必须通过压裂形成具有高导流能力的渗流通道。

第五节 微观储集空间特征

天然气赋存于储层中各类孔隙空间内，常规气藏的储集空间多为宏观孔隙，能满足天然气的流动。页岩气藏与常规气藏存在较大差异，其储集空间多为页岩内的纳米级孔隙，基质渗透率普遍呈现低值，微裂缝发育区域渗透率较大，同时由于页岩气藏自生自储，孔隙结构复杂，比表面积大，有机质大量发育，吸附气赋存量较多。因此，常规方法在页岩孔隙结构分析中有一定局限，需多方面考虑，故本书从微观孔隙类型、比表面、面孔率、孔径分布等特征来阐述页岩微观储集空间特征。

一、微观孔隙类型

针对页岩微观孔隙命名分类，目前应用的是Loucks提出的分类方案，即粒间孔、粒内孔、有机质孔和裂缝，但该方案并不是按照统一标准划分，不利于细化各种孔隙对储层的影响[8]。为使进一步明确孔隙分类，本书提出孔隙成分—产状分类方案，即有机孔、无机孔、有机缝和无机缝四种基本孔隙类型（图3-14），四种基本孔隙类型可细分亚类。其中，有机孔细分为有机质演化孔（粒内孔）和有机质粒间孔两个亚类；有机缝细分为有机质裂缝和有机质粒缘缝两个亚类；无机孔细分为矿物粒内孔和矿物粒间孔两个亚类；无机缝细分为无机裂缝和矿物粒缘缝（表3-16）。

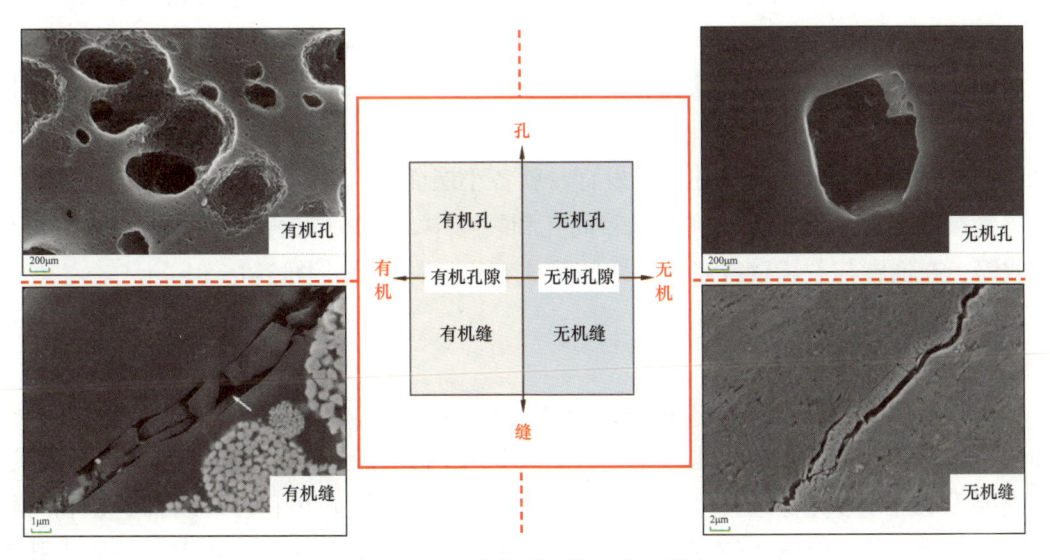

图3-14 孔隙类型分类方案示意图

表 3-16　孔隙类型分类表

成分产状	有机质		无机矿物	
孔	有机孔	有机质演化孔（粒内孔）	无机孔	矿物粒内孔
		有机质粒间孔		矿物粒间孔
缝	有机缝	有机质裂缝	无机缝	无机裂缝
		有机质粒缘缝		矿物粒缘缝

国际理论与应用化学联合会（IUPAC）针对化学材料物理吸附提出：微孔（≤2nm）、介孔（2~50nm）和宏孔（≥50nm）的孔隙分类方法，侧重于材料微孔性。考虑到页岩储层具有其独特的孔隙结构，参考 IUPAC 分类方法，本书将五峰组—龙马溪组黑色页岩孔径分为 7 类，即微孔（≤2nm）、小介孔（2~10nm）、大介孔（10~50nm）、小宏孔（50~100nm）、中宏孔（100~500nm）、大宏孔（500~1μm）和超大宏孔（>1μm）。

1. 有机孔

天然气页岩中有机质孔隙多见于生气窗（R_o>1.2%），少数生油窗（0.6%~1.0% R_o）也可见。未成熟阶段有机质可能不存在有机孔，如 woodford 页岩 R_o 介于 0.51%~0.90%。长宁—威远地区五峰组—龙马溪组黑色页岩成熟度均已达过成熟阶段，干酪根和早期油裂解沥青都会产生有机质演化孔。干酪根常常与黏土、石英、长石、碳酸盐及其他矿物混合，在热演化过程中形成蜂窝状、球形或气孔状，与石英和黏土矿物混染的蜂窝状有机孔最为常见；五峰组—龙一段有机质丰度较高地层的草莓状黄铁矿粒内孔中普遍存在有机质，并发育有机质演化孔［图 3-15（a）］。长宁地区五峰组—龙一₁亚段有机质演化孔异常发育，龙一₂亚段和龙二段则不发育有机质演化孔。威远地区有机质演化孔存在地区差异，靠近乐山—龙女寺古隆起的威 201 井五峰组—龙马溪组有机质演化孔均不发育，就各小层而言，龙一₁¹小层最优。

油裂解形成的沥青充填在矿物粒间孔和裂缝中，在地层抬升过程中，温度降低导致收缩，在沥青与裂缝壁或者孔壁之间形成有机质粒间孔［图 3-15（b）］。

2. 无机孔

矿物粒内孔为碎屑颗粒（包括晶体和化石）、基质及胶结物内孔隙（包括印模孔和化石内孔）。长宁—威远地区黑色页岩无机粒内孔几乎在很多矿物当中都能见到，但主要发育于石英、黏土、长石、草莓状黄铁矿碳酸盐矿物和云母内部。矿物特性决定了其粒内孔成因机制有所不同，由于石英较为稳定，其粒内孔主要是原生孔隙［图 3-15（d）］，也有部分是风成撞击坑；黏土矿物在压实过程中存在粒内孔

[图 3-15（e）]，埋藏过程中蒙皂石向伊利石转化时也可能有利于粒内孔的形成，也有少数因后期溶蚀形成溶蚀粒内孔；长石和碳酸盐等不稳定矿物较易形成溶蚀粒内孔[图 3-15（f）]；黄铁矿也存在溶蚀现象，黄铁矿单晶或者草莓状黄铁矿部分溶蚀存在粒内溶孔[图 3-15（g）]；云母内部节理也可存在粒内孔；粒内孔形态多为球形、槽状或者蜂窝状；孔径大小不一，变化范围为几十纳米到十几微米，连通性相对较差。总体而言，粒内孔发育程度取决于矿物的稳定性，一般石英粒内孔较小且不常见，而长石、白云石和方解石粒内孔较多较大且极其普遍[图 3-15（h）]。

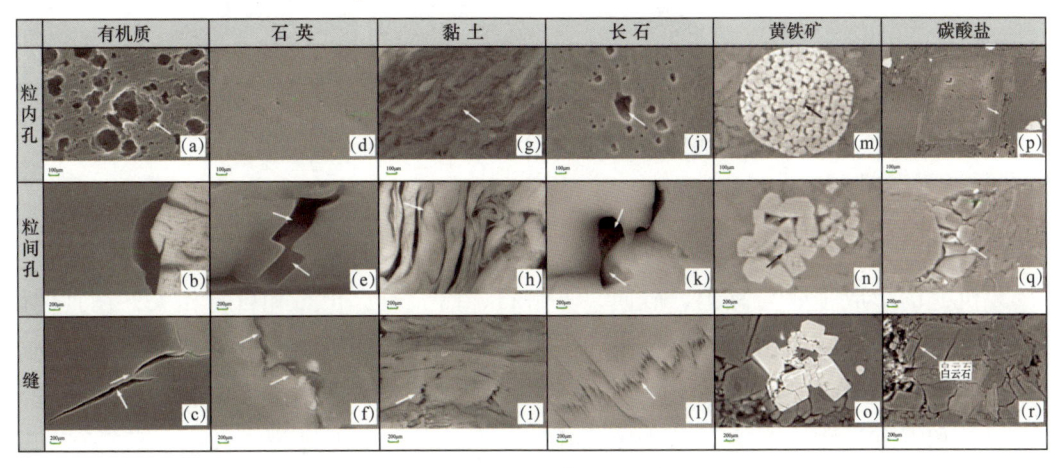

图 3-15 长宁—威远地区黑色页岩孔隙类型

矿物粒间孔为同种或不同种碎屑颗粒（包括晶体和化石）、基质及胶结物之间的孔隙。长宁—威远地区五峰组—龙马溪组页岩矿物粒间孔主要由同种或多种矿物相互支撑形成，石英、黏土矿物、长石、白云石等颗粒或晶体之间形成粒间孔，孔径相对矿物粒内孔更大。硅质岩以石英矿物粒间孔常见，一般在几十纳米至200nm左右[图 3-15（i）]；一些大的石英碎屑粒间孔可达600nm左右。泥岩中片状伊利石间较易形成粒间孔，一般为100～400nm不等，连通性好[图 3-15（j）]。少量存在的长石颗粒间可见粒间孔[图 3-15（k）]，若长石颗粒边缘溶蚀则粒间孔更为显著，一般也在200nm以内，也可大至微米级的。页岩中存在较多的浸染状黄铁矿、草莓状黄铁矿和铁白云石，其间易形成粒间孔[图 3-15（l）]。长宁—威远地区碳酸盐矿物较多，颗粒间易形成粒间孔[图 3-15（m）]。总体而言，硅质岩的石英碎屑粒间孔小而多，孔隙性好；泥岩的黏土、长石和黄铁矿等粒间孔少而大；形态多为槽状和不规则状，该类型孔隙最多。

3. 有机缝

油裂解产生的沥青在冷凝过程中或受力作用下会产生缝隙[图 3-15（c）]。根据其成因，在拉张作用下形成有机质张裂缝、剪切力作用下形成有机质剪切缝断，冷凝作用下形成有机质收缩缝和有机质粒缘缝（图3-16）。在威远地区有机缝较为常见，尤其是有机质粒缘缝和收缩缝，构造缝较为少见。

| 有机质收缩缝 | 有机质收缩缝 | 有机质构造缝 |

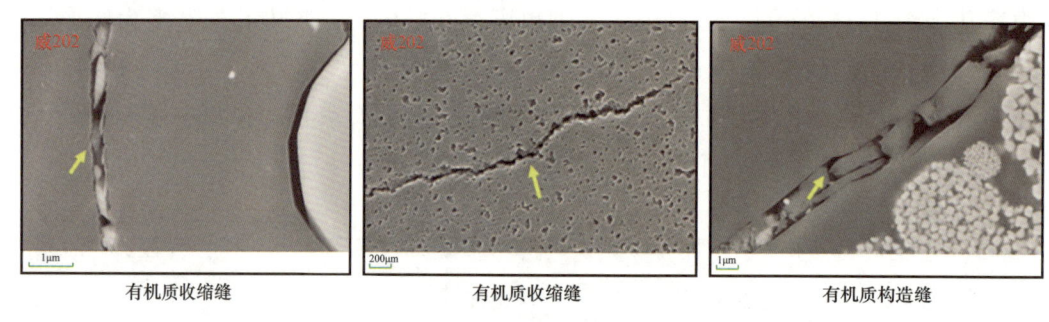

图3-16 威远地区有机缝特征图

4. 无机缝

无机缝的形成主要与黏土、硅质、方解石、白云石、长石和石膏相关，在其他矿物中极为少见。与石英相关的裂缝主要是由于石英与周围矿物硬度的差异在受力的过程中形成[图3-15（n）]；黏土中的裂缝主要成因是成岩作用过程中黏土矿物的脱水作用形成和埋藏过程中受力导致[图3-15（o）]。岩石受力过程中长石、黄铁矿和碳酸盐矿物也能产生裂缝[图3-15（p）至（r）]。

另外，在埋藏过程中，地层受多期构造运动影响，会产生微裂缝，在后期油裂解后残余沥青充填或者石膏充填（图3-17），尤其威远地区较为明显，长宁地区偶见地层微裂缝。

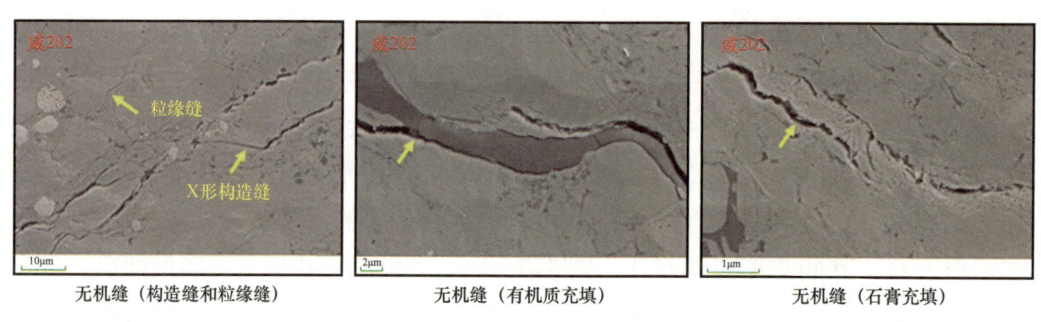

| 无机缝（构造缝和粒缘缝） | 无机缝（有机质充填） | 无机缝（石膏充填） |

图3-17 威远地区无机缝特征图

四川盆地筇竹寺组孔隙发育情况受裂陷槽控制，裂陷槽内有机孔和无机孔均较发育，有机孔孔径可达100～300nm，无机孔孔径主要为500～800nm；裂陷槽外，有机孔较少发育，无机孔整体较发育。高石17井和资4井位于裂陷槽内，有机孔、无机孔均较为发育。高石17井有机孔相对较为发育，且发育黏土粒间孔隙。资4井干酪根中可见有机孔发育，并且可见方解石粒内孔隙。威201井和金页1井位于裂陷槽外，有机孔发育情况不佳，且均发育大量黏土粒间孔（图3-18）。

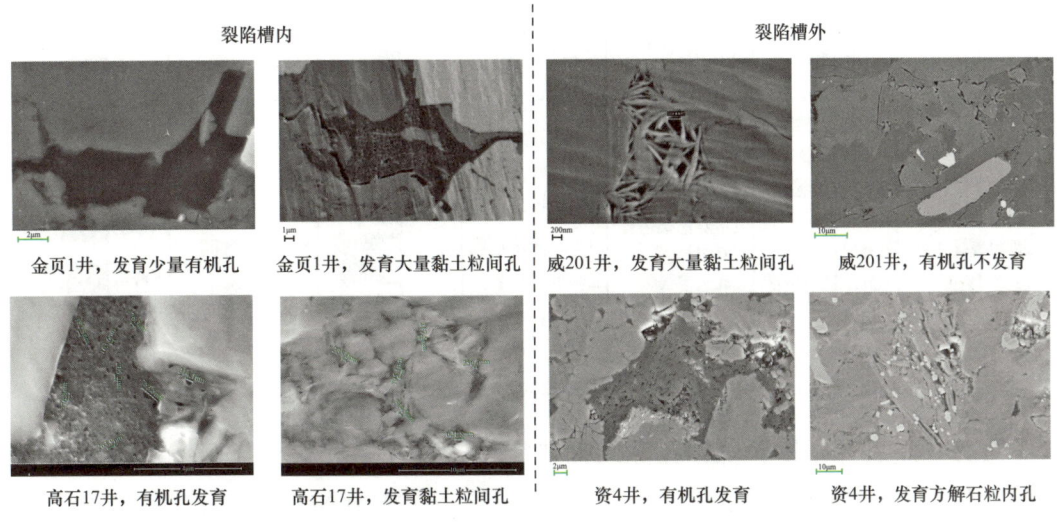

图3-18 四川盆地筇竹寺组裂陷槽内外有机孔和无机孔扫描电镜对比图

四川盆地微观孔隙发育类型具有以下特征：（1）同种组分可发育不同类型孔隙，比如石英颗粒可发育粒内孔、粒间孔、裂缝；不同组分也可形成同种类型孔隙，例如石英、黏土、长石和黄铁矿等均可发育粒内孔。（2）孔隙形状多样，与石英、磷灰石或黄铁矿等脆性矿物相关的孔隙多为棱角分明的孔隙，与黏土相关的孔隙多为槽状孔或片状孔隙，与方解石、白云石或长石等不稳定矿物相关的孔隙多为球状或椭球状孔隙。（3）不同岩石类型的孔隙类型组合也不同，硅质岩主要是粒间孔和粒内孔且孔径极小；碳质泥岩和含粉砂质泥岩主要发育粒间孔和裂缝，前者孔较大量较多，后者孔大但量少。

二、储层微观孔隙特征

1. 比表面特征

通过CO_2-N_2吸附联测获得龙马溪组页岩BET比表面。纵向上，长宁地区罗场以东龙一$_1^1$小层和龙一$_1^3$小层比表面高于龙一$_1^2$小层和龙一$_1^4$小层，罗场以西龙一$_1^3$小层最大，龙一$_1^1$、龙一$_1^2$和龙一$_1^4$小层均较小；威远地区非均质性较强，威202井龙一$_1^1$小层和龙一$_1^4$小层，自205井龙一$_1^1$小层大，而威231井总体均较小。平面上，长宁地区罗场以东龙一$_1^1$小层底部比表面均大于$40m^2/g$，罗场以西仅为$22m^2/g$，威远地区威202井为$40m^2/g$，向东减小。整体而言，长宁地区均质性优于威远地区，平面上龙一$_1^1$小层长宁地区主体地区大于威远地区（图3-19）。

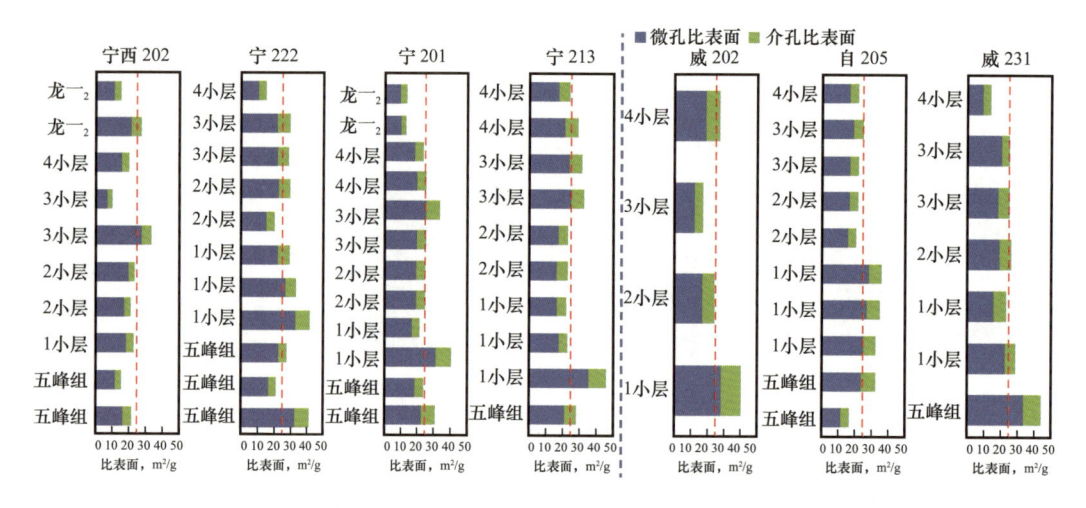

图 3-19 长宁和威远地区五峰组—龙马溪组页岩比表面柱状对比图

筇竹寺组勘探程度较低，孔隙结构研究较五峰组—龙马溪组较少，主要以永善肖滩筇竹寺组剖面页岩岩心和威 201 井岩心为主。利用 N_2 吸附法比表面测试，对永善肖滩筇竹寺组黑色页岩段 12 块粉砂质泥岩进行分析，并分别用 BET（Brunauer–Emmett–Teller）模型和 QSDFT（Quenched Solid Density Functional Theory）模型对其比表面积进行了计算。筇竹寺组黑色页岩 QSDFT。比表面在 8.2114~13.7700m²/g 之间，平均值为 11.2942m²/g。BET 比表面在 8.3690~14.3810m²/g 之间，平均值为 11.7572m²/g，BET 比表面与 QSDFT 比表面相关性极好。除 LB02-173D 井外，孔体积在 0.0072~0.0158cm³/g 之间，平均值为 0.0128cm³/g，孔体积与比表面相关性很好，反映了粉砂质泥岩的微孔性，以及溶蚀作用增加宏观孔导致孔隙体积很大而比表面却很小的结果（图 3-20）。

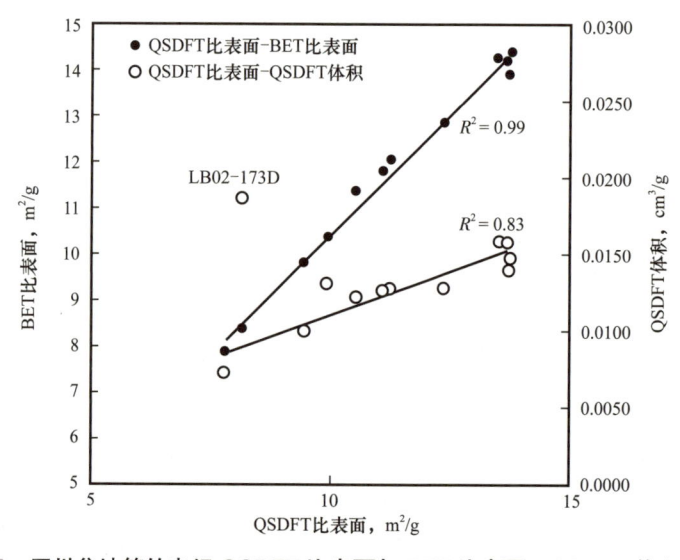

图 3-20 四川盆地筇竹寺组 QSDFT 比表面与 BET 比表面、QSDFT 体积关系图

两类粉砂质泥岩表现出不同的累计孔隙体积、累计比表面、孔隙体积频率分布和比表面频率分布特征。累计孔隙体积和孔隙体积频率分布方面，第一类粉砂质泥岩以微孔和介孔为主，宏孔较少，第二类宏孔体积占绝对优势［图3-21（a）（b）］；累计比表面和比表面频率分布方面，第一类以微孔比表面为主，宏孔体积仅占6%左右的比例，第二类三种孔径范围的比表面相当，且都比较小［图3-21（c）（d）］。

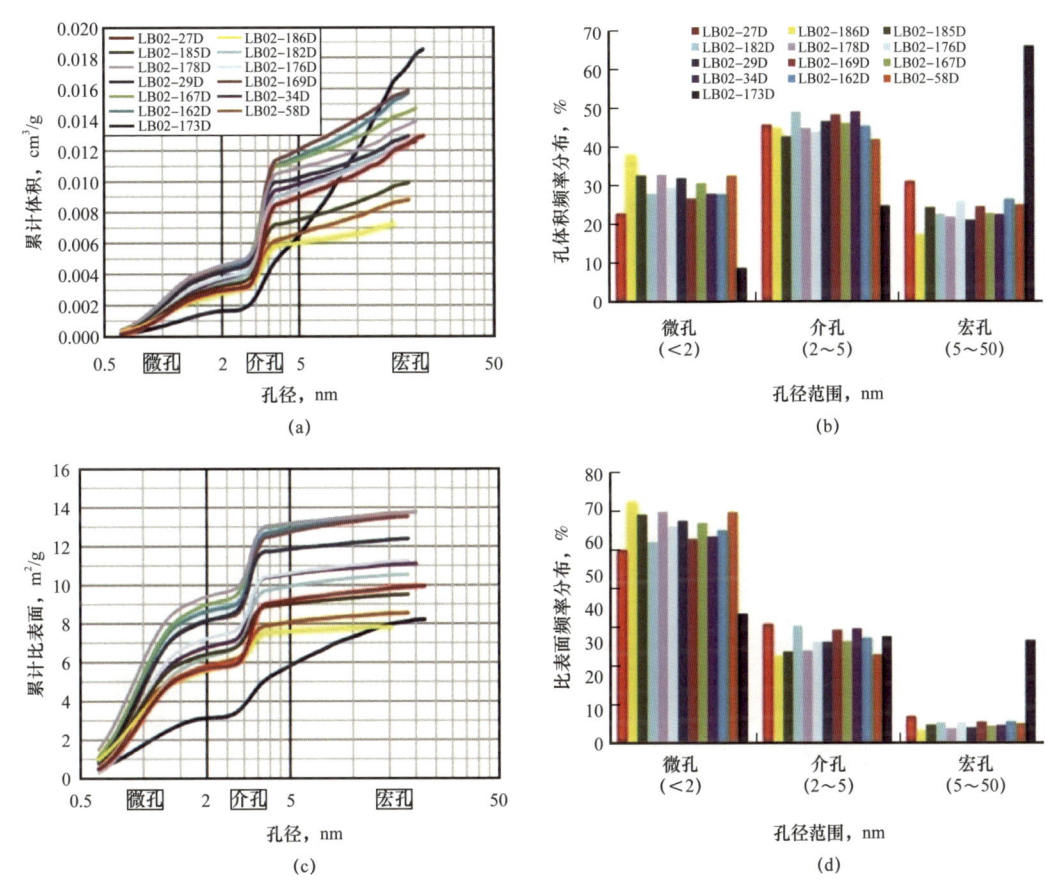

图3-21 四川盆地筇竹寺组黑色页岩累计孔隙体积、比表面及其频率分布图

2. 面孔率特征

长宁主体地区龙一$_1^1$小层和龙一$_1^3$小层面孔率最大，宁222井以龙一$_1^1$小层和龙一$_1^2$小层面孔率最大，宁西202井较小；无机孔主体地区龙一$_1^3$小层和龙一$_1^4$小层面孔率明显比龙一$_1^1$小层和龙一$_1^2$小层更发育，宁西地区纵向上无机孔发育几乎没有差异。平面上有机孔宁222井以东较发育，而其以西不发育；无机孔长宁地区主体地区较发育，而宁西地区均不发育（图3-22）。

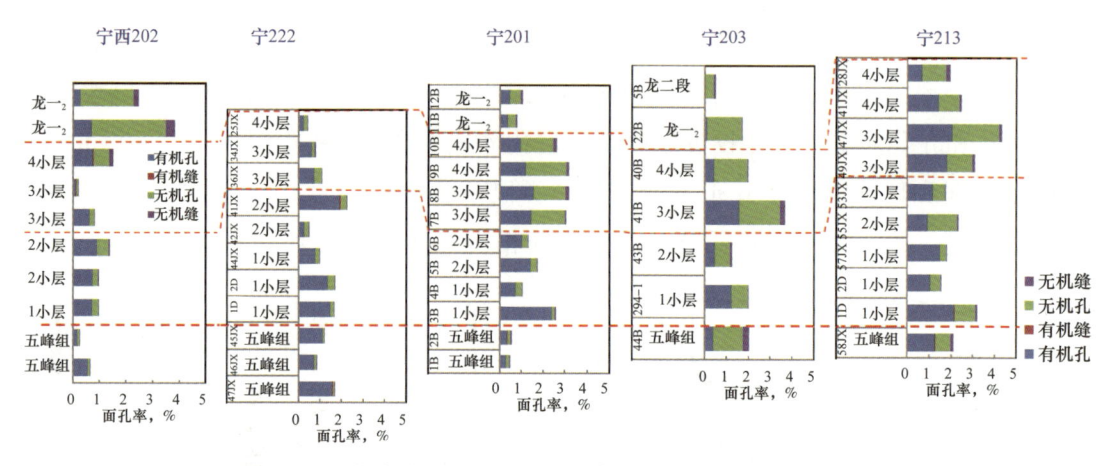

图 3-22 长宁地区五峰组—龙马溪组不同小层孔隙发育对比

威远地区西侧威 201 井、威 202 井和威 204H10-2 井均以龙一$_1^1$小层和龙一$_1^4$小层最大,东侧自 205 井以龙一$_1^1$小层面孔率最大,威 231 井以龙一$_1^2$小层和龙一$_1^3$小层面孔率最大;无机孔西侧三口井纵向差异不大,但东侧自 205 井以龙一$_1^1$小层面孔率最大,威 231 井以龙一$_1^2$小层和龙一$_1^3$小层面孔率最大。平面非均质较强,无机孔以威 201 井、威 204H10-2 井和威 231 井相对更为发育(图 3-23)。

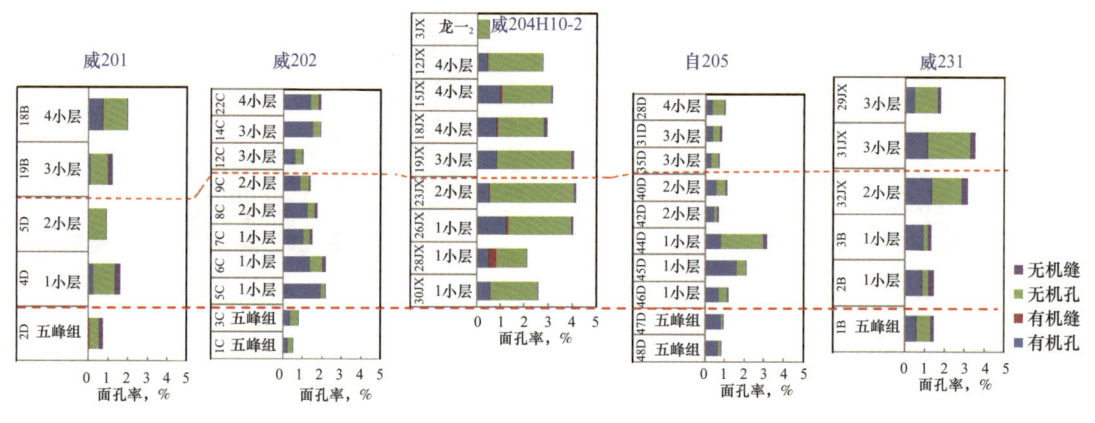

图 3-23 威远地区五峰组—龙马溪组有机孔和无机孔发育对比图

长宁地区整体均质性优于威远地区,长宁地区面孔率大于威远地区面孔率,且长宁地区有机孔比威远地区发育,而威远地区无机孔比长宁地区发育。

筇竹寺组面孔率实验数据较少,目前仅有威 201 井 5 个样品完成了面孔率提取,其中只有威 201-87B 井位于筇一$_2$亚段,其余均位于筇一$_1$亚段(图 3-24)。以威 201 井位为代表的筇竹寺组页岩总面孔率不超过 1.6%,整体低于龙马溪组,且筇竹寺组页岩无机孔更加发育,有机孔较少发育,无机孔平均面孔率为 1.02%,有机孔平均面孔率为 0.04%。

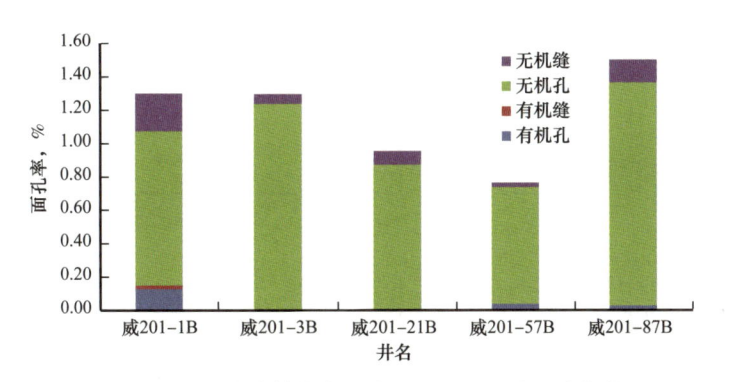

图 3-24　四川盆地筇竹寺组威 201 井面孔率分布柱状图

3. 孔径分布特征

横向上，长宁地区整体以大介孔为主，宁 222—宁 213 井一线还发育大量小宏孔和中宏孔，其无机孔面孔率为 0.6%，宁西 202 井不发育宏孔，发育少量介孔，无机孔面孔率仅为 0.2%。威远区块整体以中宏孔为主，其中威 202 井、自 205 井和威 231 井以大介孔为主，其次是小宏孔和中宏孔，几乎不发育介孔（图 3-25）。整体而言，长宁地区各分段孔径面孔率大于威远地区的面孔率（图 3-26、图 3-27）。

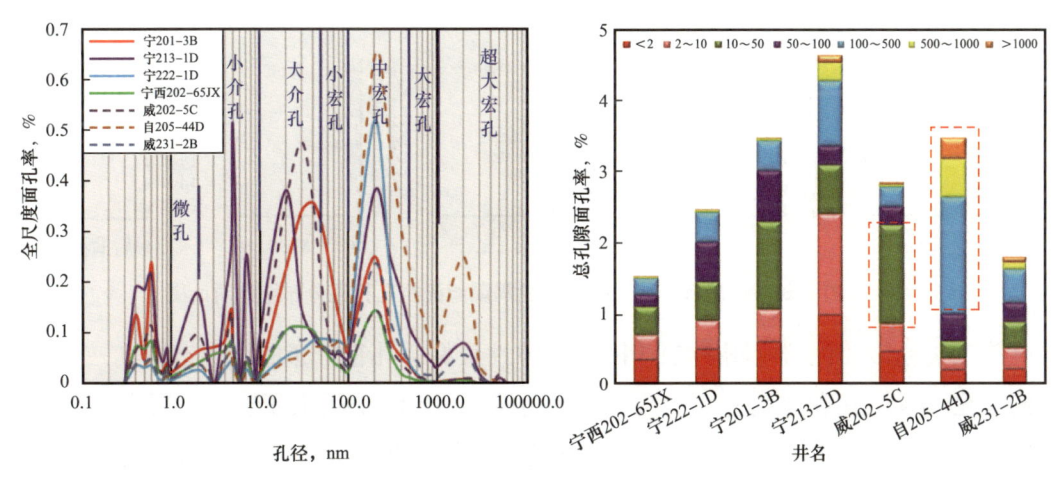

图 3-25　长宁地区五峰组—龙马溪组横向有机孔孔径分布统计对比图

对筇竹寺组不同性质的黑色页岩采用 BJH 法和 QSDFT 法，发现经典的 BJH 法严重低估了筇竹寺组黑色页岩的孔径，不仅忽略了皮米级孔隙，还放大了介孔范围的孔径。因此，永善肖滩筇竹寺组粉砂质泥岩采用 QSDFT 法获取孔径分布。

首先，根据孔径分布曲线形态和峰值，筇竹寺组粉砂质泥岩也可划分出微孔（≤2nm）、介孔（2～5nm）和宏孔（5～50nm）三种孔径范围，但其最可几孔径均为 3.385nm。其次，与根据等温线特征划分粉砂质泥岩类型一样，根据孔径分布特征也可将其划分为两类。

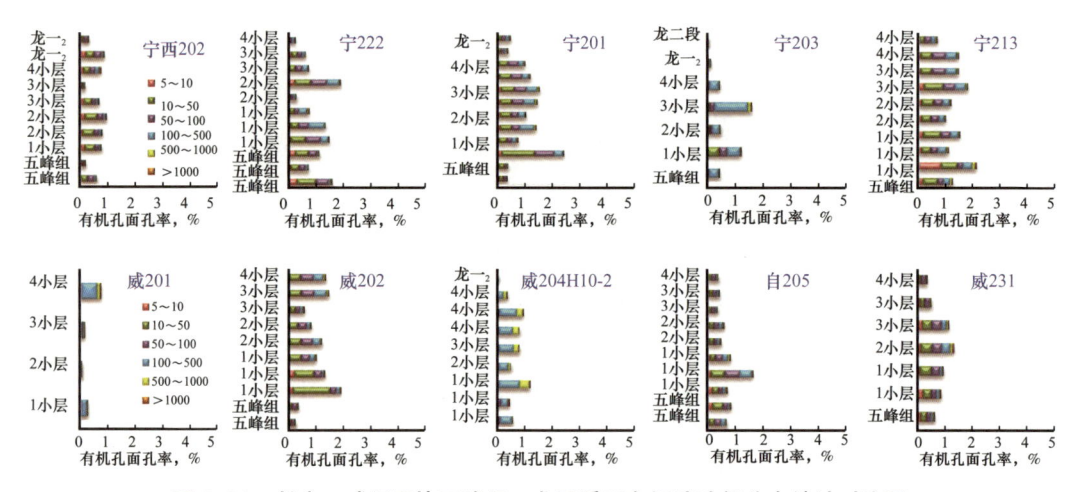

图 3-26 长宁—威远区块五峰组—龙马溪组有机孔孔径分布统计对比图

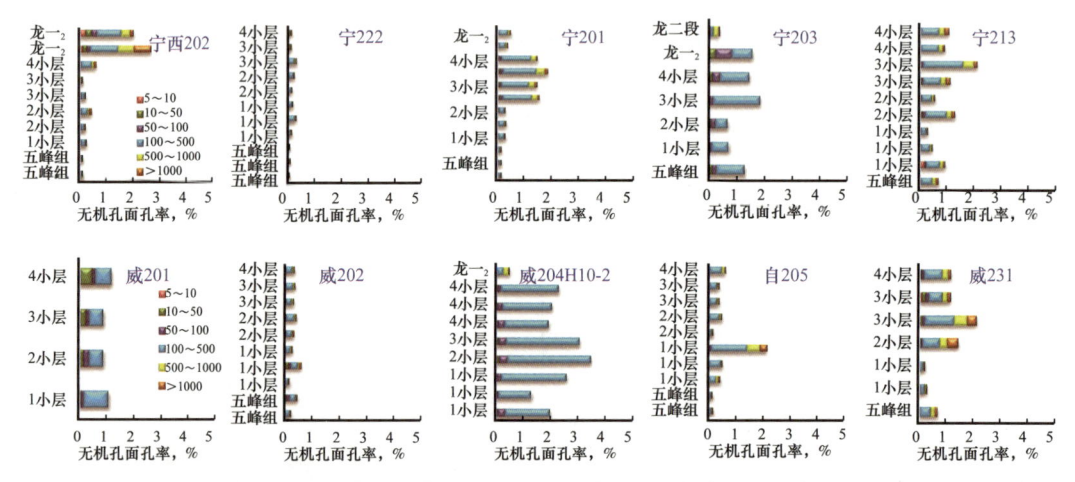

图 3-27 长宁—威远区块五峰组—龙马溪组无机孔孔径分布统计对比图

第一类粉砂质泥岩［图 3-21（b）］孔隙性最好，孔径分布曲线形态极其一致。一方面，孔隙以微孔和介孔为主，两种孔径范围内 dV(d) 远大于宏孔，且曲线包络面积也大于宏孔；曲线具有两个波峰，微孔范围内峰值孔径 d 为 0.9～1nm，介孔范围内峰值孔径 $d≈3.385$nm，也是该类粉砂质泥岩的最可几孔径。该类黑色页岩微孔隙数量巨大，扫描电镜可见有机质孔也最为发育，介孔相对较少，宏孔最少。

第二类粉砂质泥岩［图 3-21（d）］孔隙性较差，以介孔和宏孔为主，二者曲线包络面积远大于微孔的。通过扫描电镜观察可知，相比第一类须放大至 10000 倍左右才看到孔隙而言，样品 LB02-173D 在 140 倍即可看到大量孔隙，后期溶蚀严重，不能代表最初的岩石孔隙结构。因此，下黑色页岩段的粉砂质泥岩孔隙以微孔和介孔为主，最可几孔径为 3.385nm。

第六节 储层含气性特征

与常规天然气以游离态为主的赋存状态差异较大,四川盆地页岩气是以游离态和吸附态为主。页岩的含气性包括含气量及其控制因素,其中总含气量指每吨页岩中所含天然气折算到标准温度和压力条件下(101.325kPa,0℃)的天然气总量,是页岩气评层、选区的重要指标,也是页岩气资源量/储量计算的关键参数,同时对页岩气井产量和产气特征有重要影响。目前对含气量测定方法有两种,一是直接法(解吸法),将新鲜岩心密闭解吸,测得实际解吸量,然后测试岩心残余气量,并通过经验公式计算损失气量,最后求和得到总含气量;另一种是间接法,通过孔隙度、含气饱和度、储层体积等参数计算储集空间中的游离气,通过实验测得吸附气含量,二者之和为总含气量。本节着重对四川盆地页岩含气性的展布特征及主要控制因素进行分析。

一、游离气特征

游离气指以游离状态赋存于页岩孔隙空间中的页岩气,主要受到含气饱和度、孔隙度和孔隙压力控制,是页岩气的主要组成部分。

1. 含气饱和度特征

四川盆地五峰组—龙一$_1$亚段各小层含气饱和度均值介于54.2%~72.2%,平均为62%。其中,长宁区块含气饱和度均值介于54.2%~64.6%,威远区块含气饱和度均值介于56.2%~64.7%,泸州区块含气饱和度均值介于51.25%~62.6%,渝西区块含气饱和度均值介于62.1%~72.2%。纵向上,龙一$_1^1$小层含气饱和度最高(表3-17)。

表3-17 川南地区五峰组—龙一$_1$亚段各小层含气饱和度统计

地层/小层	长宁区块 含气饱和度,% 区间	长宁区块 含气饱和度,% 平均值	威远区块 含气饱和度,% 区间	威远区块 含气饱和度,% 平均值	泸州区块 含气饱和度,% 区间	泸州区块 含气饱和度,% 平均值	渝西区块 含气饱和度,% 区间	渝西区块 含气饱和度,% 平均值
龙一$_1^4$小层	48.1~72.5	59.5	39.0~73.5	58.1	37.1~58.7	56.1	44.5~71.6	62.1
龙一$_1^3$小层	28.0~71.3	59.2	41.3~73.7	56.2	41.8~59.8	51.5	60.0~66.2	62.4
龙一$_1^2$小层	28.7~81.7	63.8	35.4~73.1	57.1	42~65.7	60.1	63.3~77.8	70.1
龙一$_1^1$小层	25.6~81.9	64.6	42.8~84.8	64.7	56.9~65.1	61.5	65.3~78.6	72.2
五峰组	14.2~78.0	54.2	38.9~78.8	62.5	59.3~76	62.6	59.7~72.3	65.1

含气饱和度实验分析数据表明,威远地区威201井筇竹寺组①号和③号储层含气饱和度分别为41%和76.4%;长宁地区宁208井和宁206井在筇一$_1$亚段底部①号储层含气饱和度分别为18%和23%;天宫堂地区宜210井筇竹寺组①号储层含气饱和度为39%。长宁地区筇竹寺组页岩含气饱和度总体比威远地区低(表3-18)。

表 3-18 川南地区筇竹寺组页岩储层含气饱和度实验数据统计表

井名	层位	顶深，m	底深，m	含气饱和度，%	样品个数
威 201 井	筇一₂亚段	2662	2696.5	76.4	2
	筇一₁亚段	2786	2817.7	41	5
宁 206 井	筇一₁亚段	1853.5	1894.5	23	38
宁 208 井	筇一₁亚段	3254.5	3280	18	24
宜 210	筇一₁亚段	3740.0	3749.5	39	7

测井解释数据表明，筇一₁亚段①号储层含气饱和度主要分布在16%～82%之间，平均为49.0%；筇一₂亚段③号储层含气饱和度主要分布在45.3%～87.1%之间，平均为65.9%（表3-19）。

表 3-19 川南地区筇竹寺组页岩储层含气饱和度测井解释数据

储层	井名	优质页岩埋深，m 顶深	优质页岩埋深，m 底深	厚度 m	含气饱和度 %
筇一₁亚段①号储层	威 201	2786	2817.65	31.7	53.1
	宁 206	1853.5	1894.5	41.0	22.9
	安平 1	5017.28	5037.40	20.1	47.1
	宜 210	3740	3749.5	9.5	42.8
	高石 17	5296.13	5340	43.9	80.4
	汉深 1	5116.875	5123	6.1	59.9
	平均				51
筇一₂亚段③号储层	威 201	2662	2696.5	34.5	47.4
	威 001-4	2973	3001.25	28.3	45.3
	资 4	3999.41	4042.29	42.9	83.6
	高石 17	5061.88	5087.25	25.4	87.1
	平均				65.9

2. 游离气含量特征

纵向上，长宁地区龙一$_1^1$小层、龙一$_1^3$小层和五峰组储层游离气含量较高（图3-28）；威远地区龙一$_1^1$小层游离气含量较高；泸州地区龙一$_1^1$小层、龙一$_1^3$小层游离气含量较高；渝西地区龙一$_1^4$小层游离气含量高。

五峰组—龙一₁亚段单井游离气含量为2.6～6.1m³/t，各区块内变化大，在威204井、宁201井、阳101井和泸204井区较大（图3-29），五峰组—龙一$_1^3$小层和龙一$_1^4$小层趋势基本一致。

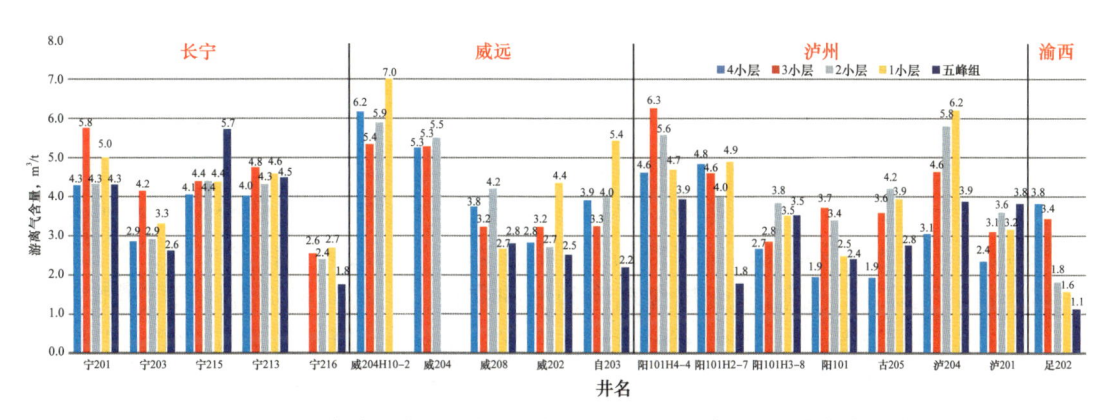

图 3-28 四川盆地评价井五峰组—龙一₁亚段 I+II 类储层吸附气含量统计

(a) 五峰组—龙一₁亚段 I+II 类储层游离气含量对比

(b) 五峰组—龙一₁³小层 I+II 类储层游离气含量对比

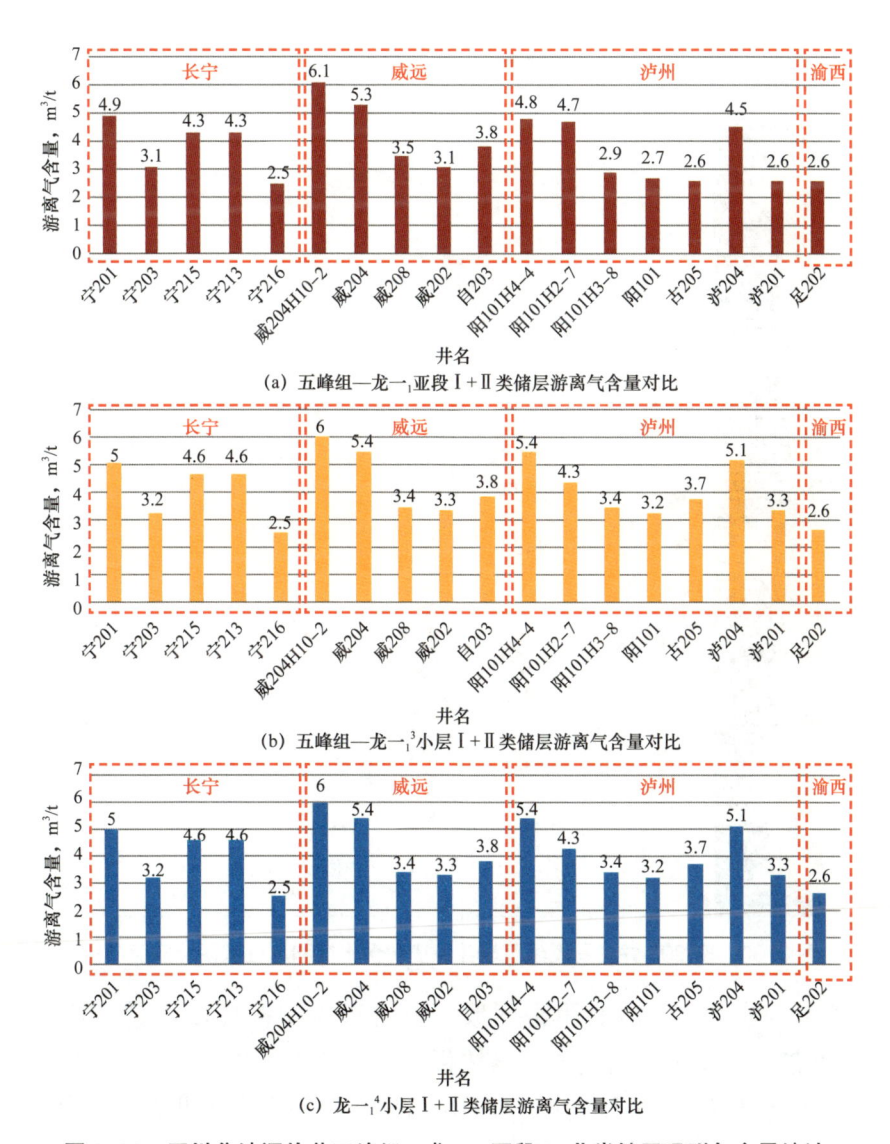

(c) 龙一₁⁴小层 I+II 类储层游离气含量对比

图 3-29 四川盆地评价井五峰组—龙一₁亚段 I+II 类储层吸附气含量统计

3. 游离气含量影响因素

孔隙度和含水饱和度影响着页岩中天然气的储存空间，孔隙度越大，含水饱和度越低，页岩中天然气的储存空间越大，越有利于游离气的赋存。宁203井龙马溪组页岩段实测孔隙度为0.7%～8.0%，从顶部到底部有逐渐增大的趋势（图3-30），含水饱和度为14.6%～98.8%，从顶部到底部有逐渐减小的趋势。含气孔隙度为孔隙中气体所占的孔隙度，是孔隙度与含气饱和度的乘积。龙马溪组页岩段含气孔隙度为0.3%～3.7%，从顶部到底部有逐渐增大的趋势，与该井计算的游离气含量呈正相关。龙马溪组页岩整体上，孔隙度和含水饱和度变化幅度大，相应的含气孔隙度变化范围大，对游离气含量的变化影响大。

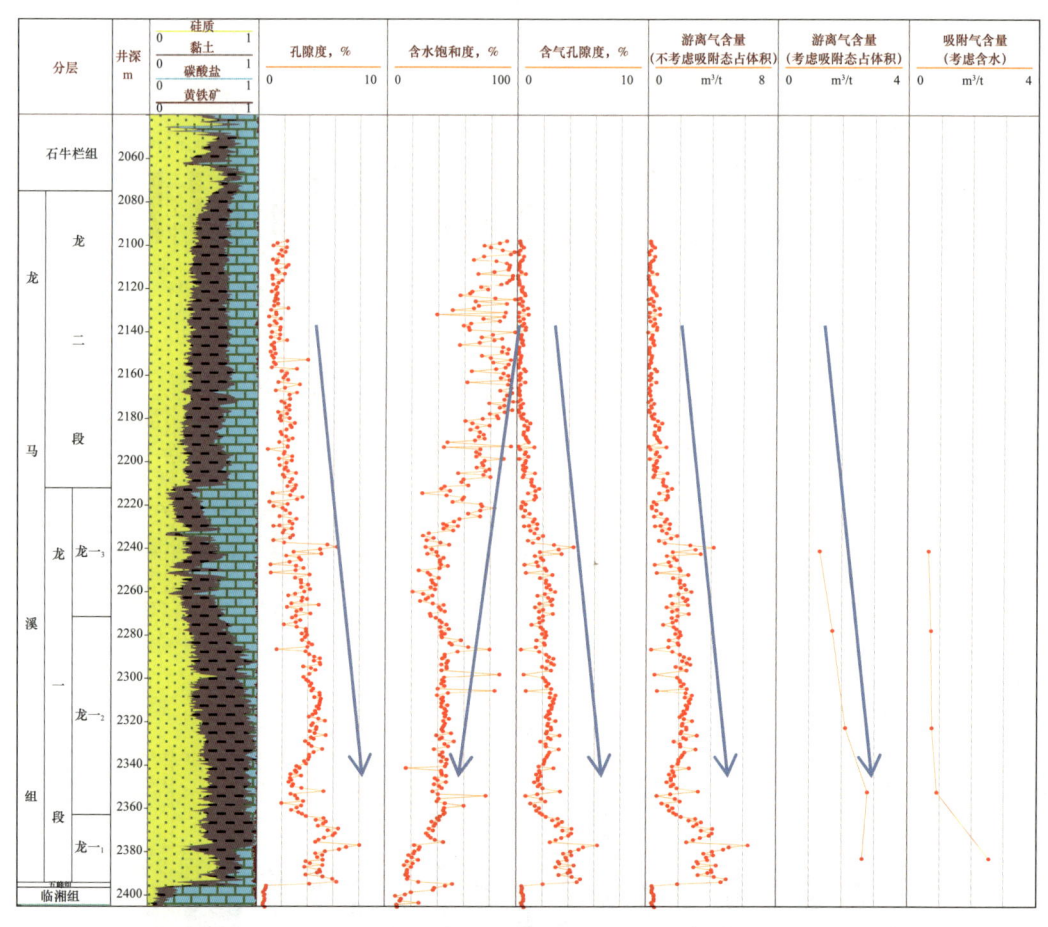

图3-30　宁203井龙马溪组页岩孔隙度和含水饱和度柱状图（实验数据）

游离气计算过程中，需要用密度数据将岩石体积换算成质量，其他条件一定时，岩石密度越大，每吨岩石的游离气体积越小。宁203井龙马溪组页岩实测密度为2.42～2.75g/cm³，平均为2.67g/cm³。对四川盆地龙马溪组Ⅰ+Ⅱ类储层密度数据统计表明（表3-20），Ⅰ+Ⅱ类储层密度平均为2.45～2.58g/cm³。

表 3-20　龙马溪组岩石密度实验数据表

井号	深度 m	密度，g/cm³ 最小值	最大值	平均值
宁 211	2333～2357	2.47	2.67	2.54
宁 210	2217～2243.8	2.43	2.6	2.53
宁 209	3155～3174.5	2.53	2.66	2.58
宁 208	1304～1323	2.53	2.61	2.56
宁 203	2377～2396.4	2.42	2.71	2.51
宁 201	2504～2525	2.3	2.72	2.45
威 201	1505～1543.5	2.5	2.6	2.56
威 205	3663～3709	2.34	2.56	2.5
威 204	3486.8～3537.4	2.41	2.64	2.49
威 206	3753.5～3798	2.32	2.57	2.5

考虑到近年来国内外较多学者认为吸附态甲烷是占一定孔隙空间的，即在计算游离气含量时，需要剔除吸附态甲烷所占的孔隙空间[9]。研究显示甲烷密度取 0.38g/cm³ 时，1m³/t 吸附气含量占孔隙度为 0.47%，2m³/t 吸附气量占孔隙度为 0.94%，3m³/t 吸附气量占孔隙度为 1.41%。

对四川盆地龙马溪组页岩游离气含量进行计算表明，考虑吸附态占孔隙体积时计算的游离气含量比不考虑时计算的游离气含量减小量为 0.72～1.74m³/t，减小比例为 0.17%～0.29%（表 3-21），说明吸附态占孔隙体积有一定影响，但总体影响较小。

表 3-21　考虑吸附气占孔隙体积时与不考虑时游离气数据对比

井号	深度 m	含气饱和度 %	吸附态占孔隙度 %	不考虑吸附态占体积游离气量 m³/t	考虑吸附态占体积游离气量 m³/t	考虑吸附气占体积游离气的减少量 m³/t	平均减少量 m³/t	考虑吸附气占体积游离气的减少比例 %	平均减少比例 %
威 204	3504.58	3.93	0.59	7.66	6.52	1.13	1.74	0.15	0.19
威 204	3509.54	4.12	1.04	8.09	6.07	2.02		0.25	
威 204	3514.66	5.20	1.12	10.33	8.12	2.21		0.21	
威 204	3520.18	4.41	0.93	8.70	6.89	1.81		0.21	
威 204	3525.20	5.09	0.78	10.25	8.71	1.54		0.15	

续表

井号	深度 m	含气饱和度 %	吸附态占孔隙度 %	不考虑吸附态占体积游离气量 m³/t	考虑吸附态占体积游离气量 m³/t	考虑吸附气占体积游离气的减少量 m³/t	平均减少量 m³/t	考虑吸附气占体积游离气的减少比例 %	平均减少比例 %
威205	3676.05	3.19	0.36	6.07	5.40	0.67	1.45	0.11	0.20
威205	3683.25	2.63	0.58	4.92	3.86	1.06		0.22	
威205	3698.39	3.95	0.68	7.70	6.39	1.31		0.17	
威205	3703.66	4.51	1.39	8.58	5.96	2.62		0.31	
宁203	2241.04	1.75	0.52	1.61	1.13	0.48	0.77	0.30	0.29
宁203	2277.77	2.22	0.63	2.04	1.47	0.57		0.28	
宁203	2322.70	2.64	0.66	2.46	1.85	0.61		0.25	
宁203	2352.30	3.36	0.69	3.21	2.56	0.65		0.20	
宁203	2383.11	3.89	1.60	3.80	2.25	1.56		0.41	
宁209	3092.76	2.59	0.42	4.48	3.77	0.71	0.72	0.16	0.17
宁209	3109.96	1.96	0.36	3.40	2.79	0.62		0.18	
宁209	3128.17	1.41	0.35	2.45	1.85	0.60		0.24	
宁209	3156.44	4.51	0.52	8.28	7.35	0.93		0.11	

地层压力是地层条件下岩石孔隙中流体的压力，地层压力越大，地层条件下岩石孔隙中单位体积游离气转换到标准温度、压力条件下的体积越大。游离气含量与地层压力成正比。长宁地区Ⅰ+Ⅱ类储层所测地层压力变化范围大，为6.708～61.02MPa，地层压力最小的为宁208井，地层压力最大的为宁209井；游离气含量为0.67～4.09m³/t，游离气含量最小的为宁208井，游离气含量最大的为宁201井（表3-22）。

表3-22 长宁地区龙马溪组游离气含量数据

井名	顶深 m	底深 m	厚度 m	压力系数	地层压力 MPa	游离气含量 m³/t
宁201	2479	2525	46	2.03	49.89	4.09
宁203	2363	2396.4	33.4	1.35	31.57	3.42
宁208	1285	1323	38		6.708	0.67
宁209	3134	3174	40.5	2	61.02	3.26
宁210	2194	2243	49.8	1	21.8	2.10

续表

井名	顶深 m	底深 m	厚度 m	压力系数	地层压力 MPa	游离气含量 m³/t
宁211	2308	2357	49	1.3	29.56	2.35
宁212	2079.7	2112.5	38.8	0.9	18.41	1.42

由于在游离气计算中，单位页岩所含游离气需由地层温度条件下转换到标准温度条件，即转换到0℃，计算中使用开尔文温度，地层温度越大，地层条件下岩石孔隙中单位体积游离气转换到标准温度、压力条件下的体积越大。

通过对影响页岩游离气含量的孔隙度、含水饱和度、密度、吸附态所占孔隙度、地层压力和地层温度六个直接因素进行分析，认为密度、吸附气所占孔隙度、地层温度对页岩游离气含量影响相对较小，孔隙度、含水饱和度和地层压力是影响游离气含量的主要直接因素。

二、吸附气特征

1. 吸附气含量特征

长宁地区宁203井兰氏体积V_L平均为2.85m³/t，吸附气含量平均为2.07m³/t，宁201井兰氏体积平均为3.48m³/t，吸附气含量平均为3.05m³/t（图3-31）。威远地区威202井兰氏体积平均为1.89m³/t，吸附气含量平均为1.57m³/t，威204井兰氏体积平均为2.17m³/t，吸附气含量平均为1.89m³/t（图3-32）。

总体来看，四川盆地五峰组—龙一段吸附能力强（表3-23）。长宁地区龙一$_1^1$小层、龙一$_1^3$小层和五峰组吸附气含量较高；威远地区、渝西北部地区龙一$_1^1$小层吸附气含量较高；泸州地区龙一$_1^1$—龙一$_1^3$小层吸附气含量高（图3-31至图3-33）。

表3-23 四川盆地五峰组—龙一段页岩等温吸附实验结果统计表

井号	层位	测试温度 ℃	兰氏体积① m³/t	兰氏压力① MPa	吸附气量① m³/t	样品个数
宁203	五峰组—龙一段	79.6	(1.87~4.37)/2.85	(9.00~17.82)/12.92	(1.26~3.40)/2.07	6
宁201	五峰组—龙一段	75.0	(2.96~4.00)/3.48	(5.19~8.62)/6.91	(2.68~3.41)/3.05	2
威202	五峰组—龙一段	80	(1.70~2.94)/1.89	(6.07~9.90)/6.73	(0.99~2.23)/1.57	3
威204	五峰组—龙一段	96	(1.36~2.81)/2.17	(5.99~16.59)/9.66	(1.25~2.42)/1.89	6

①／前为范围值，／后为平均值。

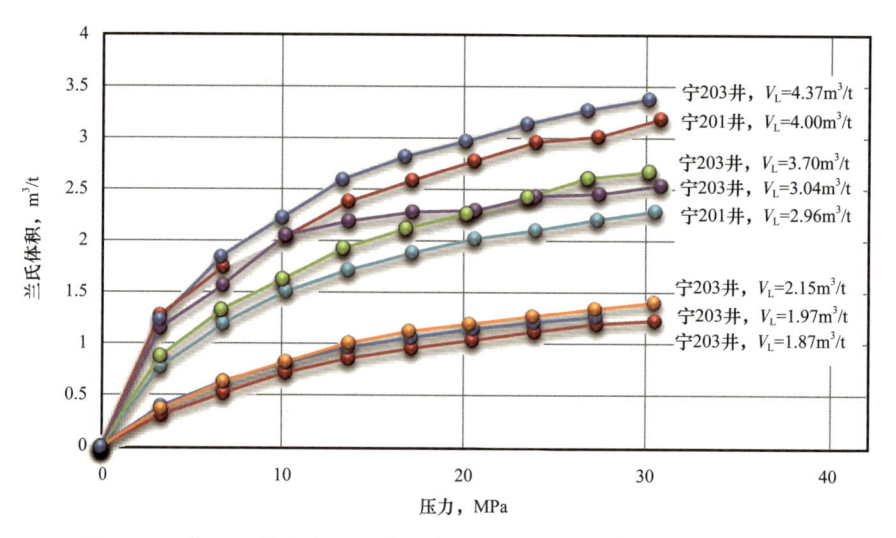

图 3-31　宁 201 井和宁 203 井五峰组—龙一段页岩等温吸附实验结果

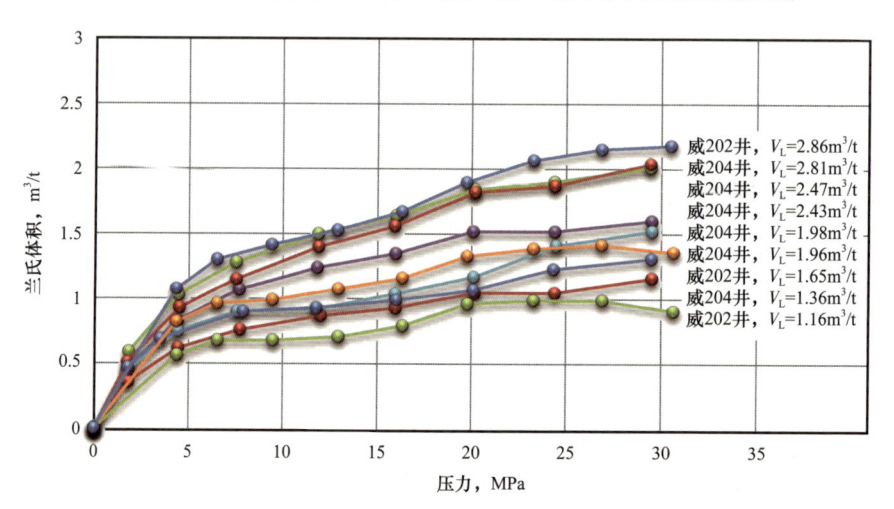

图 3-32　威 202 井和威 204 井五峰组—龙一段页岩等温吸附实验结果

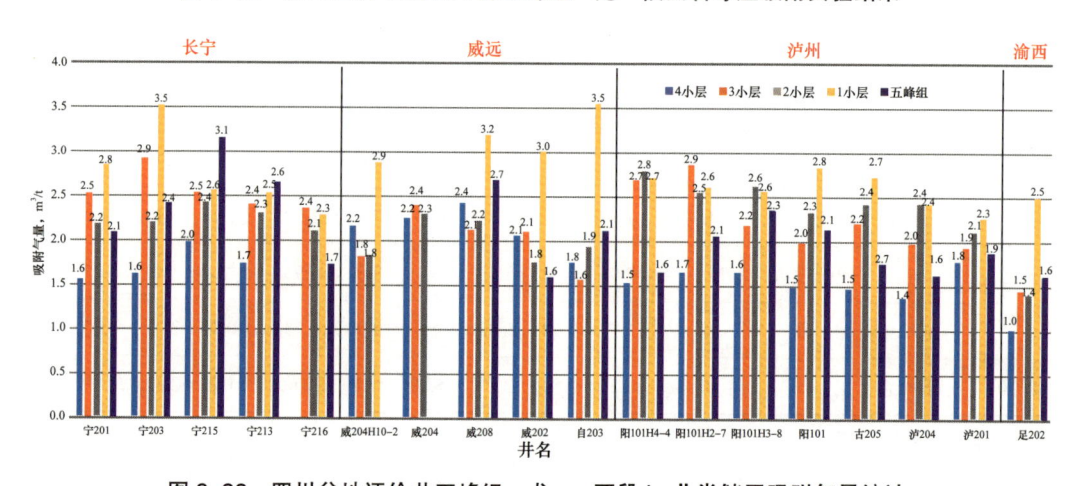

图 3-33　四川盆地评价井五峰组—龙一$_1$亚段 I+II 类储层吸附气量统计

四川盆地筇竹寺组页岩整体吸附能力较强。以永善肖滩筇竹寺组 12 个样品分析测试结果为例，吸附气含量在 1.56~2.82m³/t 之间，平均值为 2.33m³/t（图 3-34）。筇竹寺组页岩随着粉砂质成分的增加吸附能力将降低，即剖面纵向上大致为底部黑色泥岩吸附能力强于顶部黑色页岩。

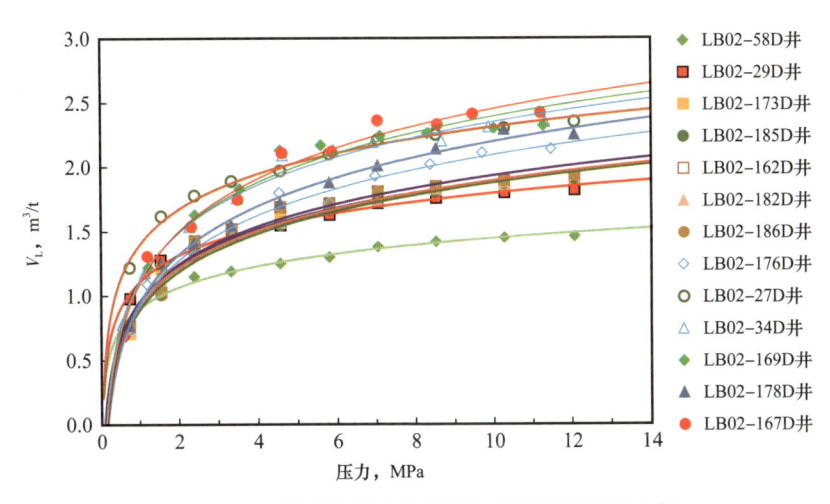

图 3-34 四川盆地筇竹寺组黑色页岩等温吸附曲线

2. 吸附气含量影响因素

兰氏体积是理论上每吨岩石所能吸附气体的最大体积，兰氏压力 p_L 为 1/2 兰氏体积所对应的等温吸附曲线上的压力。等温吸附实验结果证明兰氏体积与吸附气含量相关性好，说明兰氏体积对吸附气含量有重要的影响（图 3-35），兰氏压力与吸附气含量相关性不好，进一步说明兰氏压力对吸附气含量影响小（图 3-36）。

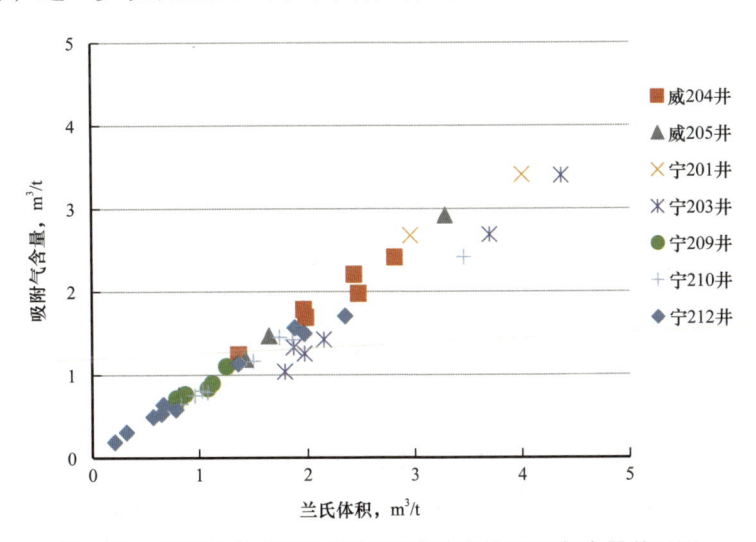

图 3-35 四川盆地龙马溪组页岩兰氏体积和吸附气含量关系图

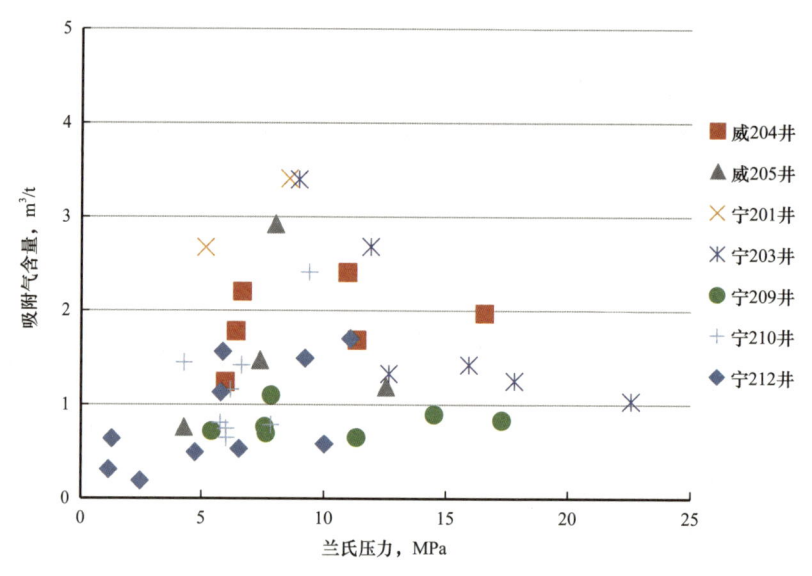

图 3-36　四川盆地龙马溪组页岩兰氏压力和吸附气量关系图

四川盆地 7 口评价井龙一₁亚段页岩兰氏体积平均为 2.45m³/t，兰氏压力平均为 8.60MPa，地层压力与吸附气含量呈正相关（图 3-37）。但当地层压力大于 20MPa 后，地层压力对吸附气量影响小。同时区内气井地层压力与吸附气含量相关性不好，说明四川盆地地层压力对吸附气含量影响小（图 3-38）。

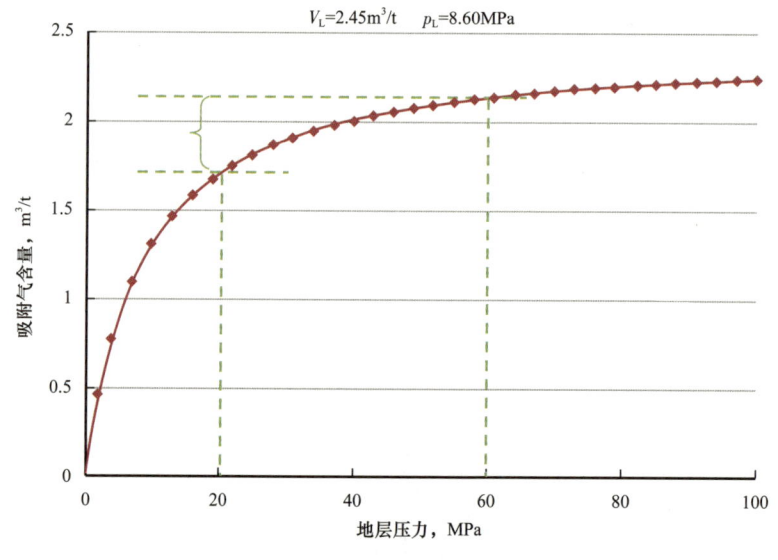

图 3-37　地层压力对吸附气含量的影响

通过对影响页岩吸附气含量的兰氏体积、兰氏压力和地层压力三个直接因素进行分析，认为兰氏压力和地层压力对页岩吸附气含量影响相对较小，兰氏体积，即页岩吸附能力是影响吸附气含量的主要直接因素。

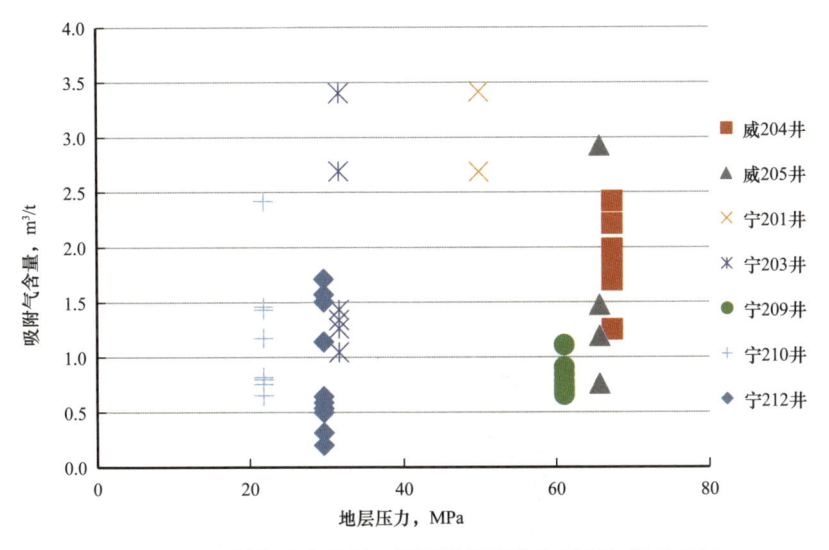

图 3-38 四川盆地龙马溪组页岩地层压力和吸附气量关系图

三、总含气量特征

1. 总含气量分布特征

现场解析气是岩心第一次测试的数据，一般情况下，具有一定的代表性[10]。四川盆地五峰组—龙马溪组页岩的含气性一般具有由下至上呈逐渐降低的趋势。宁203井五峰组—龙一$_1$亚段现场解析含气量含气性较好，含气量为2.46~4.06m³/t，平均为2.96m³/t；龙一$_2$亚段页岩含气量为1.11~1.90m³/t，平均为1.56m³/t；龙二段页岩含气量为0.95~1.33m³/t，平均为1.11m³/t（表3-24、图3-39）。

表 3-24　宁203井龙马溪组页岩含气量分布情况

层段		深度 m	总气量范围/平均值 m³/t	样品数
龙马溪组	龙二段	2075~2212	（0.95~1.33）/1.11	3
	龙一段 龙一$_2$亚段	2212~2366	（1.11~1.90）/1.56	17
	龙一段 龙一$_1$亚段	2366~2394.2	（2.46~4.06）/2.96	4
五峰组		2394.2~2396.5	4.06	1

五峰组—龙一$_1$亚段纵向上，长宁地区龙一$_1^1$小层、龙一$_1^3$小层和五峰组Ⅰ+Ⅱ类储层总含气量较高（图3-40、图3-41），威远地区龙一$_1^1$小层总含气量较高，泸州地区龙一$_1^1$—龙一$_1^3$小层总含气量较高，渝西地区龙一$_1^3$小层、龙一$_1^4$小层总含气量高。

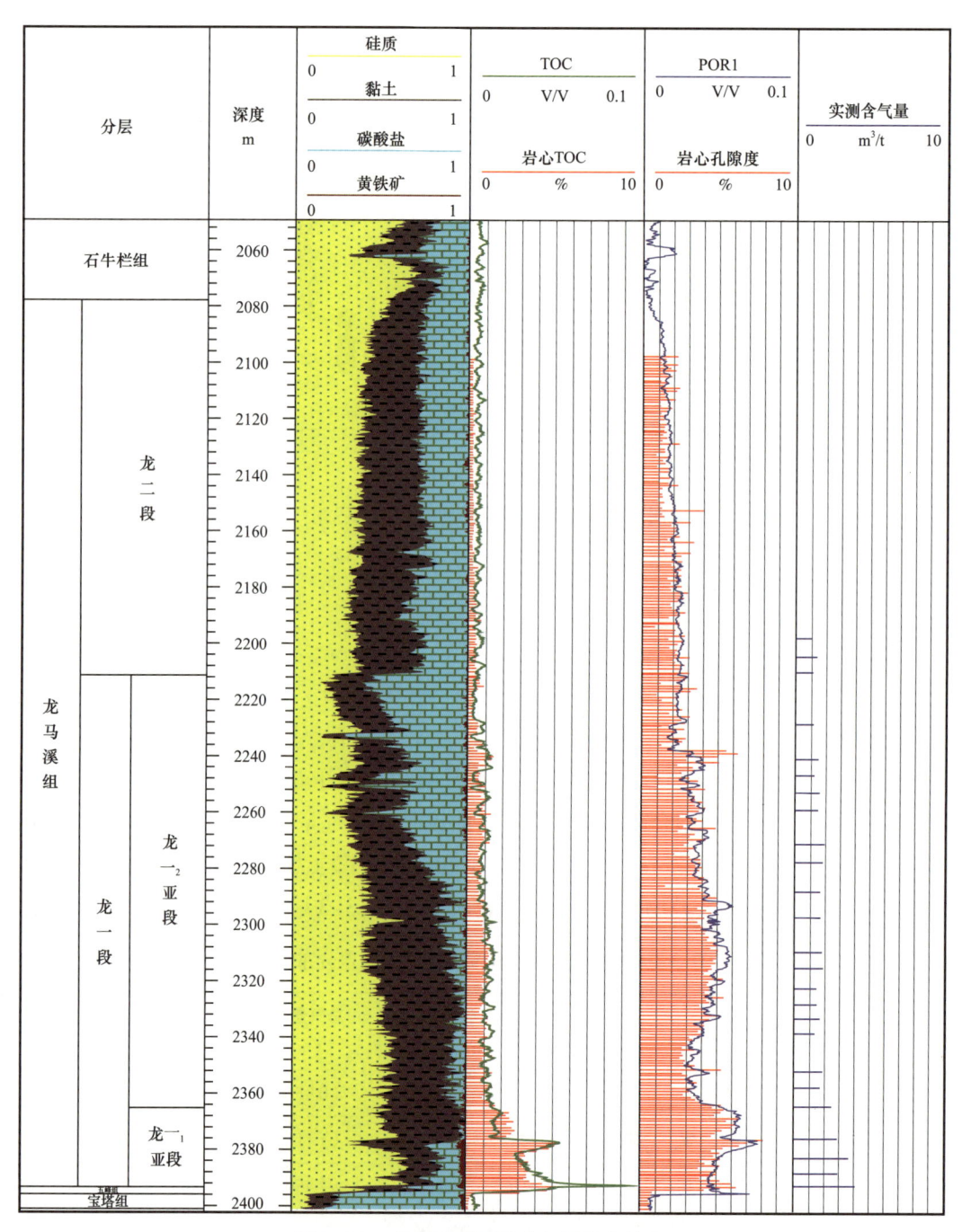

图 3-39 宁 203 井页岩含气量分布情况

单井五峰组—龙一₁亚段 I+ II 类储层总含气量为 4.1～8.2m³/t（图 3-41），各区块内变化大，在威 204 井区最大，宁 201 井区、阳 101 井区和泸 204 井区其次；五峰组—龙一₁³ 小层在威 204 井区、阳 101 井区、宁 201 井区和泸 204 井区均较高。

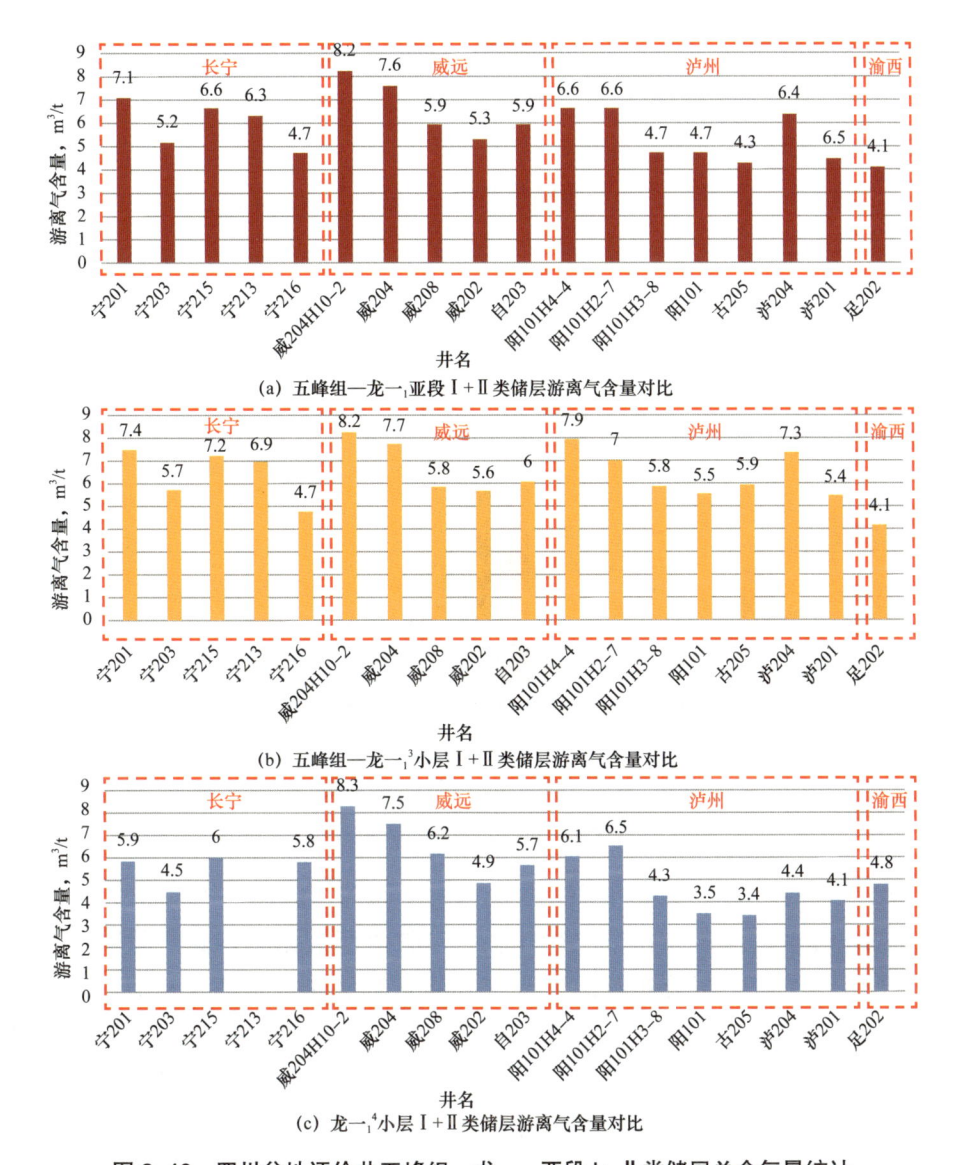

第三章 四川盆地海相页岩储层特征

(a) 五峰组—龙一$_1^1$亚段Ⅰ+Ⅱ类储层游离气含量对比

(b) 五峰组—龙一$_1^3$小层Ⅰ+Ⅱ类储层游离气含量对比

(c) 龙一$_1^4$小层Ⅰ+Ⅱ类储层游离气含量对比

图3-40 四川盆地评价井五峰组—龙一$_1$亚段Ⅰ+Ⅱ类储层总含气量统计

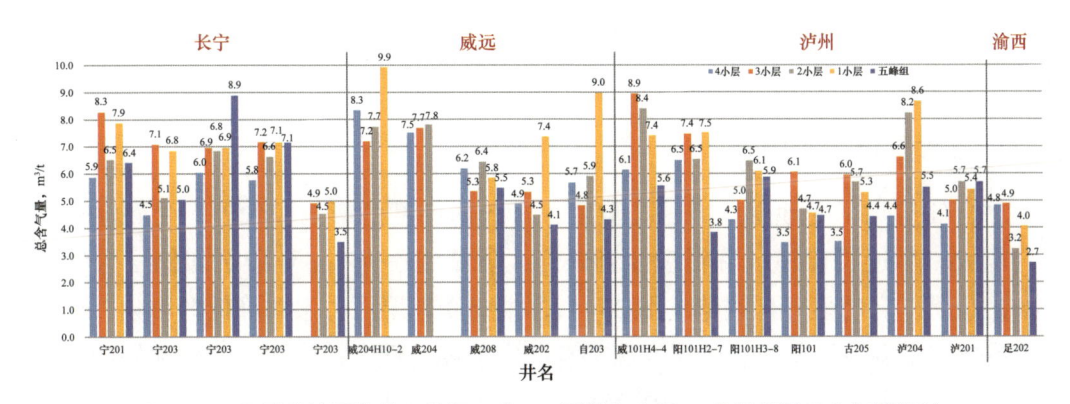

图3-41 四川盆地评价井五峰组—龙一$_1$亚段各小层Ⅰ+Ⅱ类储层总含气量统计

- 101 -

受取心条件限制，四川盆地筇竹寺组含气量岩心实验测试较少，仅有宜210井、威201井和宁208井的部分储层段取到了岩心并完成了含气量测试。整体上，长宁地区筇竹寺组页岩储层含气量总体比威远地区低（图3-42）。威远地区威201井筇竹寺组一段①号储层、②号储层和③号储层段含气量分别为1.6m³/t、1.7m³/t和3.3m³/t；长宁地区宁208井在①号储层含气量为0.7m³/t。

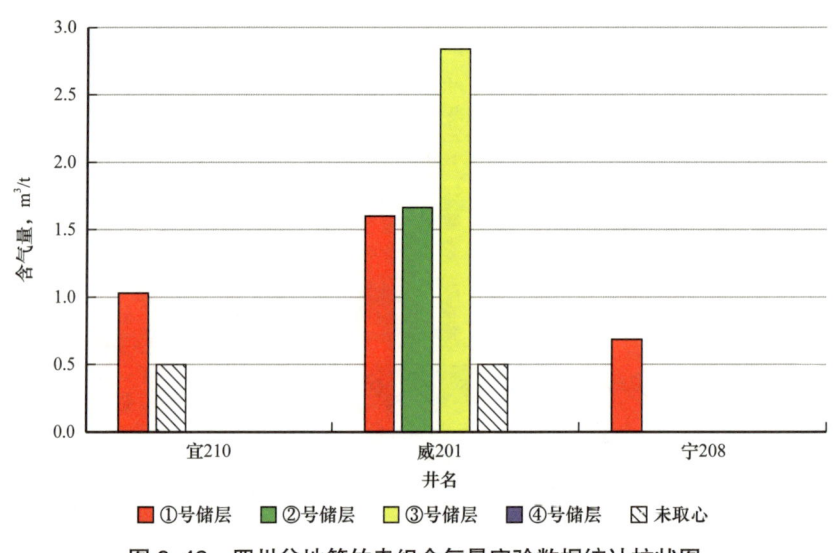

图3-42 四川盆地筇竹寺组含气量实验数据统计柱状图

根据测井数据，绘制了筇竹寺组总含气量平面等值线图（图3-43）来探究筇竹寺组储层总含气量平面展布特征。整体上，筇竹寺组裂陷槽内含气量明显高于裂陷槽外。平面上，①号储层分布范围最广，其他三套储层分布范围相似，均集中于裂陷槽北部和裂陷槽西缘。南部仅局部发育储层。纵向上，④号储层含气性最高，局部达3.5m³/t。①号储层整个裂陷槽内几乎都发育储层，总含气量较高，裂陷槽北部高于裂陷槽南部；②号储层发育在裂陷槽中北部，北部总含气量局部大于3.0m³/t，高于中部；③号储层主要发育在裂陷槽北部，部分发育在裂陷槽中部以及南部；④号储层主要发育在裂陷槽中部和北部，平均TOC较高，总含气量大于2.5m³/t，部分大于3.5m³/t。

2. 总含气量主控因素

总含气量除了受地层压力、孔隙度、含气饱和度的影响较大外，受剥蚀作用的影响也大。靠近长宁地区背斜现今剥蚀区，五峰组—龙一₁亚段页岩储层含气量为2.3~2.7m³/t，有明显降低趋势（图3-44），主要受地层压力系数降低的影响，而地层压力系数与距剥蚀线距离、产层埋深都有一定的相关性，认为两者均对地层压力系数有重要影响，也对总含气量有间接影响（图3-45、图3-46）。

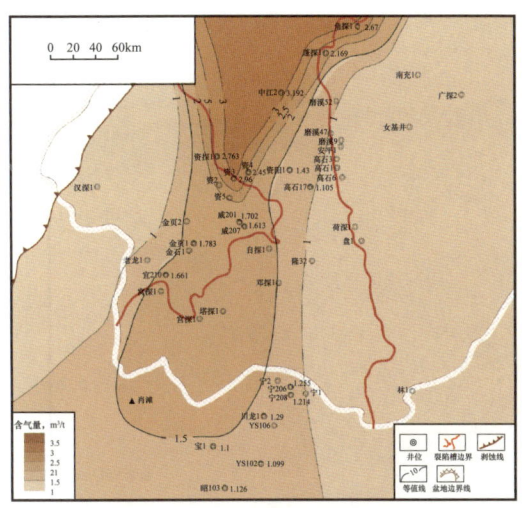

(a) 筇竹寺组①号储层总含气量等值线图

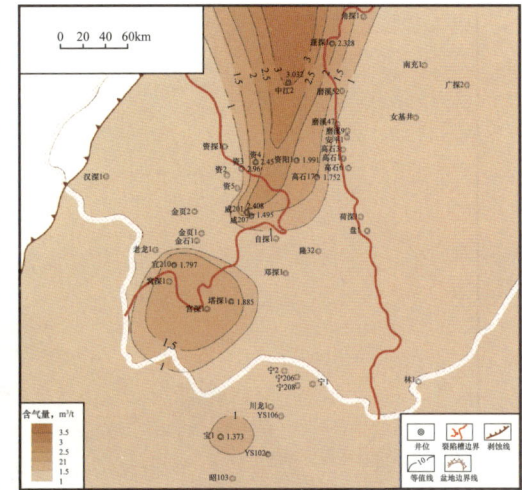

(b) 筇竹寺组②号储层总含气量等值线图

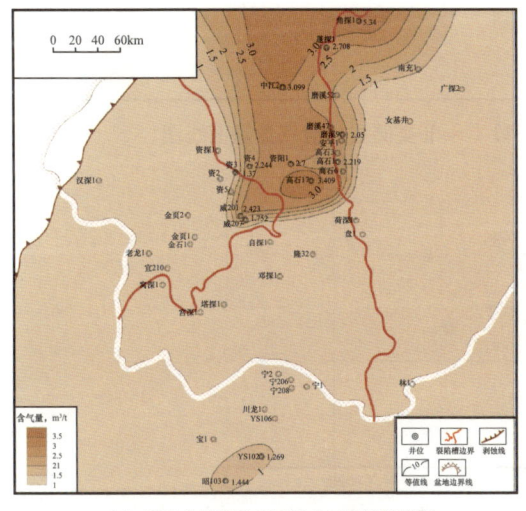

(c) 筇竹寺组③号储层总含气量等值线图

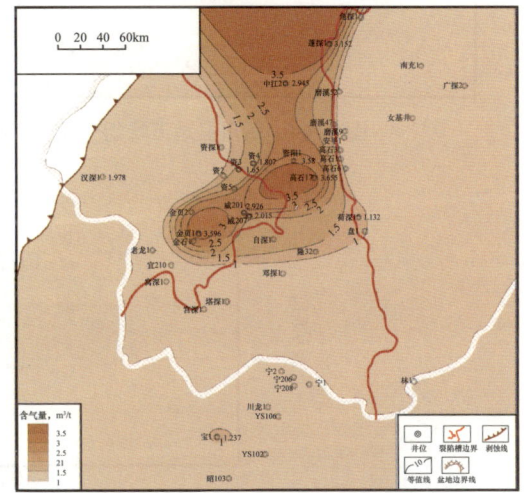

(d) 筇竹寺组④号储层总含气量等值线图

图 3-43 筇竹寺组储层总含气量等值线图

随着距断裂距离增大，总含气量逐渐上升（图 3-47），笔者认为主断裂沟通的地层较多，且会对附近地层产生较大影响。对含气性相关参数进一步分析，发现孔隙度随着距断层距离增加而逐渐增大，含水饱和度随着断层距离增加而逐渐减小，认为这是由于断裂在形成和演化过程中，由于断裂带附近应力挤压作用强，孔隙受到挤压，孔隙度减小，断裂带易沟通上覆含水地层或作为泄压区，则会导致附近含水饱和度相对较高，进而表现出距断裂距离越短总含气量越低的趋势（图 3-48、图 3-49）。

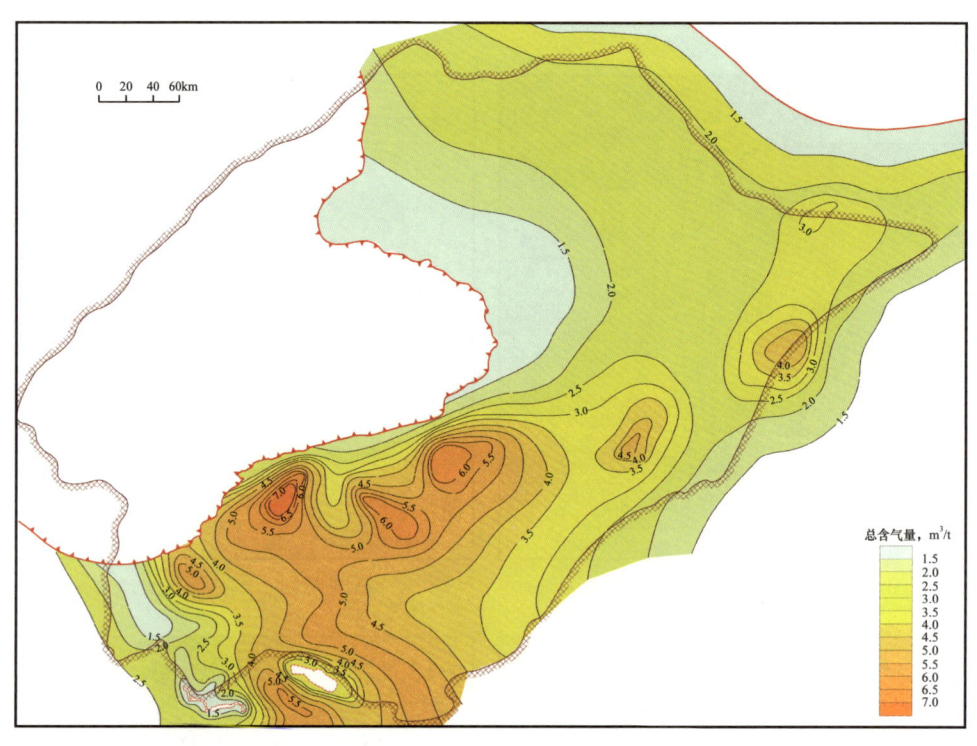

图 3-44　四川盆地五峰组—龙一₁亚段Ⅰ+Ⅱ类储层总含气量等值线图

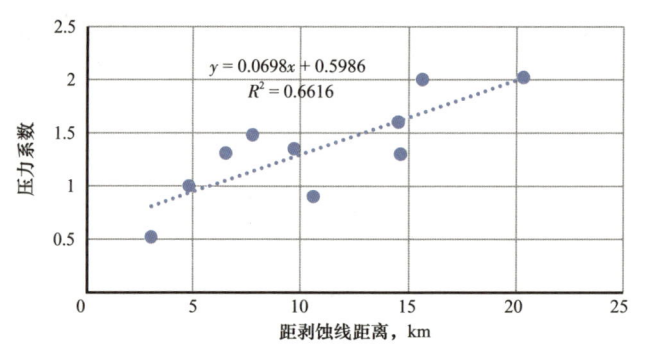

图 3-45　长宁区块距剥蚀线距离与压力系数关系图

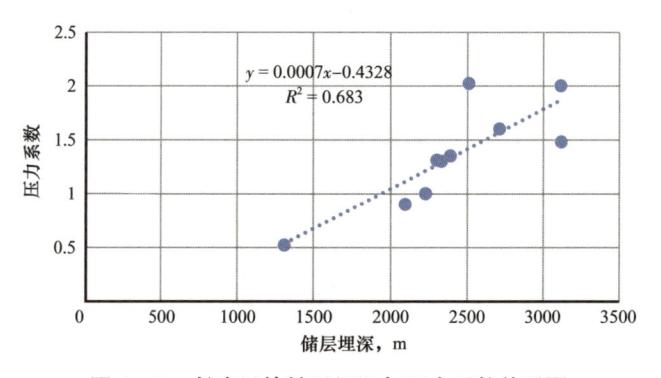

图 3-46　长宁区块储层埋深与压力系数关系图

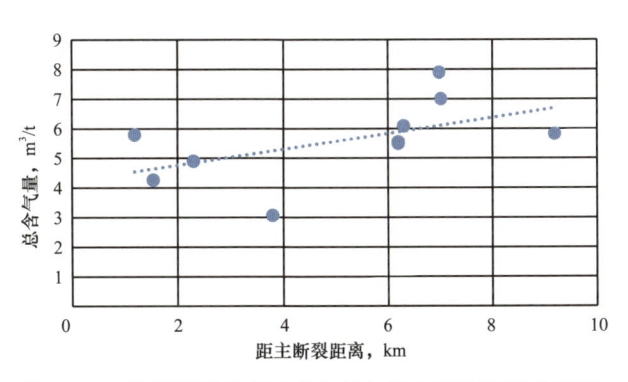

图 3-47 泸州区块北部总含气量与距主断裂距离关系图

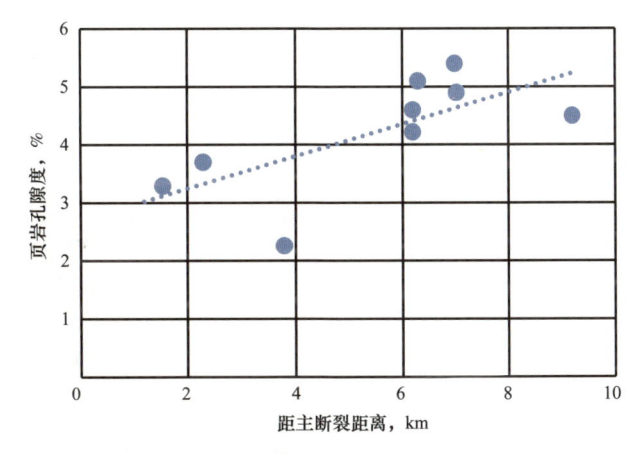

图 3-48 泸州区块北部孔隙度与距主断裂距离关系图

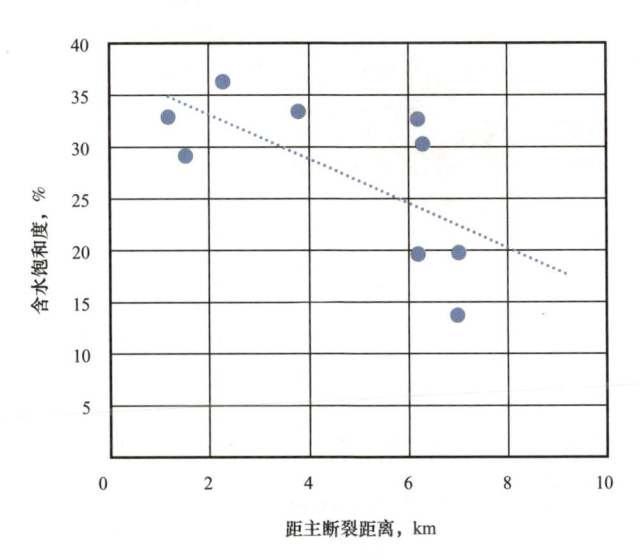

图 3-49 泸州北部含水饱和度与距主断裂距离关系图

第七节　储层展布特征

四川盆地五峰组—龙一$_1$亚段Ⅰ+Ⅱ储层厚度分布稳定，横向分布连续、具有往地层剥蚀线减薄、沉积中心增厚的趋势，厚度一般在 10~65m 之间，越靠近威远古隆起，剥蚀线厚度越薄，越往沉积中心，泸州地区储层厚度最大。威远区块Ⅰ+Ⅱ类储层厚度分布在 20~45m 之间，威 201 井储层厚度为 31.5m；长宁区块Ⅰ+Ⅱ类储层厚度分布在 22~36m 之间，宁 203 井储层厚度为 30.1m，大足地区Ⅰ+Ⅱ类储层厚度分布在 10~35m 之间，其中足 201 井储层厚度为 25.1m；泸州区块储层厚度最大，平均在 50~65m 之间，阳 101 井储层厚度为 58.6m（图 3-50、图 3-51）。

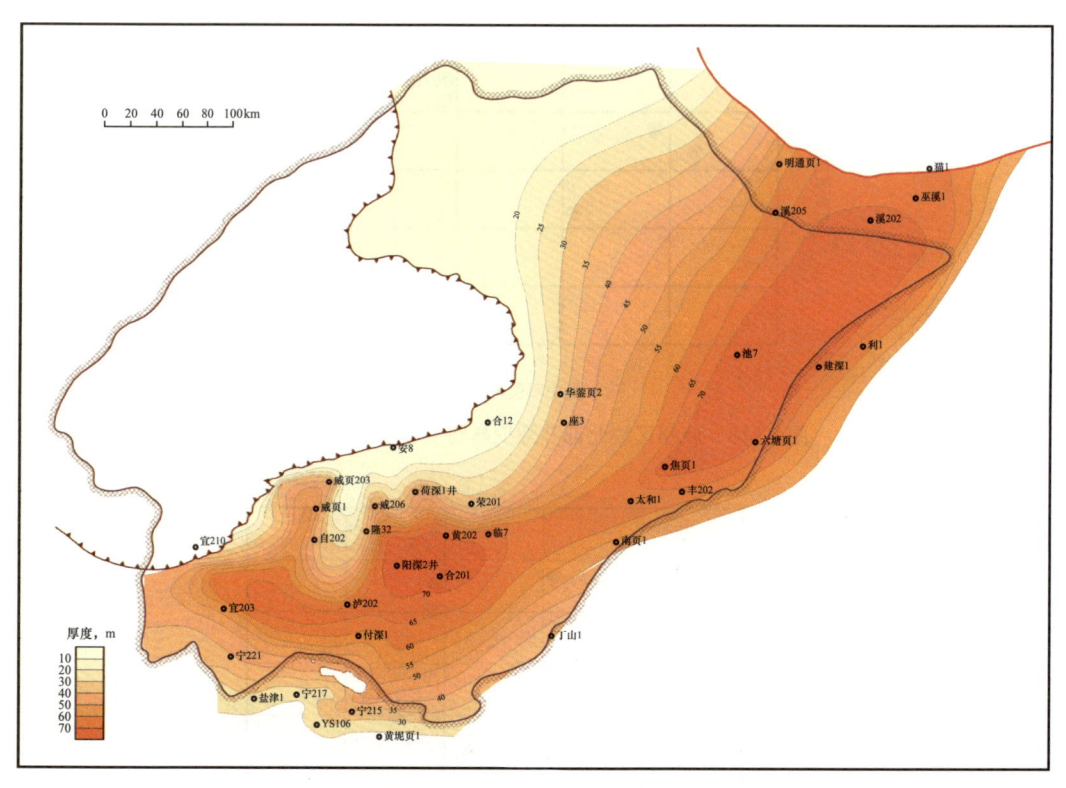

图 3-50　四川盆地五峰组—龙一$_1$亚段 I+Ⅱ类储层平面分布图

四川盆地五峰组—龙一$_1$亚段各小层页岩储层品质好，与北美地区主要页岩气储层可比性较高，储层参数相当（表 3-25），但与北美地区页岩气存在差异，具体表现为：有机质演化程度较高，储层埋深大，地层压力系数高，同时地层受多期构造运动改造，地貌条件复杂。

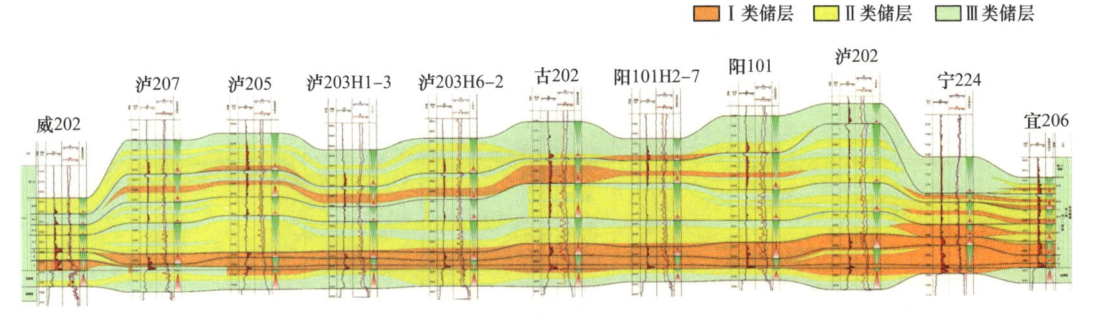

图 3-51 长宁—泸州—渝西区块龙马溪组储层连井对比图

表 3-25 北美地区典型页岩气与四川盆地页岩气区块储层参数对比

页岩气区块	Marcellus	Haynesville	四川盆地			
			威远区块	长宁区块	泸州区块	渝西区块
盆地名	阿巴拉契亚	北路易斯安娜	四川盆地	四川盆地	四川盆地	四川盆地
层位	泥盆系	侏罗系	志留系	志留系	志留系	志留系
埋藏深度, m	1291~2591	3000~4700	1500~4000	2000~4000	3000~4500	4000~4500
TOC, %	3~12	2~6	3.4~3.8	3.6~4.4	2.8~3.3	3.0~3.2
有效页岩厚度, m	15~61	61~107	20~45	25~35	32~65	29~66
含气量, m³/t	1.7~2.8	2.8~9.4	2.0~7.5	5~7.5	2.9~4.6	3.6~5.7
压力系数	1.01~1.34	1.6~2.1	1.2~2.0	1.2~2.0	1.8~2.3	1.8~2.0
干酪根类型	Ⅰ—Ⅱ型	Ⅰ—Ⅱ型	Ⅰ型	Ⅰ型	Ⅰ型	Ⅰ型
R_o, %	1.5~3.0	1.8~2.5	1.8~3.0	2.3~2.9	2.3~3.0	2.3~3.0
孔隙度, %	10	4~12	4.5~7.5	3.5~7.0	4.4~5.7	3.4~5.9
脆性矿物含量, %	20~60	65~75	57~71	66~80	55~72	52~68
构造复杂程度	简单	简单	简单—中等	中等—复杂	简单—中等	简单—中等

从四川盆地筇竹寺组页岩气Ⅰ+Ⅱ类储层区域对比图（图 3-52）可以看出，筇竹寺组发育受裂陷槽控制，大致以沿绵阳—安岳—长宁一线为中心，槽内发育 4 套储层，且以③号储层品质最优，④号储层品质好但厚度较薄，一般小于 10m。从平面等值线图（图 3-53）可以看出，裂陷槽内发育 4 套储层。①号储层分布范围最广，整个裂陷槽由南向北均有分布，整体储层厚度为 10~40m，裂陷槽在威远地区略有分布，且厚度大于 30m；②号储层在裂陷槽北部局部发育，整体厚度较大，部分可达 60m；③号储层主体发育于裂陷槽内北部，裂陷槽内厚度整体大于 30m，局部可达 60m；④号储层分布较广，主要发育在裂陷槽内北部，厚度为 20~40m，裂陷槽外威远地区西侧和大足区域局部发育储层，厚度为 10~20m。

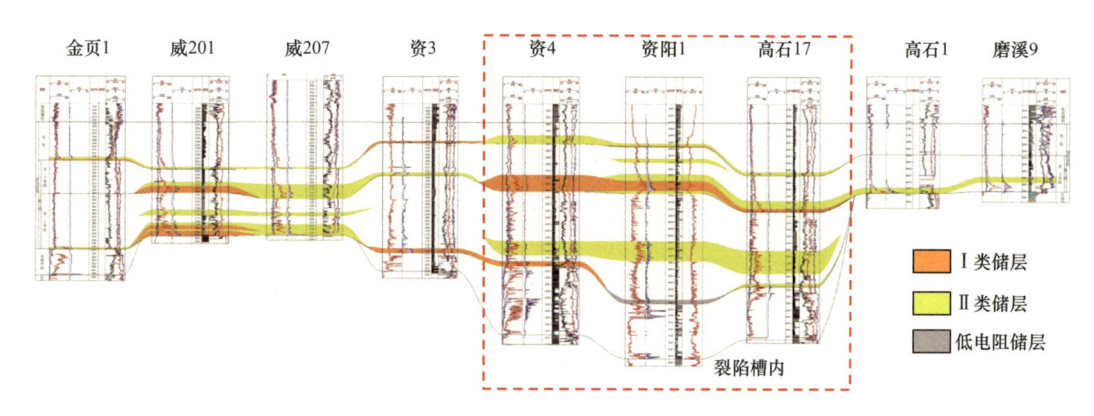

图 3-52 四川盆地筇竹寺组页岩气储层区域对比图

(a) 筇竹寺组①号储层厚度等值线图

(b) 筇竹寺组②号储层厚度等值线图

(c) 筇竹寺组③号储层厚度等值线图

(d) 筇竹寺组④号储层厚度等值线图

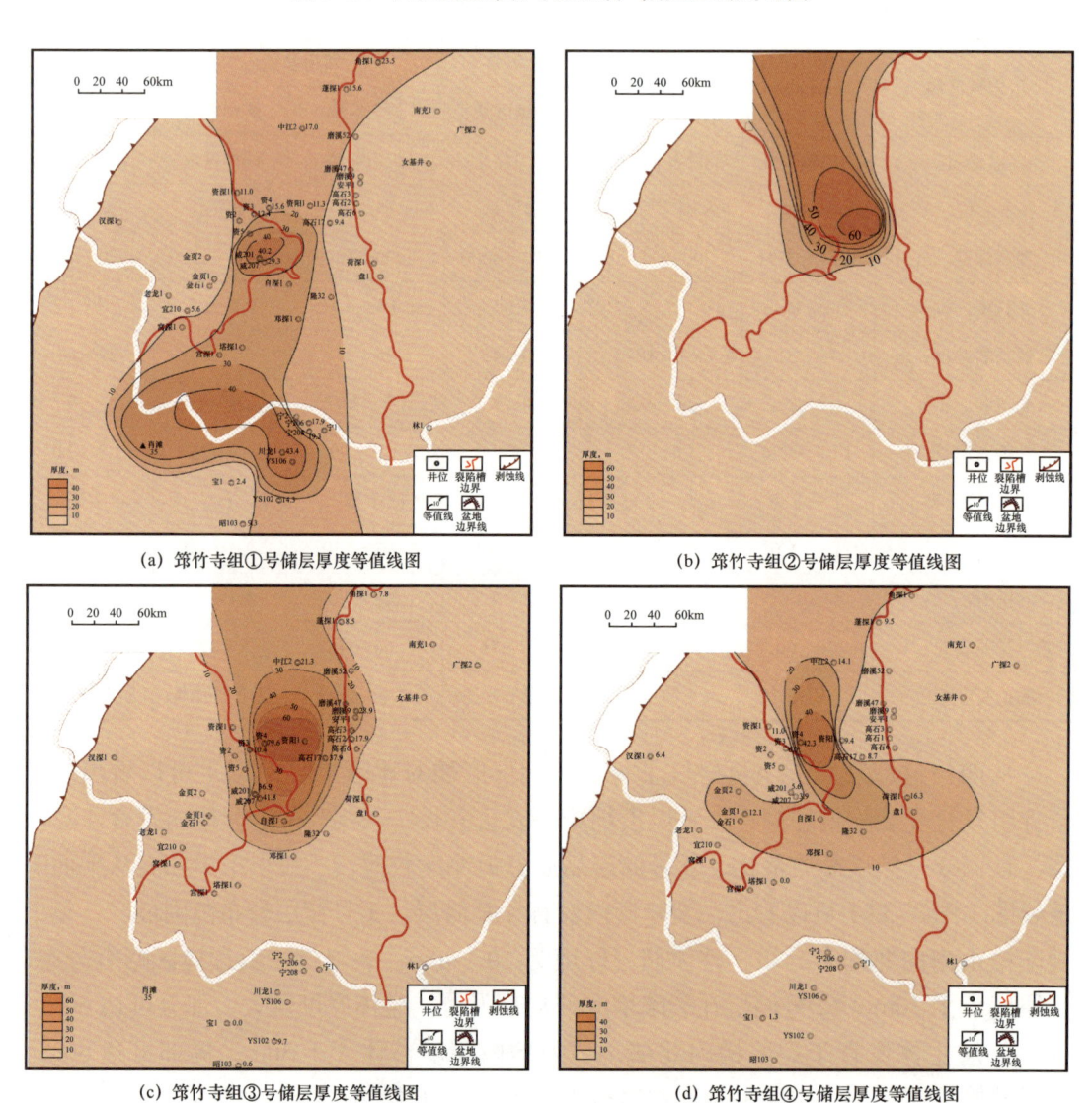

图 3-53 筇竹寺组储层厚度等值线图

参 考 文 献

[1] 邹才能，董大忠，王社教，等.中国页岩气形成机理，地质特征及资源潜力[J].石油勘探与开发，2010，37（6）：641-653.

[2] 邹才能，杨智，朱如凯，等.中国非常规油气勘探开发与理论技术进展[J].地质学报，2015，89（6）：979-1007.

[3] 贾承造，郑民，张永峰.非常规油气地质学重要理论问题[J].石油学报，2014，35（1）：1-10.

[4] 王世谦，王书彦，满玲，等.页岩气选区评价方法与关键参数[J].成都理工大学学报：自然科学版，2013，40（6）：609-620.

[5] 刘德汉，肖贤明，田辉，等.固体有机质拉曼光谱参数计算样品热演化程度的方法与地质应用[J].2013.

[6] 孙同英.页岩气藏物性特征及气体渗流机理研究[D].北京：中国地质大学（北京），2014.

[7] 王飞宇，关晶，冯伟平，等.过成熟海相页岩孔隙度演化特征和游离气量[J].石油勘探与开发，2013，40（6）：764-768.

[8] Loucks R G, Reed R M, Ruppel S C, et al. Morphology, genesis, and distribution of nanometer-scale pores in Siliceous Mudstones of the Mississippian Barnett Shale[J]. Journal of Sedimentary Research, 2009, 79（12）：848-861.

[9] 钟光海，谢冰，周肖，等.四川盆地页岩气储层含气量的测井评价方法[J].天然气工业，2016，36（8）：43-51.

[10] 刘岩，周文，邓虎成.鄂尔多斯盆地上三叠统延长组含气页岩地质特征及资源评价[J].天然气工业，2013，33（3）：19-23.

第四章

海相页岩气"三控"富集高产理论

经过十余年的勘探开发实践,针对四川盆地及其周缘页岩气勘探开发效果,全面研究盆内外地质特征和总结页岩气富集机理,提出了"沉积成岩控储、保存条件控藏、优质储层连续厚度控产"四川盆地海相页岩气"三控"富集高产理论,该理论明确了基础地质对页岩气富集的控制作用,指出优质储层连续厚度是页岩气高产决定性因素,对四川盆地页岩气的选区评价和勘探开发有重要指导作用。

第一节 沉积成岩控储

"沉积成岩控储"指的是沉积作用和成岩作用对储层的品质和优质页岩厚度的控制作用。沉积成岩控储的核心本质是:(1)沉积作用控制储层的TOC、脆性矿物含量和连续厚度,即物质基础的形成;(2)成岩作用控制储层的储集空间类型和大小,即对物质的改造[1]。

一、沉积控储

近洋区有机质初级生产量大约为5%~50%,达到水—沉积物界面,而在远洋区,比如深水陆棚内,则只有0.8%~9%[2],因此,古生产力可能不是最重要的制约因素,而氧化还原环境对有机质的保存影响甚大,起到了决定性的作用。总体来说,目前针对古氧相的研究已经很成熟,在碳酸盐岩和碎屑岩的沉积和埋藏环境研究中均应用广泛,前文也已述及了海相页岩中常用的一些古氧相判别指标,包括 V/Cr、V/Sc、Ni/Co、V/(V+Ni)、U/Th、δU [δU=6U/(3U+Th)]、Ce 和 Eu 异常等[3-4]。

(1)龙马溪组底部缺氧,向上含氧量逐渐增大。

通过对长宁地区宁203井和威远地区威201井五峰组—龙马溪组样品进行微量元素测试分析,并得出特征微量元素比值和图解(图4-1和图4-2)。

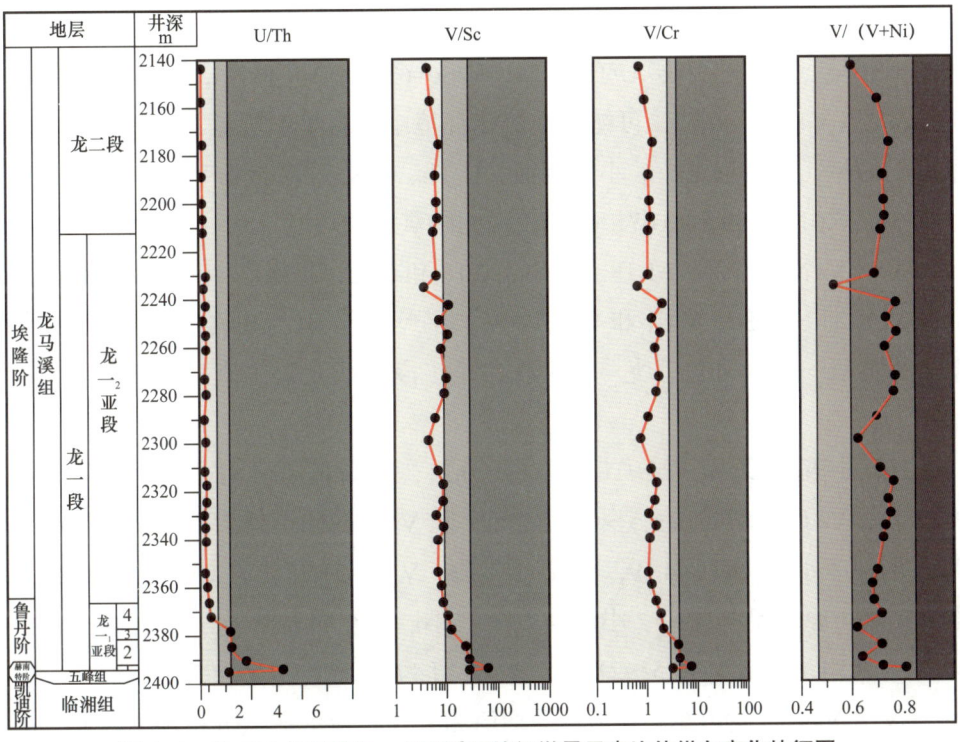

图 4-1 宁 203 井五峰组—龙马溪组特征微量元素比值纵向变化特征图

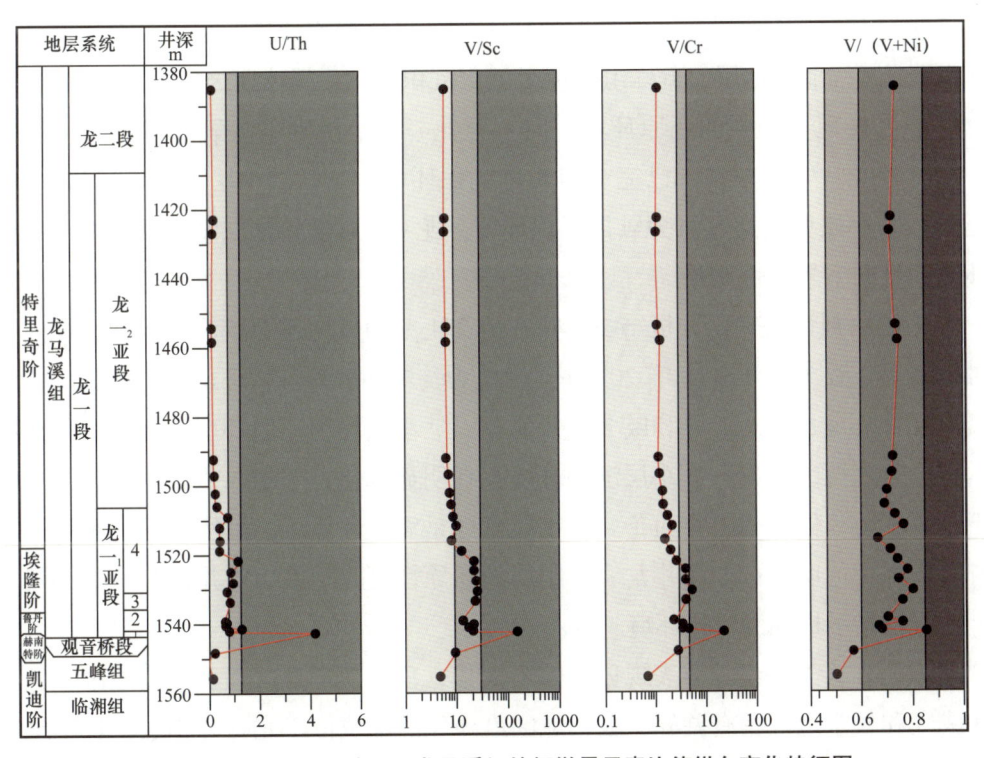

图 4-2 威 201 井五峰组—龙马溪组特征微量元素比值纵向变化特征图

宁203井五峰组页岩，U/Th=1.13，V/Sc=27.46，V/Cr=3.35，V/（V+Ni）=0.81，指示贫氧环境。龙一$_1^1$小层U/Th=3.24，V/Sc=63.11，V/Cr=7.6，指示极强的缺氧还原环境，V/（V+Ni）=0.72，可能是在硫化环境中易富集V元素有关，导致比值略有所降低。龙一$_1^2$小层与龙一$_1^1$小层相似，U/Th、V/Sc、V/Cr和V/（V+Ni）平均值分别为1.53、25.01、4.39和0.67，指示较强的缺氧沉积环境。龙一$_1^3$小层U/Th、V/Sc、V/Cr和V/（V+Ni）分别为1.18、11.88、2.16和0.62，指示贫氧—缺氧环境。4小层两个样品U/Th、V/Sc、V/Cr和V/（V+Ni）平均值分别为0.41、9.52、1.76和0.70，为典型的贫氧—氧化环境。龙一$_2$亚段和龙二段特征元素比值指示均为氧化的沉积环境。

威201井五峰组页岩U/Th为0.13～0.21，V/Sc值在4.81～9.46之间，V/Cr为0.69～2.76，V/（V+Ni）在0.5～0.57之间，除V/（V+Ni）外，其余指标均指示氧化环境。龙一$_1^1$小层U/Th=4.19，V/Sc=151.52，V/Cr=21.25，V/（V+Ni）=0.85，指示极强的缺氧还原环境。龙一$_1^2$小层与龙一$_1^1$小层存在明显差异，U/Th为0.63～1.29，平均值为0.84；V/Sc为13.5～21.22，平均值为18.32；V/Cr为2.25～4.57，平均值为3.41；V/（V+Ni）为0.67～0.76，平均值为0.70，指示贫氧沉积环境。龙一$_1^3$小层U/Th、V/Sc、V/Cr和V/（V+Ni）分别为0.82、22.89、4.05和0.76，指示贫氧环境。龙一$_1^4$小层和龙一$_2$亚段特征元素比值指示均为氧化沉积环境。总体来看，威201井五峰组至龙一$_2$亚段地层，五峰组表现为氧化沉积环境，间冰期之后海平面迅速上升，龙一$_1^1$小层表现为极强的还原环境，向上至龙一$_1^2$小层则由缺氧环境过渡为贫氧环境，甚至到龙一$_1^2$小层顶部已完全为氧化沉积环境，龙一$_1^3$小层还原环境略有增强，但至龙一$_1^4$小层则迅速过渡为氧化沉积环境，龙一$_2$亚段和龙二段地层均指示氧化沉积环境，且向上氧化性增强。

氧化还原判识图对比分析宁203井和威201井的氧化还原条件与单指标纵向变化的对比结果一致（图4-3），宁203井五峰组为贫氧—缺氧沉积环境，但威201井的则为氧化沉积环境；宁203井和威201井的龙一$_1^1$小层均为还原环境，沉积氧化还原条件具有可对比性，但龙一$_1^2$小层沉积环境存在明显变化，宁203井的龙一$_1^2$小层依然处于还原环境，但威201井的龙一$_1^2$小层已经是氧化环境了，虽然龙一$_1^3$小层还原性都有所增强，但明显宁203井龙一$_1^3$小层的还原性要强于威201井，龙一$_1^4$小层及其以上地层均指示极强的氧化环境。

总体而言，五峰组总体表现还原性不太强，只是长宁地区强于威远地区，龙马溪组在威远和长宁地区稍有差异，威远地区最缺氧的部位位于龙一$_1^1$小层，长宁地区最缺氧的部位位于龙一$_1^1$—龙一$_1^3$小层，但均处于龙马溪组底部。

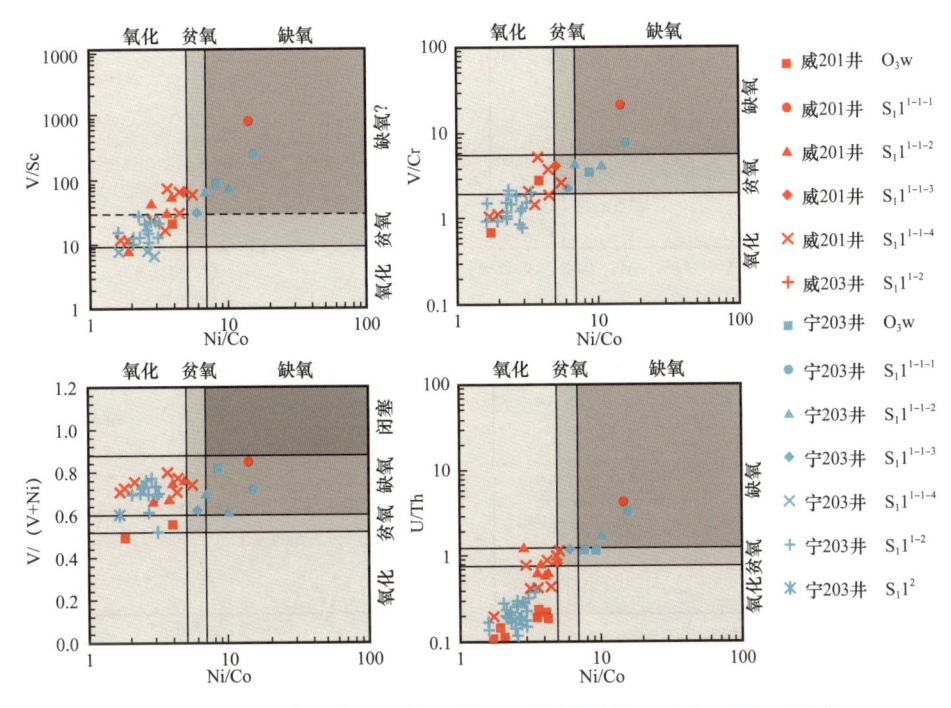

图 4-3 宁 203 井和威 201 井五峰组—龙马溪组古氧化还原环境判别图

（2）缺氧环境 TOC 高、黏土矿物含量低。

许多现代沉积物和古代沉积岩中的 U、V、Mo、Ni、Cu 含量与总有机碳含量 TOC 存在关系[5]，在次氧化到硫化环境下堆积的沉积物或沉积岩中 Ni、Cu 含量与 TOC 具有非常好的正相关关系，而 U、V、Mo 与 TOC 仅在缺氧环境下形成的沉积物或沉积岩中才表现出比较好的正相关关系。根据四川盆地威 201、足 201、包 201 三口井五峰组—龙马溪组岩心相关元素的分析，U、Mo 含量与 TOC 之间表现出较好的正相关关系（图 4-4）；而 V、Ni 含量与 TOC 之间的相关性不明显，其主要原因可能是：（1）V 和 Ni 一般主要以卟啉化合物的形式存在于干酪根中，而本书所研究的样品在测试前就进行了 1000℃ 高温烧焙，与有机质形成络合物的 V 和 Ni 含量可能在烧蚀过程中损失，从而造成误差，使其与 TOC 的相关性不明显，这与前人在漆辽野外剖面样品中所做的无机地球化学测试结论基本一致[6]；（2）热水沉积作用可导致 V-Ni 的富集[7]。具体原因还需进一步探讨，但总的来说，U、Mo 含量与 TOC 之间的正相关关系也能够指示其五峰组—龙马溪组龙一段整体在沉积时应处于缺氧—硫化的环境中。

运用 4 个古氧化还原判别指标（表 4-1）对 N216 井龙马溪组的 TOC 绘制交会图发现，$w(Ni)/w(Co)$、$w(V)/w(Cr)$、DOP_T（全铁换算的黄铁矿化程度）和 $w(U)/w(Th)$ 与 TOC 的相关性极强，而且运用 $w(U)/w(Th)$ 的值域范围容易区分氧化还原环境，且容易在测井数据中获取（图 4-5）。因此，将 $w(U)/w(Th)$ 作为主要参数来探究其与储层的关系。

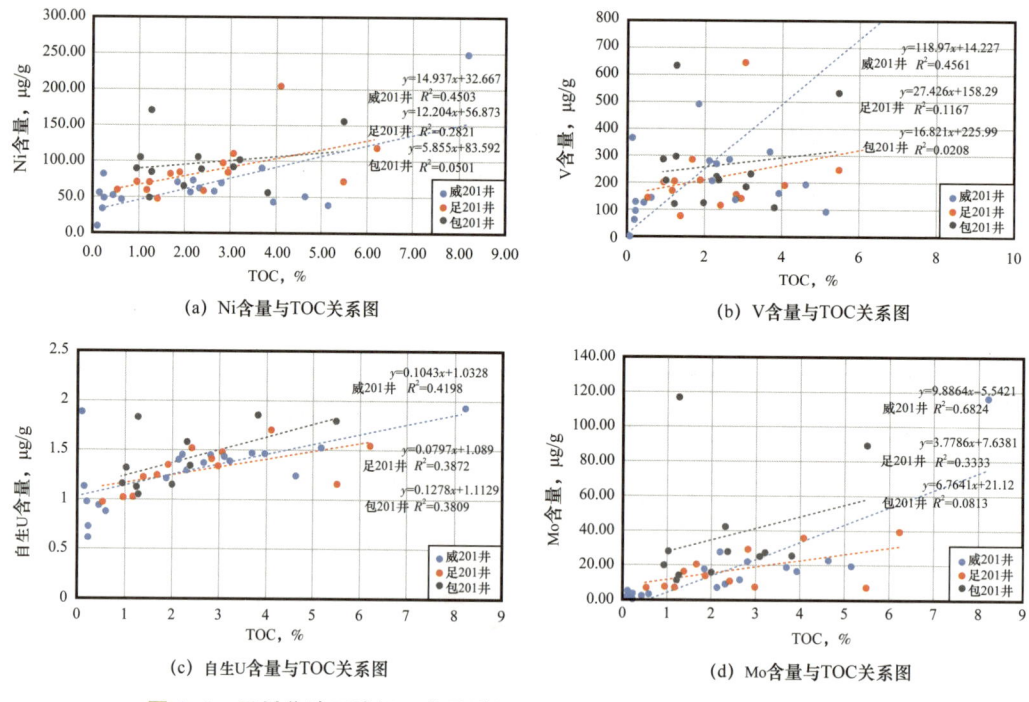

图 4-4 四川盆地五峰组—龙马溪组 Ni、V、U、Mo 含量与 TOC 关系图

表 4-1 海相页岩氧化还原环境判别指标表

氧化还原环境	氧化还原指标			
	$w(U)/w(Th)$	$w(Ni)/w(Co)$	$w(V)/w(Cr)$	DOP_T
强还原环境	>1.25	>7.00	>4.25	>0.75 含 H_2S，0.42～0.75 不含 H_2S
弱还原弱氧化环境	0.75～1.25	5.00～7.00	2.00～4.25	
强氧化环境	<0.75	<5.00	<2.00	<0.42

通过长宁、威远、泸州地区 6 口井伽马能谱测井获得的 $w(U)/w(Th)$ 与 TOC 进行交会发现 [图 4-6（a）]，两者呈正相关关系，TOC>3% 的页岩 $w(U)/w(Th)$ >0.5，无论页岩是沉积于相对浅水的强氧化、半深水的弱氧化弱还原或是相对深水的强还原条件下，作为影响储集能力的储层评价指标 TOC 都可以较高，说明 TOC 的富集主控因素除了受氧化还原条件控制外，还受古生物生产力、成岩—埋藏演化—生排烃的控制，但可以明确的是，在 $w(U)/w(Th)$ >1.25 的相对深水强还原条件下时，无论其他控制因素条件如何，TOC 均可大于 3%。

此外，通过对上述 6 口井的测井获得的 $w(U)/w(Th)$ 与影响压裂条件的脆性矿物含量进行相关分析发现 [图 4-6（b）]，在 $w(U)/w(Th)$ >1.25 的相对深水强还原条件下，脆性矿物含量主要为 55%～80%，最利于压裂，在 $w(U)/w(Th)$ 为

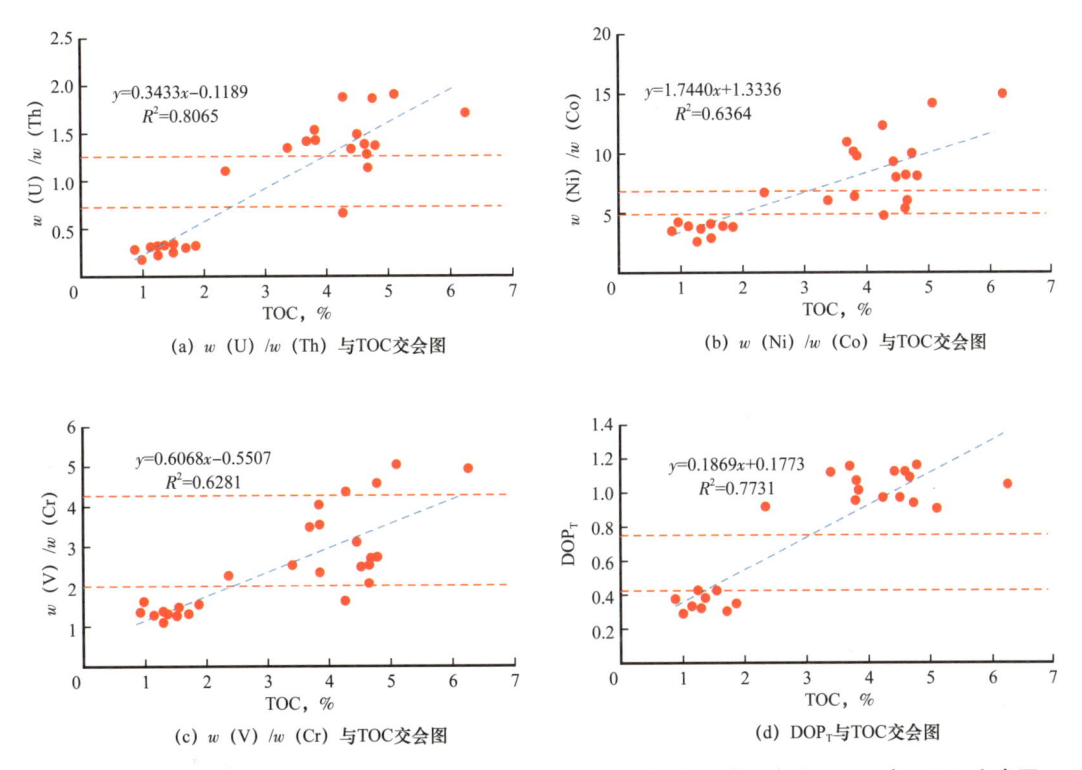

图 4-5 N216 井 $w(U)/w(Th)$、$w(Ni)/w(Co)$、$w(V)/w(Cr)$ 和 DOP_T 与 TOC 交会图

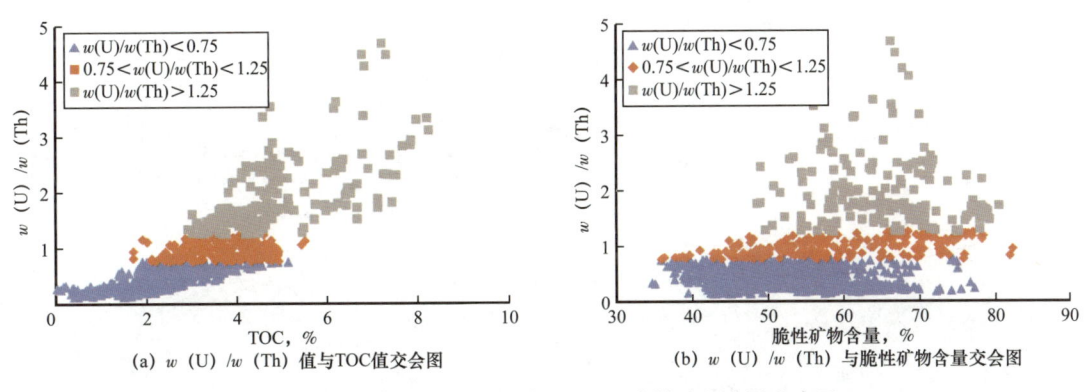

图 4-6 $w(U)/w(Th)$ 与 TOC、脆性矿物含量交会图

0.75～1.25 的半深水弱氧化弱还原条件时，脆性矿物含量主要为 40%～75%，在 $w(U)/w(Th)<0.75$ 的相对浅水强氧化条件下时，脆性矿物含量主要为 40%～70%。

运用 $w(U)/w(Th)$ 定量与储层品质"TOC、脆性矿物含量"的分析结果可以揭示川南页岩气"沉积环境控储"机理之一。$w(U)/w(Th)>1.25$ 的相对深水强还原环境页岩层段为Ⅰ类储层；$w(U)/w(Th)$ 为 0.75～1.25 的半深水弱还原弱氧化环境页岩层段为Ⅰ—Ⅱ类储层，Ⅰ类储层和Ⅱ类储层各占一半；$w(U)/w(Th)<0.75$ 的相对浅水强氧化环境页岩层段为Ⅱ—Ⅲ类储层，且多为Ⅲ类储层。

（3）缺氧环境Ⅰ类储层连续厚度大。

龙马溪组页岩沉积于海平面快速上升至海平面缓慢下降的旋回过程中，古微地貌的高低差异或沉积水体的相对深浅控制着五峰组—龙马溪组的沉积厚度，最重要的是控制了五峰组—龙马溪组内的优质页岩的厚度[1]。

目前勘探开发的效果表明，$w(U)/w(Th)$的连续厚度控制着优质储层的厚度。$w(U)/w(Th)$可以较好地指示古微地貌差异和沉积水体的变化。实践表明，龙马溪组底部$w(U)/w(Th)>1.25$且连续厚度大于4m，指示深水陆棚内沉积水体相对更深的区域，或许可以作为有利区优选的指标之一。若$w(U)/w(Th)>1.25$的地层连续厚度更小，沉积水体则相对更浅。相同的海平面升降背景下，古微地貌差异和沉积水体的变化与Ⅰ类储层连续厚度的分布有较好的匹配关系，半深水区和相对浅水区的Ⅰ类储层连续厚度多小于5m，相对深水区沉积的Ⅰ类储层连续厚度相对更大，盐津—筠连—珙县—长宁地区一线、南溪—泸州—永川—江津一线、威远—自贡一线最厚，Ⅰ类储层连续厚度大于5m且多大于10m，并在泸州地区最厚（图4-7）。

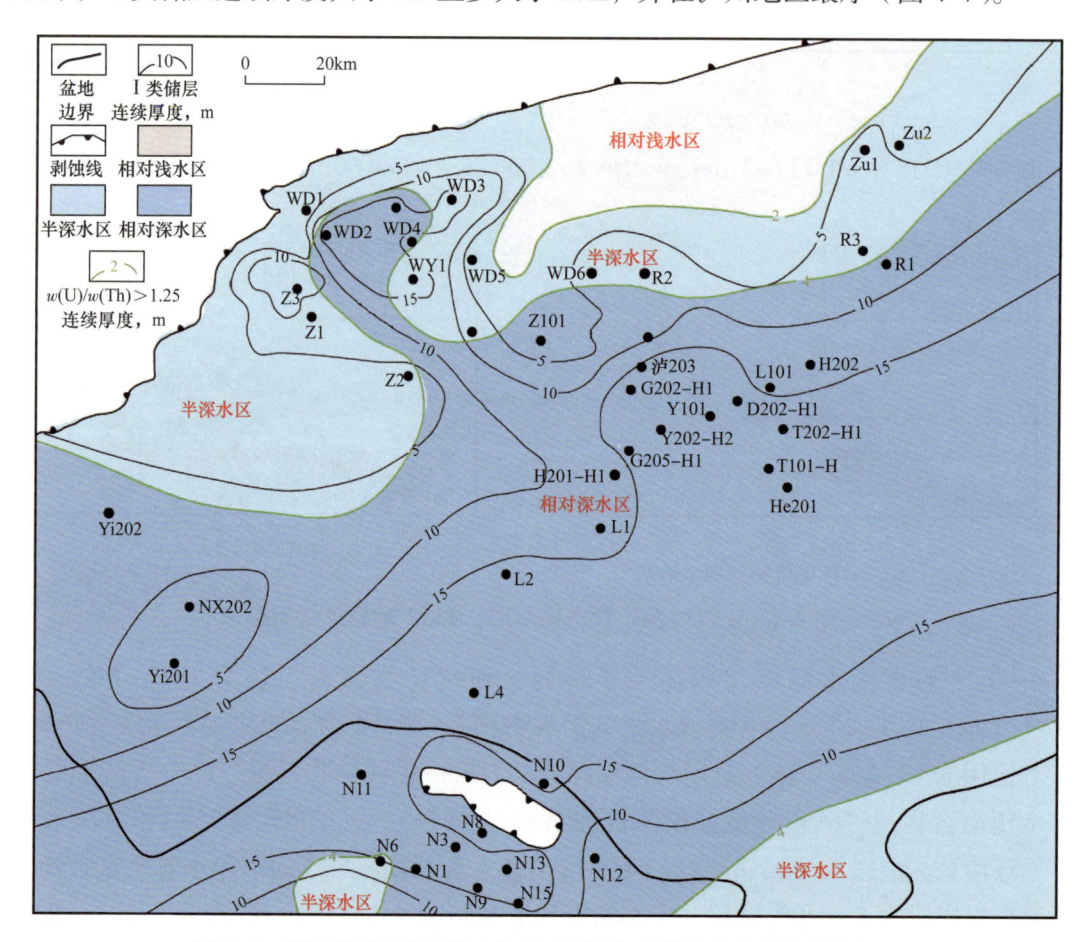

图4-7 川南地区深水陆棚水体相对深浅与Ⅰ类储层连续厚度叠合图

二、成岩控储

页岩成岩与其他碎屑岩成岩一样，都是碎屑沉积物沉积后经各种成岩作用改造，直至变质作用之前所经历的不同地质历史演化阶段。20世纪70年代就开始了成岩作用对砂岩和碳酸盐岩储层影响的研究，由于页岩具有矿物颗粒微米级和孔隙纳米级的特性，受制于观察手段，常规的偏光显微镜已不能满足页岩成岩作用的研究，其已成为页岩地质研究中的薄弱环节。随着近10年数字岩心技术的突破，高分辨率的场发射扫描电子显微镜揭开了黑色页岩成分及其孔隙结构的神秘面纱，纳米级的矿物和孔隙均能清晰观察和统计，使得页岩成岩作用及其对储层控制作用研究有质的飞跃。

1. 成岩作用现象

成岩作用现象包括压实作用、压溶作用、胶结作用、交代作用、重结晶作用、溶蚀作用、溶解作用和矿物形成与转化作用等，以下对典型的成岩作用现象简要介绍。

1）压实作用

压实作用是沉积物成岩的主要作用之一。随着沉积物埋藏深度的增加，静压力下沉积物发生排气、排水、体积缩小、孔隙度降低和密度增加等现象。泥页岩富含黏土矿物且碎屑粒度较小，抗压实能力很弱，在同生—早成岩阶段，受上覆水体和沉积物的影响，云母、有机质等呈定向分布，成层性好，碎屑颗粒含量高的部分抗压实能力较强，碎屑颗粒与泥质之间呈凹凸接触，粒度较大且质软的云母等成分发生明显的挤压变形。在压实作用下，黏土沉积物在早成岩期发生第一阶段的快速脱水，使得孔隙水和过量的层间水大量减少。沉积物在压实作用下孔隙流体排出使孔隙体积逐渐降低、地层厚度变薄、岩石密度增加。压实作用促使孔隙流体排出的动力是异常高压。在流体排出的孔隙通道比较畅通时，压实作用往往只形成瞬时超压，随着孔隙流体的排出，瞬时超压也随之而消失。

泥质沉积物的压实过程由浅到深一般可划分三个大的阶段：快速压实阶段（在几百米以内）、缓慢压实阶段（几百米至3500m）和紧密压实阶段。王新洲（1992）通过实验对济阳坳陷已经成熟但未排过油的泥质烃源岩样品（粉碎后加水）在近似地层的温度和静岩压力条件下的压实排油机理进行了系统研究，把泥质烃源岩的压实过程划分为6个带[2]，并定量分析了烃源岩在压实过程中的连通孔隙、死孔隙和死油量（图4-8）。

2）压溶作用

沉积物随埋藏深度的增加，碎屑颗粒接触点上所承受的来自上覆层的压力或来自构造作用的侧向应力超过正常孔隙流体压力时，颗粒接触处的溶解度增高，将发生晶

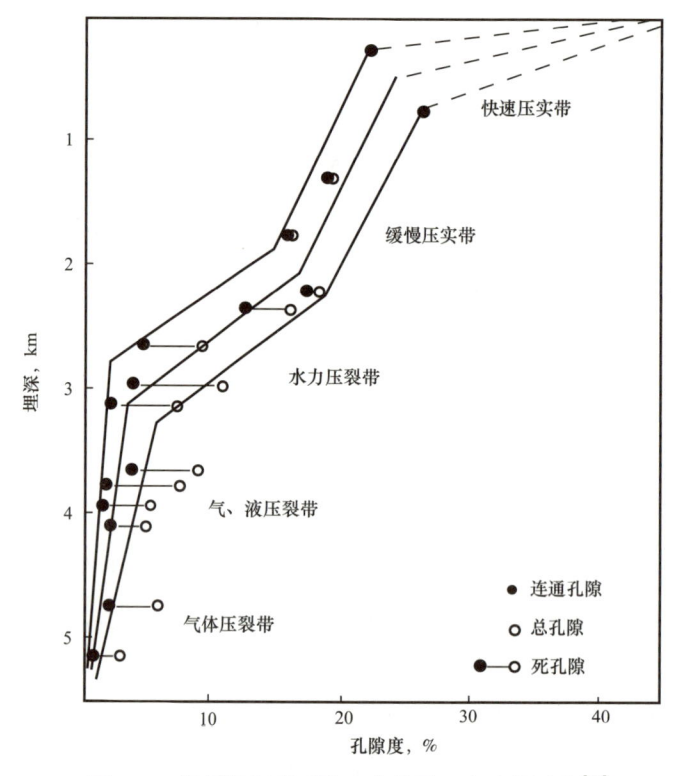

图 4-8 泥质烃源岩孔隙度变化及压实阶段划分[2]

格变形的溶解作用。压溶开始之前，颗粒相互之间多为点接触，有时可为粗糙的面接触，压溶后则可能演变为光滑的面接触、凸凹接触或缝合线接触。压溶的成分全部进入粒间水溶液中，它们可在邻近压力较低部位重新参与沉淀矿物的形成。

五峰组—龙马溪组硅质页岩发育，在埋藏过程中石英碎屑颗粒容易发生压溶作用，通过流体迁移作用在低压区沉淀形成微晶石英，这种现象在全球黑色页岩中较为普遍。

3）胶结作用

彼此分立的颗粒被胶结物黏结在一起的作用称为胶结作用，主要在成岩早期（同生和浅埋）进行。在成岩过程中，从粒间水溶液中沉淀出来，对分离颗粒起黏结作用的化学沉淀物，松散的碎屑沉积物通过胶结作用变成固结的岩石。主要胶结物有硅质、方解石、赤铁矿、黏土、海绿石、石膏等。根据碎屑和填隙物之间的关系，可分为5种胶结类型，即基底式胶结、接触式胶结、孔隙式胶结、镶嵌式胶结、悬挂式胶结。

2. 成岩作用与储层孔隙关系

页岩从同生成岩阶段到晚成岩阶段，伴随着上述多种成岩作用现象发生，除了体现在矿物压实、自生和转化等外，孔隙也发生相应的变化（图4-9）。成岩作用对孔隙的影响主要包括成烃成孔、高压保孔、压实减孔和压溶堵孔等方面。

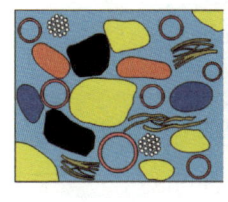

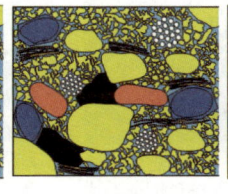

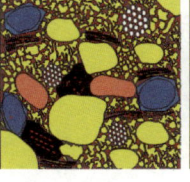

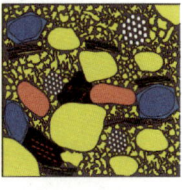

沉积物松散 粒间孔为主	硅质生物溶解 蛋白石-A向蛋白石-CT转化	蛋白石-CT向石英转化 有效抑制压实作用	有机质生烃 迁移有机质充填粒间孔	二次裂解生气 有机孔大量形成
同生成岩阶段	早成岩阶段早期	早成岩阶段晚期	中成岩阶段	晚成岩阶段

图4-9 硅质页岩成岩演化及其孔隙发育模式[3]

1）成烃成孔

有机孔的发现改变了人们对页岩储集空间的认识，同时极大地促进了有机质成岩演化的研究，认为早成岩阶段生物气、中成岩阶段有机质生烃和晚成岩阶段二次裂解均可形成有机孔，有机质高过成熟时裂解生气，部分甲烷以气泡形式原位滞留干酪根和沥青中形成有机孔。有机质孔隙的演化可总结为以下几个阶段：在未成熟阶段，继承性的孔隙通常存在于结构有机质和部分无定形有机质的原始结构中[图4-10（a）（b）]。在成熟阶段早期，干酪根降解形成的烃类充填在干酪根原始的结构孔隙中，只有当形成的烃类超过了干酪根的吸附能力（R_o约为0.8%），烃类才会从干酪根中排出[图4-10（c）]。伴随着成熟度的增加，这个过程中干酪根分子结构会重新调整（体积收缩、密度增加），同时干酪根中的孔隙会再度出现。在高成熟和过成熟阶段，干酪根和液态石油裂解生气，在形成的固体沥青中大量发育有机质孔[图4-10（d）]。国内外大量的高成熟—过成熟页岩中，固体沥青中的孔隙提供了主要的有机质孔，贡献了主要的孔隙度。总体上，有机质的热演化和烃类的形成被认为是控制富有机质页岩孔隙度形成和演化的主要因素，但是有机质成熟度和孔隙度之间并不是一个简单的线性关系（图4-11）。例如，在相同的成熟度条件下，有机质类型的差异会导致不同的有机质孔隙演化模式。有机质的含量及其与矿物骨架之间的配置关系也是影响有机质孔隙发育的重要因素，脆性矿物骨架能够为有机质提供坚固的支撑条件，降低有机质的压实程度，有利于有机质孔的发育；与黏土矿物结合形成的有机黏土复合结构，受黏土矿物催化作用的影响，有机质孔通常较为发育。

2）高压保孔

由于烃源岩生排烃作用，未排出的甲烷气体在页岩中形成高压系统，有利于气体和有机孔保存。四川盆地南部随埋深增加孔隙度变化不大，且埋深2500~4000m形成

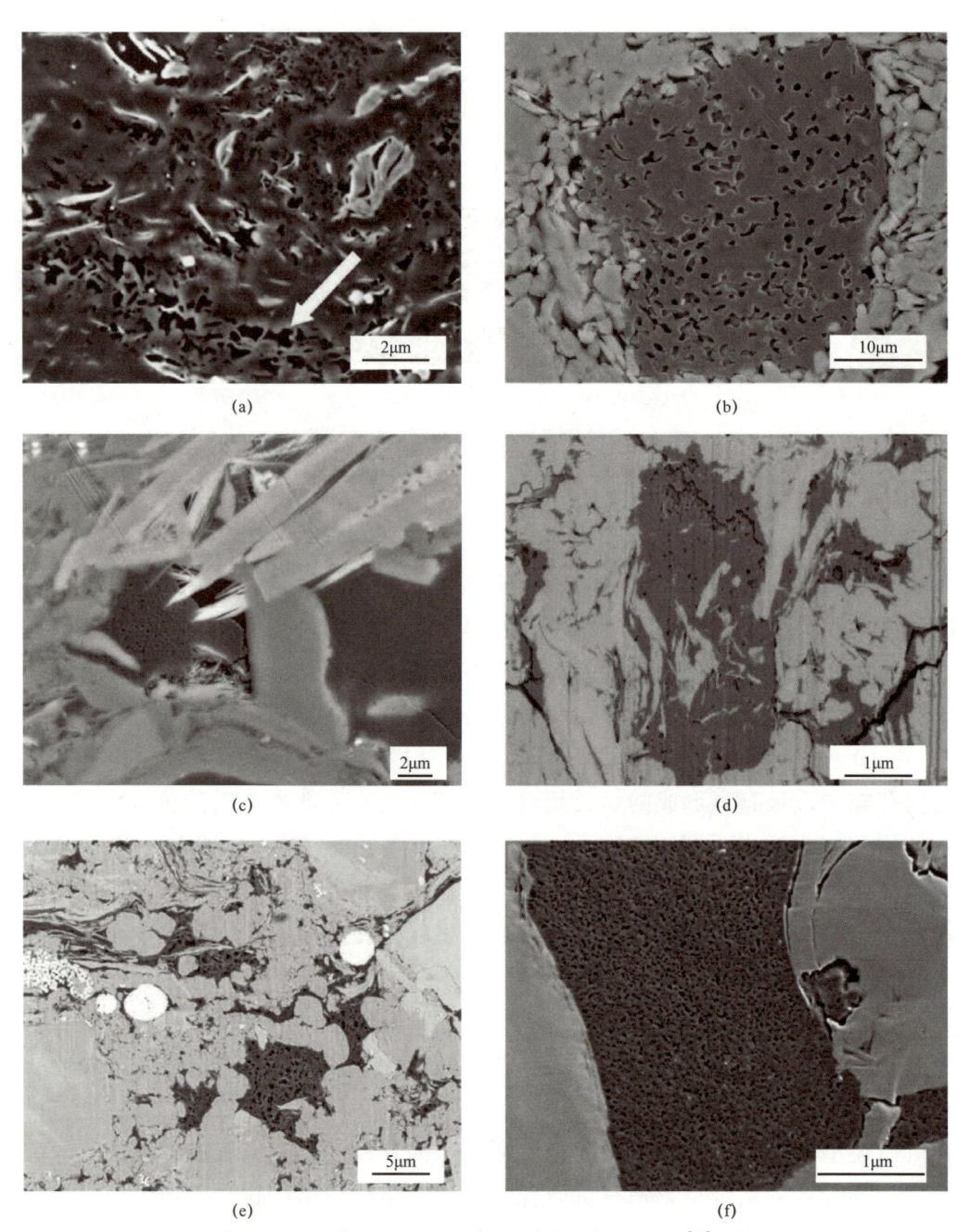

图 4-10　不同成熟度泥岩中有机质孔隙发育特征[3]

了一段异常高孔隙度区间。超高压使原生孔隙得到有效保留，孔隙形态呈圆状、次圆状，储集能力更强。通过不同压力系数地层中有机孔特征对比发现，压力系数高低与有机孔孔径大小成正相关关系（图4-12），即通常情况下压力系数越高，有机孔孔径越大，形态越圆，反之孔径则越小，形态也变得不规则。

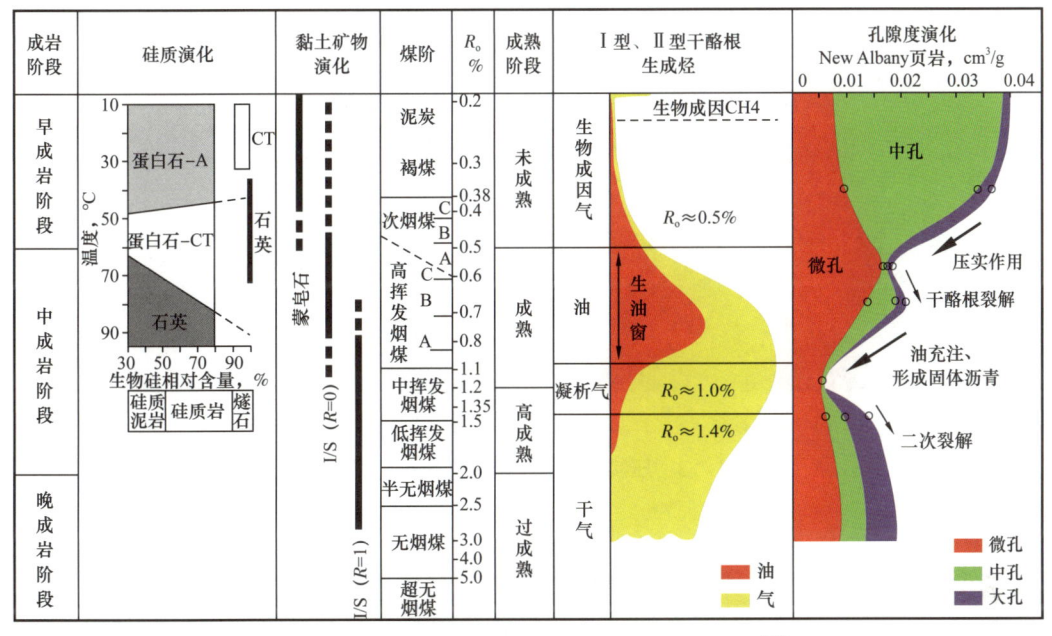

图 4-11 成岩过程中矿物、有机质和孔隙演化[3]

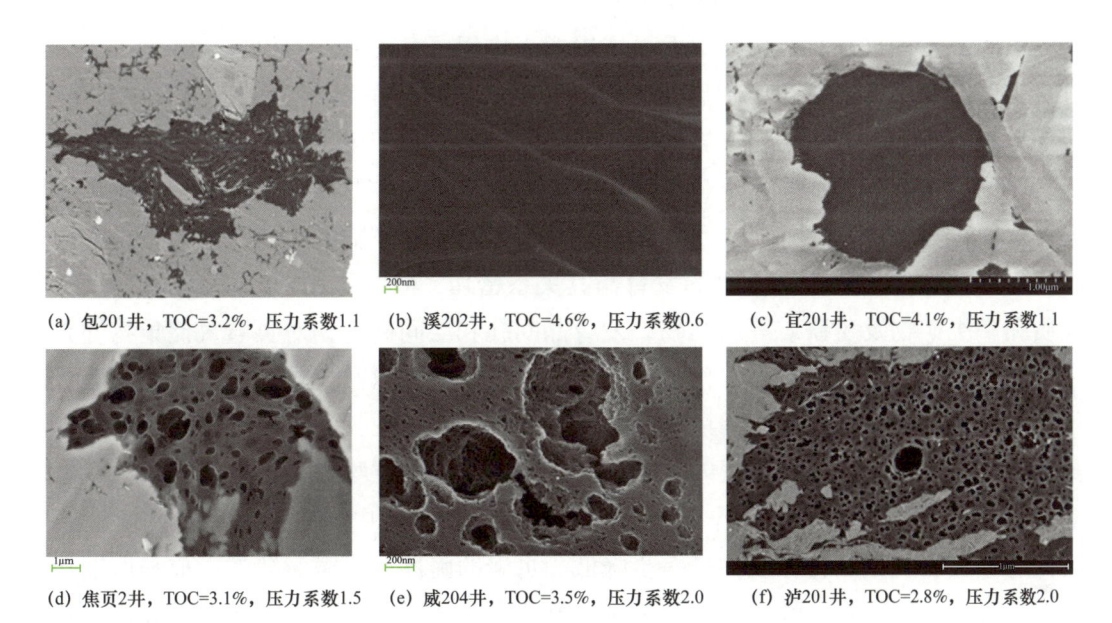

(a) 包201井，TOC=3.2%，压力系数1.1
(b) 溪202井，TOC=4.6%，压力系数0.6
(c) 宜201井，TOC=4.1%，压力系数1.1
(d) 焦页2井，TOC=3.1%，压力系数1.5
(e) 威204井，TOC=3.5%，压力系数2.0
(f) 泸201井，TOC=2.8%，压力系数2.0

图 4-12 不同压力系数井页岩孔隙扫描电镜图像

3）压实减孔

通过上述压实作用介绍可知，压实过程中起支撑作用的矿物被压实，无机孔首先被挤压，随后有机孔也因有机质被矿物挤压而变形，原有机孔、无机孔和裂缝均有减小的现象。无机孔被压时呈现不规则状，常见棱角状无机孔；有机孔在矿物的挤压下常呈椭球状，而且有时可见变形的有机孔定向排列（图 4-13）。

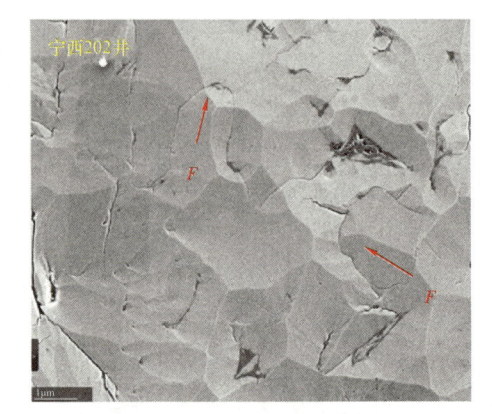

(a) 压实减孔　　　　　　　　　　　　(b) 压溶堵孔

图 4-13　压实减孔和压溶堵孔扫描电镜图像

4）压溶堵孔

压溶发生前颗粒间多为点接触和面接触，压溶后常呈凹凸接触和缝合线接触，矿物溶解重结晶或次生加大封堵无机孔，无机孔孔径减小，且矿物间常见粒缘缝，压溶作用较强时甚至出现缝合线（图4-13）。

王秀平（2015）对四川盆地龙马溪组成岩作用研究表明，有机成岩和无机成岩均对页岩储层物性有较大影响[4]。页岩作为一种特殊类型的油气储层，具有特低孔渗、储集空间类型多样等特征，成岩作用对页岩气储集物性产生了控制性的影响。强烈的压实作用是导致原生孔隙大量丧失、储层超低孔低渗的主要原因，加上早期胶结作用的发育使得原生孔隙几乎消失殆尽；页岩气储层中黏土矿物的转化是极为常见的成岩作用，硅质、黏土矿物胶结物的发育与其关系密切，胶结作用过程中形成的碳酸盐、硅质和黏土矿物及黄铁矿等胶结物，发育晶间孔和层间微孔，对页岩气储集物性具有一定的改善；受早期机械压实作用、胶结作用的影响，以及生烃过程的抑制和成岩过程中盐碱水介质控制作用，后期溶蚀作用发育有限，仅在长石、碳酸盐矿物的内部发育微米级的溶孔，且连通性很差，产生的次生孔隙对储层物性具有部分改善。成岩后期发生的碳酸盐矿物的交代作用，不仅造成了黏土矿物中微孔的减少，同时堵塞喉道，造成页岩气储层孔隙度的进一步降低。页岩的脆性对于微裂缝的形成和后期水力压裂具有重要的影响，脆性矿物含量对孔隙的形成有积极意义[5]。页岩的脆性与石英和碳酸盐的含量相关，碳酸盐和硅质是页岩裂缝发育的物质基础，在相同的应力下，碳酸盐矿物和硅质含量高的页岩，因其脆性强易产生破裂形成裂缝[6]。硅质等脆性矿物含量向下呈增加的趋势，且硅质与残余有机碳含量呈正相关关系，有机质丰度高、脆性矿物含量高是龙马溪组页岩富集高产的重要地质因素；龙马溪组下部优质烃源岩多期层滑和构造作用形成的网状裂缝为页岩气富集高产提供了储层条件。因此，发生在成岩作用早期的压实作用、胶结作用造成泥页岩的力学性质逐渐向脆性转变，对页岩气储层有利。

总的来说，页岩成烃作用产生大量气体，有机质发育大量有机孔。当保存条件较好时，未排出的气体在有机质中原位形成孔隙；压实作用较强时，已有孔隙被挤压，一是孔隙本身被压减，二是部分气体也被挤压排出；压溶作用发生时，重结晶作用和胶结作用造成原生孔隙的大量丧失。

第二节　保存条件控藏

从早期页岩气的选区评价到如今建产区的开发，更加意识到页岩气保存条件的重要性，大到区域上控制着页岩气区带分布，小到局部构造单元上控制着页岩气成藏。由于页岩气富集成藏与常规气存在较大的差异，页岩气保存条件的评价内容和方法学术界虽有较多研究，但至今尚未形成系统评价理论和方法。根据近年来的勘探实践，认为保存条件包括两方面，即封盖条件和聚散条件。封盖条件包括顶板条件和底板条件，聚散条件又分为构造聚散条件和非构造聚散条件，构造聚散条件包括构造样式、构造变形、断层、古今剥蚀距离和埋深，非构造聚散条件包括幕式流体压裂、驱替和扩散，其中压力系数是其重要评价指标，在各个评价方法中起到纽带的作用。

一、封盖条件

顶板、底板条件是页岩气与常规天然气在保存条件上最大的差异，良好的顶板、底板条件是页岩气保存的重要因素。顶板、底板为直接与含气页岩层段接触的上覆及下伏地层，其与页岩气层间的接触关系和其性质的好坏对含气页岩的保存条件非常关键。一方面对页岩气的封存起重要作用，另一方面也影响着页岩压裂改造的效果。顶板、底板可以是泥岩、页岩、致密砂岩、碳酸盐岩等任何岩性，其性质的好坏决定于岩石物性、封闭性的好坏。好的顶板、底板与含气页岩层段组成流体封存箱，可以有效减缓页岩气向外运移，从而使页岩气得到有效保存；差的顶板、底板对流体的封闭性差，油气易于向外散失，导致页岩气藏遭到破坏[7]。中国南方下古生界五峰组—龙马溪组和筇竹寺组分布范围广，顶板、底板对页岩气的封堵作用是造成这两套页岩层系勘探效果差异巨大的原因之一。

1. 顶板条件

筇竹寺组中下部沉积多套有机质丰度高、地层厚度大的优质页岩，其顶部相对致密的泥质粉砂岩或含泥灰岩，厚度较大，孔隙度、渗透率较低，可对下伏页岩气具有良好的封盖作用，即筇竹寺组顶部地层可作为中下部黑色页岩段的顶板。同时，四川盆地筇竹寺组上覆地层沧浪铺组也可以作为区域性顶板（图4-14），由石英质砂岩、黄色砂质页岩、绿灰色泥质砂岩、薄层石灰岩及白云岩组成，砂岩孔隙度较小、地层厚度大、分布广，具有较好的封盖能力[8]。川东及上扬子东南缘地区，牛蹄塘组上覆地层包括明心寺组或九门冲组，其孔隙度和渗透率较低，突破压力较高。

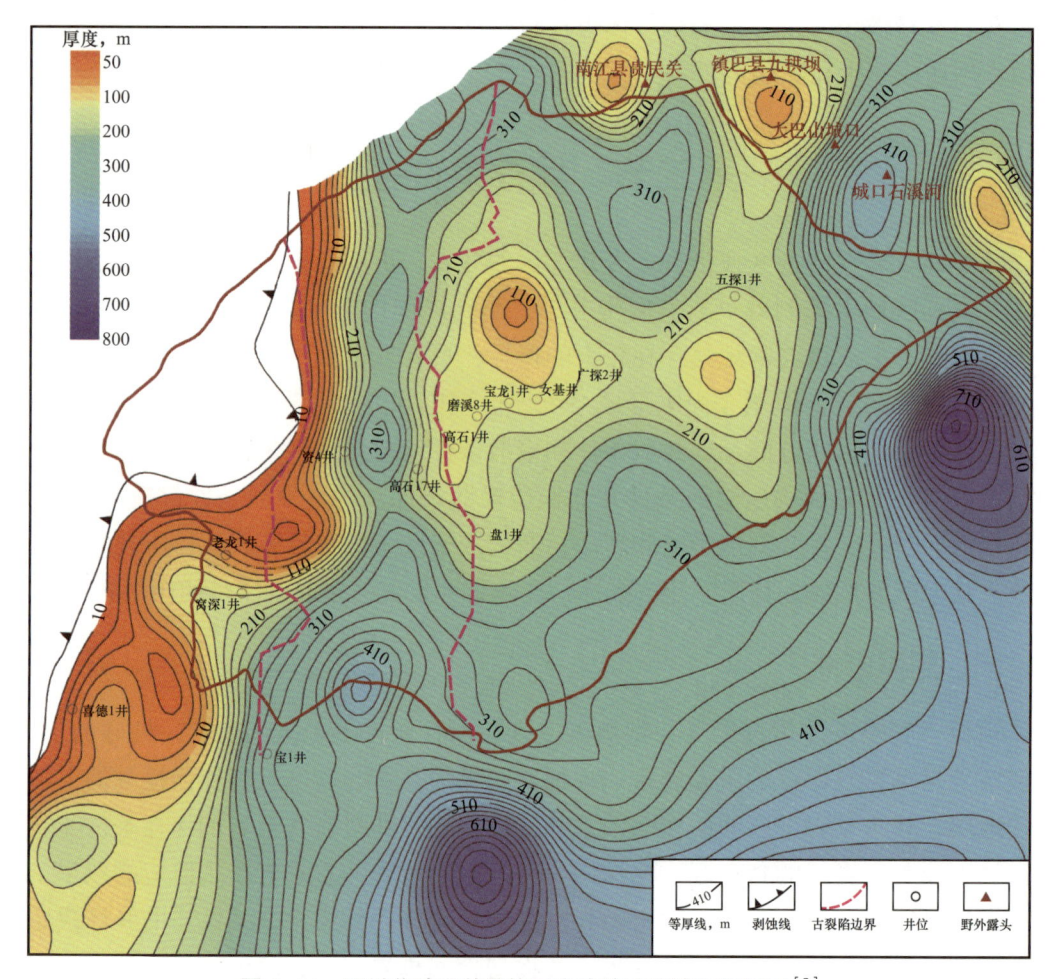

图 4-14　四川盆地及其周缘下寒武统沧浪铺组等厚图[8]

五峰组—龙马溪组页岩气层则为典型的"上盖下储底封"型，有利于页岩气保存，其顶板在川南地区和川东地区岩性有所不同，但都显示出非常致密、封堵性较好的特点。川东涪陵页岩气田焦页1井、焦页2井、焦页3井和焦页4井中作为顶板的龙马溪组二段粉砂岩孔隙度平均为2.4%，渗透率平均小于0.01mD，在80℃条件下，地层突破压力约为72.1MPa（图4-15）[9]；川南长宁、丁山和林滩场地区为石牛栏组的泥灰岩，其中林滩场孔隙度、渗透率平均值分别为1.44%和0.0017mD，地层突破压力达到61.0MPa，而焦页2井页岩气层中6个泥页岩样品的突破压力一般介于9.7~32.7MPa，平均为24.7MPa，相比上述的顶底板的突破压力明显偏小，因此顶底板能够有效地封堵页岩气。

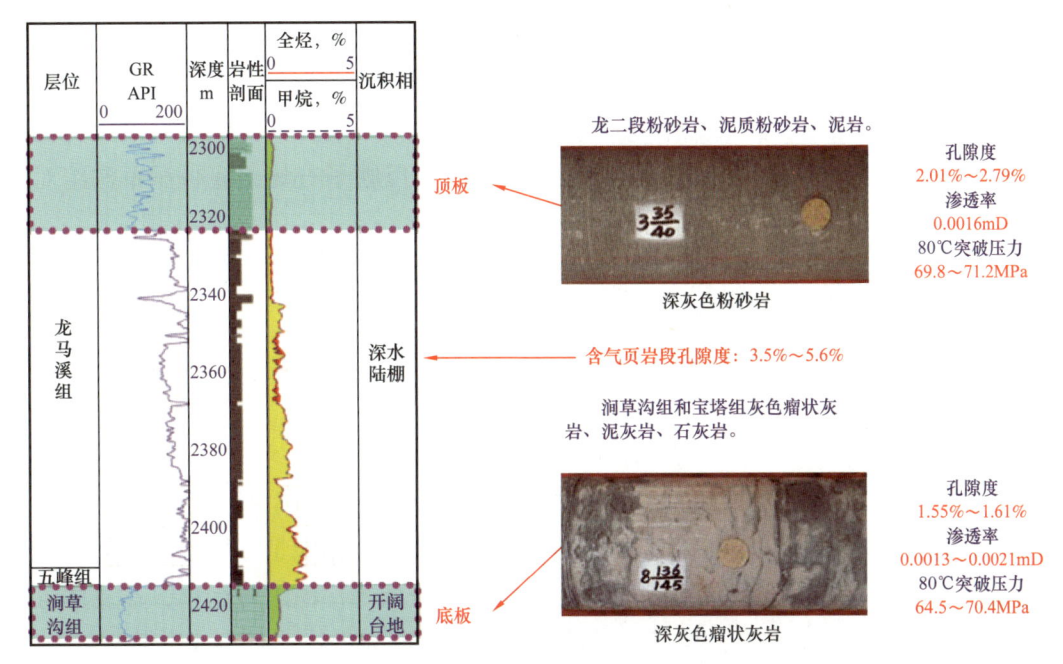

图 4-15 焦页 1 井顶底板条件示意图

2. 底板条件

底板条件随筇竹寺组与下伏地层接触关系不同而不同，若与下伏麦地坪组整合接触则底板条件较好，若与灯影组不整合接触则底板条件较差。

四川盆地裂陷槽内主要地区及裂陷槽西侧金石构造以西大部分地区筇竹寺组与下伏麦地坪组整合接触，由于麦地坪组硅质白云岩、含磷白云岩、磷块岩和含磷灰岩等发育，岩石致密性强，对寒武系向灯影组储层供烃有阻隔作用，因此与麦地坪组整合接触地区底板条件较好。

筇竹寺组与灯影组不整合接触时封隔性较差，这主要是其底板为灯影组物性较好的古岩溶储层，另一方面在灯影组和筇竹寺组之间形成了不整合面，造成从页岩层开始大量生烃时期，烃类就会在浓度差的影响下向底部散失。通过地球化学分析表明，下伏地层灯影组气源来自筇竹寺组，表明筇竹寺组形成油气向下运移，不整合面是烃源岩油气生成后二次运移的良好通道，同时，下伏灯影组孔隙度高，也为油气运移提供了条件。通过研究区内牛蹄塘组页岩气钻井所获得的地层压力梯度变化也可看出，进入牛蹄塘组中部后，地层压力梯度大幅降低，当地层压力梯度小于 0.01MPa/m 时，地层处于异常低压状态，地层处于压力开放环境，缺少形成高压的封闭性的顶底板。此种页岩气层与顶底板配置关系为典型的"上盖下渗"型，不利于页岩气的保存。另外，若底板灯影组孔隙性好且含水，除了牛蹄塘组油气下渗外，压裂过程中容易压穿水层。上扬子东南缘黔南地区，灯影组顶部为区域性含水层，黄页 1 井、岑页 1 井等多口井压裂沟通断层，产出淡水，保存条件极差。

五峰组—龙马溪组底板为临湘组和宝塔组含泥瘤状灰岩、石灰岩，岩性致密，基质孔隙度平均为 1.2%，渗透率平均小于 0.1mD，在 80℃条件下，地层突破压力约为 70.4MPa，裂缝不发育，且与页岩气层无沉积间断，反映了五峰组底板涧草沟组对页岩气层具有较好的封隔效果，有利于页岩气的富集。

二、聚散条件

1. 非构造聚散条件

1）扩散

与常规储层相比，页岩储层孔隙与喉道较小，以纳米孔喉系统为主，气体在页岩储层中具有典型的扩散效应。天然气在页岩中扩散运移遵循能量守恒原则，即天然气总是从其气体势能较高的部位自发地向其气体势能较低的部位进行运移，在流体势能低的部位聚集，并且会在有高渗流通道的情况下发生明显的快速聚集或逸散。

页岩中流体主要受到重力、毛细管力、流体压力和范德华力等多种力的作用（图 4-16）。重力使气体有向下倾方向运移趋势，气体向正向部位运移时，作为运移阻力；毛细管力使得气体作为非润湿相有向更大尺寸孔隙空间运移趋势，性质不定；流体压力使气体有从高压区向低压区方向运移趋势，是地层内部气体从高压区向低压区运移的主要动力，当两端压差较低时表现为浓度差作用下的扩散；范德华力使气体具有吸附固定在原位的趋势，一般作为运移阻力；对于浮力，由于川南海相页岩气藏均处于高过成熟阶段，地层水以束缚态赋存，浮力作用可以忽略。

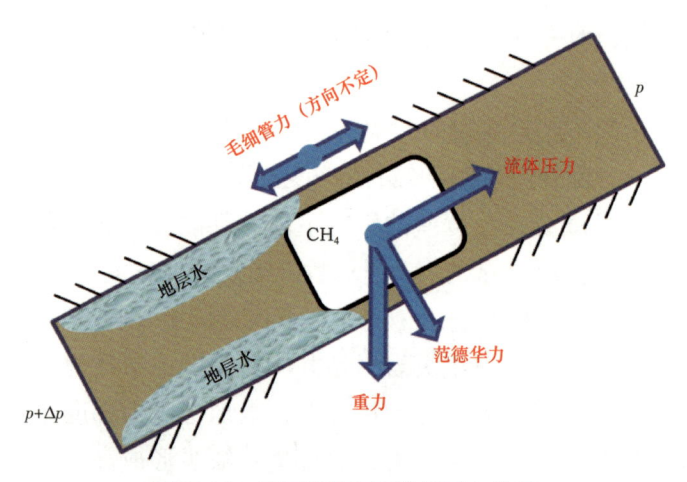

图 4-16 地层条件下页岩气受力分析

通常情况下，两个相邻构造单元中，构造低部位埋深相对较大、孔隙超压，导致流体势相对较高，而构造高部位的流体势则相对较低，页岩层系中天然气从构造低部位向构造高部位不断发生扩散运移（图 4-17）。当地层由于构造挤压作用产生断裂后，断裂内及断裂附近储层中的气体会迅速逸散，此时地层内部与断裂之间出现压力差，在压力梯度的作用下，地层内部的气体进一步逸散。这种气体在页岩层系中的运移过程受到构造样式、构造变形特征、断裂发育、剥蚀程度等多方面的控制，而这些要素正是页岩储层保存条件的最直接反映。

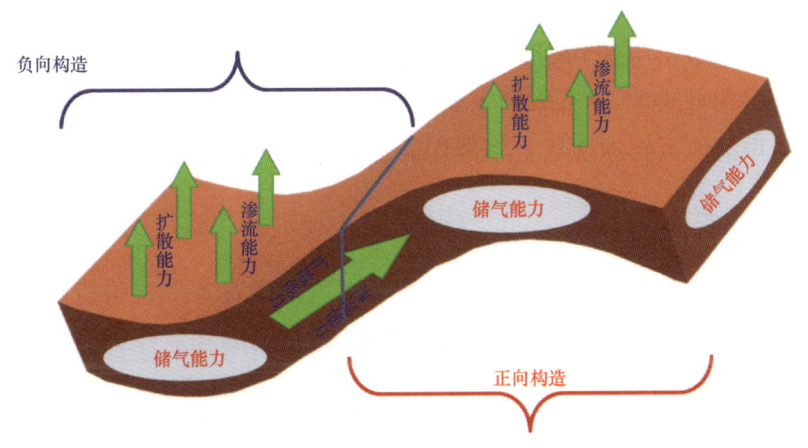

图 4-17　流体势驱动下页岩气的扩散和渗流模式图

2）驱替

顶板、底板的封盖作用减小了页岩气的垂向扩散，使得气体可以在页岩层系中赋存，良好的顶板、底板条件是页岩气形成的重要前提之一。在生烃初期，孔隙中气体分子数量逐渐变多，在浓度差的作用下，浓度高的孔隙中的气体分子开始向浓度低的孔隙中扩散。随着生烃过程继续进行，页岩储层中气体分子数量变得更多，导致其孔隙压力也随之变大，当生烃过程达到高峰时，孔隙压力升高到足以克服气体流动的阻力，开始在较大压差作用下发生驱替现象，气体流动至生烃中心的周边储层中。

龙马溪组有机质丰度从最底部龙一$_1^1$小层向上降低，压力系数也是从龙一$_1^1$小层向上降低，含水饱和度却向上增加，说明当页岩地层上下压差较大时发生过驱替，页岩气向上运移至上部气层。

3）幕式流体压裂

泥岩压实作用是物理和化学综合变化的过程，压实过程中发生沉积物脱水、黏土矿物转化和孔隙压缩等现象。泥岩压实作用阶段一般可分为连续压实和幕式压实两个阶段，前者是正常压力体系中泥岩的连续压实过程，而幕式压实强调异常高压体系中泥岩欠压实状态下，超压体系中流体幕式活动导致泥岩发生幕式压实作用。幕式压实阶段可进一步划分为水力压裂压实阶段和生烃压裂压实阶段。水力压裂压实阶段主要是由于泥质沉积物的不均衡压实作用和黏土矿物的脱水作用导致地层孔隙流体的超压和水力压裂作用。生烃压裂压实阶段主要是由于烃类的生成作用和液态烃类的热裂解作用导致地层孔隙流体的超压和流体压裂作用[10]。

随着流体压力逐渐增大,当超过流体压裂临界值时,便发生幕式流体压裂现象。与此同时,页岩中不同时期形成的烃类通过流体压裂形成的微裂缝向弱面运移,即形成幕式排烃作用。压力封存箱内页岩中流体极少通过基质孔隙穿向低压区排泄,只有在压裂期间才能通过形成的微裂缝排液。李传亮[11]对压力系数上限研究表明,地层水平应力岩石胶结程度和围岩封闭性等越好,异常高压越高,当孔隙度为1%,埋深1000m时,压力系数上限值约为2.58,随着埋深和孔隙度的增加,压力系数的上限值具有下降趋势。由此表明,当页岩内流体压力达到一定极限时,页岩将发生幕式流体压裂现象,四川盆地页岩地层压力系数均低于2.5也印证了该现象的客观性。

2. 构造聚散条件

构造改造强弱直接影响页岩气量,是最为关键的保存条件,构造运动形式及其强弱程度直接决定了页岩气保存或破坏状态,构造改造弱的构造样式对页岩气保存最为有效,而构造改造强的构造样式对页岩气保存不利。主要的构造运动形式包括褶皱、断层和抬升剥蚀等三种,相应的构造聚散条件主要是褶皱、断层和抬升剥蚀等三种。

1)褶皱

构造挤压可形成不同形态的褶皱,不同强度构造运动造成地层褶皱变形程度不同,形成不同形态的褶皱样式,弱改造区可形成宽缓背斜或向斜,中改造区可形成窄陡背斜或向斜,而强改造区可形成紧闭背斜或紧闭向斜,可发育于隔挡式或隔槽式褶皱,也可发育于断层相关褶皱中。

一般来讲,埋深适中的宽缓背斜或向斜断层不发育或断层封闭性较好,压力系统未受到破坏,页岩中滞留烃不易破坏而得到保存。在此情况下,页岩气的逸散破坏时间短,大量气体仍保存在孔隙中,对孔隙起到明显的支撑作用,属于相对的流体势高值区。目前中国典型的页岩气田包括长宁、威远、昭通和涪陵页岩气田,其中长宁区块主体位于建武向斜,构造相对稳定;威远区块位于威远背斜东翼,总体为宽缓单斜,断层不发育;昭块位于滇黔北部凹陷,属于盆山耦合构造过渡带,改造强度中等,褶皱相对长宁区块更窄陡,且埋深较浅,页岩气保存条件相对更弱;涪陵区块整体属于似箱状背斜,整体较为宽缓,改造强度较弱,页岩气保存条件优越。这样的页岩气藏大多具有较高的地层压力系数,在靶体钻遇率较高及压裂工艺得当的情况下可以获得高产商业性页岩气流,典型的钻井如长宁地区宁201井、威远地区威202井、昭通地区YS111井、涪陵地区焦页1井(图4-18)。这些井埋深适中,一般超过1500m,上述4口井五峰组底界埋深分别为2526m、2582m、2395m和2415m,前期高产井一般埋深都在3500m以浅,但随着勘探的不断深入,黄202井和足202井等深层页岩气也取得突破;盖层完整,出露地层为三叠系,距离龙马溪组露头区大于30km;

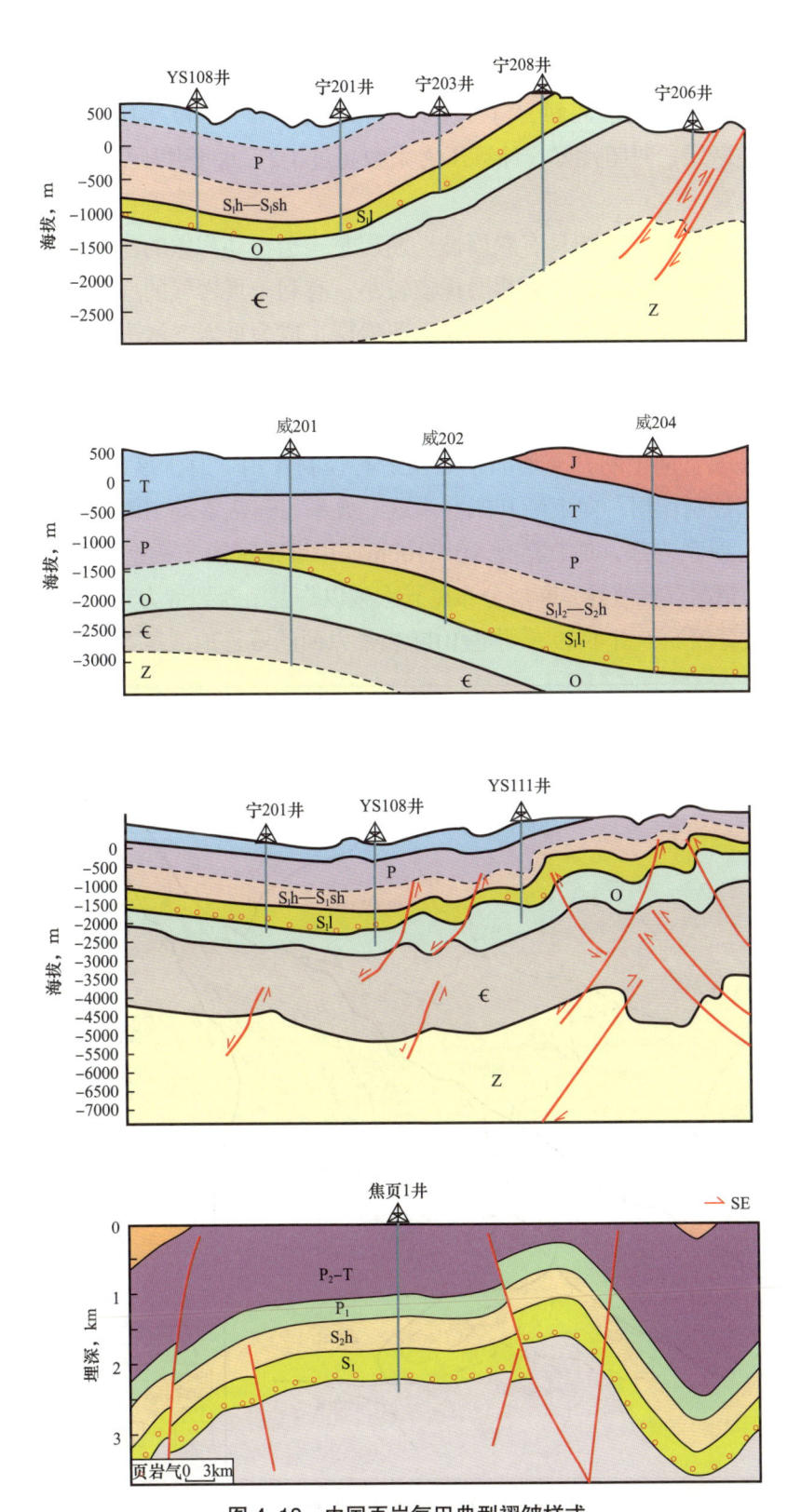

图 4-18 中国页岩气田典型褶皱样式

顶板、底板条件好，龙二段及其上地层和底部奥陶系有利于压力封闭，构造样式形态好，多为宽缓背斜、宽缓向斜、背冲型背斜和似箱状断背斜，构造主体断裂不发育，边缘断裂为逆断层、封闭性好，计算压力系数超过1.2，水平井压裂测试获得高产。

2）断层

断层对页岩气藏的影响具有双面性。断层是构造运动积累的应力释放而破裂的结果，常常与裂缝相伴而生，如果断层规模较小，有利于页岩气的增产。但是如果断层开启，特别是"通天"断层，则可断穿上覆岩层，成为页岩气散失的通道，从而破坏页岩气藏。川南地区位于上扬子板块西部，刚性基底稳定性强，沉积盖层变形总体较弱，整体构造稳定，大断裂不发育。根据断裂的特征及落差，川南地区断裂共分为三级：Ⅰ级断裂通常向上断开至地面，对构造有控制作用，通常落差大于300m。Ⅱ级断裂对构造起控制作用，向上断开二叠系或三叠系，通常落差100~300m。Ⅲ级断裂向上消失于志留系内部，通常落差40~100m。川南地区由于构造活动差异导致不同级别断层分布情况存在差异，断层分布差异大致以华蓥山断裂带为界，明显东侧断层发育，而西侧发育较少（图4-19），华蓥山断裂带以西的威远地区基本不发育Ⅰ级断层，

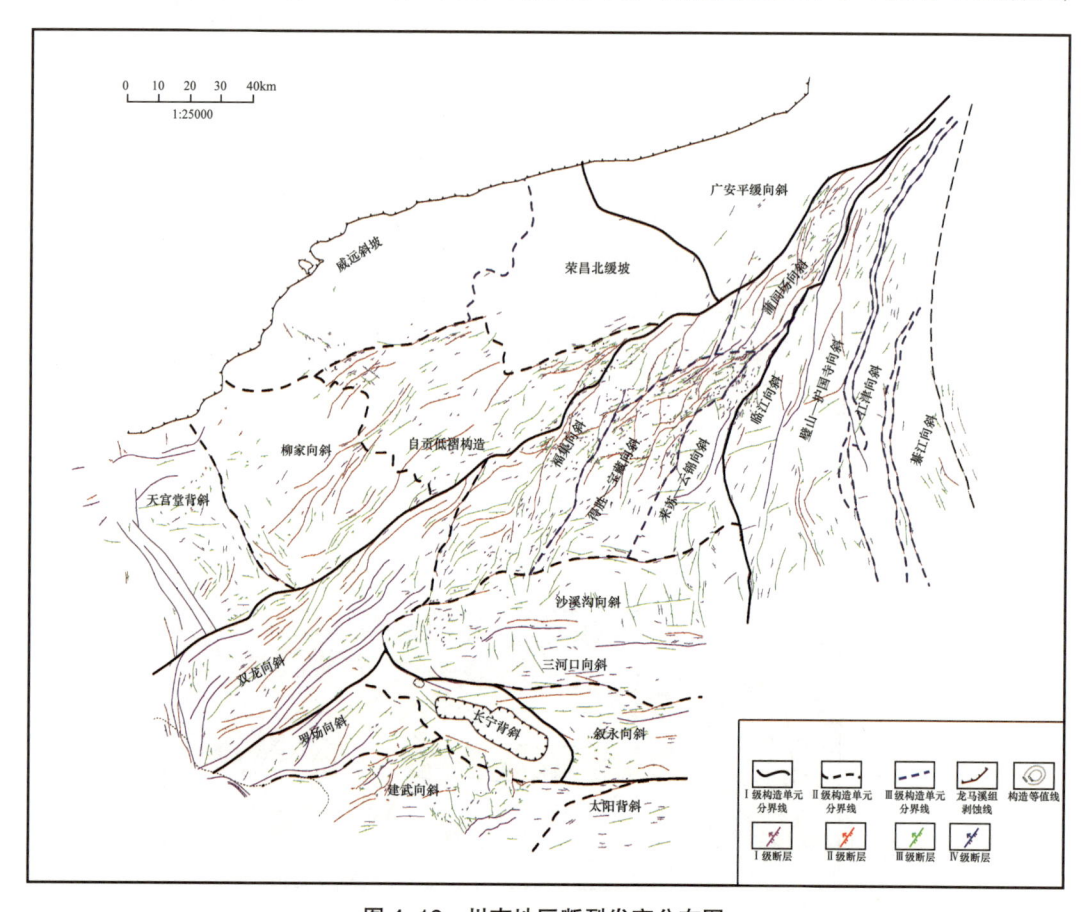

图4-19 川南地区断裂发育分布图

仅发育少量Ⅱ级断层，其间少量发育Ⅲ级和Ⅳ级断层；华蓥山断裂以东构造活动明显增强，长宁地区西Ⅰ级断层较为发育，页岩含气性明显更差，而长宁地区和泸州地区发育少量Ⅱ级断层。根据已有的页岩气开发实践，Ⅰ级断层（断距大于300m）对龙马溪组页岩气产量有较大影响，距离Ⅰ级断层1.5km以内，测试产量较低，如N7井，距Ⅰ级断层800m，压力系数为1.25，测试产量为$11\times10^4m^3/d$；Ⅱ级和Ⅲ级断层对测试产量影响较小，其附近的水平井测试产量均可以很高，平均大于$20\times10^4m^3/d$（图4-20）；Ⅳ级断层在页岩气勘探开发中影响极小。

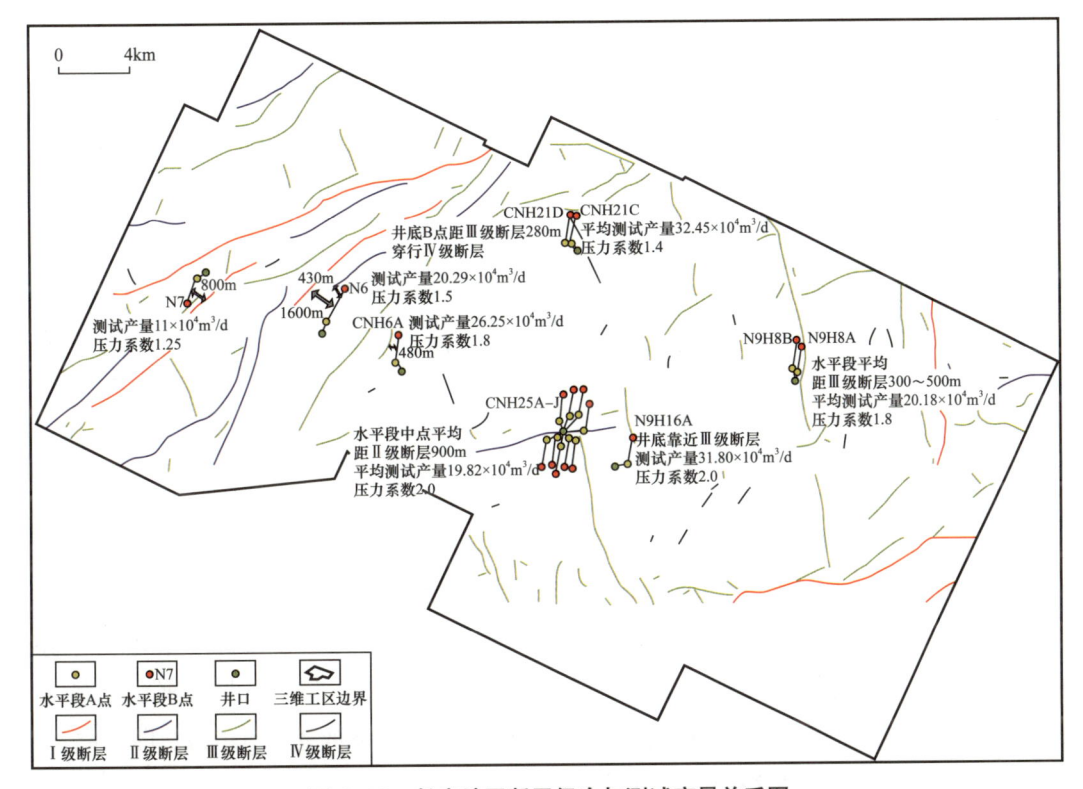

图4-20 长宁地区断层级次与测试产量关系图

3）抬升剥蚀

经过多期构造活动后，部分地区出现抬升剥蚀现象，造成页岩地层及其上覆地层减薄，甚至页岩地层直接出露地表或者与上覆地层不整合接触，页岩保存条件受到不同程度破坏。四川盆地内最典型的抬升剥蚀有两种类型：一是长宁地区背斜核部五峰组—龙马溪组地层出露地表遭受现今剥蚀，二是威远背斜核部地区由于龙马溪组上部地层缺失形成的古剥蚀，这两种类型抬升剥蚀区周缘均表现出保存条件变差和压力系数较低的现象。

长宁区块主要位于长宁地区背斜，长宁背斜核部五峰组—龙马溪组遭受剥蚀，剥蚀区地层暴露地表遭受风化，使得剥蚀区附近地层中的页岩气容易散失，不利于页岩气的保存。威远地区位于威远构造上，五峰组—龙马溪组在沉积后遭受风化剥蚀，而后又有新的地层在古剥蚀区沉积，五峰组—龙马溪组顶部的古风化面易成为油气运移的通道。

对长宁地区7口页岩气评价井距剥蚀线距离、五峰组—龙马溪组地层压力及压力系数进行了统计（表4-2），7口页岩气评价井距剥蚀线距离为3~18.6km，宁208井距龙马溪组地层剥蚀线距离最近，为3km，宁201井距离最远，为18.6km。长宁地区五峰组—龙马溪组地层压力为6.71~61.02MPa，宁208井地层压力最低，为6.71MPa，宁209井地层压力最高，为61.02MPa。

表4-2 长宁地区页岩气评价井五峰组—龙马溪组地层压力相关数据统计

井号	储层中深，m	距剥蚀线距离，km	地层压力，MPa	压力系数
宁201	2506	18.6	49.88	2.03
宁203	2385	9.5	31.57	1.35
宁208	1294.67	3	6.71	0.52
宁209	3112.5	15.7	61.02	2.00
宁210	2225	4.7	21.80	1.00
宁211	2327	15.2	29.56	1.30
宁212	2091	10.6	18.41	0.90

相关性分析表明：长宁地区页岩气评价井距剥蚀线距离与五峰组—龙马溪组地层压力和压力系数均有较强相关性，相关系数分别为0.67和0.76，说明长宁地区靠近剥蚀区不利于页岩气的保存，距离剥蚀区超过8km时压力系数才大于1.0，即距离剥蚀区的有效勘探距离须大于8km（图4-21）。

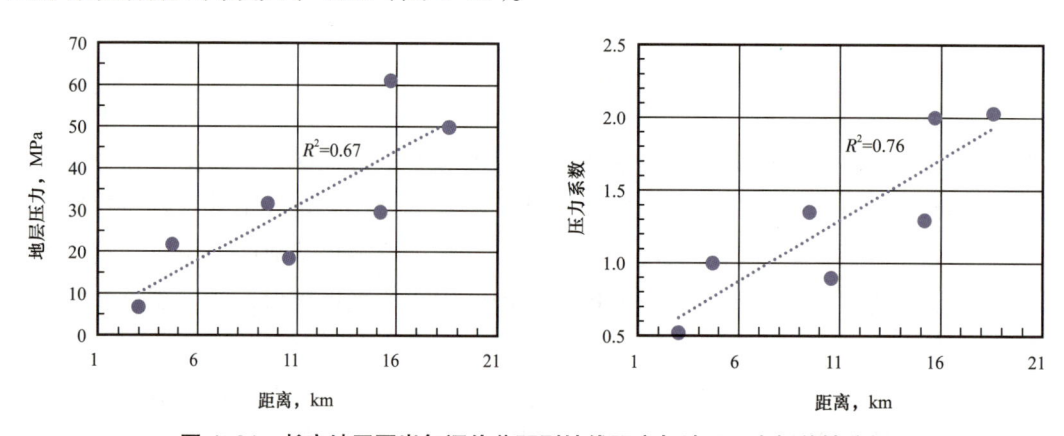

图4-21 长宁地区页岩气评价井距剥蚀线距离与地层压力相关性分析

对威远地区 6 口页岩气评价井距剥蚀线距离、五峰组—龙马溪组地层压力及压力系数进行了统计（表 4-3），6 口页岩气评价井距剥蚀线距离为 7.8～43.7km，威 201 井距龙马溪组地层剥蚀线距离最近，为 7.8km，威 206 井距离最远，为 43.7km。威远地区五峰组—龙马溪组地层压力为 13.79～73.31MPa，威 201 井地层压力最小，为 13.79MPa；威 204 井、威 205 井、威 206 井地层压力较高，都超过 60MPa。

表 4-3 威远地区页岩气评价井龙马溪组地层压力相关数据统计

井号	储层中深 m	距剥蚀线距离 km	地层压力 MPa	压力系数
威 201	1525	7.8	13.79	0.92
威 202	2565	15.8	35.13	1.40
威 203	3149	17.8	54.32	1.76
威 204	3494	25.8	67.27	1.96
威 205	3676.45	33.6	65.71	1.82
威 206	3760	43.7	73.31	1.99

威远地区页岩气评价井距剥蚀线距离与五峰组—龙马溪组地层压力相关性分析表明，当距剥蚀线距离小于 20km 时，地层压力和压力系数与距离呈正相关关系，即地层压力受剥蚀区的影响较大，当距剥蚀线距离大于 20km 时，地层压力受剥蚀区的影响不明显（图 4-22）。

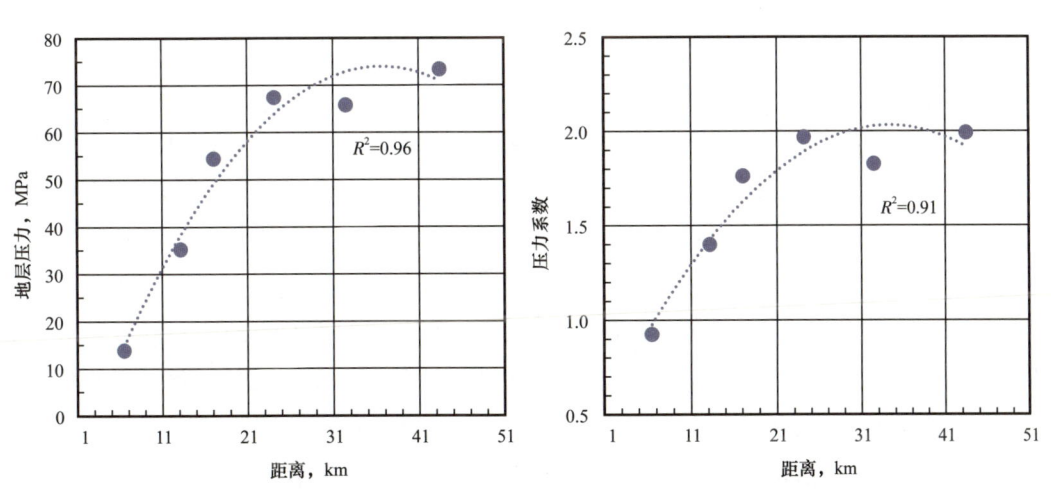

图 4-22 威远地区页岩气评价井距剥蚀线距离与压力相关关系图

第三节　优质页岩储层连续厚度控产

相较于常规气，页岩气储层需要进行人工水力压裂[12-14]，基质渗透率对储层的判别指导意义不强，储层最核心的 3 个评价参数为 TOC、脆性矿物含量和孔隙度。其中脆性矿物含量与工程压裂效果密切相关，该参数至少需要大于 35% 后压裂施工才较为稳妥，同时在储层内，脆性矿物含量与 TOC 也具备一定的正相关性。而 TOC 则与页岩储层品质密切相关，相同的压力系数条件下，TOC 越大，储层总面孔率越大，吸附气含量越高；有效孔隙度越大，游离气含量越高。因此，总含气量大小受控于储层参数中的 TOC 和孔隙度（图 4-23）。结合川南页岩气勘探开发多年经验，建立了 I 类储层评价标准：TOC>3.0%，孔隙度>5%，脆性矿物含量>55%，含气量>3m³/t。

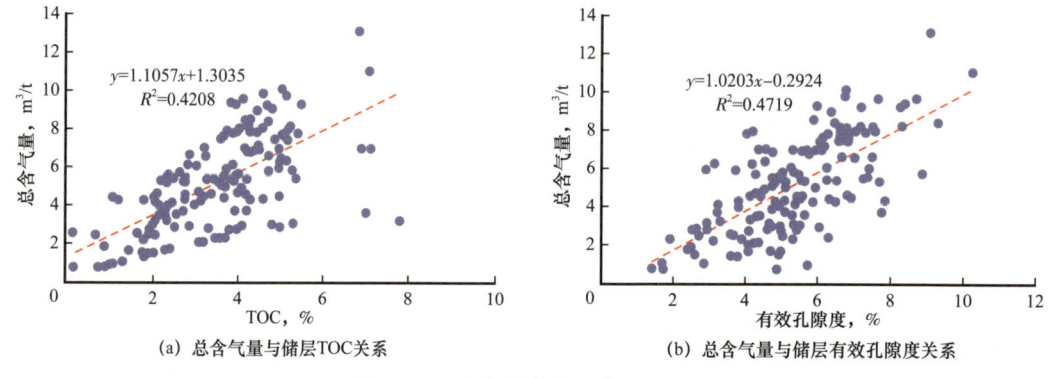

(a) 总含气量与储层TOC关系

(b) 总含气量与储层有效孔隙度关系

图 4-23　含气量与储层参数关系

研究表明，水力压裂在纵向上的连续动用范围是单井产量的关键，因此，水力压裂的动用范围内储层品质的优劣决定了单井生产效果。纵向上，I 类储层连续厚度控制单井产量。

四川盆地页岩储层中广泛发育钙质夹层，主要为观音桥石灰岩（图 4-24），部分存在于龙一₁² 小层的中下部。由于夹层的厚度分布差异比较大（0.1~1.0m），主要以岩心观察为主；当夹层厚度超过 0.5m 时，测井显示比较明显，测井曲线上表现为高密度、低伽马值。水力压裂过程中，当排量过低时，裂缝高度受夹层控制（高应力区）；当提高排量时，可以突破薄夹层的遮挡，当夹层厚度超过 0.5m 后，水力裂缝很难完全突破隔层的影响，裂缝高度受到限制，优质储层资源无法动用，导致单井产量降低[15]。以宜 203 井为例，从测井曲线上可以明显看出（图 4-25），龙一₁² 小层的下部存在一段高钙质段的夹层（高密度、低伽马），厚度 0.8m。从这口井的生产测井结果可以明显看出，靶体位于夹层以上的压裂段，生产效果显著增高，对于靶体位于夹层下部的压裂段，停泵压力高了 5MPa 左右。

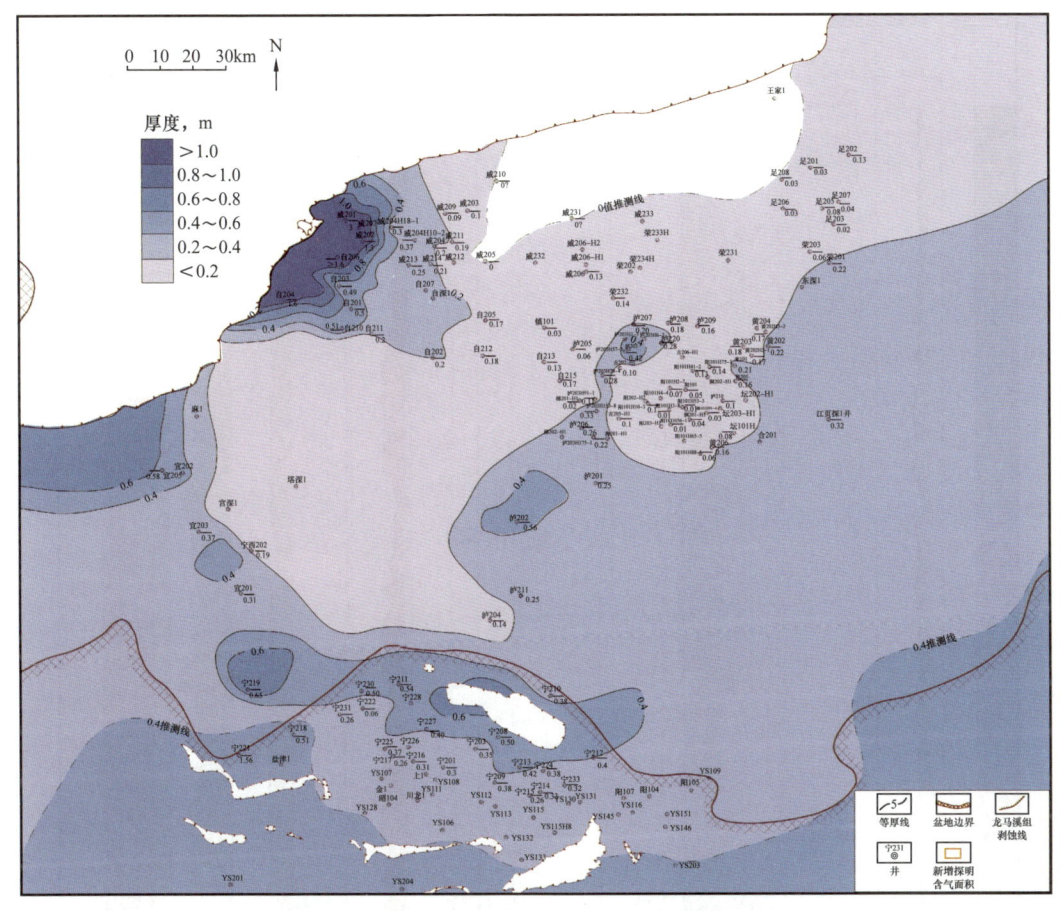

图 4-24 四川盆地观音桥段石灰岩厚度分布图

研究认为，0.5m 作为沉积岩石学的单储层下限。纵向动用范围内大于 0.5m 的非 I 类储层，即 TOC<3.0%，孔隙度<5%，含气量<3m³/t，脆性矿物含量<55%，应力较大，容易形成应力隔挡层，人工缝网纵向上的突破难度大[16]，因此在工程上作为隔层；相反，如果纵向动用范围内非 I 类储层厚度小于 0.5m，虽然受储层性质特征影响，应力较大，但压裂上能突破厚度 0.5m 的应力隔挡，因此可以忽略非 I 类储层厚度，将上下 I 类储层合并考虑，即将厚度小于 0.5m 的非 I 类储层定义为夹层（图 4-26）。因此，纵向动用范围内 I 类储层连续厚度统计以隔层为界限。

通过对长宁、威远页岩气田近两年的投产井 100 余口、泸州区块老井及新投产水平井 10 余口的产能主控因素分析，认为在相近的工程施工参数下，水平井的测试产量不仅与 I 类储层连续厚度有关，还与水平井轨迹在 I 类储层内钻遇的长度有关（图 4-27）。当 I 类储层连续厚度越大、I 类储层钻遇长度越长，气井初期产量也越高；当 I 类储层连续厚度达 10m，水平井钻遇 I 类储层的长度超过 1500m，气井测试产量能够达到 20×10⁴m³/d。泸州区块北部 I 类储层连续厚度分布自北向南增大，单井

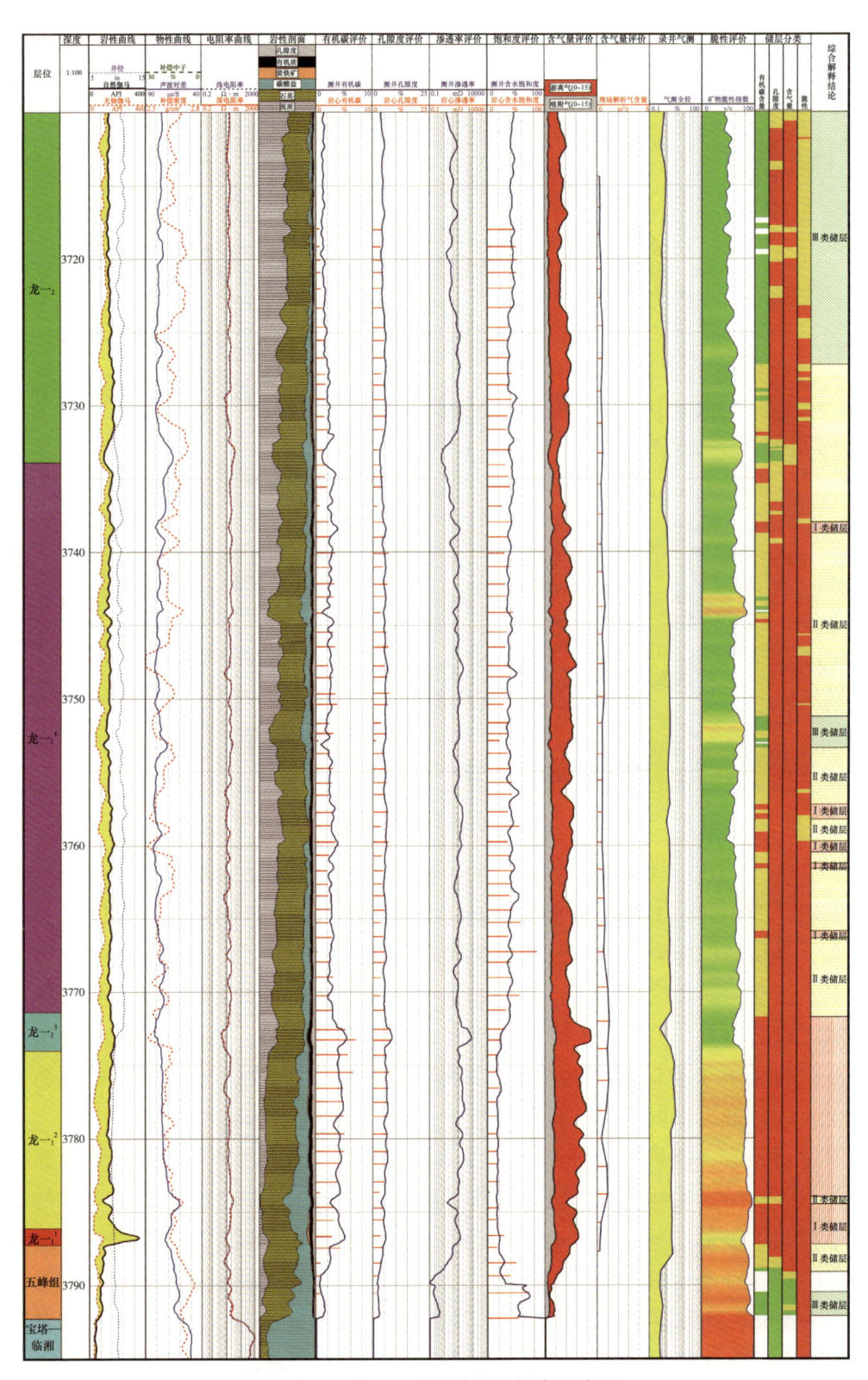

图 4-25 宜 203 井页岩储层综合评价图

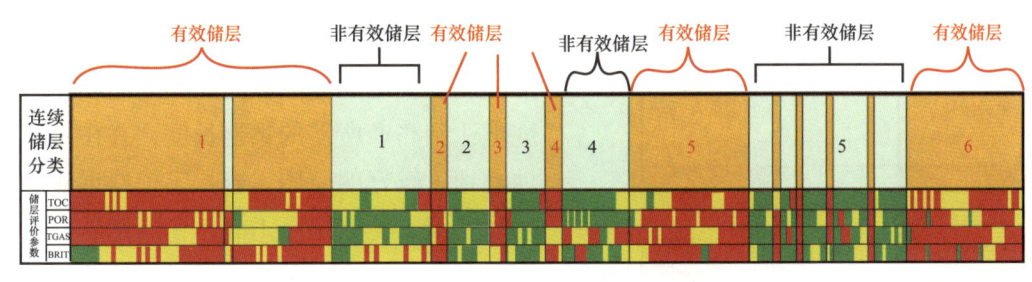

图 4-26　Ⅰ类储层连续厚度定义示意图

测试产量大致具有由北向南逐渐增大的趋势，与Ⅰ类储层连续厚度分布趋势较一致。泸州深层区块龙马溪组Ⅰ类储层厚度大于8.5m，钻遇优质储层水平段长为1500m，则能实现 $20 \times 10^4 m^3/d$ 的测试产量（表4-4）。

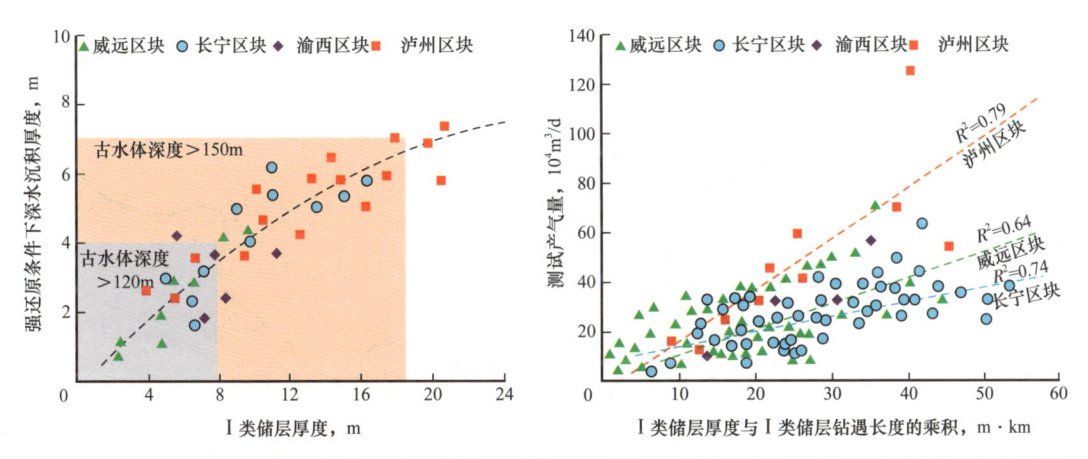

图 4-27　四川盆地典型页岩气井强还原条件下深水沉积厚度、测试产气量同Ⅰ类储层相关参数关系图

表 4-4　四川盆地单井Ⅰ类储层厚度与测试产量统计表

井号	水平段长度，m	Ⅰ类储层厚度，m	测试产量，$10^4 m^3/d$
自 205	1421.3	7.8	13.50
泸 205	1825	14.3	20.30
泸 206	1630	15.1	30.55
黄 203	1496	2.2	14.20
黄 202	1500	8.5	22.37
阳 101H4-5	1560	17.4	32.08

非放射性示踪剂表明，压裂支撑缝高一般为10~12m[17]。若Ⅰ类储层连续厚度大于10m，则该储层为优质储层，具备获得高产的地质基础，且Ⅰ类储层连续厚度越大，越容易获得高产（图4-28）。因此，本书建立了Ⅰ类储层连续厚度与其钻遇长度

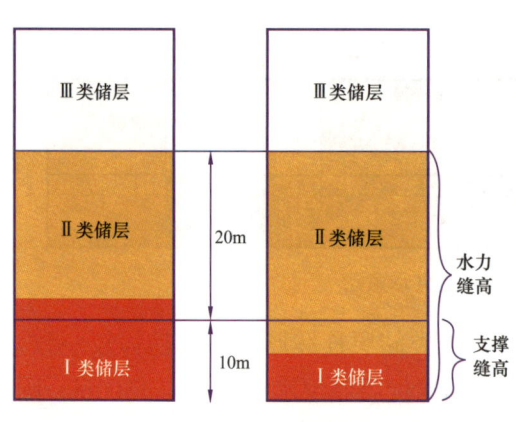

图 4-28 支撑缝高与Ⅰ类储层厚度关系示意图

之积（动用优质储量体积）跟测试产量关系预测图版，可半定量预测在不同储层连续厚度下达到高产所需的钻遇长度，并在四川盆地得到了较好的应用。若长宁—威远建产区龙马溪组Ⅰ类储层厚10m，钻遇优质储层水平段长为1500m，则能实现 $20×10^4 m^3/d$ 的测试产量。借助四川盆地单井产能定量预测图版和四川盆地五峰组—龙一$_1$亚段Ⅰ类储层连续等厚图（图4-29），能够有助于有利区优选和产量预测。

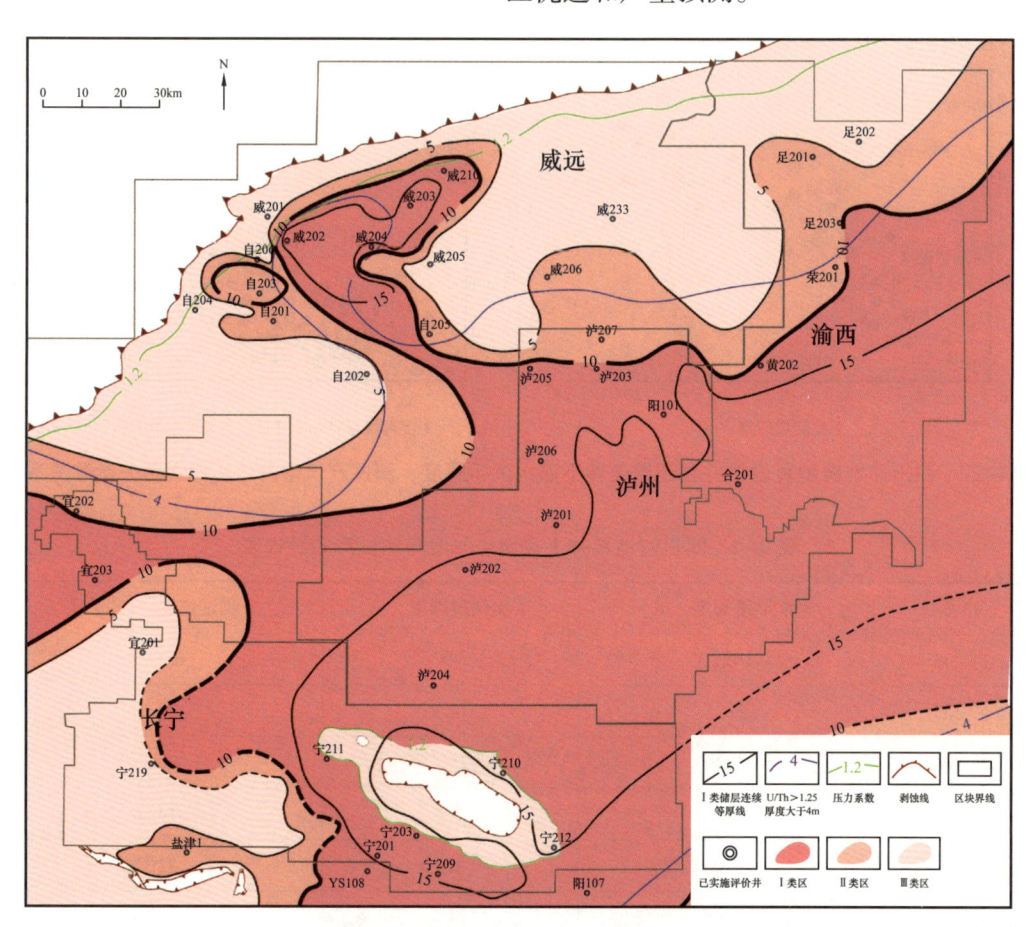

图 4-29 四川盆地五峰组—龙一$_1$亚段Ⅰ类储层连续等厚图

参 考 文 献

[1] 马新华，谢军，雍锐，等. 四川盆地南部龙马溪组页岩气储层地质特征及高产控制因素[J]. 石油勘探与开发，2020，47（5）：841-855.

[2] 王新洲, 周迪贤, 王学军. 流体间歇压裂运移——石油初次运移的重要方式之一[J]. 石油勘探与开发, 1994（1）: 20-26, 124.

[3] 赵建华, 金之钧. 泥岩成岩作用研究进展与展望[J]. 沉积学报, 2021, 39（1）: 58-72.

[4] 王秀平, 牟传龙, 王启宇, 等. 川南及邻区龙马溪组黑色岩系成岩作用[J]. 石油学报, 2015, 36（9）: 1035-1047.

[5] 王社教, 杨涛, 张国生, 等. 页岩气主要富集因素与核心区选择及评价[J]. 中国工程科学, 2012, 14（6）: 94-100.

[6] 龙鹏宇, 张金川, 李玉喜, 等. 重庆及其周缘地区下古生界页岩气成藏条件及有利区预测[J]. 地学前缘, 2012, 19（2）: 221-233.

[7] 胡东风, 张汉荣, 倪楷, 等. 四川盆地东南缘海相页岩气保存条件及其主控因素[J]. 天然气工业, 2014, 34（6）: 17-23.

[8] 王文之, 范毅, 赖强, 等. 四川盆地下寒武统沧浪铺组白云岩分布新认识及其油气地质意义[J]. 天然气勘探与开发, 2018, 41（1）: 1-7.

[9] 李昂, 石文睿, 袁志华, 等. 涪陵页岩气田焦石坝海相页岩气富集主控因素分析[J]. 非常规油气, 2016, 3（1）: 27-34.

[10] 解习农, 刘晓峰, 胡祥云, 等. 超压盆地中泥岩的流体压裂与幕式排烃作用[J]. 地质科技情报, 1998（4）: 60-64.

[11] 李传亮. 压力系数的上限值研究[J]. 新疆石油地质, 2009, 30（4）: 490-492.

[12] 陈更生, 吴建发, 刘勇, 等. 川南地区百亿立方米页岩气产能建设地质工程一体化关键技术[J]. 天然气工业, 2021, 41（1）: 72-82.

[13] 张金川, 徐波, 聂海宽, 等. 中国页岩气资源勘探潜力[J]. 天然气工业, 2008, 28（6）: 136-140.

[14] 马新华, 谢军. 川南地区页岩气勘探开发进展及发展前景[J]. 石油勘探与开发, 2018, 45（1）: 161-169.

[15] 潘林华, 王海波, 贺甲元, 等. 水力压裂支撑剂运移与展布模拟研究进展[J]. 天然气工业, 2020, 40（10）: 54-65.

[16] 陈浩, 周涛, 樊怀才, 等. 页岩储层人工裂缝岩样制备方法及应力敏感性[J]. 石油学报, 2020, 41（9）: 1117-1126.

[17] 史璨, 林伯韬. 页岩储层压裂裂缝扩展规律及影响因素研究探讨[J]. 石油科学通报, 2021, 6（1）: 92-113.

第五章

页岩地质评价技术

川南海相页岩虽然和北美地区页岩都具有高 TOC（一般＞2%）、高脆性矿物含量（一般＞50%）和连续厚度大（一般＞30m）等特征，但是川南海相页岩地质条件和工程条件远比北美地区复杂。川南地区页岩储层地质年代老，成熟度高于大部分北美地区页岩，经历多期构造运动后褶皱和断层发育，存在古今剥蚀现象，区内保存条件和含气性总体差异较大；地层可钻性差，纵向压力系统多，地应力复杂，钻井和压裂难度大。这些特性决定了川南页岩气照搬北美地区页岩气地质评价会"水土不服"，必须针对川南特殊地质条件发展本土化的地质评价技术，即分析实验、录井评价、测井评价和地震预测评价等方面技术。

第一节 分析实验技术

针对页岩分析实验技术，主要分为有机地球化学分析技术、岩石矿物学分析技术、岩石物性分析技术、岩石孔隙结构分析技术、页岩含气量分析技术和地质力学参数分析技术等 6 个方面。不同的分析实验技术的精度和准确度不同，适应性也不同。

一、有机地球化学分析技术

有机地球化学特征是页岩有机物质基础，目前主要通过对有机质丰度、有机质类型和有机质成熟度进行分析研究，判断页岩气地质条件是否具备勘探开发潜力。

1. 有机质丰度

目前，常规油气勘探中的有机质丰度分析项目主要包括总有机碳分析、岩石热解分析等，这些技术经过多年的不断改进，是成熟可靠的，也能直接在页岩气研究中应用。

1）总有机碳分析

总有机碳含量可以反映沉积岩中残余有机质的丰度，是评价烃源岩品质的一项重要的基础数据。在页岩气的勘探开发中，有机碳含量也是一项非常重要的评价参数，主要表现在如下 3 个方面：（1）有机质热成熟过程中形成页岩气的物质来源，较高的有机碳含量表明岩石具有较强的生烃潜力;(2)页岩储层中除了存在无机孔外,还存在大量的有机质孔隙,研究表明有机碳含量的高低与有机质孔隙度存在明显的正相关关系;(3)吸附气主要是烃类气体吸附在有机质的表面,有机碳含量高低与岩石中吸附气含量存在明显正相关关系。

目前,国内总有机碳测定采用 GB/T 19145—2003《沉积岩中总有机碳的测定》,实验原理为:首先用盐酸去除岩石中的无机碳,烘干后加入助熔剂送入感应炉,在 800~1000℃高温燃烧,使碳氧化形成 CO_2,由载气把它们带入红外检测器,根据 CO_2 吸收红外光源能量大小,从而测出有机碳的含量。

2)岩石热解分析

岩石热解分析技术通过岩石热解分析方法,对烃源岩的生油气潜力、有机质类型和成熟度等参数进行快速定性定量评价。由于其分析周期短、成本低、实用性强,已成为常用的常规和非常规分析实验项目。

目前,国内的岩石热解分析采用的是 GB/T 18602—2012《岩石热解分析》。实验原理为:将泥页岩样品置于惰性气体中进行升温加热,在 90℃温度条件下热解排出游离气态烃、在 90~300℃条件下排出自由液态烃、在 300~600℃下通过热裂解排出束缚态烃,由氢火焰离子化检测器检测,热解排出的 CO_2 和热解后残余有机质加热氧化生成的 CO_2 由热导检测器检测。

2. 有机质类型

页岩中有机质性质不同,其生烃潜力、生烃类型(油、气)和门限深度(温度)均相差甚大,因而有机质性质的研究自然成为评价页岩有机地球化学特征的重要内容之一。目前表征有机质性质的参数甚多,主要受热演化程度的影响,有的参数既能说明有机质性质与类型,又能反映所处演化阶段(如干酪根元素等),所以在具体使用时应充分考虑这一特征,在相近演化条件下比较有机质性质和类型的差异。

1)干酪根显微组分鉴定法

目前,国内油气行业中干酪根显微组分鉴定采用的是 SY/T 5125—2014《透射光—荧光干酪根显微组分鉴定及类型划分方法》,适用于页岩有机质类型的鉴定及划分。该方法以煤岩学分类命名的原则为基础,利用具透射白光和反射荧光功能的生物显微镜,对岩石中的干酪根显微组分进行鉴定,不同显微组分采用不同加权系数,经数理统计得出干酪根样品的类型指数(TI),然后根据类型指数将干酪根划分为三类四型(Ⅰ、Ⅱ₁、Ⅱ₂、Ⅲ),以确定有机质类型(表5-1),其中Ⅰ型干酪根的生油气能力最强,然后依次是Ⅱ₁型和Ⅱ₂型,生气能力最差的是Ⅲ型干酪根。干酪根显微组分分类命名及加权系数的大小,在一定程度上代表显微组分的生烃能力的相对大小。它们是计算类型指标的基础数据之一。在页岩气勘探开发中,页岩既是烃源层又是储层,其干酪根类型直接关系到储层品质优劣和吸附能力,是一项非常重要的评价参数。

表 5-1 干酪根类型划分标准（SY/T 5125—2014）

干酪根类型	类型指数（TI）
I	≥80
II₁	40～80
II₂	0～40（不含 40）
III	<0

2）有机元素分析法

有机元素指石油和沉积岩中有机质（如氯仿沥青和干酪根）的基本组成元素，以碳、氢为主，还有氧、氮、硫等元素。有机元素分析法依据干酪根的元素组成，即以 H/C 至 O/C 原子比表征其类型差异。实验原理是：让有机物在氧气流中燃烧，碳、氢分别氧化为二氧化碳和水，然后用无水高氯酸镁吸收水，用烧碱石棉吸收二氧化碳，由各吸收剂增加的重量分别计算碳和氢的含量得出 H/C 原子比。

无论是干酪根，还是沥青质、氯仿沥青和原油等的有机组成，均与生烃母质类型和有机质演化有关。因此，有机元素含量可作为生烃母质类型划分、表征有机质演化的有效参数。干酪根类型越好，其有机元素中 H/C 原子比越大，O/C 原子比越小；有机质类型越差则特征相反（表 5-2）。

表 5-2 通过干酪根元素 H/C、O/C 原子比划分有机质类型[1]

有机质类型	I	II₁	II₂	III
H/C 原子比	>1.50	1.20～1.50	0.80～1.20（不含 1.20）	<0.80
O/C 原子比	<0.10	0.10～0.20	0.20～0.30（不含 0.20）	>0.30

3. 有机质成熟度

表示页岩中有机质成熟度的指标很多，例如热解参数、镜质组反射率、孢粉碳化物、可溶有机质的化学组成特征、干酪根自由基含量、干酪根颜色、H/C—O/C 原子比关系和时间温度指数（TTI）等。目前页岩有机质成熟度研究中主要采用镜质组反射率和激光拉曼两种分析方法。

1）镜质组反射率

镜质组反射率是鉴定岩样成熟度最直接的指标。镜质组反射率起源于煤岩学，原理是随着演化程度的增大，镜质组中芳香结构的缩合程度也加大，使得镜质组的反射率增大，该参数是确定煤阶的可靠标志之一。由于生油母质的热裂解过程与镜质组的演化过程密切相关（表 5-3），有机质热变质作用越深，镜质组反射率越大，后来镜质组反射率也常用于评价烃源岩中干酪根热成熟度。它是借助于显微镜在反射光条件下观察并测定镜质组表面反射光强度与入射光强度的百分比，其结果用 R_o 表示，其中下标"o"表示在油浸条件下进行。

表 5-3 镜质组反射率与有机质成熟度的关系

R_o, %	演化阶段	成熟度
＜0.5	成岩作用	未成熟
0.5～0.7	深成作用	低成熟
0.7～1.3	深成作用	成熟
1.3～2.0	深成作用	高成熟
＞2.0	变质作用	过成熟

在四川盆地海相页岩储层中，由于沉积时没有高等植物，因此无法在干酪根中找到镜质组，仅能测到干酪根中的沥青反射率。通过数据统计将沥青反射率换算为镜质组反射率，沥青反射率受形成年代影响较难测准，因此，对镜质组反射率评价无高等植物沉积的烃源岩成熟度有一定局限性的。

2）激光拉曼分析法

激光拉曼分析法是利用样品中碳物质分子受光照射后所产生的散射，散射光与入射光能级差和化合物振动频率、转动频率的关系，进而确定有机质成熟度的一种手段。研究表明地层中各种固体有机质的拉曼光谱都存在不同强度和形态的 D 峰与 G 峰，而且随着样品热演化程度增高而增强，拉曼光谱中的峰间距和峰高比等的变化规律都很相似，通过公式将芳环中碳原子振动信息的拉曼光谱参数换算为相对应的镜质组反射率（图 5-1、图 5-2），可以用于烃源岩成熟度和古地温判识，相较直接用显微光度计测量镜质组反射率，受人主观因素影响较小，特别对于没有镜质组的古老地层的有机质成熟度评价更有优势。

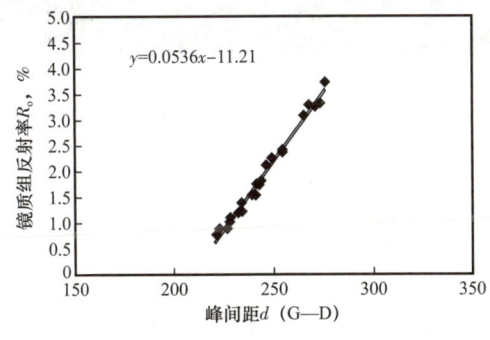

图 5-1 成熟到高成熟阶段煤镜质组拉曼光谱 d（G—D）与 R_o 的模式曲线图

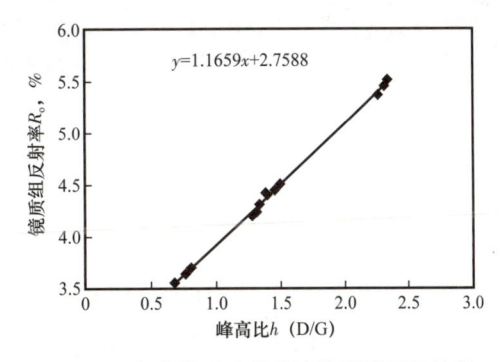

图 5-2 高成熟到过成熟阶段煤镜质组拉曼光谱 h（D/G）与 R_o 的模式曲线图

二、岩石矿物学分析技术

页岩岩石矿物学分析对页岩储层评价、工程改造地质条件评价具有重要意义。目前岩石矿物学分析技术主要包括岩石薄片鉴定、X射线衍射分析和扫描电镜分析等，薄片鉴定和X射线衍射分析应用最广。

1. 岩石薄片鉴定

岩石薄片鉴定是利用制成薄片的岩石在偏光显微镜下的光性特征及放大作用，来微观地分析其矿物成分、结构、显微构造、生物及孔洞缝发育等特征。并运用沉积学、地层学、古生物学及成岩演化等理论来反映地层原始地貌和当前状况。其特点是将矿物的自形程度与结晶习性、解理的等级组数及方位、矿物间的共生组合等结晶矿物学特征与矿物颜色、多色性、折射率、双折射率、光性、轴性、光率体在晶体中的方位等光学特征结合起来鉴别矿物。矿物薄片的系统鉴定包括在单偏光镜下和正交偏光镜下进行观察研究，以及在锥光镜下的观测。薄片鉴定能够观察到岩样矿物组分、结构等（图5-3、图5-4），但镜下鉴定分辨率为微米级，对于页岩孔隙及微观结构观察具有局限性。

目前，泥页岩岩石薄片鉴定采用的是GB/T 35206—2017《页岩和泥岩岩石薄片鉴定》。

图5-3 单偏光镜下页岩碎屑矿物纹层
（2818.52~2818.55m，筇竹寺组，威201井）

图5-4 正交偏光镜下页岩形态
（3272.84~3272.86m，筇竹寺组，宁208井）

2. X射线衍射分析

特定的矿物具有特定的晶体结构，而晶体结构是原子基团（晶胞）的3维周期排列，这种周期结构会对入射的准单色X射线在一系列特定方向上产生相干加强，因此采用实验的方式得到一系列特定方向上产生的相干加强出射X射线谱图，可以确定矿物种类，并利用矿物的含量与其特征衍射峰的强度之间的正相关关系，进而测量未知样品中该矿物的特征峰的强度，从而求出该矿物的含量。

通过测定谱图中的系列特征峰的峰位及相对峰高，可以鉴定出矿物种类。通常选定各矿物的特征峰中相对最强峰（图5-5），可半定量计算出各矿物的相对含量。

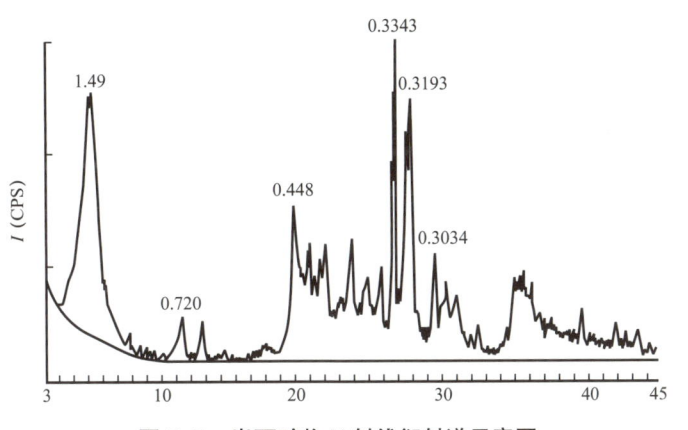

图5-5 岩石矿物X射线衍射谱示意图

目前，油气行业矿物组成主要采用SY/T 5163—2018《沉积岩中黏土矿物和常见非黏土矿物X射线衍射分析方法》，用于对岩石矿物及黏土矿物进行定性和定量分析。

3. 扫描电镜分析

利用扫描电镜可直接观察岩石样品微区的颗粒形态和接触关系、胶结物及自生矿物类型的特征及产状等（图5-6至图5-9）。目前，利用扫描电镜矿物定量分析可以通过最高1μm分辨率连续扫描并拼接成大图，进行自动矿物岩石学检测，能实现矿物的定量分析[2-3]。能够通过沿预先设定的光栅扫描模式加速的高能电子束对样品表面进行扫描，并得出矿物集合体嵌布特征的彩图，检测仪器能够发出X射线能谱并在每个测量点上提供出元素含量的信息。通过散射电子（BSE）图像灰度与X射线的强度相

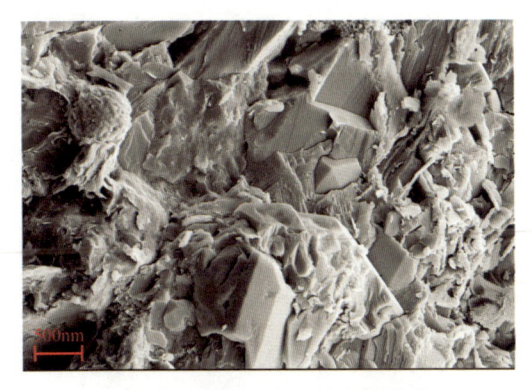

图5-6 自生石英扫描电镜照片
（宁203井，2174.07m，龙马溪组）

图5-7 白云石扫描电镜照片
（宁222井，4329m，龙马溪组）

结合能够得出元素的含量，并转化为矿物相，能得到矿物颗粒形态、结构特征、矿物含量等信息（图5-10、图5-11）。通过扫描电镜矿物定量扫描方法进行矿物定量分析研究，精度高于X射线衍射分析结果。

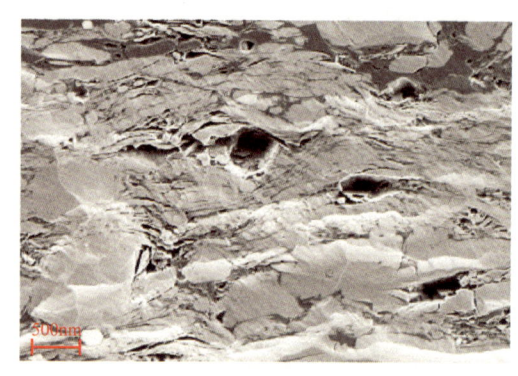

图5-8　黏土矿物扫描电镜照片
（宁209井，2169.13m，龙马溪组）

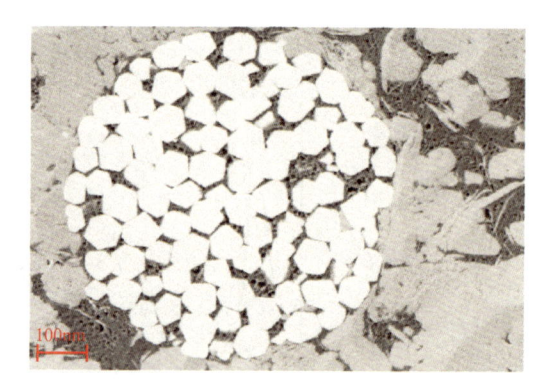

图5-9　黄铁矿扫描电镜照片
（阳101井，4096.3m，龙马溪组）

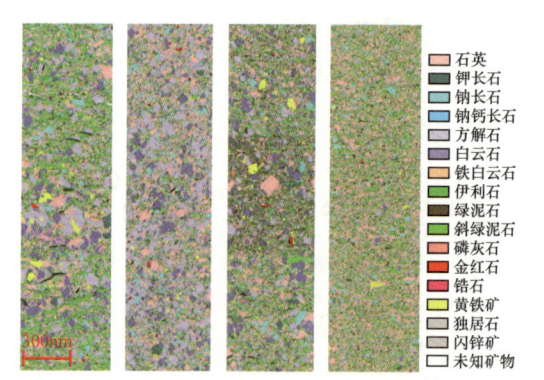

图5-10　宁209井龙马溪组矿物分布图

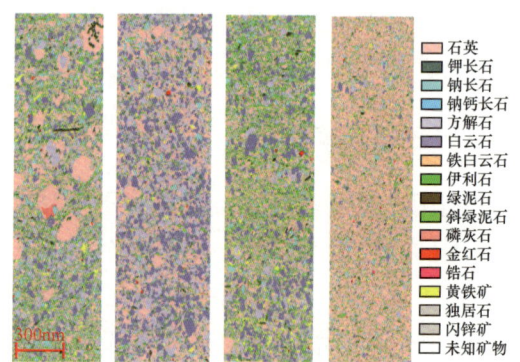

图5-11　宁215井龙马溪组矿物分布图

三、岩石物性分析技术

储层的孔隙度、渗透率等特征是评价储层状况、分析生产状况的地质基础，是油田勘探开发的最基本的岩石物理参数。页岩物性通常用孔隙度和渗透率测定来进行分析，孔隙度常用的测定方法主要有液体饱和法和气体饱和法两种，渗透率常用方法有稳态法、脉冲衰减法和压力衰减法，其中用稳态法测定页岩渗透率准确度较低。

1. 孔隙度

页岩储层岩石的孔隙度指页岩储层岩石的孔隙体积与其总体积之比，或指单位体积的页岩岩石具有的孔隙体积，单位通常用%表示。孔隙度可通过实验室直接测定，主要有液体饱和法（即酒精法）和气体饱和法（即氦气法）。

1)液体饱和法

页岩储层岩石致密,孔隙度小,渗透率低,常规的液体饱和法很难将样品充分饱和。通过大量的实践和研究,通过对页岩样品进行高真空高压热脱附酒精饱和可以准确测定页岩样品的孔隙度。液体饱和法测定页岩样品孔隙度的原理基于阿基米德定律,测定标准为GB/T 23561.4—2009《煤和岩石物理力学性质测定方法 第4部分:煤和岩石孔隙率计算方法》。

2)气体饱和法

气体饱和法测定页岩储层岩石的孔隙度基于波义耳定律。当温度为常数时,一定质量的理想气体的体积与其绝对压力成反比。为了尽可能减小气体与页岩岩石矿物之间的吸附作用,实验时通常采用氦气作为饱和介质,因此,测定的孔隙度通常叫作氦孔隙度。氦孔隙计测定孔隙体积的原理同样基于波义耳定律。将氦气充满已知体积的参比室,在已知的初始压力下,氦气由参比室膨胀进入样品的孔隙空间,直到压力平衡。测定标准采用GB/T 34533—2017《页岩氦气法孔隙度和脉冲衰减法渗透率的测定》。

2. 渗透率

岩石的渗透率是岩石(多孔介质)的一种性质,指在一定的驱替压差下岩石允许流体(石油、天然气或地层水)通过能力大小的量度。油层物理学中测定储层岩石的渗透率就是测定油气水通过储层岩石的能力。测定流体(油气水)在储层岩石中某一方向上的流动,就得到储层岩石在该方向上的渗透率。渗透率是有方向性的,专业上叫渗透率各向异性。页岩由于矿物颗粒粒径小、孔隙度低,基质渗透率非常低,但是由于页岩的层理非常发育,因此横向和纵向渗透率差异非常大。

页岩储层岩石的渗透率是页岩气勘探开发过程中最重要的基本参数,测定方法有稳态法和压力脉冲衰竭法。

1)稳态法

稳态法测定页岩渗透率基于达西定律。即单位孔隙面积多孔介质的体积流速或体积流量与其驱替压差成正比。

页岩储层致密,渗透率极低,采用稳态法测定页岩的渗透率,需要较长的时间才能保证压力和流量达到稳定。只要选择合适的上覆压力,稳态法测定页岩柱塞样品的渗透率是很准确的,但效率难以满足勘探生产的要求。

2)脉冲衰减法

压力脉冲衰减法渗透率测定仪主要由夹持器、上游室、下游室、压力传感器和压差传感器等组成,如图5-12所示。

该方法的测试步骤为:将样品装入岩心夹持器中加载一定的围压;向测试系统中注

入氮气，确保系统内压力小于围压；关闭进气阀，待压力平衡后记录系统压力；关闭上下游室连接阀，打开排气阀，缓慢打开针型阀，排出下游室中一定量的气体，当上下游的压差达到10~30psi时关闭排气阀；上下游压差每降低0.1psi时记录下游压力、上下游压差和时间；当上下游压差下降至一定值时（推荐压差小于3.0psi）停止测试。测定标准采用 GB/T 34533—2017《页岩氦气法孔隙度和脉冲衰减法渗透率的测定》。

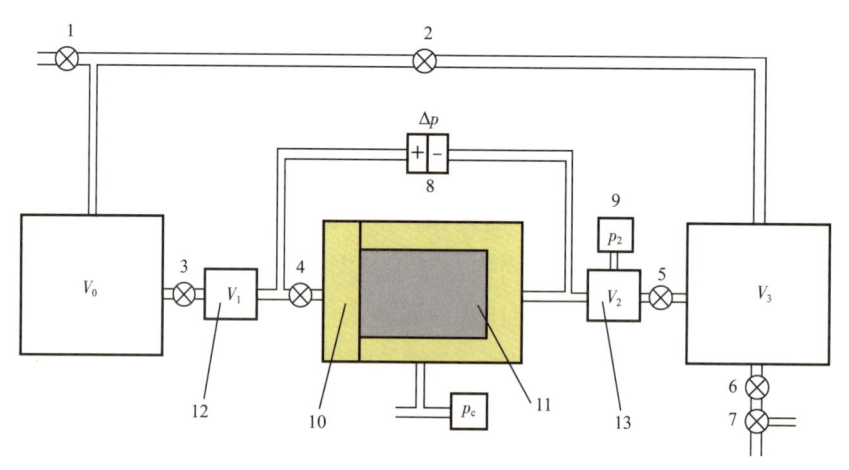

图 5-12 脉冲衰减法渗透率测试仪示意图

1—进气阀；2—上下游室连接阀；3—上游室进气阀；4—上游室出气阀；5—下游室出气阀；6—排气阀；7—针型阀；
8—压差传感器；9—压力传感器；10—夹持器；11—岩石样品；12—上游室；13—下游室

3）压力衰减法

压力衰减法测定页岩气体渗透率实验流程如图5-13所示，其特征在于：将页岩样品粉碎成直径为20~35目的颗粒，使用可控干湿度烘箱（或常规真空烘箱）将样品烘干（相对湿度约为40%，温度约为60℃）至恒重，然后将样品放置于样品杯中，记录压力传感器Ⅰ的压力数据，与理论绘制曲线作对比，通过设置不同的渗透率代入理论无因次曲线，拟合得好的实测曲线的渗透率就是该样品的渗透率。

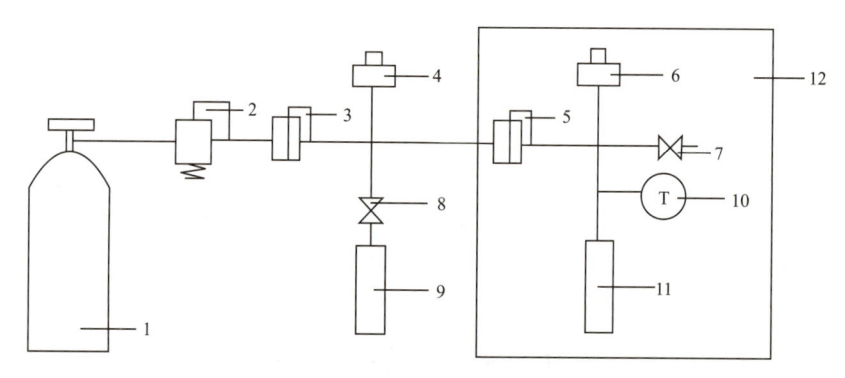

图 5-13 页岩气体渗透率测定仪结构示意图

1—气瓶；2—压力调节阀；3—气动阀Ⅰ；4—气动阀Ⅱ；5—放空阀；6—压力传感器Ⅰ；
7—放空阀；8—手动阀；9—模型杯；10—温度传感器；11—样品杯；12—恒温装置

对于页岩渗透率的测定，常规稳态法测得渗透率误差较大，因此常用脉冲衰减法和压力衰减法。对比不同方法测试渗透率的区别可参考表5-4。

表 5-4　不同方法测定渗透率的区别

实验方法	适用对象	表征意义
脉冲衰减法	柱塞样	储层基质、裂缝的耦合渗透率
压力衰减法	20～35目颗粒样品	页岩储层基质渗透率

四、孔隙结构分析技术

孔隙结构指岩石内的孔隙和喉道类型、大小、分布及其相互连通关系。对页岩而言，孔隙系统是由纳米到微米级别的孔隙及喉道组成，在页岩气储层中这些伴生有天然裂缝的孔隙，构成了在开发过程中让气体从泥页岩流动到诱导裂缝中的渗流网络。

目前，研究孔隙结构的方法很多，发展较快，按照实验过程与手段的不同总体上分为间接测定法、直接测定法、数字岩心法。在页岩孔隙结构研究中应用较广的实验方法共有10种，主要描述页岩孔隙的大小、形貌及分布特征，各种实验方法的适用范围如图5-14所示。

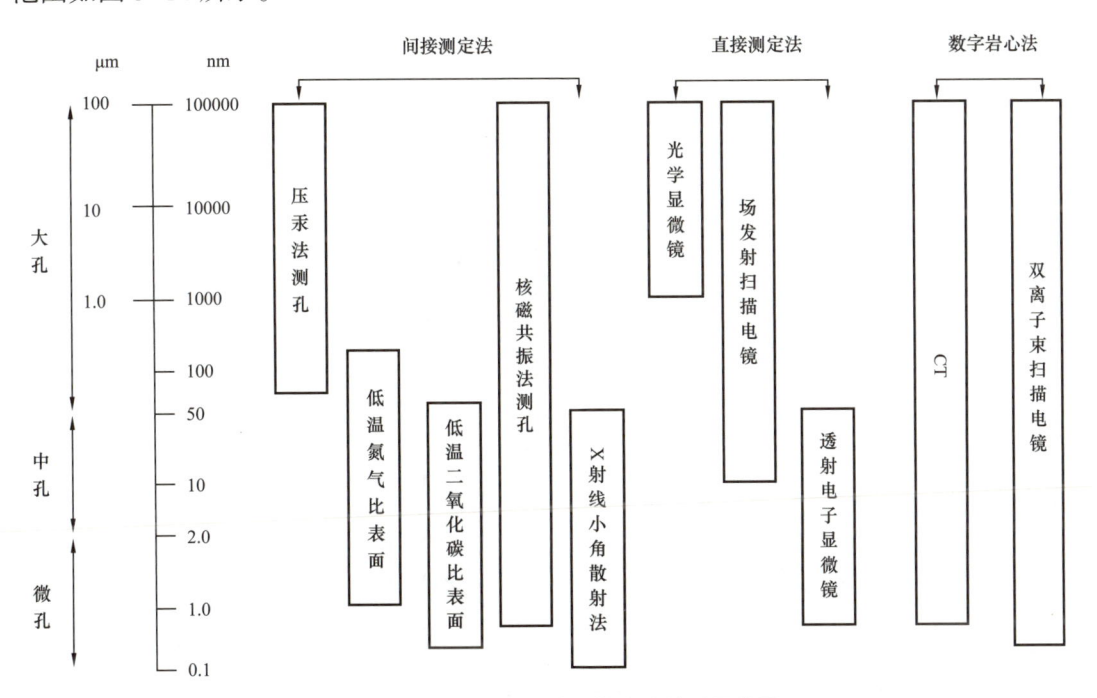

图 5-14　不同测量孔隙结构方法的适用范围

1. 低温气体吸附法

对于纳米级别的孔隙，研究其孔隙结构通常采用低温气体吸附法，其原理为：采用氮气或二氧化碳气体作为吸附质，在气体液化临界温度下，对应一定的吸附质压力，固体表面上只能存在一定量的气体吸附。通过测定一系列作为吸附质气体分压下相应的吸附量，可得到吸附等温线。反之逐步降低分压，测定相应的吸附量，可得到对应的脱附等温线。样品孔隙体积可由气体吸附质在沸点温度下的吸附量计算，在沸点温度下，当吸附质气体分压与吸附质气体饱和蒸气压之比 p/p_0 逐渐增大，气体分子在样品表面先形成单分子吸附层，再形成多分子吸附层，最后当 p/p_0 为 1 或接近 1 时，样品孔隙因为毛细管凝聚作用而被液化的吸附质充满，吸附量不再增加，其过程如图 5-15 所示。

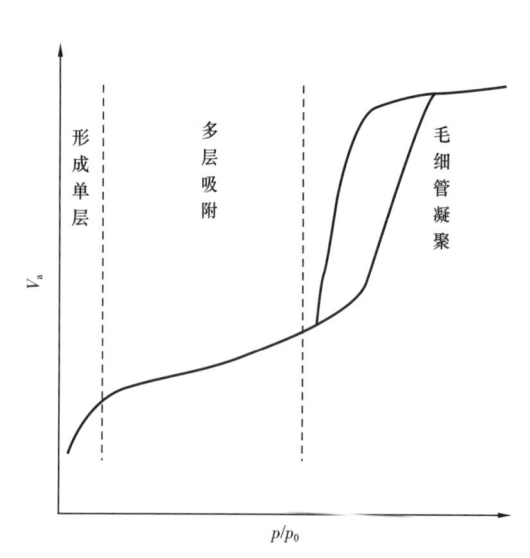

图 5-15 低温气体吸附、脱附曲线

已知孔隙体积的分布可用于测定孔径大小及分布，并可由脱附时，脱附等温线位于吸附等温线上方的吸附滞后现象判断孔隙形貌。经过研究比较后，总结出 A、B、C、D、E 类典型脱附等温线，每一种都对应一类孔隙形貌，其中，在岩石样品气体低温吸附中常见的有 A、B、C、E 四种，如图 5-16 所示。

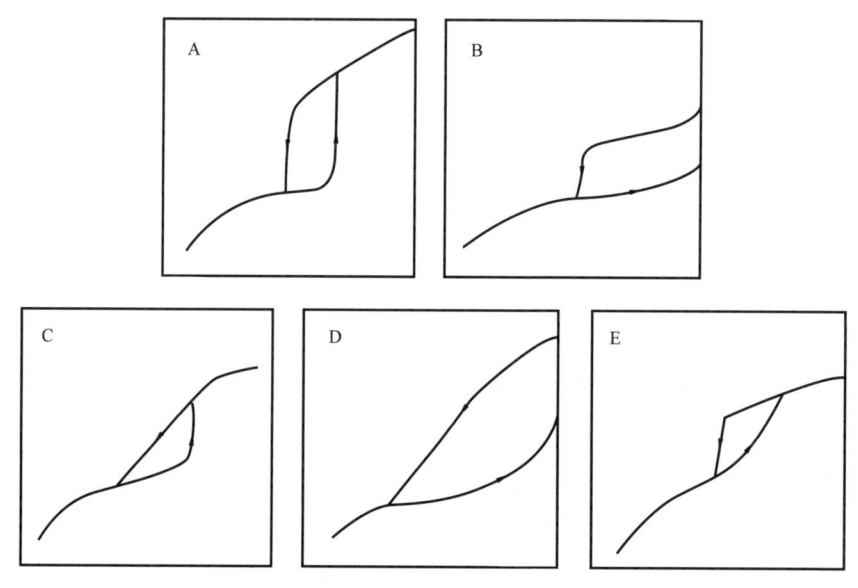

图 5-16 五种典型脱附曲线

其中，A 型脱附曲线吸附支和脱附支在中等 p/p_0 区分离，并且都很陡直。这类曲线反映的典型孔结构模型是两端开口的管状毛细孔、部分略宽的管状孔、两端是窄短颈而中部宽阔的管状孔、$r_n < r_w < 2r_n$ 墨水瓶状孔和窄口墨水瓶状孔，其中 r_n 代表窄孔半径；r_w 代表宽孔半径。如图 5-17 所示。

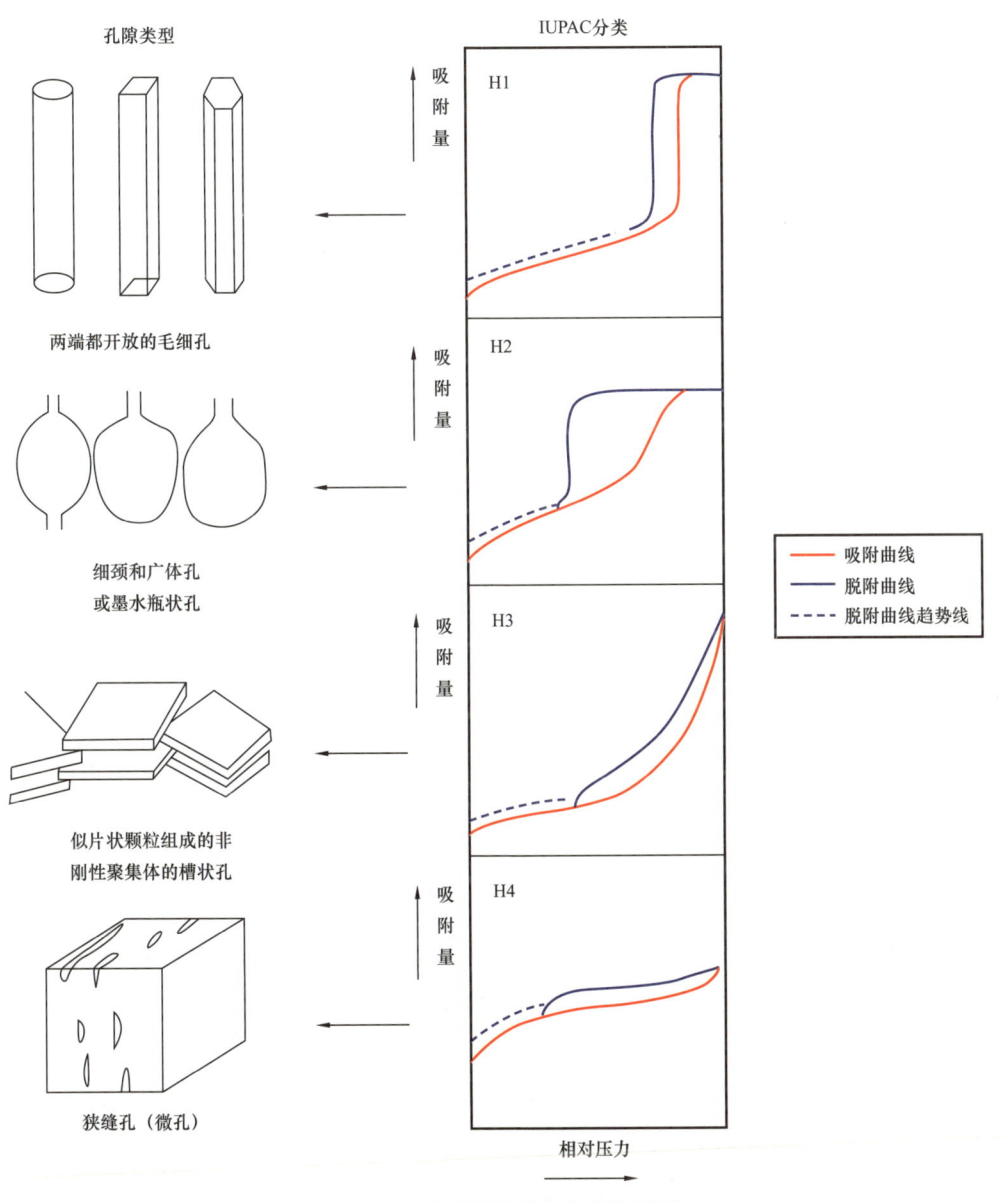

图 5-17 A 型脱附曲线典型孔模型

B 型脱附曲线吸附支在饱和蒸气压处陡起，脱附支则在中等 p/p_0 处陡降。平行板壁狭缝状开口毛细孔是这类回线反映的典型孔结构，体特宽而颈窄短的孔也出现这种回线。如图 5-18 所示。

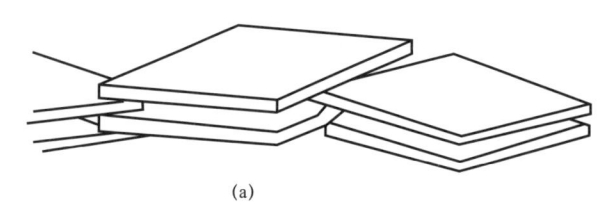

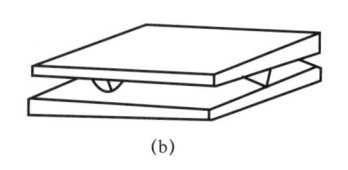

图 5-18　B 型脱附曲线典型孔模型

C 型脱附曲线吸附支在中等 p/p_0 区陡起，脱附支的发展则较缓慢。是不均匀分布孔的典型回线。锥形或双锥形毛管状孔、侧边封闭而两端开通的楔形孔都属于这类孔结构。实际很少遇到 C 型回线。

E 型脱附曲线吸附支缓慢上升到高压区，吸附量增加趋近恒定状，脱附支非常缓慢地移动到中等 p/p_0 区，陡然下降。E 型回线的典型孔模型如图 5-19 所示。

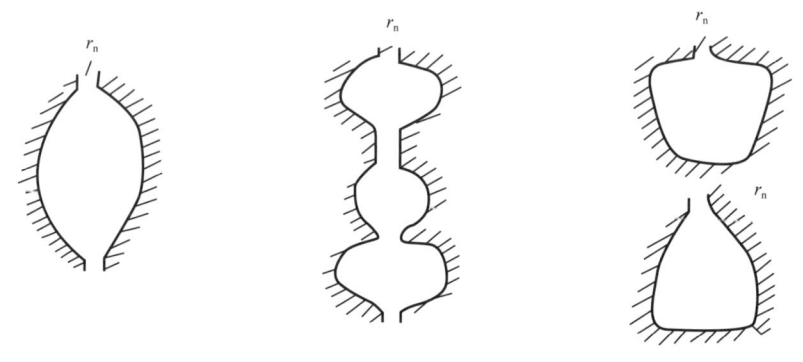

图 5-19　E 型脱附曲线典型孔模型

需要指出的是，实际岩石样品的吸附回线很少直接与这五类特征曲线相符，多呈各种回线的叠合状，反映了孔结构的复杂性。

低温吸附法测定岩石孔隙结构实验遵循 SY/T 6154—2019《岩石比表面积和孔径分布测定　静态吸附容量法》。实验用的吸附质按照实验要求，通常选择氮气或二氧化碳，运用氮气进行低温吸附实验适用于孔径分布在 1~200nm 之间的样品分析，二氧化碳低温吸附适用于孔径分布在 0.35~100nm 之间的样品分析。得到吸附—脱附曲线后，将复杂孔形结构的多孔体假定为规则的等效几何孔形，计算岩石样品孔体积、孔面积对孔半径的平均变化率与孔半径的关系，常用的计算方法有 BJH 方法等。图 5-20 为低温气体吸附法测定岩石孔径分布成果。

2. 压汞法

压汞法测量岩石孔径分布是常用的储层孔隙结构测定方法。外加压力迫使汞进入孔所做的功与浸没粉末表面所要的功相等，求得比表面积，由孔体积和比表面积可估算平均孔隙半径，再根据每个孔隙半径对应的进汞量多少，可以计算出孔隙半径对应的孔体积和在岩石中所占比例，进而估算出各种孔径的孔隙分布情况和渗透率贡献值。由于页岩中的孔隙大多属于微孔，且页岩非均质性较强，压汞法的假设条件（孔隙为圆柱形且表面光滑）与页岩孔隙类型复杂、孔隙表面粗糙的现状不符，且压力过大会导致岩石出现裂缝，影响测量结果。故压汞法主要用于测定大孔范围的孔隙结构。压汞法测定岩石孔径分布实验遵循标准 GB/T 29171—2012《岩石毛管压力曲线的测定》。图 5-21 为压汞法测定页岩孔径分布结果。

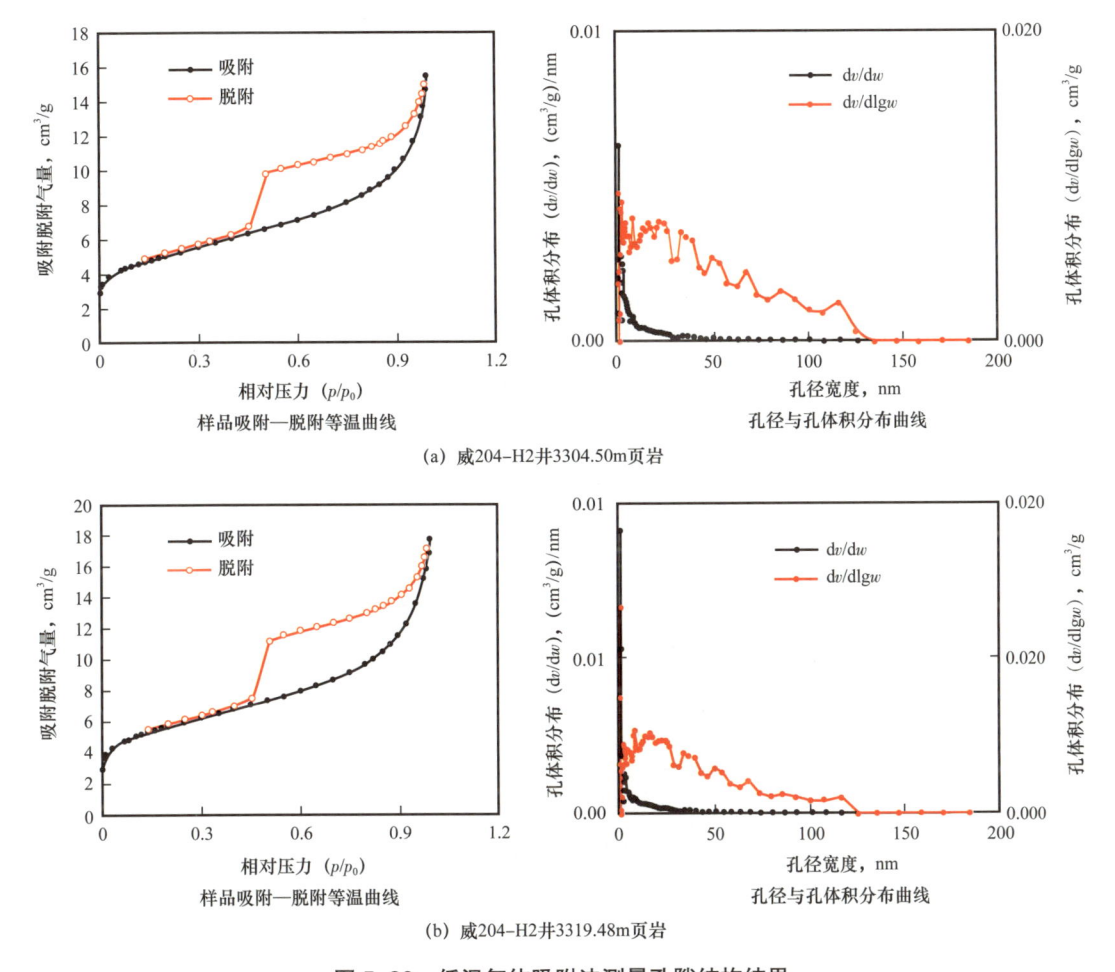

(a) 威204-H2井3304.50m页岩

(b) 威204-H2井3319.48m页岩

图 5-20 低温气体吸附法测量孔隙结构结果

3. 核磁共振法

核磁共振测定岩石孔隙结构是基于在磁场中的原子核会沿磁场方向呈正向或逆向有序平行排列的现象，其原理为孔隙中的氢原子对外界磁场存在响应，而骨架矿物对磁场影响很小。100%饱和模拟地层水的岩石在核磁共振后得到的自旋回波串反演后即为 T_2 谱，横向弛豫时间 T_2 与孔隙半径 r 成反比。

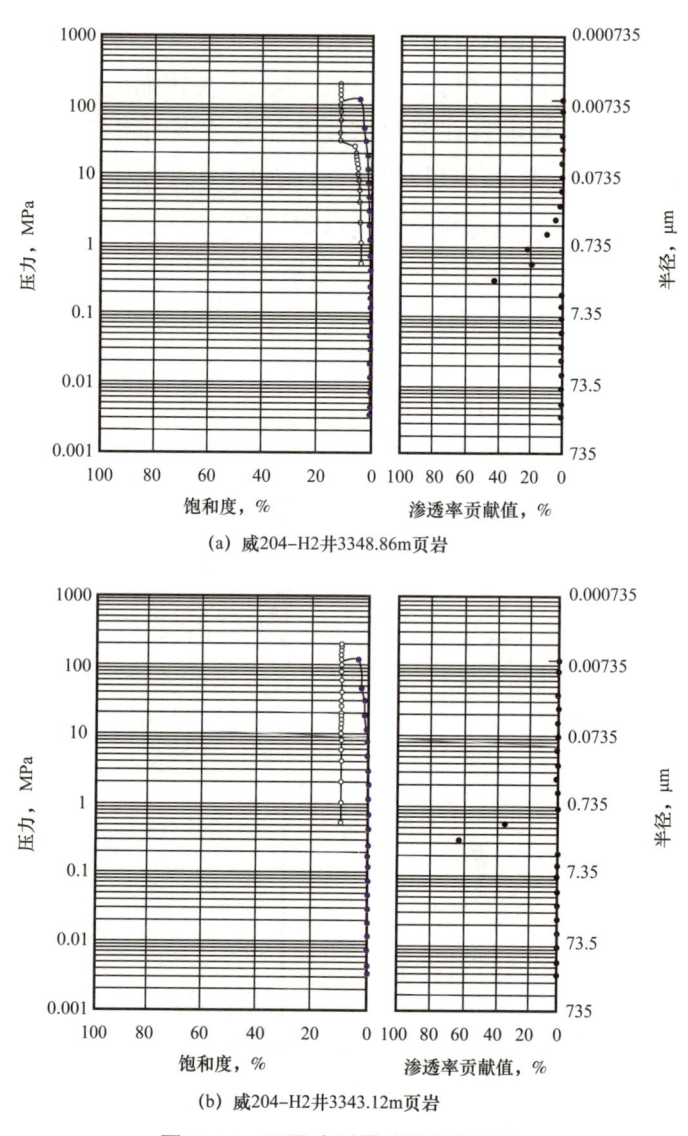

图 5-21 压汞法测量孔隙结构结果

（a）威204-H2井3348.86m页岩

（b）威204-H2井3343.12m页岩

岩石样品在完全饱和水的情况下，孔隙内水的弛豫特性受到岩石孔隙结构的影响，表现出不同的特征，核磁共振测量的信号是由不同大小孔隙内水的信号的叠加，因此，T_2 谱的分布反映了孔隙大小的分布，大孔隙对应长的 T_2，小孔隙对应短的 T_2，在建立核磁共振信号强度与 T_2 的相关关系后，就可以建立 T_2 与孔喉半径及相应孔喉半径下孔隙体积之间的对应关系，进而定量地描述岩石样品中的孔体积、孔面积对孔半径的平均变化率与孔半径的关系。核磁共振测定岩石孔隙结构实验遵循标准 SY/T 6490—2014《岩样核磁共振参数实验室测量规范》的要求，岩石样品在实验前必须完全饱和水。核磁共振法适用于测定孔径在 0.001～1000μm 的岩石的孔径分布。图 5-22 为核磁共振法测定岩石孔径分布成果。

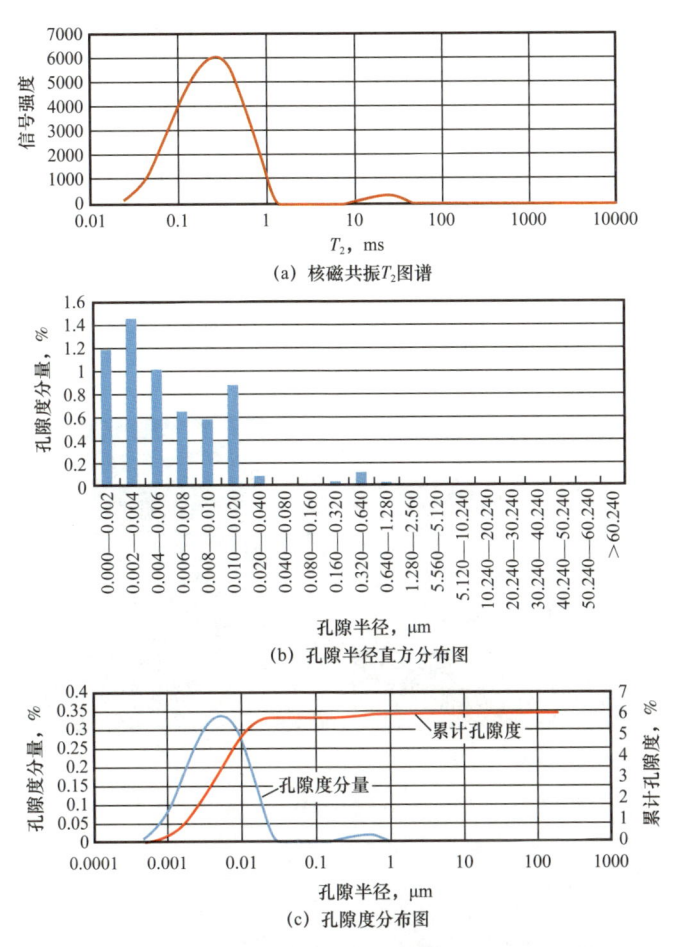

图 5-22 核磁共振法测量页岩孔隙结构结果（宜 201 井，3468.76m）

4. 场发射扫描电镜法

场发射扫描电镜指配备环形探测器以接收散射角较大的弹性散射电子的扫描电镜，对样品中重原子成像效果较好。场发射扫描电镜能够提供岩石表面的三维灰度图像，立体感较强，景深大，分辨率较高，可以对矿物表面进行清晰的成像，能够定性识别黏土矿物组成。其局限性在于对样品抛光后在抛光面上留下擦痕，使得表面不平整而存在人为造成的裂隙，不能准确地对纳米级尺度的孔隙进行成像。在孔隙结构测定中，场发射扫描电镜通常结合氩离子抛光技术，即利用氩离子枪对样品表面进行抛光，去除损伤层，从而得到高质量样品，用于在电镜、光镜或者扫描探针显微镜上进行成像，样品不仅表面光滑无损伤，而且还原材料内部的真实结构，如页岩内部的细微孔隙在电镜下放大到 1 万倍时也能看得清楚，内部的不同物质分层的分界线明显。利用氩离子抛光技术将观测面进行抛光，使得样品表面平整，而不会破坏样品表面的孔隙结构，也不会产生人为裂隙，观测面上各处的景深也一致，这就使得观测面上孔隙的分辨率可达 5nm，能够很好地观测纳米级孔隙的大小、类型、分布、形貌、组合情况。若结合电子能谱仪接收电子照射后矿物激发的 X 射线，就能进一步分析孔隙与周围矿物的伴生关系。

目前，场发射扫描电镜法是对页岩中纳米尺度孔隙进行直接观测的重要手段。其局限性在于氩离子抛光面积较小，难以扩展观测范围，且只能获得二维平面上局部单视域孔隙结构信息，难以获得具有统计意义的孔隙结构特征参数，只能定量评价孔隙结构特征（图 5-23）。场发射扫描电镜法测定岩石孔隙结构遵循 SY/T 5162—2014《岩石样品扫描电子显微镜分析方法》。

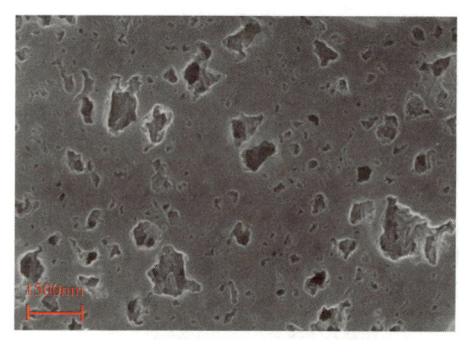

(a) 有机孔，威202井，龙马溪组　　(b) 有机孔，宁210，龙马溪组

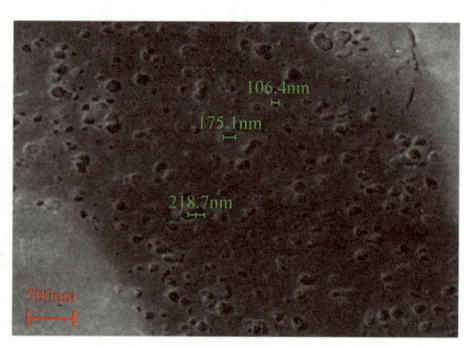

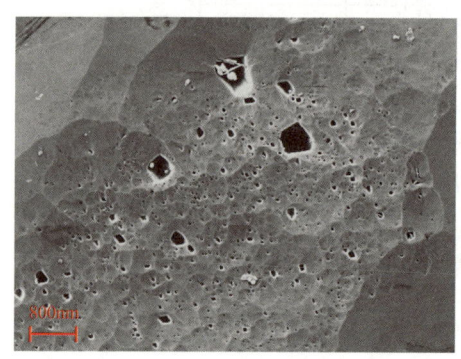

(c) 方解石晶内孔，宁209井，龙马溪组，3399.3m　　(d) 黄铁矿粒内孔、缝，宁215井，2511.41m

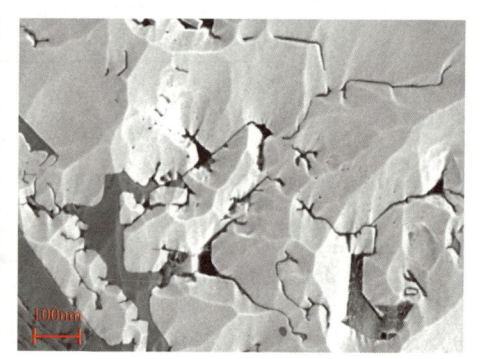

图 5-23　场发射扫描电镜法观察孔隙结构结果

为了获取扫描电镜孔隙结构定量信息，兼顾大视域与高分辨率，可采用大面积高分辨成像扫描，即大面积连续多张单视域高分辨率扫描。例如，4nm 分辨率连续扫描 10000 张，利用扫描电镜自带软件或者其他拼图转件可自动拼接成一张 400μm×400μm 的 4nm 分辨率图像，最终利用计算机自动识别和提取孔隙，利用计算机并行运算处理孔隙结构结果，获取不同孔隙类型面孔率及其孔径分布[4-5]。

5. CT 法

CT，即电子计算机 X 射线断层扫描，其原理为用 X 射线平行光束照射岩石形成投影，则投射影像的每一点都包含岩心三维 X 射线光束吸收程度的综合信息，一系列的一维投射线经重构形成二维影像，二维影像又重构为三维影像，完成岩心信息的三维化数字重构。CT 法测定岩石孔隙结构突出的优点在于既能够直接观测到从微米级到纳米级的岩石内部孔隙和喉道的三维形貌和连通情况，又能得到关于孔隙和喉道的相关统计参数，如孔隙大小分布等。并在此基础上，优化多类型储层表征关键参数的提取，进而构建三维岩心模型，如裂缝模型、骨架模型、孔隙模型、流体模型等，以服务储层多尺度表征。其局限性在于，由于 X 射线平行光束的强度受约束，对于孔径属于介孔范围的孔隙的表征范围很小，难以在大尺度上表征介孔的孔隙特征。图 5–24 为 CT 法测定岩石孔隙结构成果。

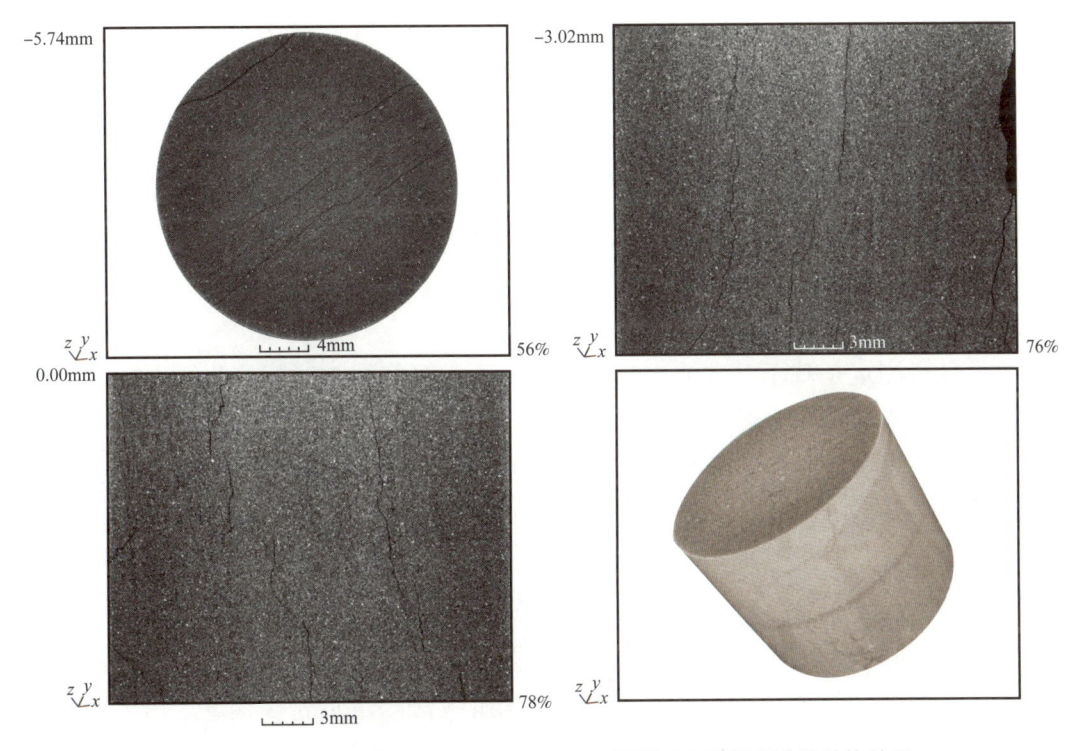

图 5–24　宁 212 井 2023.24～2023.59m 页岩 CT 法测定孔隙结构结果

五、含气量分析技术

页岩含气量指每吨页岩所含天然气折算到标准状况下的天然气总量，在数值上等于页岩的生烃量减去排烃量。页岩气的赋存状态包括游离气、吸附气和溶解气等，其中游离气和吸附气占绝大多数，游离气一般忽略不计。页岩含气量是评价页岩气储量的重要参数，对于优选页岩气藏、页岩气开发方案的设计等方面有重要的影响。目前，对页岩含气量分析主要分为总含气量和含气饱和度两个参数，其中总含气量的测定主要采用现场解吸法，含气饱和度主要通过等温吸附实验进行测定。

1. 现场解吸法

现场解吸法指通过测定现场钻井岩心的解吸行为获取实际含气量。主要采用美国 USBM 法，根据实验过程分为解吸气量测定、残余气量测定、损失气量测定，该方法是目前国内测定页岩含气量的基本方法。

1）解吸气量测定

解吸气量测定需要解吸罐和气体收集计量装置两部分设备。在钻井取心现场，岩心出筒后，尽快将岩心样品清洁、称重后装入解吸罐密封，再将解吸罐放入加热装置中，并通过导管将气体导入收集计量装置。先在钻井液出口循环温度下每隔一段时间测量解吸气量直至无气体逸出，再将解吸罐加热至地层温度，测量逸出气量，直至样品再无气体逸出。逸出气量的总和换算到标准状况下再除以样品重量即为样品的总解吸气量。

2）残余气量测定

残余气量测定装置包括样品粉碎罐和气体收集计量装置两部分。将解吸后的部分岩心样品称重后装入粉碎罐密封，粉碎至规定目数后，将粉碎罐放入加热装置中加热至地层温度，并通过导管将气体导入收集计量装置，记录不同时刻的逸出气量，直至样品再无气体逸出。逸出气量的总和换算到标准状况下再除以样品重量即为样品的残余气总量。

3）损失气量测定

损失气量测定是基于钻井液出口循环温度下解吸气量与时间的曲线进行计算的，以提钻到一半的时刻作为页岩开始解吸的零时，通过直线回归或者多项式回归将解吸气量与时间的曲线外推至零时的数值再除以样品重量即为损失气量。选择直线回归或者多项式回归需要考虑测试地层的深度、压力等参数。

测得的残余气量、解吸气量及损失气量即为页岩的含气量。现场解吸法测定页岩含气量的优点在于快捷、时效性强，其局限性在于损失气量计算主要采用煤层气的散失模型，和页岩气特点有一定差异，而且没有真实含气量进行对比，特别是超压储层条件下的损失气量计算可能误差更大。现场解吸法测定页岩含气量采用标准 SY/T 6940—2020《页岩含气量测定方法》的规定。

2. 等温吸附法

页岩气根据赋存状态可以分为游离气和吸附气，游离气主要赋存在有机孔和无机孔，以及裂缝中，吸附气主要吸附于有机质和黏土矿物表面，吸附气含量受页岩有机质含量、类型、温压条件等因素影响，一般占总含气量的 20%~80%。吸附气量的测量主要采用等温吸附法，等温吸附法测定页岩含气量的原理与现场解吸法测页岩含气量的原理正好相反，是在实验室内向处于地层温度下的页岩样品中充入一定体积的甲烷，再施加不同的压力，使得甲烷吸附在页岩孔隙表面，最终建立一个动态吸附平衡状态，再计算该状态下甲烷的压力和体积，根据甲烷的起始体积和最终体积的差值即可计算出在给定压力下被吸附的甲烷体积，即页岩在地层条件下的吸附气量。常用的测定页岩吸附气量的等温吸附法有容积法和重量法两种，这两种方法各有优劣。

容积法测量自由体积产生的微小误差会在测量吸附量时带来很大的误差，测量页岩吸附气量的准确性受测量仪器精度影响较大，优点是可以测量不同含水条件下的吸附气量。容积法测量页岩吸附气采用 GB/T 35210.1—2017《页岩甲烷等温吸附测定方法 第1部分：容积法》的规定。图 5-25 为容积法测定页岩吸附气量原理及结果。

(a) 等温吸附法测定页岩含气量原理

(b) 威204H2井等温吸附法测定页岩含气量实验结果

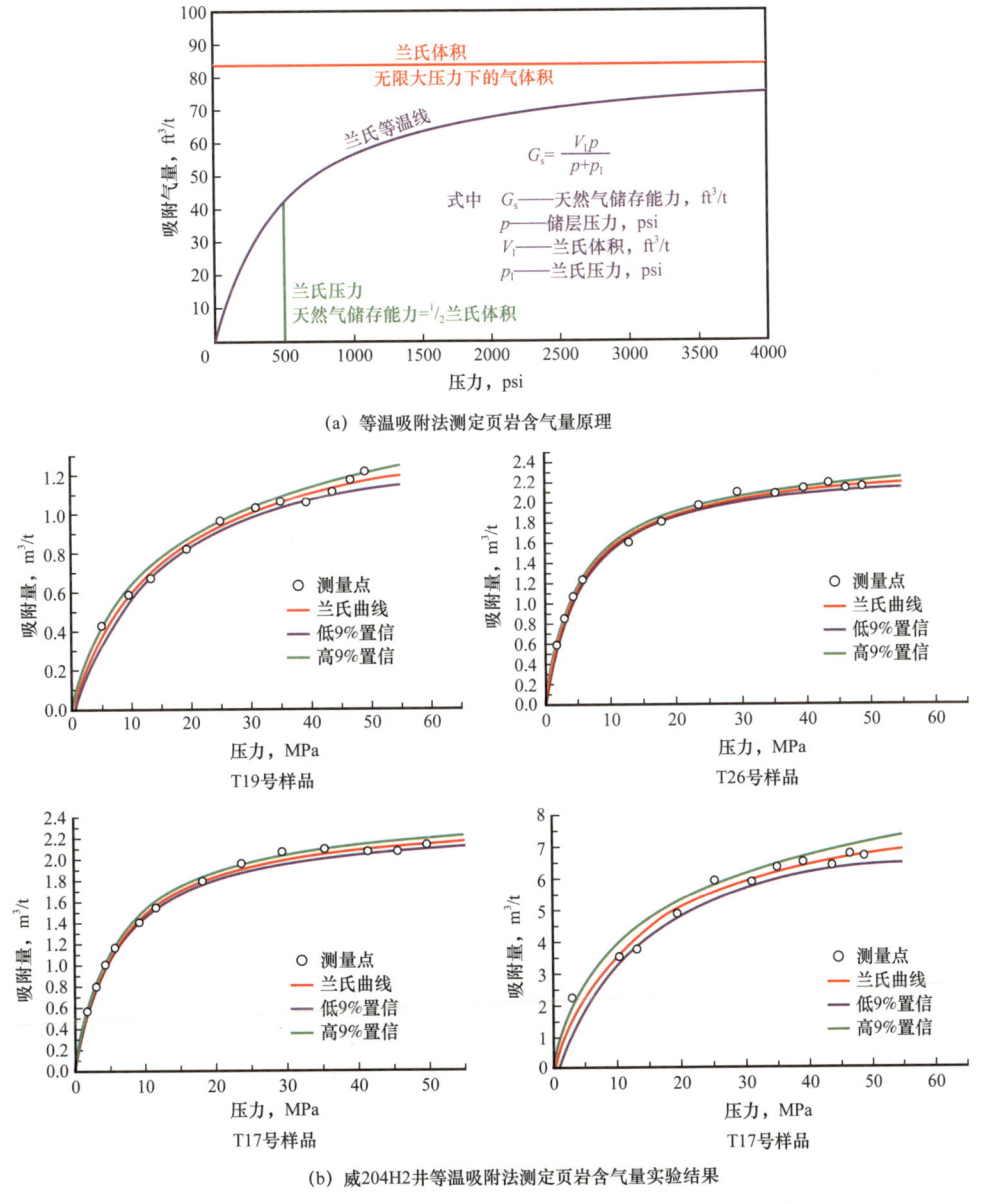

图 5-25 容积法测定页岩吸附气量原理及结果

重量法测定页岩吸附气量,得到的甲烷吸附气量数值要经过过剩吸附量校正才能得到真实的页岩吸附气量。重量法测定页岩吸附气量采用 NB/T 10117—2018《页岩甲烷等温吸附测定重量法》的规定。重量法测定页岩吸附气量的优点在于不需要测量自由空间体积,不会因为测量自由空间体积产生的误差而影响页岩吸附气量,也不会选取哪种气体状态方程计算压缩因子更适用于页岩吸附气量的计算,后续数据处理较为方便。重量法可以直接测试出不同压力条件下吸附气体的密度,减少了数据处理中的不确定性,而且测试吸附气量所需的样品量较少,仅需 3g 左右,减少了对样品数量的要求,但是重量法无法测量不同含水条件下的样品吸附能力。

六、地质力学参数分析技术

岩石力学贯穿了页岩气勘探开发全过程,对页岩储层压裂改造方面有重要意义,因此岩石力学参数和地应力大小测试与评价十分关键。岩石力学实验是岩石力学分析的基础,是获取岩石的应力—应变函数关系、破坏规律、地应力等的最直接有效的方法。支撑岩石本构性质研究的实验检测参数有岩石强度、杨氏模量、泊松比、断裂韧性、内摩擦角、内聚力等,地应力的实验包括地应力大小和地应力方向测试。

1. 岩石的强度测试

当受力超过一个限度后,岩石将发生破坏,长期以来人们将该限度作为岩石的性能指标——强度。同时,提出了多种用于表征岩石破坏条件的岩石强度破坏准则,并期望通过实验获得岩石强度参数。

1)单轴抗压强度

无侧限岩石试样在单轴压缩条件下,岩块能承受的最大压应力,称为单轴抗压强度。岩石的单轴抗压强度实验一般是将圆柱岩石样品置于两个压头之间,通过施加轴向载荷直至样品破坏,破坏时的应力值就是岩石的单轴抗压强度。

2)抗拉强度

岩石抗拉强度指岩石在单轴拉力作用下达到破坏的极限强度。样品难以均匀加持,受力不能严格与样品轴向平行,实验室很难直接测试岩石抗拉强度。通常采用劈裂法(俗称巴西法)间接测定岩石抗拉强度。一般采用直径大于 50.4mm,高径比为 0.25~0.75 的圆柱样品置于专用夹具中,沿样品直径方向施加连续载荷,载荷峰值(p_{max})样品会沿受力的直径方向裂开(图 5-26),此时可获得岩石的抗拉强度(σ_t)。

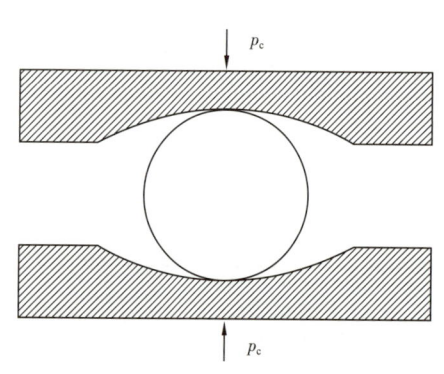

图 5-26 巴西劈裂实验示意图

3）抗剪强度

岩石抗剪强度指岩石抵抗剪切破坏的能力，可用内聚力（C）和内摩擦角（ϕ）表示，常用直接剪切、变角度剪切和三轴压缩实验测试。

（1）直接剪切实验。

直接剪切实验一般是在直剪仪上进行，将正方形样品置于两个专用匣子之间（图5-27），实验时上匣固定不动，下匣水平移动产生剪切力 T，直至样品破坏，样品垂直方向可以预先施加一定法向应力 N。

（2）间接测试法。

通过不同围压（σ_w）三轴实验获得对应的一组应力峰值，绘制应力摩尔圆（图5-28），同时绘制这些应力圆的包络线。若将包络线近似为直线，直线与纵坐标的截距即岩石内聚力，直线与水平方向的夹角即内摩擦角。

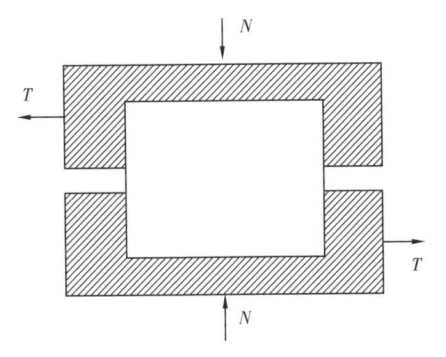

图5-27 直接剪切实验示意图

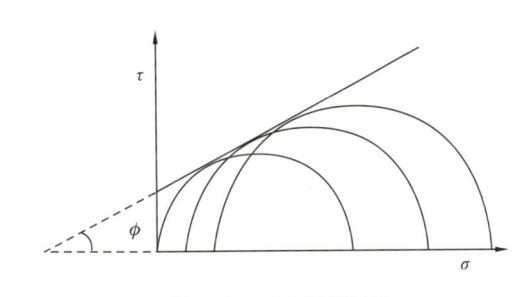

图5-28 应力摩尔圆

2. 岩石的弹性参数测试

岩石在较低应力条件下，可视为弹性体，当外力作用时岩石发生形变，外力撤出时形变消失。岩石的杨氏模量、体积模量及泊松比等是描述岩石形变、衡量岩石抵抗变形能力的主要参数。弹性模量和泊松比可根据岩样在受力加载过程的应力—应变关系确定，这样得到的参数称为静态岩石力学参数，也可以利用弹性波的传播关系，由测量的弹性波速度和体积密度计算得到动态岩石力学参数。

1）岩石单轴/三轴压缩实验

样品通常为直径25.4mm或50.8mm，高径比2.0～2.5的圆柱样。利用围压加载装置可以对样品施加围压，通过空压系统可以恢复样品空隙压力，同时利用围压油升温可以模拟地层高温环境。测试时按照图5-29所示将

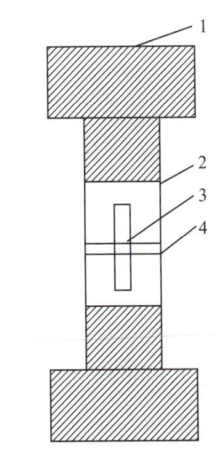

图5-29 岩石力学实验示意图

1—压头；2—实验样品；
3—轴向形变测量装置；
4—径向形变测量装置

样品置于上下压头之间，并安装轴向及径向形变装置，根据地层温度、地应力、空隙压力的信息加载实验条件。轴向连续加载记录过程中的应力、应变数据可获得如图5-30所示的应力—应变关系曲线。

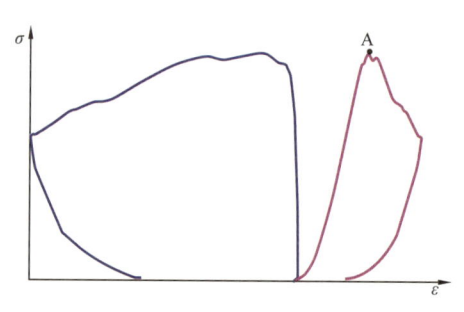

图5-30 应力—应变关系曲线图

2）纵横波测试

在如图5-29所示中的压头中嵌入超声波收发装置，利用声波发射器在发射端发射一组声波，声波通过样品到达接收端产生振动信号，再通过示波器解析出声波信号。声波在样品中的传播速率反映了样品的固有性质，结合样品的体积密度可计算岩石的弹性力学参数。

3）岩石力学脆性指数计算

岩石脆性是页岩储层评价特有的分析内容，是可压性评价的关键参数。但页岩脆性无法直接测试，只能利用矿物组成、杨氏模量、泊松比等数据间接计算表征。利用杨氏模量及泊松比归一化计算的方法在工程上获得广泛应用。泊松比能反映岩石破坏性能，杨氏模量能表征裂缝的保持能力，杨氏模量越高、泊松比越小，页岩脆性越好。

3. 地应力测试

蓄存在岩体内部未受到扰动的应力称为地应力，地应力分为原地应力和诱发地应力。目前有数十种地应力测试方法，可分为基于岩心的方法、基于钻孔的方法、地质学方法、地球物理方法、基于地下空间的方法。各岩心地应力方向分析方法均需要定向岩心。

1）岩心定向

无论是采用差应变、声发射，还是波速各向异性获得的地应力方位，都只是以岩心为参照物。因此，地应力方向测试很重要的一项工作就是岩心定向，回归岩心标志线相对地理北极的方位角。目前岩心定向主要有两种方式，一是定向取心，优点是定向准确度高，但其致命弱点是成本高。故多采用第二种方式，即古地磁定向技术，这里重点介绍古地磁定向技术。

古地磁岩心定向就是通过古地磁仪，测定岩石磁化时的地磁场方向。因为任何岩心所处的地层在形成时或稍后，都会受到地球偶极子场引起的磁场磁化，并与当时地磁场一致，古地磁岩心定向就是利用古地磁仪（磁力仪和退磁仪）来分离和测定岩心的磁化变迁过程，用Fisher统计法确定与岩心对应的不同地质年代的剩磁方向，以恢复岩心在地下所处的原始方位。

2）非弹性应变恢复法

非弹性应变恢复法（ASR）是通过测量现场取心与时间相关的应变松弛变形来反演原地应力场方向和量值的一种方法。岩心从井孔取出后，由于作用在岩心上的原地应力场突然消失，岩心会沿周向产生差别松弛变形，变形包括岩心从母岩解除下来后立即产生的弹性变形和随岩心放置时间延长逐步产生的非弹性变形。

3）声发射法

岩石在重复加载过程中，如果没有超过先前的最大应力，则很少有声发射产生，只有当加载应力达到或超过先前所施加的最大应力后，才会产生大量声发射，也称其为凯塞尔效应。一般采用与钻井岩心轴线垂直的水平面内，增量为45°的方向钻取三块岩样，测出3个方向上的Kaiser点处正应力，而后求出水平最大、最小主应力；由与岩心轴线平行的垂向岩样Kaiser点处的地应力确定垂向地应力。岩心取样示意图如图5-31所示。

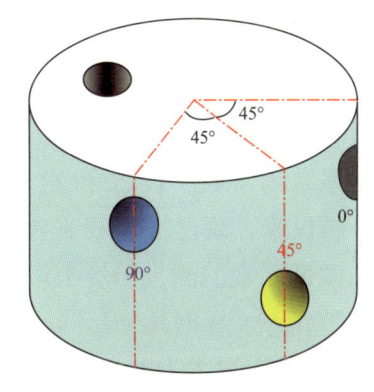

图5-31 发射试验岩心取样示意图

第二节 录井评价技术

录井是用岩矿分析、地球物理、地球化学等方法，观察、采集、收集、记录、分析随钻过程中的固体、液体、气体等井筒返出物信息，以此建立录井地质剖面、发现油气显示、评价油气层，并为石油工程（投资方、钻井工程、其他工程）提供钻井信息服务的过程。录井技术是油气勘探开发活动中最基本的技术，是发现、评估油气藏最及时、最直接的手段，具有获取地下信息及时、多样，分析解释快捷的特点。气测录井、岩屑录井等常规录井技术在页岩气地质评价中并没有特殊之处，技术方法和工作流程与常规气相同，但在水平井地质导向过程中，可以采用元素录井，即利用X射线荧光光谱分析（XRF）对岩屑的元素成分进行分析，识别钻遇地层，辅助水平井导向，提高储层钻遇率，是录井技术在页岩气领域应用的一个新的方向。

一、元素录井简介

1895年，德国物理学家伦琴（W.C.Rontgen）发现X射线。1913年，莫塞莱（H. G. Moseley）发现X射线波长与原子序数的关系［$1/\lambda = K(Z - \sigma)^2$，式中，$\lambda$为波长；$Z$为原子序数；$K$为依不同种类的谱线而设定的系数；$\sigma$为一般性实验常数，专用于配合跃迁谱线］时，就奠定了X射线光谱分析的基础。用高速粒子（电子、质子）或X光子轰击样品，可把样品元素的内层电子打出，使该元素原子处于激

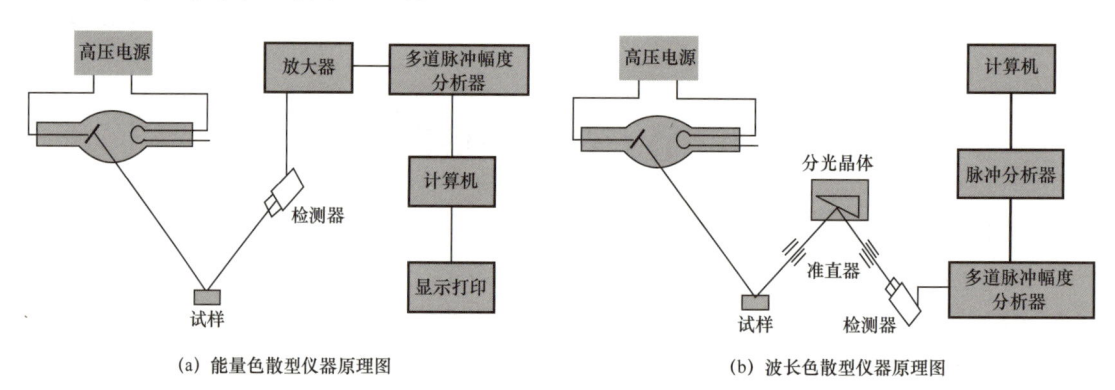

发态，外层轨道的电子在 10^{-14}～10^{-12}s 内，充填到内层的空位上，多余的能量（$h\nu$）以特征 X 射线的形式发射出来，这种特征 X 射线又称为 X 荧光。每一种元素的特征 X 射线（X 荧光），包括一系列波长确定的谱线，其强度比是确定的。例如 Mo（$Z = 42$），其特征 X 射线，K 系有 $K_{\alpha1}$（0.0709nm）、$K_{\alpha2}$（0.0713nm）、$K_{\beta1}$（0.0632nm）等，其相对强度依次为 100、50、14；L 系有 $L_{\alpha1}$（0.5406nm）、$L_{\alpha2}$（0.5414nm）、$L_{\beta1}$（0.5176nm）等，其相对强度为 100、12、50。在特定波长下，X 射线荧光强度与被测元素的含量成正比，以此作为定量分析的依据。其比例系数与入射 X 射线强度、入射角度、照射的面积、荧光发射的检测角度、被激发元素用于分析检测荧光光谱线的效率，以及被测元素对入射 X 射线和荧光 X 射线的吸收性质有关。当实验条件固定时，比例系数为常数。自 20 世纪 50 年代 X 射线荧光光谱分析（XRF）开始用于元素成分分析以来，现已成为较成熟的常规分析手段，并广泛应用于录井领域。近年来 XRF 在微量元素的测量精度上取得了很大的进展，部分微量元素的检测下限已降低到了 1～10μg/g。根据其分光的原理不同，XRF 仪器分为波长色散（WDXRF）和能量色散（EDXRF）两大类型（图 5-32）。

图 5-32 两类 XRF 分析仪器原理图

元素录井中一般采用能量色散法对岩屑的元素组成进行测量。能量色散法是以脉冲高度分析器作为分光装置，按照光子能量的大小进行分离的。能量色散型 X 射线荧光光谱仪不采用晶体分光系统，而是利用半导体检测器的高分辨率，并配以多道脉冲分析器，测量试样 X 射线荧光的能量，使仪器的结构小型化、轻便化，这是 20 世纪 60 年代末发展起来的一种新技术。来自试样的 X 射线荧光依次被半导体检测器检测，得到一系列与光子能量成正比的脉冲，经放大器放大后送到多道脉冲幅度分析器（1024 道以上）。按脉冲幅度的大小分别统计脉冲数，脉冲幅度可以用光子的能量来标度，从而得到强度随光子能量分布的曲线，即能谱图（图 5-33）。

与波长色散仪相比，能量色散仪的主要优点是：（1）由于无需分光系统，检测器更靠近样品，检测灵敏度可提高 2～3 个数量级。（2）不存在高级衍射谱线的干扰，可以一次同时测定样品中几乎所有的元素，分析元素不受限制。（3）仪器操作方便，分析速度快，适合现场分析。（4）无需繁琐的样品前处理，既可分析块样如合金、塑胶、薄膜样品，也可分析各类粉末状样品，甚至液体样品，尤其是对岩矿粉末，样品的用量极少，可进行直接分析（表5-5）。

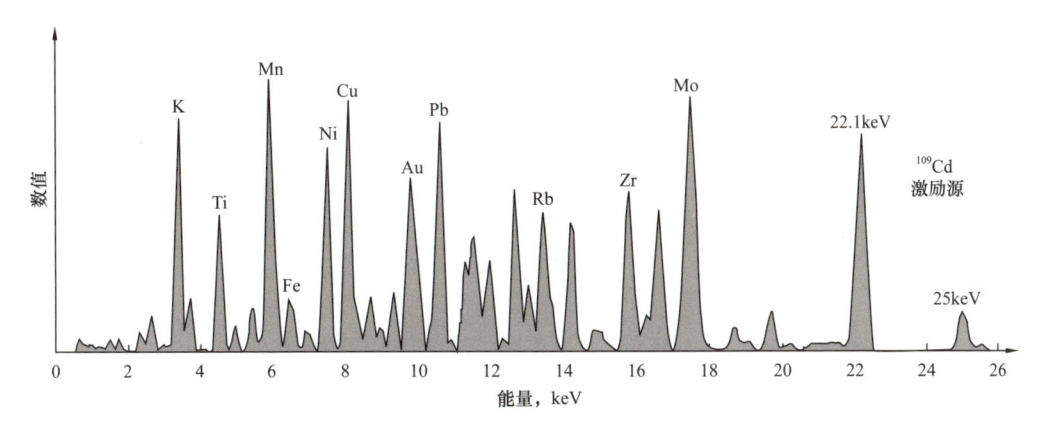

图 5-33　能量色散分析的全元素谱图

表 5-5　能量色散仪与波长色散仪的比较

项目	能量色散型	波长色散型
原理	X荧光直接进入监测器，经电子学系统处理得到不同元素（不同能量）的X荧光能谱	X荧光经晶体分光，在不同衍射角测量不同元素的特征线
X-光管	低功率，不需冷却水，管寿命长	高功率，要高容量冷却系统，管寿命短
检测器	Si（Li），用水冷或油冷	正比计数器，和λ、晶体、检测器有关
灵敏度	轻基体 $\mu g/g$ 级，其他 $10\sim100\mu g/g$ 级	$\mu g/g$ 级
分析速度	快	单道慢，多道快
人员要求	一般	较高
样品表面	要求不高	要求平坦
测定元素范围	$Z\geqslant11$，Na—U，特殊薄窗时 $Z\geqslant8$，O—U	$Z\geqslant5$，B—U

能量色散仪不足之处是对轻元素还不能使相邻元素的 K_α 谱线完全分开，检测器必须在制冷情况下使用，连续光谱构成的背景较大，较低含量时还不如波长色散仪精度高。根据录井随钻分析的需求，能量色散型仪器更适合录井环境。

元素录井技术是2007年提出和建立起来的，该技术克服了传统岩屑岩性识别依靠肉眼观察或借助光学仪器观察产生的局限性，近年来随着装备技术、分析技术和计算机技术的发展，元素录井技术也日趋成熟，在页岩气钻探领域得到了推广应用。

目前，多家公司针对地质录井行业设计制造了X射线荧光光谱仪，采用了智能化、模块化设计，能够快速准确地完成岩屑元素分析。设备一般由主机、真空泵、采集分析计算机、软件及其他附件组成（图5-34、图5-35）。仪器一般体积小，携带方便，操作简单，所需样品量小（仅需要 10g 左右样品洗净烤干后即可进行岩屑的粉碎、制样、测量工作），可测量元素达数十种（图 5-36），并可生成每个单独样品所对应的图谱及检测报告，能够满足现场分析的需要。

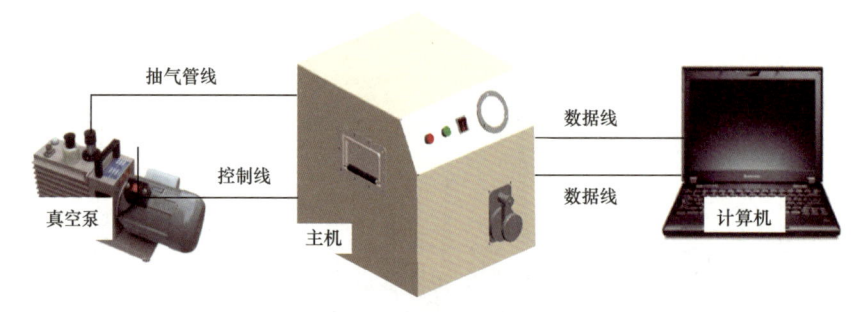

图 5-34　SYX-1 型 X 荧光元素录井仪构成示意图

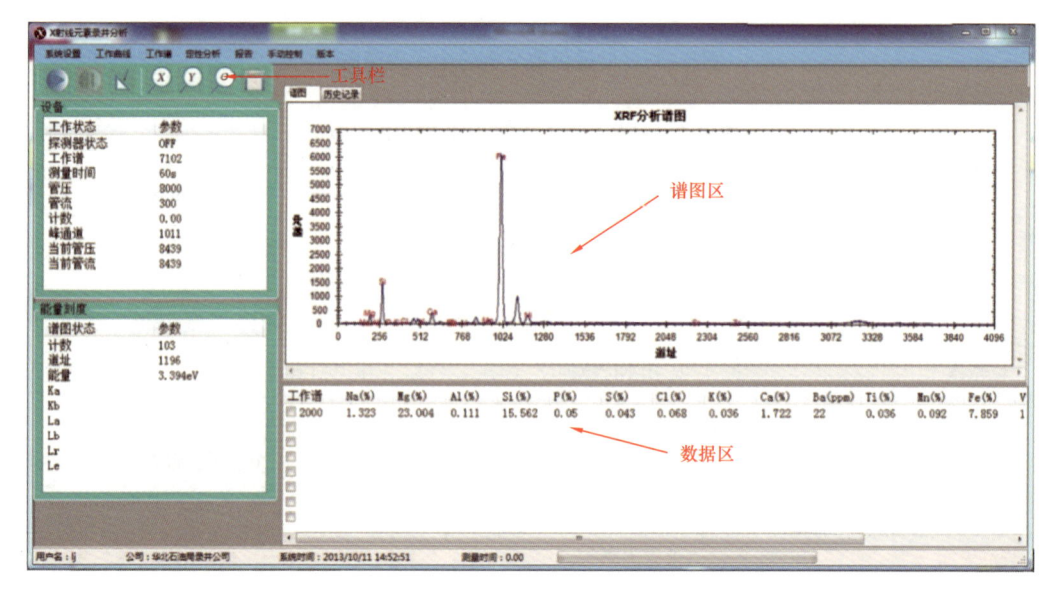

图 5-35　SYX-1 型 X 荧光元素录井仪界面

元素录井具有多项功能：

（1）能够同时测量多种元素，目前最多的已达到 40 余种，几乎覆盖所有岩性地层元素。

（2）测量元素类型的同时，可以测量元素的含量，这些定量化的数据能够为实现岩性判别、储层识别、沉积相研究、页岩储层参数计算提供依据。

元素录井具有多项优点：

（1）测量范围广，测量元素多样。

（2）检测精度高，误差率普遍小于 0.1%。

（3）便于运用，参数的定量化、多样化使得元素录井的运用具有无限的可能性。

（4）现场操作性强，仪器操作难度低、原料选取简单、分析周期短。

（5）价格便宜。

这些多样的功能的优点为录井分层卡层、录井解释评价及地质导向决策提供了充分的依据，成为现代录井不可或缺的工具，有力保障了钻井工程的顺利实施。

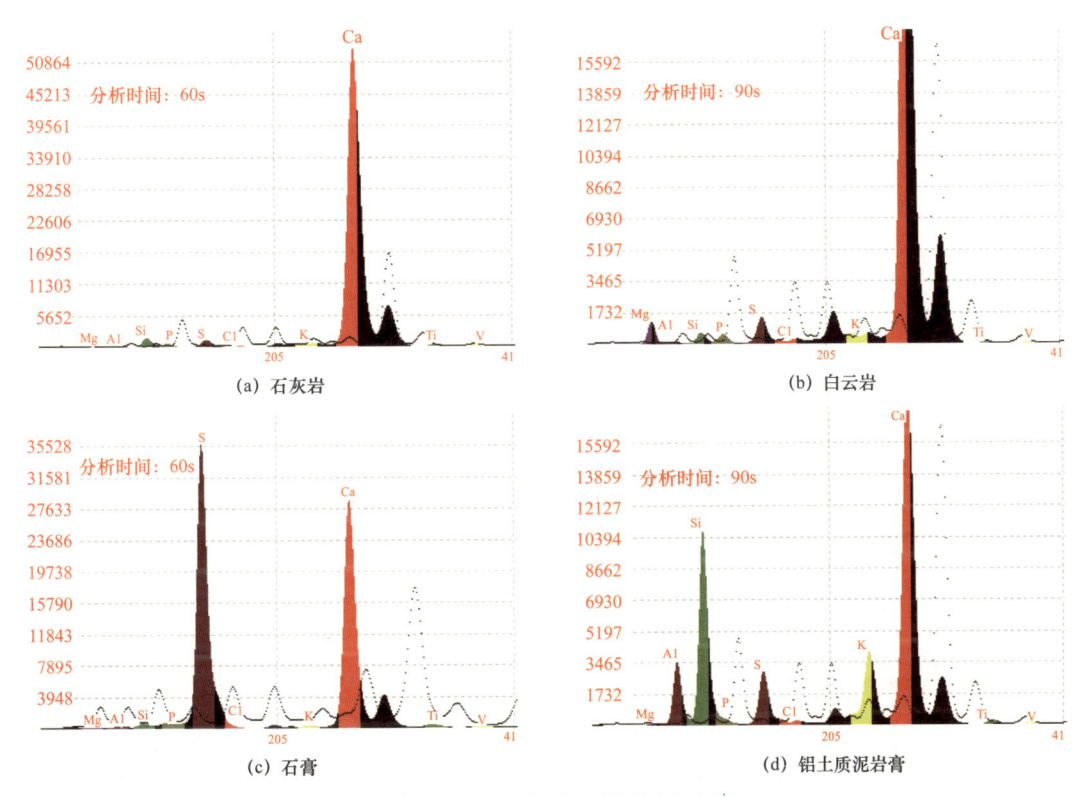

(a) 石灰岩

(b) 白云岩

(c) 石膏

(d) 铝土质泥岩膏

图 5-36　不同矿物元素录井谱图

二、元素录井在地质分层中的应用

地层分层卡层在钻井工程中具有举足轻重的作用，准确的分层卡层是保障钻井工程安全实施的关键要素：一是指导钻井液体系的调整和固井位置的确定，确保钻井工程安全实施；二是及时发现储层，保护油气藏不受钻井液伤害；三是控制地质导向井轨迹，提升优质储层钻遇率。

一般情况下，地层分层卡层主要由录井队长通过现场岩屑识别，依据不同地层的岩性差异人工确认。然而，由于钻井工艺技术的发展，岩屑的粉末化导致肉眼难以辨别真实岩性，特别是对于断层复杂带，岩屑混杂进一步加大了岩屑的识别难度，无法保证分层卡层的准确性。

在这一背景下，元素录井的引入成为必然的趋势。元素录井为录井增加了数十个新参数，这些参数反映的是地层中的元素种类和含量，利用这些元素能够扩展到地层的矿物组分、储层特征甚至沉积环境，为地层分层卡层提供了极具价值的依据，保障了钻井工程的顺利实施。

1. 上部关键层位的卡取

四川页岩气的主要目的层是下志留统龙马溪组，但上部地层中涉及关键层位的固井卡层，如嘉二$_3$亚段的二开固井、石牛栏顶部三开固井等。这些关键层位的卡取对于保障页岩气的开发具有重要意义。

1）嘉二$_3$亚段见白云岩固井

嘉二$_3$亚段岩性为白云岩与石膏层，固井位置一般是在钻穿嘉二$_3$亚段顶部石膏层后见白云岩处。通常情况下，现场分层卡层难度不大，但对于一些钻井工艺复杂的井，岩屑粉末化且地层垮塌严重，肉眼识别困难，就需要借助元素录井数据来卡取固井深度。

嘉二$_3$亚段元素特征明显（图5-37），石膏层S呈明显高值，而Ca、Mg呈明显低值，钻穿石膏层进入白云岩段后，S明显降低，而Ca、Mg明显升高，利用元素录井能够有效地确认固井深度，可操作性强。

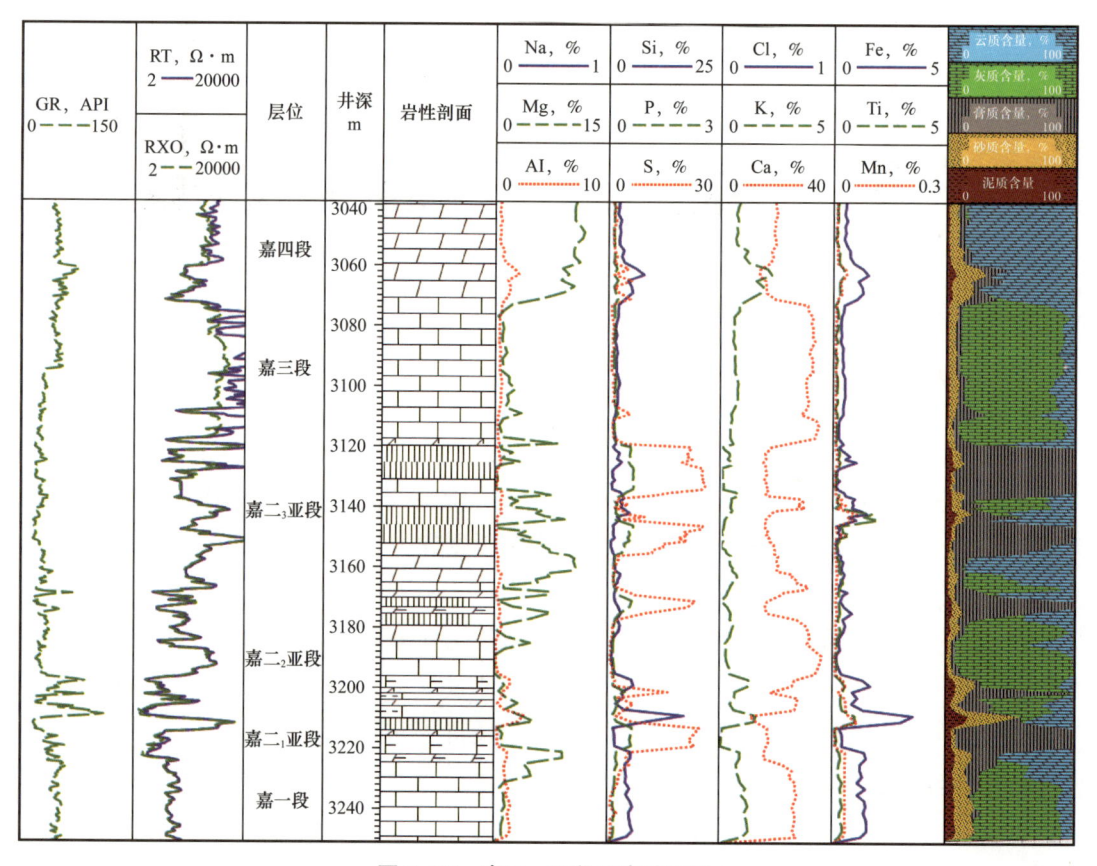

图5-37 嘉二$_3$亚段元素特征图

2）龙马溪组顶部固井

龙马溪组岩性主要为泥页岩，固井位置是在进入龙马溪组100m处。通常情况下，现场分层卡层难度不大，但对于一些钻井工艺复杂的井，岩屑粉碎和地层垮塌严重，难以有效识别岩屑颜色和岩性，肉眼识别困难，就需要借助元素录井数据来卡取固井深度。

龙马溪组顶部元素特征明显（图5-38），进入龙马溪组后，Si、K、Ba、Ti、Cr、Cu等元素含量都明显增加，而P、Ca含量明显降低，利用元素录井能够有效地确认固井深度，可操作性强。

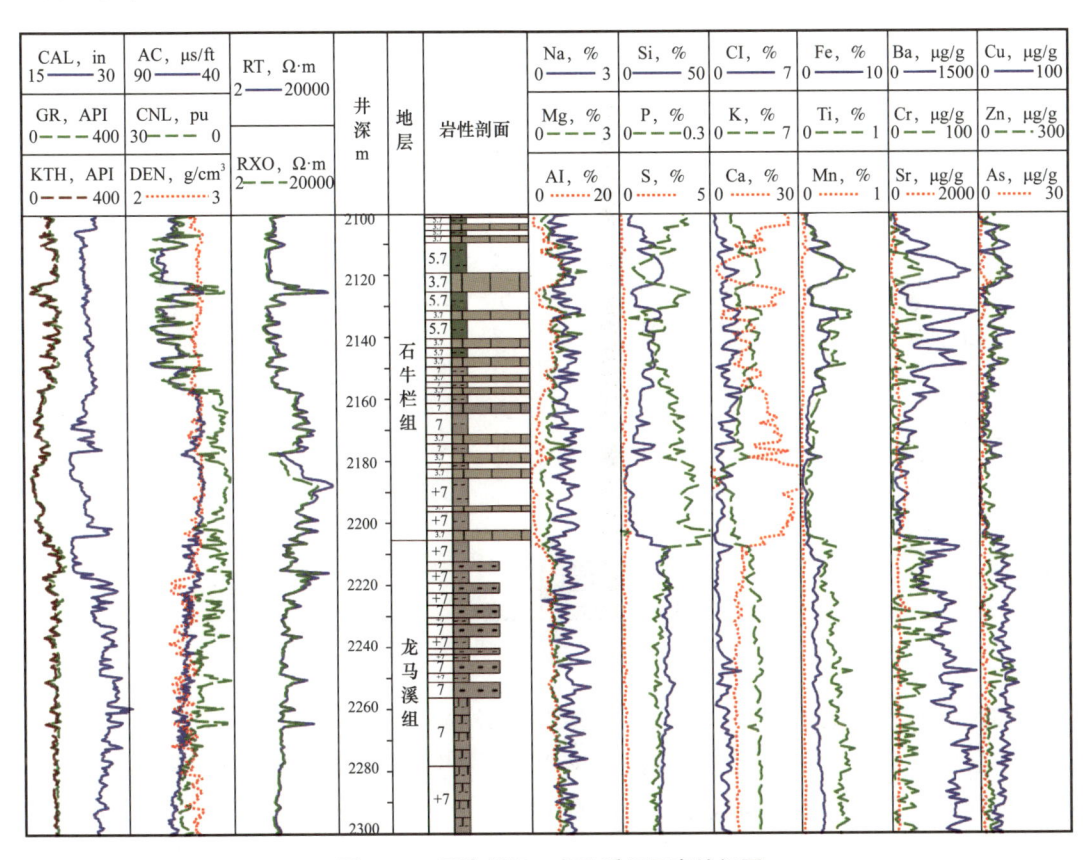

图5-38 石牛栏组—龙马溪组元素特征图

2. 龙马溪组取心卡层

川渝地区宜宾—重庆一线龙马溪组厚度普遍在300~500m，而其中最具勘探价值的富碳质页岩主要位于龙马溪组底部龙一$_1$亚段—五峰组，且厚度在30~40m之间。该段岩性主要为灰色—黑色碳质页岩，且越往下颜色越黑，生物和页理也越发育。

龙马溪组底部龙一段分为龙一$_2$亚段和龙一$_1$亚段，而龙一$_2$亚段底部—五峰组为评价井取心段，如何准确卡取龙一$_2$亚段底部是取心卡层的关键问题。然而，由于龙一$_2$亚段—龙一$_1$亚段顶部岩性均为深灰、灰黑色页岩，肉眼无法进行差异识别和小层划分，综合录井参数也没有明显的响应，这就使得现场仅能以见黑灰色页岩作为取心卡层的标准，准确性难以保障。

而元素录井在龙一$_2$亚段底部参数特征变化明显（图5-39、图5-40），如Ca、S、Sr含量明显增加，而K、Al、Fe含量明显降低，对取心卡层具有显著的指导意义。

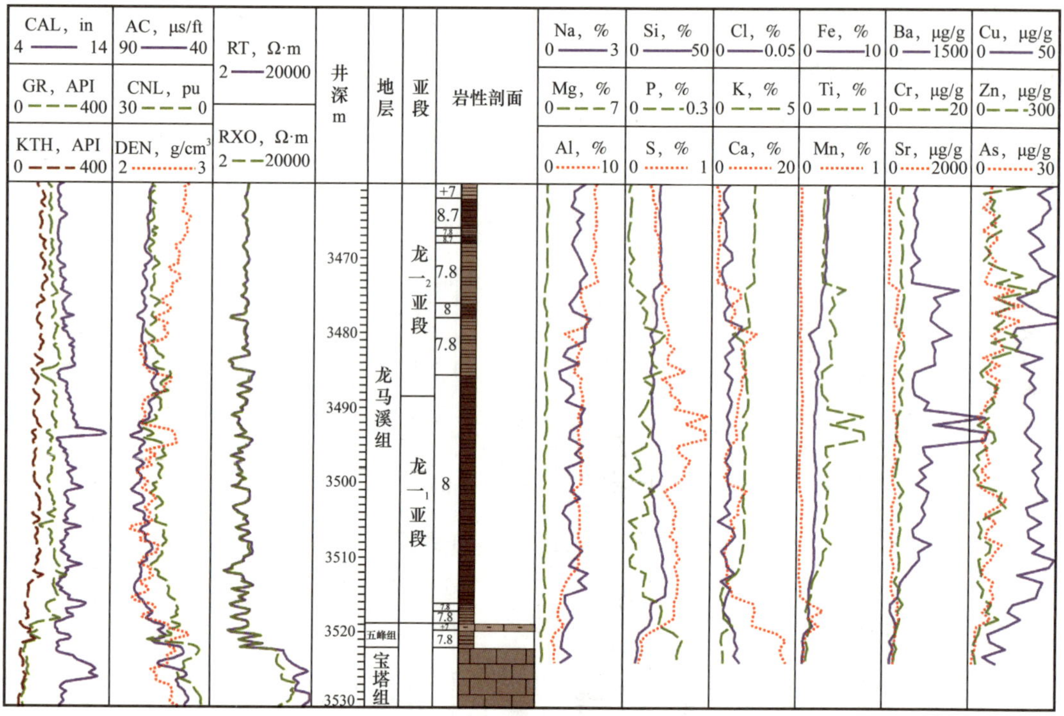

图5-39　宜202井龙一$_1$亚段—龙一$_2$亚段地层元素特征图

通过元素录井的使用，为页岩气井地层分层卡层提供了重要依据，既确保了上部固井卡层的准确性，降低了工程风险，又提升了页岩储层的识别能力，保障了取心作业的顺利实施。为页岩气勘探提供了重要保障。

三、元素录井在地质导向中的应用

所谓地质导向，是在少量随钻参数（仅有随钻伽马和随钻井斜方位）的条件下，导向人员依据地震成果的认识，并通过钻井过程中对随钻伽马和录井参数的综合分析判断钻头所处位置并指导水平井钻进的过程。这其中，钻井过程中对随钻伽马和录井参数的分析与认识是整个施工过程的关键。

对于常规气井，由于有了随钻伽马，卡取低伽马值的目标储层的难度并不大，再依据地震成果和随钻过程中的岩屑、钻时及气测参数特征，能够基本保障水平井轨迹在目标储层中钻进。然而在页岩气井中，目标储层（箱体）与上下地层均为高伽马值的页岩，且伽马值差异不大，并且岩屑相似、钻时和气测参数均不具较强的指导性，难以保障水平井的箱体钻遇率和优质储层钻遇率。

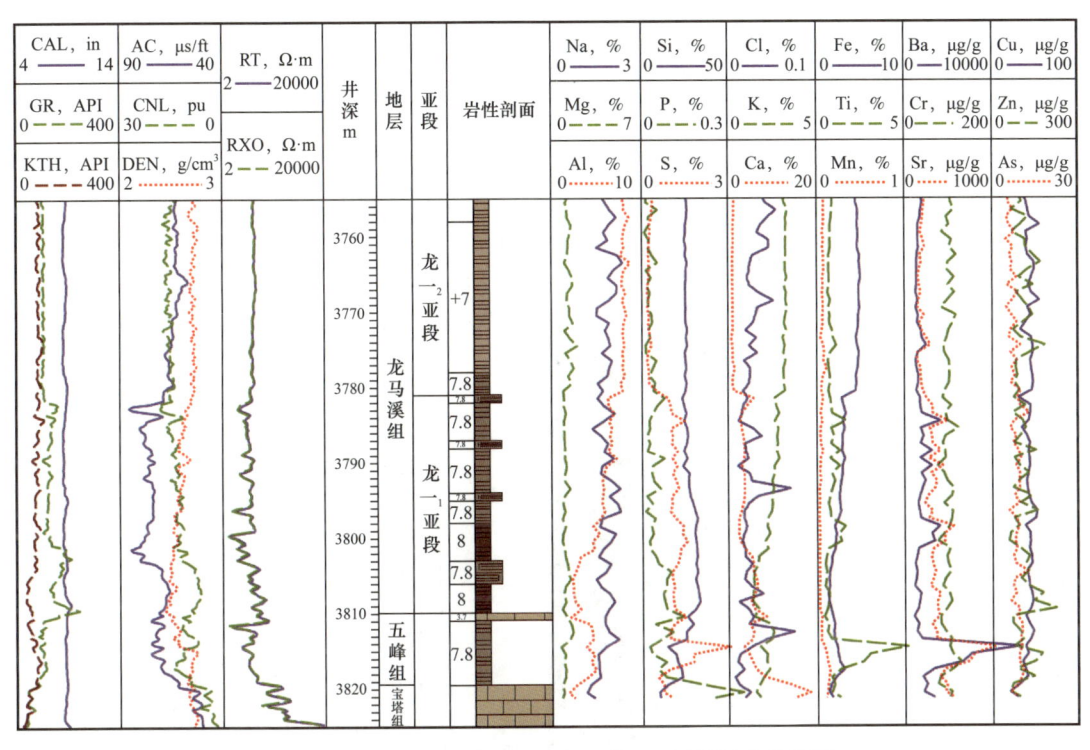

图 5-40　泸 203 井龙一$_1$亚段—龙一$_2$亚段元素特征图

通过元素录井的引入，从岩屑中获取更丰富的数据信息，真实地反映正钻地层的元素特征。并通过特征元素的交会，结合地震成果及随钻井斜、综合录井数据，及时判断钻头所处位置，为地质导向决策提供有利依据。

1. 直井元素录井特征

龙马溪组龙一$_1$亚段可细分为龙一$_1^1$—龙一$_1^4$小层，小层划分主要依据测井曲线特征。然而，这种特征虽具有普遍性，但地区差异较大，部分地区匹配度低。如某井，各小层伽马特征差异不大（表 5-6、图 5-41），随钻伽马无法作为小层划分的依据。

表 5-6　某井龙一$_1$亚段各小层伽马与元素特征统计表

层位	随钻伽马	S	Fe	Al	K	Ca	Ti	Mn
龙一$_1^4$	中值	高值	高值	中值	中值	中值	高值	高值
龙一$_1^3$	中值	中值	中值	低值	低值	中值	中值	高值
龙一$_1^2$	高值	中值	中值	低值	低值	高值	低值	中值

续表

层位	随钻伽马	S	Fe	Al	K	Ca	Ti	Mn
龙一$_1^1$	中值	中值	中值	低值	低值	高值	低值	低值
五峰组	中值	低值	低值	低值	低值	超高值	低值	低值

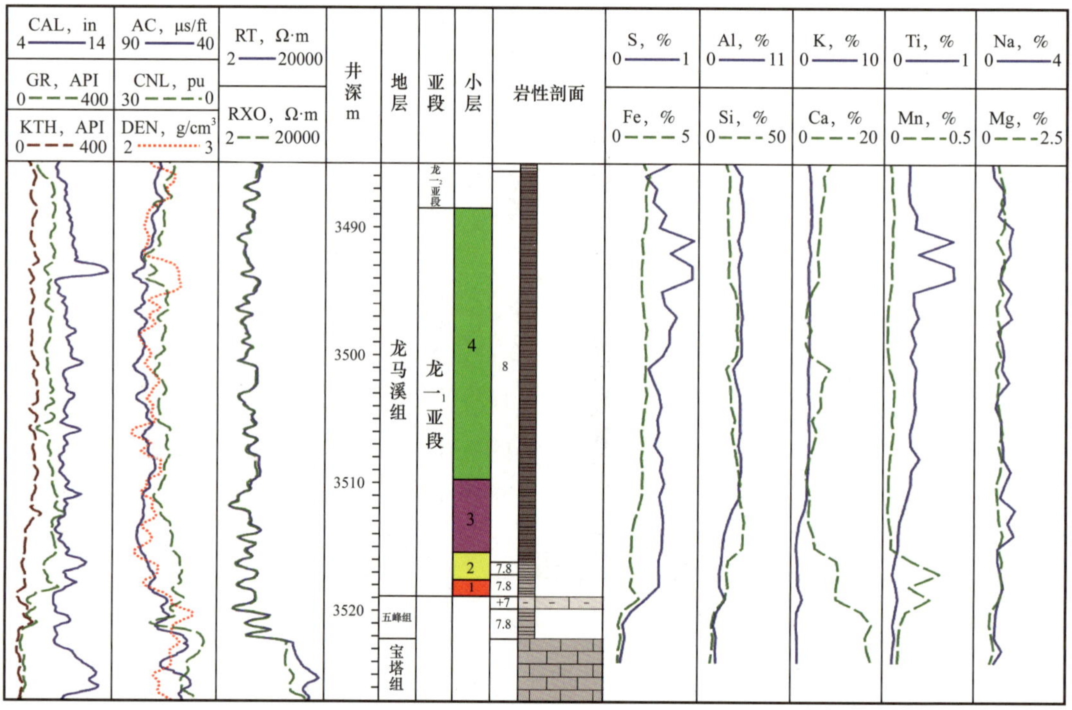

图 5-41 某井龙一$_1$亚段各小层元素特征图

然而，元素录井却可以作为该井小层划分的依据，如表 5-6、图 5-41 所示，该井龙一$_1^4$小层到五峰组的数值性差异不明显，但趋势性变化较明显，各元素整体呈逐渐降低的趋势。于是，可以通过特征元素交会来划分小层。图 5-42 中，Al—Si 交会和 K—Ca 交会很明显将小层区分开。

元素录井不仅能划分小层，更重要的是识别箱体，从而为地质导向决策提供依据。还是以某井为例，该井直改平的目标箱体为龙一$_1^2$—龙一$_1^3$小层下部（3512.5~3517.5m），轨迹线为井深 3515m。由图 5-42 可见，特征元素的交会能够很好地表征出箱体与上下地层及轨迹线上下地层的差异性：（1）箱体上部，Al—Si 和 P—Mn 均无交会；（2）箱体内轨迹线以上，Al—Si 有交会，P—Mn 无交会；（3）箱体内轨迹线以下，Al—Si 有交会，P—Mn 有交会；（4）箱体下部，Al—Si 无交会，P—Mn 有交会，四者差异明显（表 5-7）。

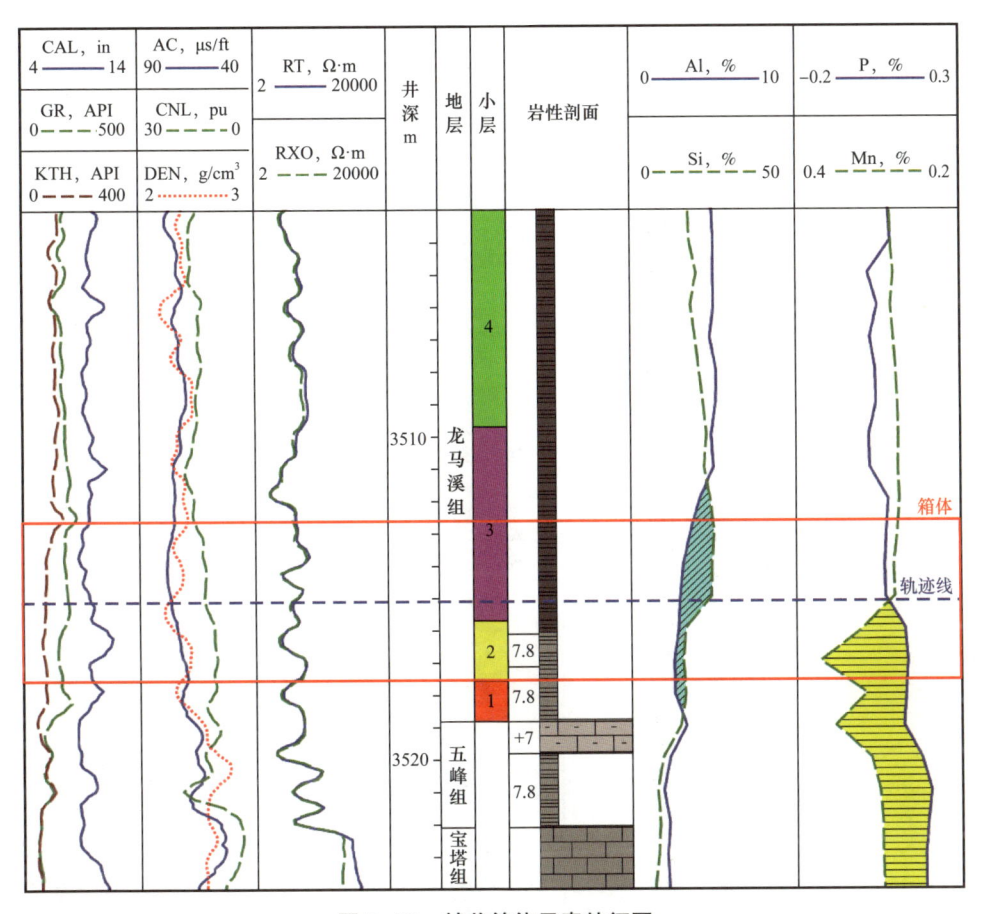

图 5-42 某井箱体元素特征图

表 5-7 某井箱体上下及轨迹线上下伽马与元素特征统计表

层位	随钻伽马	Al—Si 交会	P—Mn 交会
箱体以上	中值	无交会	无交会
轨迹线上部	中值	有交会	无交会
轨迹线下部	中值	有交会	有交会
箱体以下	中值	无交会	有交会

2. 水平井元素录井应用

依据这种差异性,在地质导向过程中实时识别小层和箱体并预测钻头所处位置(图 5-43),为地质导向决策提供了重要依据(图 5-44)。

该井直改平的Ⅰ类储层钻遇率为 100%,钻探效果非常好。

元素录井的应用为地质导向决策提供了更丰富、更可靠的依据,保障了地质导向的实施效果。

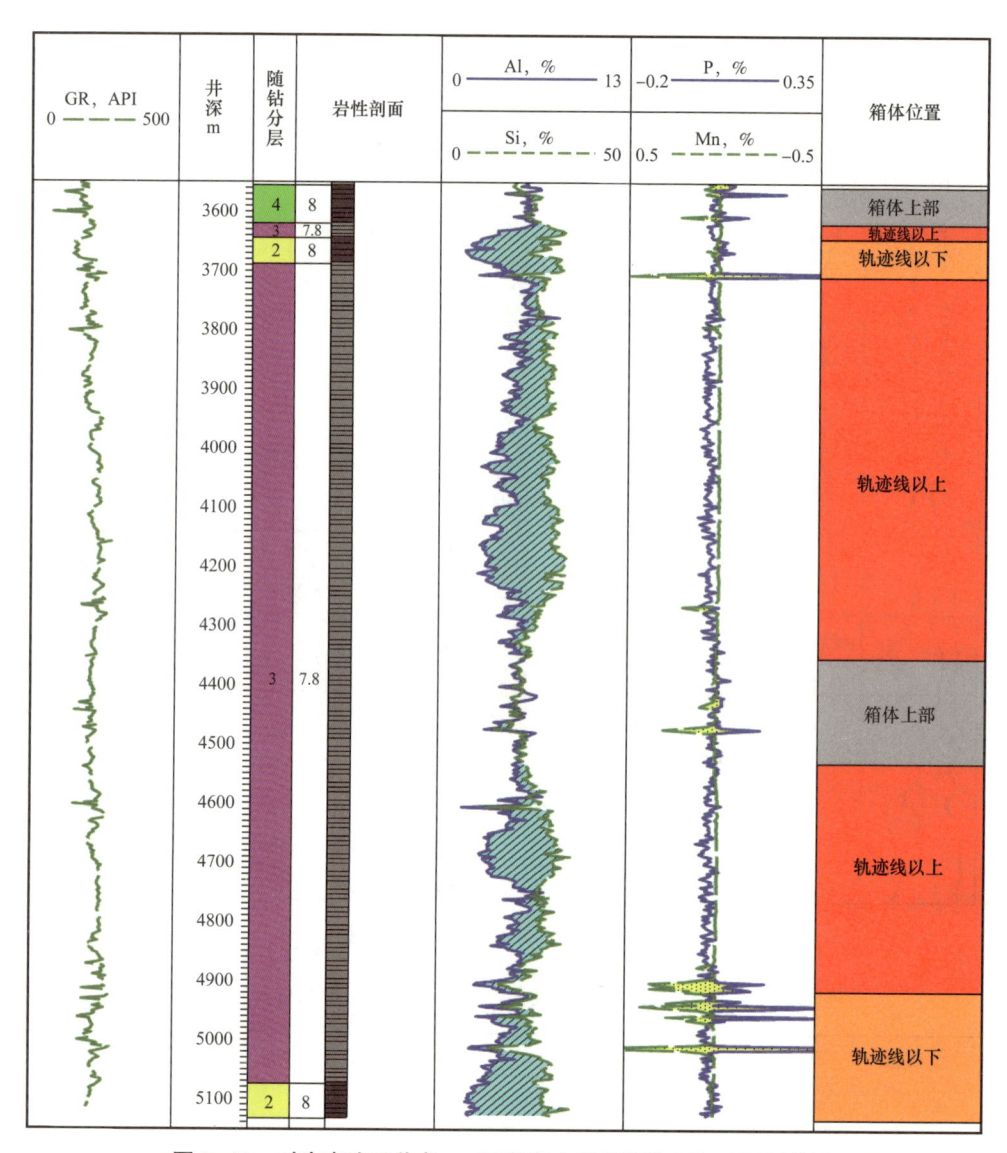

图 5-43　对应直改平井龙一$_1$亚段各小层元素特征与小层划分图

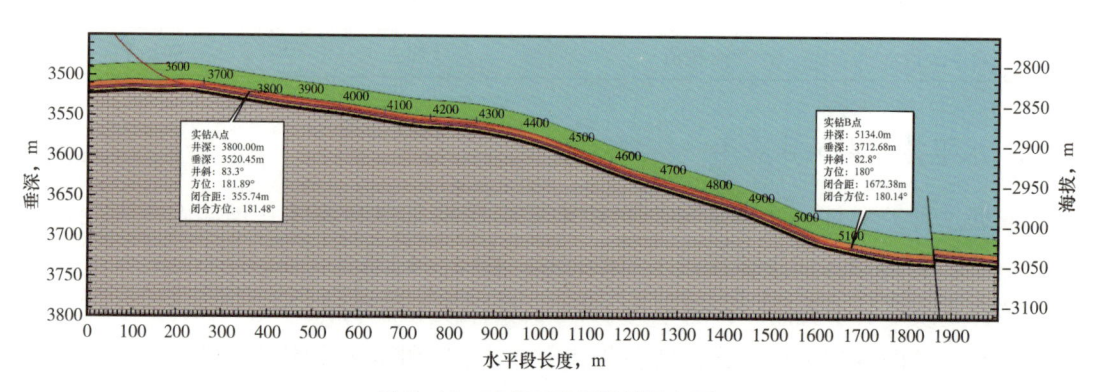

图 5-44　某井直改平地质导向图

四、元素录井在录井解释评价中的应用

页岩气的录井解释评价目标有两点：一是快速识别页岩气储层，为现场地质导向决策提供支持；二是有效评价页岩气水平井，为未完井电测开发井的试油方案设计提供依据。然而，由于综合录井参数对于页岩气储层的响应较差，无法满足解释评价的需求，而要达到解释评价的目标，必须借助元素录井等特殊录井手段。

根据相关资料，目前国内的页岩气录井解释评价技术包括两类：一是岩性解释，即各种矿物含量的解释；二是储层参数解释，包括有机碳、孔隙度和含气量，这些参数均是页岩气储层评价的关键参数。中国石化某公司尝试了一种仅依靠元素录井来对页岩气储层参数进行解释评价的方法（表5-8）。

表5-8 中国石化某公司页岩评价参数随钻计算模型

参数	参数计算模型	R^2
含气量	$y=f(Si, S, K, Ca, Fe, Ni)$	0.83
DEN	$y=f(Al, Si, Ca, Fe)$	0.80
钙质含量	$y=f(Ca, Mg, Fe, Mn)$	0.63
泥质含量	$y=f(Al, Si, Fe)$	0.72
硅质含量	$y=f(Si, Al, Ca, Ti, Mn)$	0.71

然而，该套方法虽然取得了一定的效果，但在基本原理上有所欠缺，推广难度较大。

目前主流的页岩气录井解释评价方法需要同时运用元素录井、伽马能谱录井及综合录井数据，通过数据的拟合，建立页岩气储层参数的多元模型，目前四川地区模型效果较好（表5-9）。

表5-9 四川地区页岩评价参数随钻计算模型

序号	模型
1	有机碳$=f$（伽马能谱录井参数）
2	脆性矿物$=f$（元素录井参数）
3	孔隙度$=f$（伽马能谱录井参数）
4	含气量$=f$（伽马能谱录井参数，综合录井参数）

图5-45、图5-46为页岩气储层录井解释技术在四川地区评价井和开发井的应用效果图。图中可见，随钻计算的页岩气储层参数与钻后岩心分析值、测井解释值均基本一致，有效展现了录井解释评价的效果，为勘探开发工作提供重要支撑。

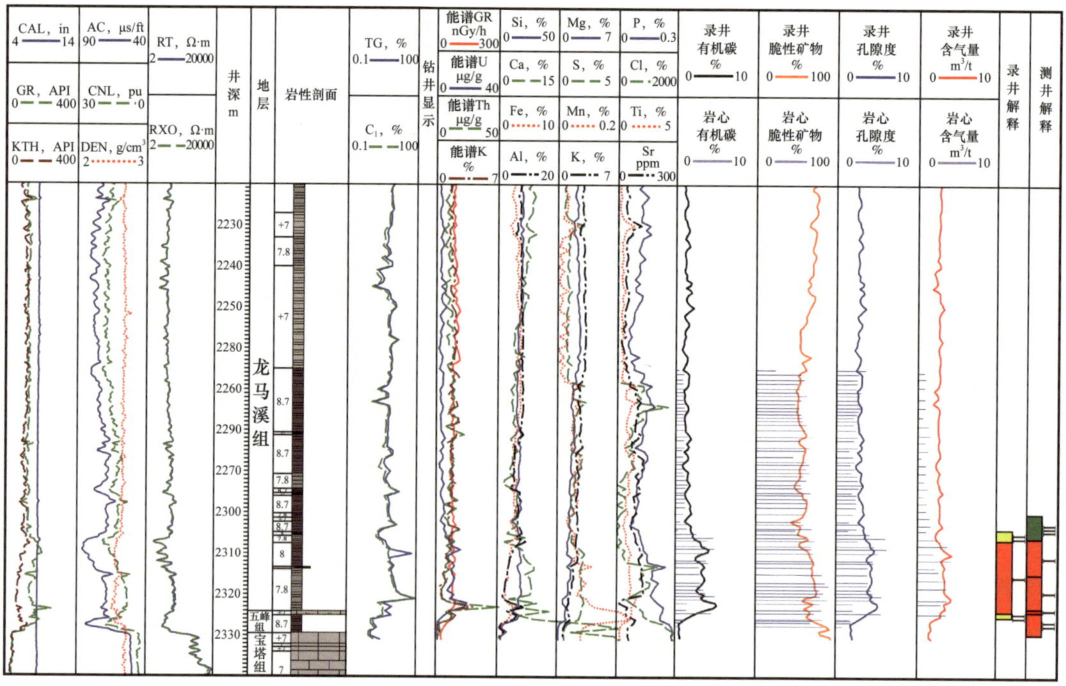

图 5-45　某评价井录井解释与岩心分析对比图

元素录井是在钻井工艺技术迅速发展、综合录井参数越来越无法满足钻井需求的基础上发展起来的录井新技术，它为录井行业注入了新的生命力。该技术已在四川地区页岩气井进行了广泛应用，解决了很多综合录井无法解决的问题，为录井创造了新的价值。近年来，元素录井技术已经在四川地区页岩气井使用 300 余井次，分层卡层准确率提升至 96%，页岩气储层录井解释采纳率接近 100%，有力支撑了四川页岩气的勘探开发工作。

然而，目前的元素录井仍存在一些不足，主要是稳定性不够和精度较低。资料显示，一方面，元素录井在应用中普遍使用其趋势性进行定性判别，效果良好，但对于数值性的应用效果并不理想，原因就是测量存在一定的人为误差，降低了数据的精度。另一方面，数据难以有效统一，由于元素录井仪器的多样性和差异性，即使进行了标定和标准化处理，数据仍然存在差异，难以有效排除。这些问题，在一定程度上影响了元素录井的发展。

作为一项新技术，元素录井在页岩气钻探中有非常重要的作用，考虑到可操作性和成本因素，元素录井的发展主要有两个方向：一是严格操作流程，尽可能减小人为误差；二是统一仪器设备，尽可能排除仪器差异产生的误差；三是对元素值进行标定，提升其数值精度。通过这些工作，统一数据标准，提升数据精度，最终提高页岩气钻井质量。

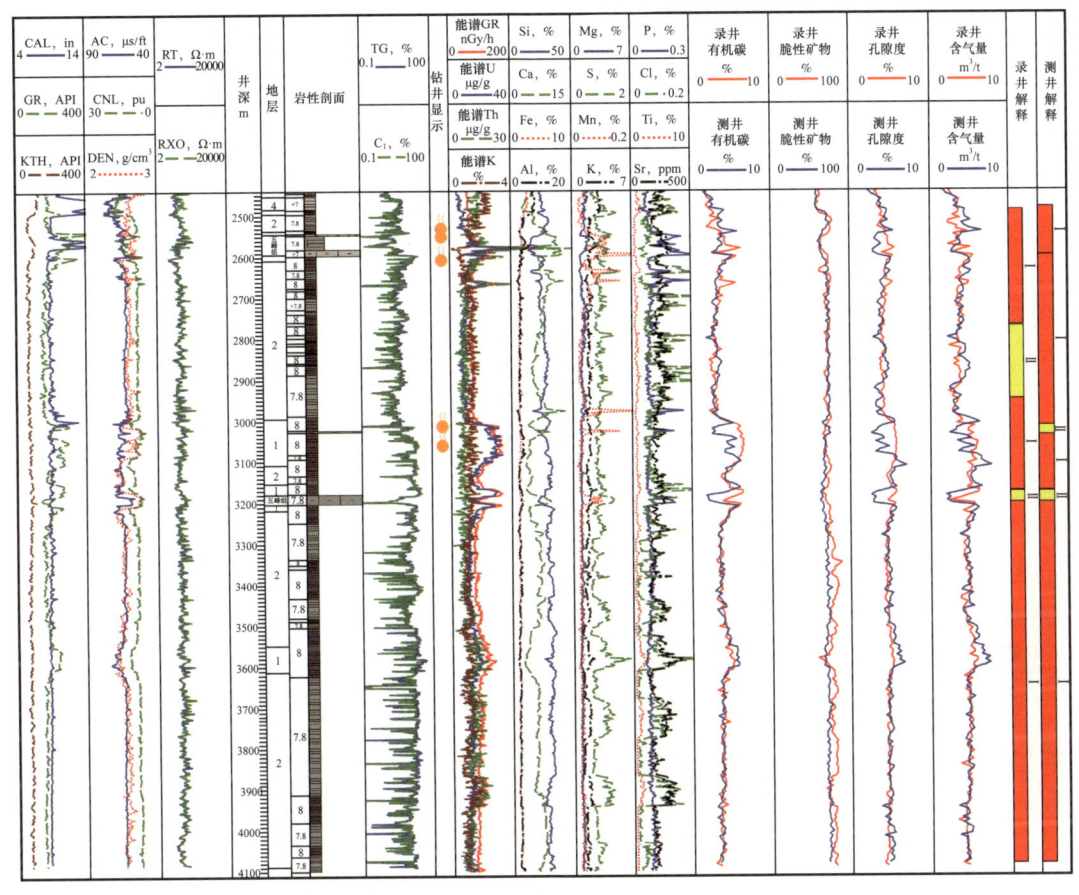

图 5-46 某开发井录井解释与岩心分析对比图

第三节 测井评价技术

测井是通过测井曲线反映地层岩性、物性及含气性等，解决地质问题的一种方法，在页岩气的勘探开发中起着重要作用。除岩心以外，测井资料是页岩气勘探开发最全面、最直接和最重要的资料之一，利用测井资料能评价连续的储层参数，且成本相对较低。同时，页岩气藏具有低孔特低渗、自生自储的特点，孔隙以纳米级孔为主，与常规气藏存在较大差异，其测井采集和评价参数等的侧重点也有所不同。因此，本节重点介绍页岩气的测井采集、测井响应特征和地质工程参数评价方法。

一、页岩气测井采集项目优化

页岩气经济、规模地开采，必须大量钻水平井或丛式井，限制了勘探开发成本的降低，从测井采集角度分析既要能减少采集时间、采集测井项目，又要能解决地质问题，就需针对不同的井型、井别和地质需求选择不同的测井项目。

1. 测井采集项目选取原则

测井采集项目选取需满足科学性、先进性、适用性要求，兼顾页岩气低成本发展及地质工程评价要求，主要考虑：

（1）有利于建立评价页岩所需的有机质含量、孔隙度、含气量、矿物组分含量等参数的解释模型；（2）有利于建立页岩气有利储集段的解释标准；（3）有利于建立页岩岩石力学、地应力及脆性等参数的解释模型；（4）有利于井周、井旁裂缝评价；（5）有利于产出剖面（反映生产特征）评价；（6）有利于井筒完整性评价；（7）有利于压裂缝高评价。

2. 不同井型测井采集项目

1）页岩气直井评价井测井项目

（1）表层及中完测井：测井采集项目综合考虑地层划分、常规储层评价、地震储层预测的测井资料需求，测井采集项目包括自然伽马、岩性密度、补偿声波、电阻率等，裸眼井和套管井测井采集技术要求。

（2）完井裸眼井测井：① 全高精度常规测井项目，包括自然伽马能谱、岩性密度、补偿中子、电阻率和井径井斜等；其中，电阻率测井在油基钻井液中测量感应电阻率；在水基钻井液中测量深浅双侧向电阻率。② 交叉偶极声波测井。③ 地层元素俘获谱或地层元素全谱测井。④ 微电阻率扫描成像测井。⑤ 选测核磁共振测井。⑥ 选测电缆式地层测试。⑦ 选测旋转式井壁取心。⑧ 低电阻率储层选测二维核磁共振测井、脉冲中子测井、介电扫描测井等，评价低阻页岩储层含气性。

（3）套管井测井：① 水泥胶结质量测井。使用声幅/变密度测井，特殊需求可选择扇区水泥胶结测井、超声波成像测井等。② 产出剖面测井可选择生产测井、示踪剂测试、分布式光纤测试等。③ 压裂缝高检测可选井温、非放射性仪器（能测量高俘获截面支撑剂）或交叉偶极声波等。

2）页岩气水平井评价井测井项目

（1）完井裸眼井测井：① 全高精度常规测井项目，包括自然伽马能谱、岩性密度、补偿中子、电阻率和井径井斜等。其中，电阻率测井在油基钻井液中测量感应电阻率。在水基钻井液中测量深浅双侧向电阻率。② 阵列声波全波列测井或交叉偶极声波测井。③ 选测地层元素俘获或岩性扫描元素全谱测井。④ 选测微电阻率扫描成像测井。

（2）套管井测井：① 水泥胶结质量测井，使用声幅/变密度测井，特殊需求可选择扇区水泥胶结测井、超声波成像测井等。② 可选产出剖面测井，如生产测井、示踪剂测井、分布式光纤测试等。③ 视套管压裂变形情况选择测量套管损伤测井，如多臂井径、磁探伤、井温等测井项目。

3）页岩气水平井建产井测井项目

（1）完井裸眼井测井：① 一个平台至少一口井测量全高精度常规测井项目，包括自然伽马能谱、岩性密度、补偿声波、补偿中子、电阻率和井径井斜等。其中，电阻率测井在油基钻井液中测量感应电阻率；在水基钻井液中测量深浅双侧向电阻率；平台其他井测量根据地质—工程目的进行选择。② 阵列声波全波列测井或交叉偶极声波测井选择测量。③ 微电阻率扫描成像测井选择测量。

（2）套管井测井：① 水泥胶结质量测井，使用声幅/变密度测井，特殊需求可选择扇区水泥胶结测井、超声波成像测井等。② 产出剖面测井可选择测量生产测井、示踪剂测试、分布式光纤测试等。③ 油套管损伤测井，视套管压裂变形情况选择测量，如多臂井径、磁探伤、井温等测井项目。

二、页岩储层测井响应特征及识别

对于富含有机质的烃源岩，尤其是相对成熟的烃源岩，其测井响应特征与其他地层相比会具有一定的差异性，正由于差异性的存在，为利用测井响应特征识别和评价烃源岩提供可靠的基础。正常情况下，有机质含量越高的地层测井响应的异常越大。

1. 常规测井响应特征及识别

一般而言，常规测井曲线对烃源岩的响应主要有：

（1）自然伽马和能谱测井中铀的响应特征表现为高异常，原因是烃源岩层一般富含放射性元素，如吸附放射性元素铀。

（2）烃源岩层密度低于其他岩层，密度响应特征表现为低密度异常，声波响应特征表现为声波时差高异常。

（3）成熟烃源岩层的电阻率响应特征表现为中—高电阻率异常，原因是其孔隙流体中存在不导电的烃类物质，利用这一响应可识别烃源岩成熟与否。具体的富有机质页岩的测井响应特征见表5-10。

表 5-10 富有机质页岩测井响应特征

测井曲线	响应特征	影响因素
自然伽马	异常高值	有机质含量高、吸附放射性元素铀
无铀伽马	低值	黏土含量低
双侧向	高阻增大	黏土含量低、孔隙度低、含气量高
声波时差	明显增大	有机质含量高、页理发育、含气量高
补偿中子	降低	黏土含量低、孔隙度低、含气量高
补偿密度	明显降低	有机质含量高、含气量高
光电截面指数	低值	有机质含量高、石英含量高
井径	一般扩径	页理发育、吸水膨胀

图 5-47 是页岩地层常规测井响应特征图，可以将页岩地层按有机碳含量的高低划分为两段，即非页岩储层和页岩储层，可以看出非页岩储层（TOC＜1.0%）、页岩储层（TOC≥1.0%），测井响应特征还是存在一定差异的。根据不同类型页岩储层对比分析，页岩储层段具有"四高两低"的测井响应特征，即高铀、高伽马、高声波时差、中—高电阻率、低密度与低中子测井值。

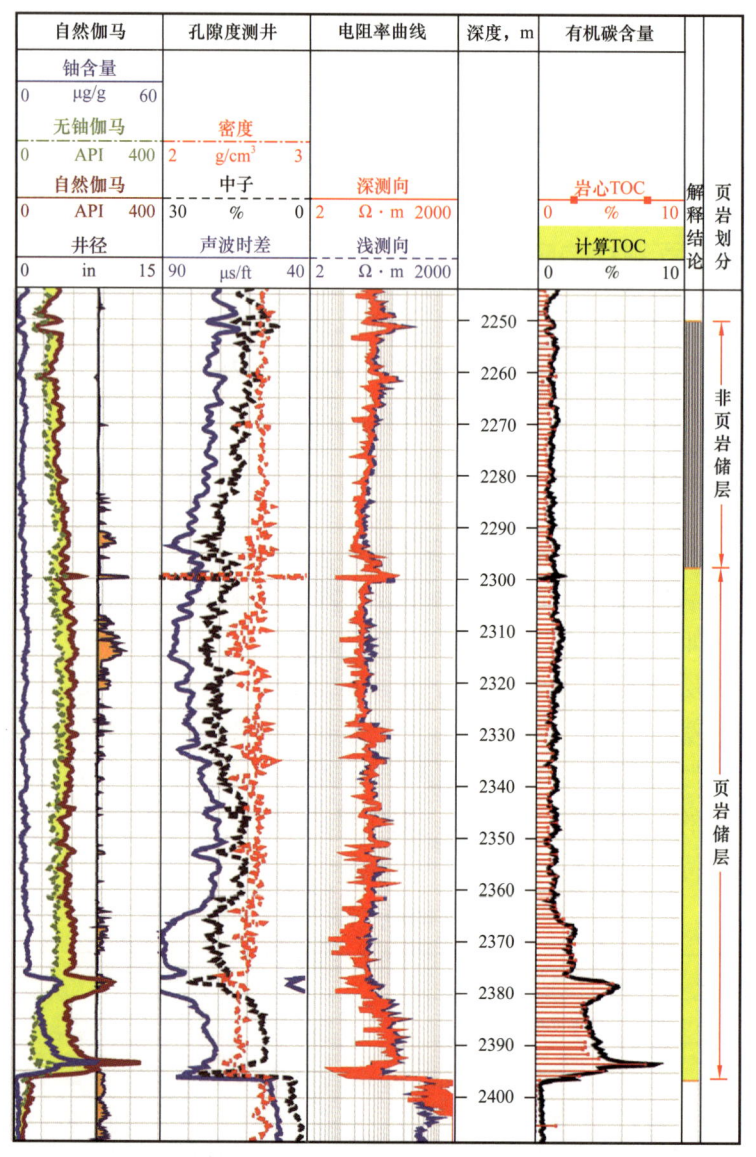

图 5-47　页岩地层测井响应特征图

2. 微电阻率成像测井响应特征

在页岩气储层段，由于孔隙度低、渗透率特低，裂缝是提高页岩气产能的重要通道，微电阻率成像能够清楚地反映页岩储层中层理、张开缝、充填缝、应力释放缝和黄铁矿分布等特征。

1）页岩层理电成像响应特征

电成像的分辨率还不能达到识别页理的程度，但能区分层理和层界面。页岩地层水平层理非常发育，可有效地指示弱水动力条件和低能还原环境（图 5-51）。

2）裂缝电成像响应特征

张开缝为明显的低电阻率，而充填缝一般为重结晶物，如高阻的方解石、石英或者低阻的泥质夹杂着黄铁矿。对于泥页岩，张开缝往往被黏土充填或半充填，充填缝在电成像图上呈现低阻均匀过渡的裂缝特征或只留下裂缝的痕迹（图 5-48）。

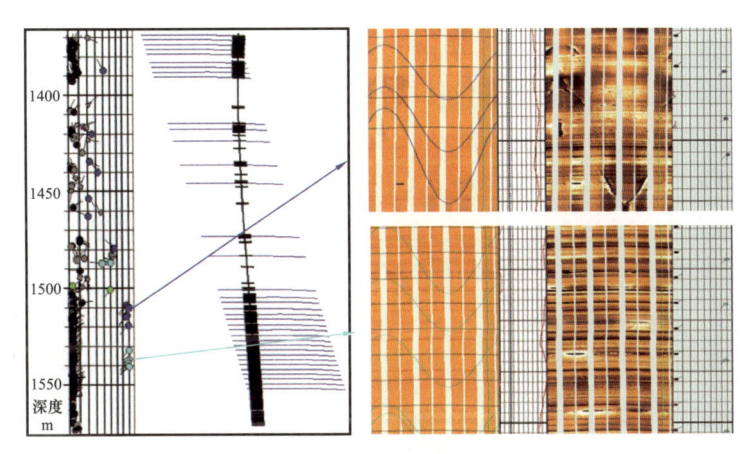

图 5-48 页岩层理、张开缝和充填裂缝的成像特征

3）黄铁矿成像响应特征

黄铁矿在泥页岩地层中普遍存在，沿层界面或裂缝分布，呈团块状或孤立零星分散状和串珠状分布等特征，团块状或孤立零星分散状黄铁矿在电成像图中呈不规则的黑色低电阻率斑点；顺层分布的层状黄铁矿在电成像图中表现为低阻黑色条带；串珠状黄铁矿在电成像图中表现为明显的间断的低电阻率黑块，黄铁矿低电阻率斑点特征与溶洞的成像特征相似，但黄铁矿异常边缘清晰，对比度大（图 5-49）。

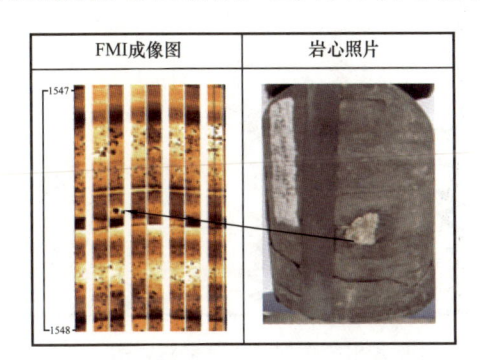

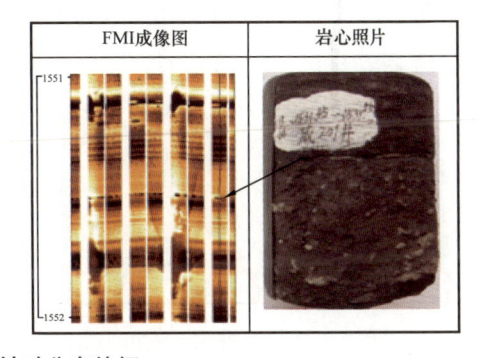

图 5-49 黄铁矿分布特征

3. 元素俘获测井的响应特征

元素俘获测井主要测量地层 H、Cl、Si、Ca、Fe、S、Ti、Gd 等元素，进而计算地层复杂岩石矿物含量。H 和 Cl 在地层中和井眼中都存在，而其他的元素一般只出现在地层骨架矿物中，其中元素 Si、Ca、Fe、S、Ti、Gd 是元素俘获测井谱数据解释的关键数据。元素俘获测井解释通过氧闭合方法将其转换成元素 Si、Fe、Ca、S、Ti、Gd 的干重。最后，采用大量岩心化学和矿物的数据库建立岩石矿物组分的经验关系，由元素的干重值确定出骨架性质和岩性的干重值。

从 N9 井龙马溪组岩心 X 射线衍射得到的矿物组分含量与元素俘获测井测量结果的对比图可以看出（图 5-50），总体上元素俘获测井测量结果与岩心分析结果的变化趋势吻合较好。龙马溪组龙一段矿物组分主要为黏土、石英—长石—云母、碳酸盐及少量黄铁矿，该段硅、铝元素含量整体较高，钙元素含量低，黏土含量在 30%～45% 之间，石英—长石—云母含量为 40%～55%，碳酸盐含量普遍低于 15%，偶见黄铁矿，黄铁矿含量低于 8%。

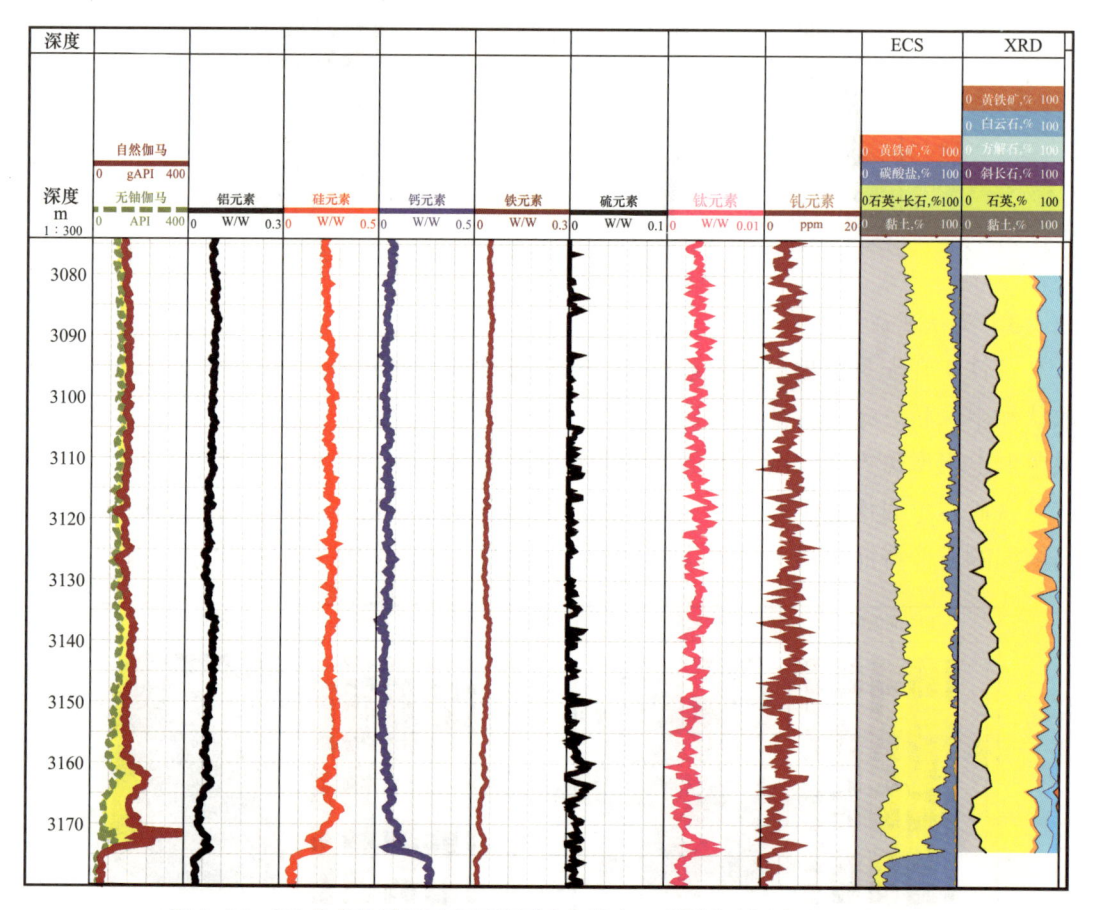

图 5-50　N9 井龙马溪组元素俘获测井与岩心 X 射线衍射分析结果对比图

4. 阵列声波测井响应特征

阵列声波测井因源距长，探测深度比补偿声波深，受到井壁附近破碎岩石的影响相对要小，其纵波时差比普通声波的略小。阵列声波测井能提取纵横波和斯通利波时差，计算纵横波速度比和泊松比等岩石弹性力学参数。交叉偶极阵列声波测井还广泛用于识别地层的各向异性和井壁有效裂缝，同时交叉偶极阵列声波测井处理的快横波方位与地层的最大主应力方向一致，从而也能用于分析地应力方向。

三、页岩地质工程参数测井定量评价

页岩气主要包括游离气和吸附气，根据前文可知：总有机碳含量与孔隙度的大小控制了总含气量的大小。由于页岩储层低孔特低渗，大型水力压裂成为页岩气增加产量的关键技术，因此岩石脆性、可压裂性评价是页岩储层评价的重要内容。总的来说，除了过去评价常规气藏常用的孔隙度、渗透率、饱和度、储层厚度四个参数外，页岩储层还增加了总有机碳含量、吸附气、游离气含量，以及岩石脆性指数等关键参数，而测井技术可以提供这些页岩气开发必要的重要参数。其他岩石力学及地应力参数与常规评价方法类似，本书不再赘述。

1. 岩石物理体积模型及评价流程

1）岩石物理体积模型

四川盆地海相页岩储层由于沉积于深水、半深水的海相，储层一般为富含碳的黑色页岩，矿物成分主要包括黏土、石英、长石（斜长石、正长石）、有机质、方解石和白云石，少量黄铁矿，流体主要为天然气和束缚水。

常规储层的岩石物理模型一般由泥质、岩石骨架和孔隙组成，从孔隙流体的角度又可把孔隙细分为含气孔隙、自由水孔隙和束缚水孔隙等。而页岩储层由于有机质含量高、黄铁矿广泛存在，故在岩石物理模型中考虑有机质和黄铁矿组分。目前尚未发现页岩存在可动水，这种观点是基于页岩储层黏土含量高、粒度细，孔隙度、渗透率极低，地层水被烃源岩生成的烃排驱出了储层，残留的主要是不可动水。结合区域上的地质测井资料，建立四川盆地页岩储层的岩石物理体积模型（图5-51）。

2）页岩储层参数评价流程

页岩储层评价与常规的砂岩、碳酸盐岩储层评价相比，要多出一些具有页岩特点的独特评价参数，即总有机碳含量、吸附气含量、游离气含量、总含气量及脆性指数。页岩储层参数测井评价先计算总有机碳含量及黏土含量，然后计算出干酪根和黄铁矿体积含量，最后引入元素俘获测井及三孔隙度测井、能谱测井和干酪根体积到多矿物最优化模型进行计算,得到页岩复杂矿物组分和孔隙度。再利用有机碳含量等参数计算含气量,利用阵列声波测井计算岩石力学参数及岩石脆性,进而评价页岩可压性,评价流程如图 5-52 所示。

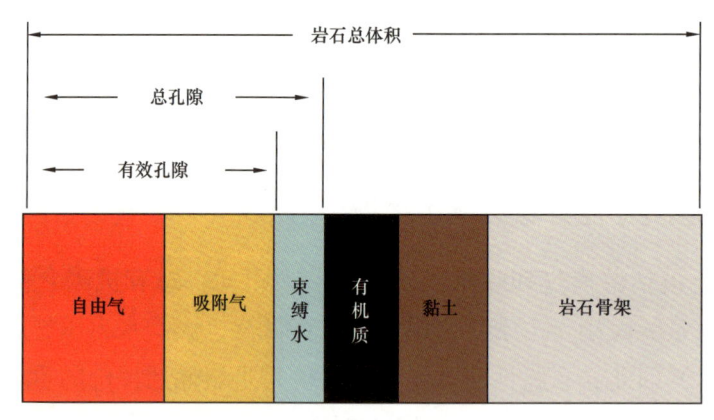

图 5-51 页岩储层测井岩石物理模型

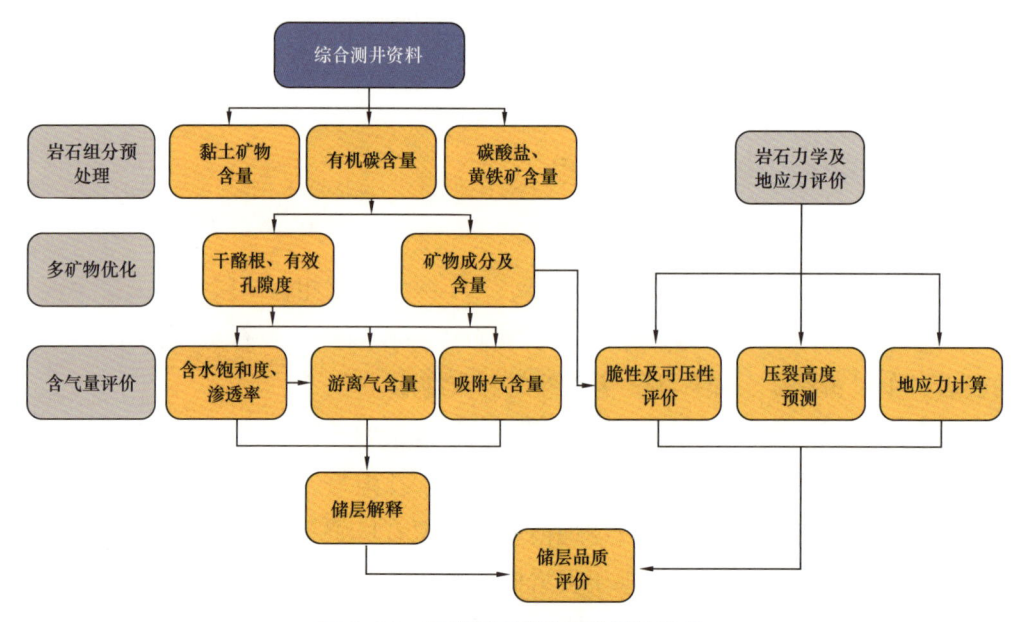

图 5-52 页岩储层参数测井评价流程

2. 黏土含量计算方法

因为海相页岩含有大量的放射性铀元素,自然伽马曲线不能真实地反映地层黏土含量。因此对于页岩储层黏土总量的计算一般采用无铀伽马。为提高黏土含量计算精度,同时考虑减少元素俘获测井的依赖,建立了利用常规测井计算不同区块黏土含量的计算模型。通过岩心分析结果与测井曲线相关性分析,黏土含量与无铀伽马、电阻率对数值具有较好相关性，为此建立四川盆地龙马溪组黏土含量计算模型：

$$V_{sh} = a_0 + a_1 \text{KTH} - a_2 \lg \text{RT} \qquad (5-1)$$

式中　V_{sh}——黏土含量，%；

　　　KTH——无铀伽马，API；

　　　RT——深电阻率，$\Omega \cdot m$；

　　　a_0，a_1，a_2——区域模型参数。

利用常规测井计算的黏土含量结果，如图5-53所示。常规测井、元素俘获测井计算的黏土含量与岩心黏土含量对比，可以看出常规测井计算的黏土含量与岩心分析结果一致性较好，完全可以替代元素俘获测井计算的黏土含量。

3. 孔隙度评价方法

1）多矿物最优化法

页岩储层孔隙度低，一般无自由可动水，故所求得的含水饱和度为束缚水饱和度。根据资料情况采用了多矿物模型，其原理是将各种测井响应方程联立求解，利用优化技术，通过调节各种输入参数，如矿物测井响应参数，输入曲线权值等，使方程矩阵的非相关性达到最小，从而计算出各种矿物和流体的体积。它可同时求解多个模型，按照一定的组合概率，组合得到最终模型，即地层岩石（或矿物）、流体体积，并计算得到储层参数。其测井响应方程分别为：

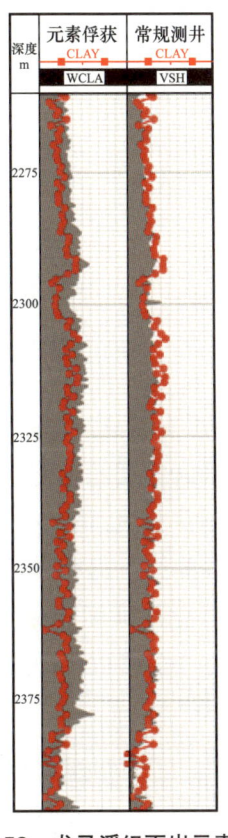

图5-53　龙马溪组页岩元素俘获测井和常规测井计算的黏土含量与岩心对比图

$$\Delta T = \phi \left[A(1-S_{xo}) \Delta T_{hr} + S_{xo} \Delta T_{mf} \right] + V_{sh} \Delta T_{sh} + \sum_{i=1}^{n} V_{mai} \Delta T_{mai} \qquad (5-2)$$

$$\phi_n = \phi \left[A(1-S_{xo}) \phi_{Nhr} + S_{xo} \phi_{Nmf} \right] + V_{sh} \phi_{Nsh} + \sum_{i=1}^{n} V_{mai} \phi_{Nmai} \qquad (5-3)$$

$$\rho_b = \phi \left[A(1-S_{xo}) \rho_{hr} + S_{xo} \rho_{mf} \right] + V_{sh} \rho_{sh} + \sum_{i=1}^{n} V_{mai} \rho_{mai} \qquad (5-4)$$

$$\phi + V_{sh} + \sum_{i=1}^{n} V_{mai} = 1 \qquad (5-5)$$

式中　ΔT_{hr}，ΔT_{mf}，ΔT_{sh}，ΔT_{mai}，ΔT——残余天然气声波时差、混合流体声波时差、黏土声波时差、岩石骨架声波时差、测井声波时差，μs/ft；

ϕ_{Nhr}，ϕ_{Nmf}，ϕ_{Nsh}，ϕ_{Nmai}，ϕ_n——残余天然气中子孔隙度、混合流体中子孔隙度、黏土中子孔隙度、岩石骨架中子孔隙度、补偿中子孔隙度，%；

ρ_{hr}，ρ_{mf}，ρ_{sh}，ρ_{mai}，ρ_b——残余天然气密度、混合流体密度、黏土密度、岩石骨架密度、测井补偿密度，g/cm³；

ϕ——储层孔隙度，%；

S_{xo}——冲洗带残余气饱和度，%；

V_{mai}——第 i 种矿物体积含量，%；

A——模型系数。

2）多参数经验法

页岩储层孔隙度与岩石骨架测井值具有一定的相关性，可以利用岩心孔隙度直接刻度测井曲线，建立孔隙度测井计算模型。因此，通过四川盆地龙马溪组岩心孔隙度与测井曲线进行相关性分析，表明声波、铀含量、密度与岩心孔隙度相关性最好，中子与岩心孔隙度相关性相对较差。利用岩心孔隙度刻度声波、铀含量、密度测井曲线，建立多参数孔隙度计算模型。

$$\phi = C_0 + C_1 AC - C_2 DEN + C_3 URAN \tag{5-6}$$

式中　ϕ——储层孔隙度，%；

AC——补偿声波值，μs/ft；

DEN——岩石密度，g/cm³；

URAN——岩石铀含量，μg/g；

C_0，C_1，C_2，C_3——地区模型系数。

4. 渗透率评价方法

页岩储层特致密，渗透率特低，基质渗透率处于微达西至纳达西级别，孔喉直径范围为 0.1~1μm，天然气在微孔中的流动方式主要为扩散流动，渗流不符合达西定律，因此在常规气藏中常用的岩心孔渗关系相关性差；但根据文献［6］，表明充气孔隙度与渗透率呈近似指数关系，由于充气孔隙是页岩储层中相对大的孔隙，天然气在其中的流动具有达西流的特征，因此充气孔隙度与基质渗透率具有正相关性（图5-54），即充气孔隙度增大，则渗透率增大。同样，四川盆地岩心分析资料也反映了两者之间存在类似的关系（图5-55）。

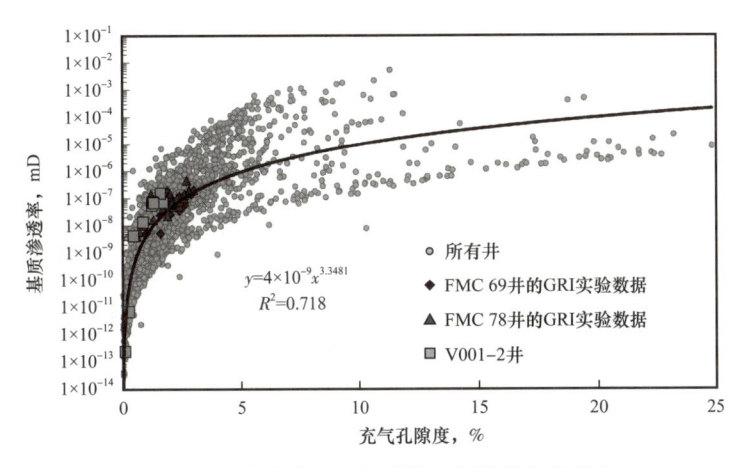

图 5-54 国外岩心充气孔隙度与渗透率的关系

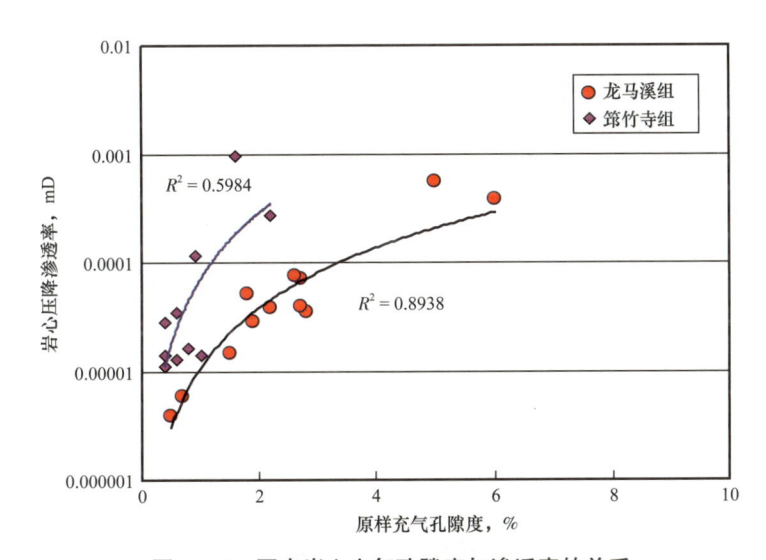

图 5-55 国内岩心充气孔隙度与渗透率的关系

因此，根据该关系建立了四川盆地页岩储层的渗透率计算模型：

$$K = A\phi_g^{-B} \quad (5-7)$$

式中 K——渗透率，mD；

ϕ_g——充气孔隙度，可以用岩石密度计算，%；

A、B——区域模型系数。

5. 含水饱和度的评价方法

页岩储层中的流体主要为束缚水、吸附气和游离气，基本上没有可动水，因此测井计算出的含水饱和度就是束缚水饱和度。含水饱和度的计算在砂岩、碳酸盐岩储层中有多种公式，并不断发展具有针对性的模型，包括 Archie 公式、Waxman-Smits 方程、印度尼西亚方程、尼日利亚方程、双水模型方程及 Simandoux 方程等。国外石油公司在页岩气测井评价上应用不同的含水饱和度方程，威德福公司使用 Waxman-Smits 方程，斯伦贝谢公司应用的是 Simandoux 方程。

1）岩心拟合法

页岩储层中主要为束缚水，因此总孔隙度与含水饱和度之间没有明显的相关性，但岩心实验分析结果表明，充气孔隙度与含水饱和度存在一定的双曲线关系（图 5-56），这与常规含油气储层的孔隙度—含水饱和度之间的关系相似。根据岩心充气孔隙度与含水饱和度相关性分析，表明它们之间的关系具有一定双曲线特性，并建立含水饱和度的经验计算模型：

$$S_w = C\phi_g^{-D} \quad (5-8)$$

式中　S_w——含水饱和度，%；

　　　ϕ_g——充气孔隙度，%；

　　　C，D——区域模型系数。

在计算得到充气孔隙度的情况下，可以采用式（5-8）近似计算含水饱和度。

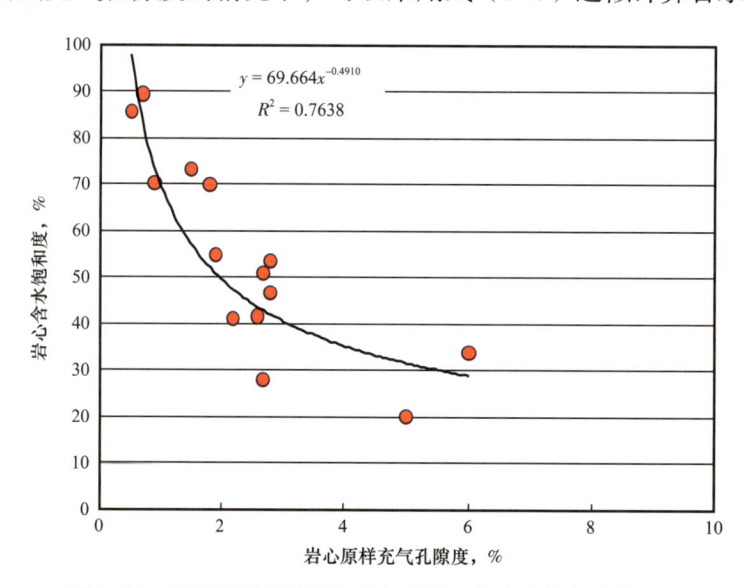

图 5-56　龙马溪组页岩岩心充气孔隙度与含水饱和度关系图

2）Waxman-Smits 方程与 Simandoux 方程

Waxman-Smits（W-S）方程[7]是基于泥质砂岩的阳离子交换作用建立的电导率解释模型。W-S 模型认为：除地层水的导电性要比按其含盐量所预计的更好外，泥质砂岩与同样孔隙度、孔隙曲折度和含水饱和度的纯砂岩地层一样具有相同的导电特性。Waxman-Smits 方程的改进模型为双水模型［式（5-9）］，即束缚水和自由水，但页岩储层不存在自由水，故不适用。

Simandoux 方程适用于含泥质较多，岩性很细的含油气粉砂岩，同时该模型不考虑黏土或泥质的具体分布形式，只是把泥质看成是黏土和细粉砂组成，把泥质部分当作可含油气的、泥质较重、岩性很细的粉砂岩。该方程最早是针对砂岩剖面开发的，发现部分砂岩粒度细（粉砂含量高），黏土含量高，从而考虑了泥质对电阻率的影响。尽管当前还没有开发出专门的页岩含水饱和度方程，但借用 Simandoux 方程[7]来计算页岩储层的含水饱和度是比较合适的，国外公司在进行页岩储层评价时即使用该模型计算含水饱和度[式（5-10）]。

$$S_w = \left[\frac{a \cdot R_w}{\phi^m R_t \left(1 + R_w B Q_v / S_w\right)} \right]^{\frac{1}{n}} \tag{5-9}$$

$$\frac{1}{R_t} = \frac{V_{sh} S_w}{R_{sh}} + \frac{\phi^m S_w^n}{a R_w \left(1 - V_{sh}\right)} \tag{5-10}$$

式中 S_w——含水饱和度，%；
  R_t——岩石真电阻率，$\Omega \cdot m$；
  R_{sh}——纯泥岩的岩石电阻率，$\Omega \cdot m$；
  R_w——地层水电阻率，$\Omega \cdot m$；
  V_{sh}——泥质含量，%；
  ϕ——储层孔隙度，%；
  B——黏土表面被吸附的平衡阳离子的等效电导率，S/m；
  Q_v——泥质砂岩的阳离子交换容量，mol/L；
  a，m，n——地区岩电参数，可以通过岩电实验来确定。

因此，对该地区页岩岩心开展岩电实验，得到适用于该地区的岩电参数，用于计算页岩含水饱和度。

6. 总有机碳含量计算方法

总有机碳主要包括干酪根和沥青。干酪根即沉积物中不溶于常用有机溶剂的所有有机质，而沥青则是可溶于有机溶剂的有机物。干酪根是由腐黑物进一步缩聚来的，被认为是生油原始物质，它在沉积岩中分布非常广泛，占了沉积物中总有机质的70%～90%。

根据国内外相关文献[8-9]的调研及四川盆地岩心分析、测井响应特征，在本书中探索了三种方法计算总有机碳含量：一是电阻率与孔隙度测井 ΔlgR 重叠法，受岩性及特殊矿物影响较大，适用于中低成熟度的页岩；二是放射性铀元素含量法，应用效果最好，方法简单，且一般不受岩性影响；三是多参数经验法，应用效果较好，依赖大量岩心刻度。

1)$\Delta \lg R$ 重叠法

国内外利用测井资料评价烃源岩最常用的方法是埃克森（Exxon）公司和埃索（Esso）公司研究的 $\Delta \lg R$ 重叠法[8]（图 5-57），该方法是一种孔隙度测井曲线（一般是声波时差曲线）叠合在一条电阻率曲线上。

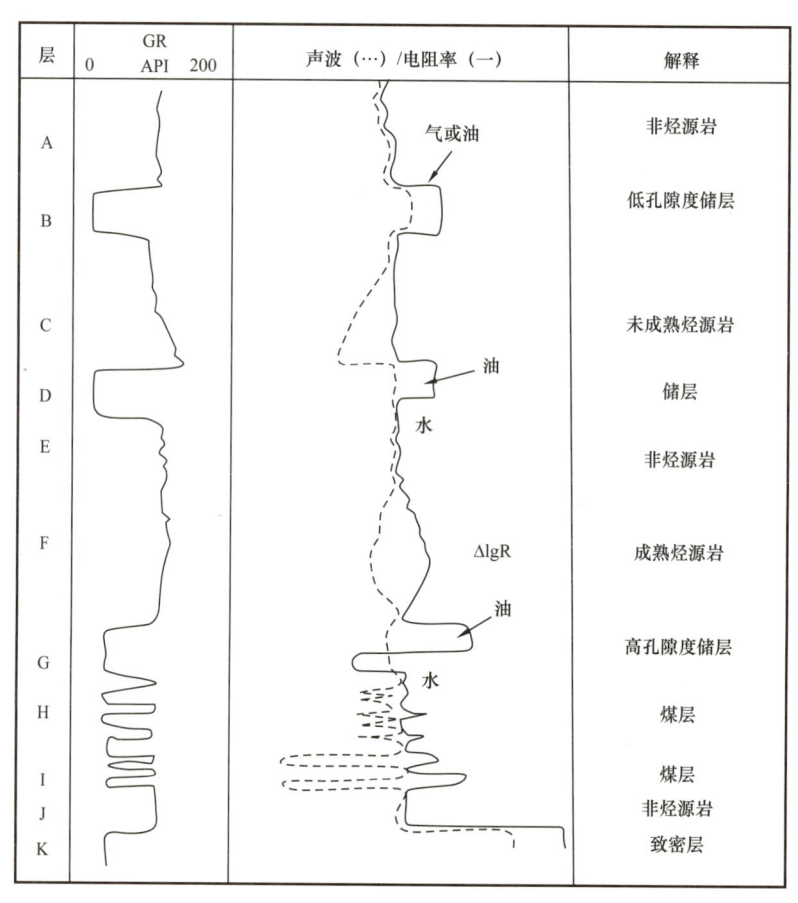

图 5-57 △lgR 重叠图上各种储层的示意图

选择基线时，每口井应根据地层的变化和曲线的响应情况分段重叠，即一口井可能有多段基线。1990 年，Passey 提出了利用 AC、CNL、DEN、RT 计算不同成熟度条件下的有机碳含量。方法原理是将声波时差曲线和电阻率曲线进行重叠，声波时差采用算术线性坐标，电阻率曲线采用算术对数坐标。当两条曲线在一定深度内一致时为基线，基线确定后，可得两条曲线间的间距在电阻率对数坐标上的读数，即确定了 $\Delta \lg R$。

不同孔隙度曲线 $\Delta \lg R$ 重叠计算模型：

$$\Delta \lg R = \lg（RT/RT_b）+ 0.02（AC - AC_b） \quad (5-11)$$

$$\Delta \lg R = \lg（RT/RT_b）+ 4.0（CNL - CNL_b） \quad (5-12)$$

$$\Delta \lg R = \lg(RT/RT_b) - 2.5(DEN - DEN_b) \quad (5-13)$$

$\Delta \lg R$ 与 TOC 呈线性相关，$\Delta \lg R$ 重叠法计算 TOC 模型：

$$TOC = \Delta \lg R \times 10^{2.297-0.1688LOM} \quad (5-14)$$

式中　$\Delta \lg R$——两条曲线间的间距；

　　　RT，RT_b——测井电阻率、基线对应的电阻率，$\Omega \cdot m$；

　　　AC，AC_b——测井声波时差、基线对应的声波时差，$\mu s/ft$；

　　　CNL，CNL_b——测井补偿中子值、基线对应的中子值，%；

　　　DEN，DEN_b——测井补偿密度值、基线对应补偿密度值，g/cm^3；

　　　TOC——总有机碳含量，%（质量分数）。

LOM 为与页岩成熟度有关的一个参数，在 5～18 之间变化。成熟度越高则 LOM 也高，国外对于这种关系进行了大量的研究（图 5-58）。

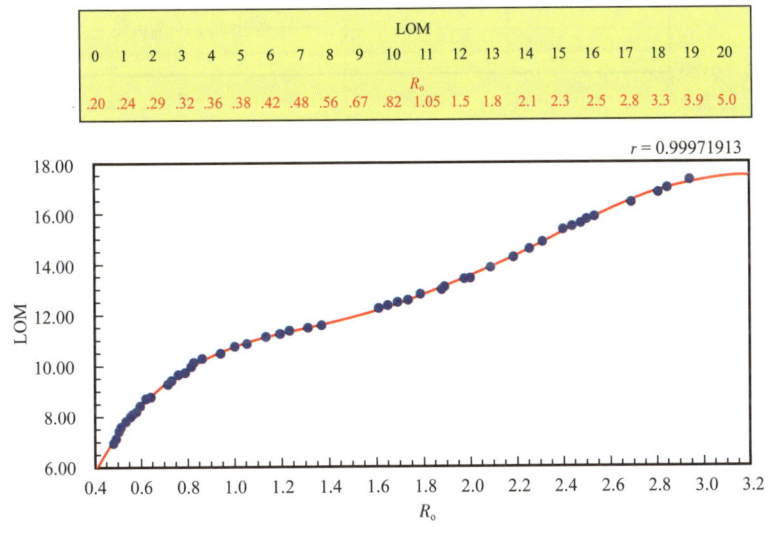

图 5-58　LOM 与 R_o 之间的关系

2）放射性铀元素含量法

众多研究表明，富含有机质的烃源岩由于吸附了大量的铀元素，因此常伴随着高的放射性异常，即高的自然伽马值。所以，可用异常高的自然伽马值来识别烃源岩[10]。近 20 年来，自然伽马能谱测井的应用显著增加。由于自然伽马能谱测井能够测得地层中铀元素浓度，它和有机质之间有很好的经验关系（图 5-59），同时黏土中铀含量较少，因此用自然伽马能谱测井来确定总有机碳含量是较为可行的方法。

对于四川盆地页岩储层，利用能谱测井 U 含量与岩心分析的总有机碳含量的关系进行了分析，发现能谱测井 U 含量与岩心分析的总有机碳含量同样存在良好的线性关系，如图 5-60 所示。由关系图可得到经验计算模型：

$$TOC = A + BU \tag{5-15}$$

式中　U——铀含量，μg/g；
　　　A，B——区域模型参数。

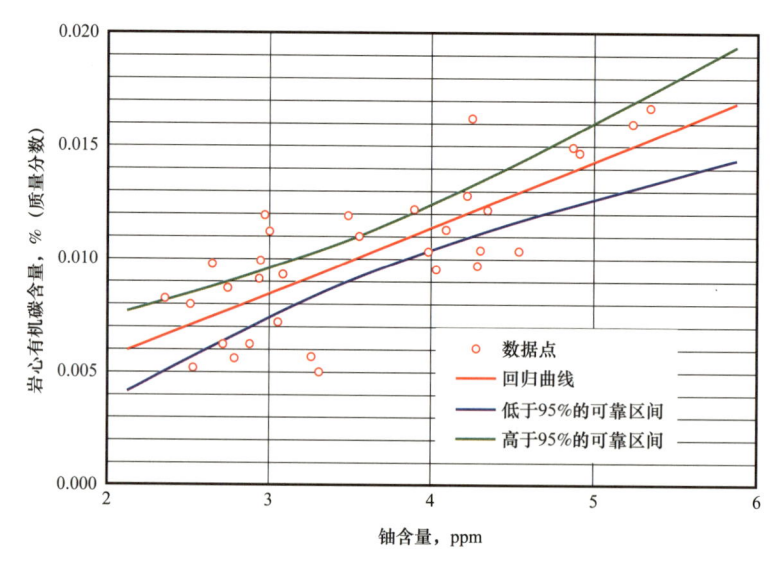

图 5-59　国外海相页岩地层测井铀含量与岩心 TOC 关系图

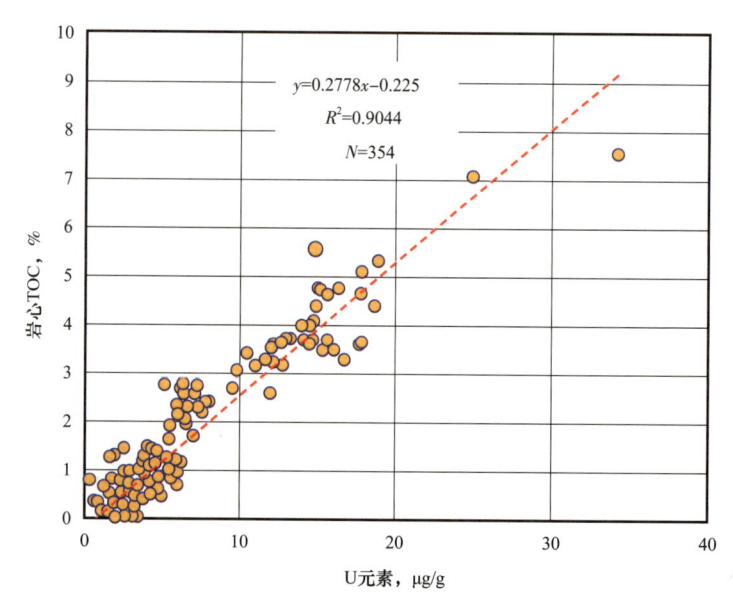

图 5-60　四川盆地海相页岩 U 元素与岩心 TOC 的关系图

3）多参数经验模型法

烃源岩测井响应特征表明，随有机碳含量增加，电阻率会增高，声波时差会增大。因此，可以选取对烃源岩响应最显著的测井曲线构建 TOC 定量评价的多参数模型。通过对四川盆地海相页岩大量岩心 TOC 实验分析数据和测井曲线响应特征的分析，建立了多参数经验计算模型：

$$\lg \text{TOC} = A_0 + A_1 \lg U - A_2 \text{DEN} \tag{5-16}$$

式中　DEN——岩石密度，g/cm³；

　　　A_0，A_1，A_2——区域模型参数。

7. 含气量评价方法

页岩储层的含气量主要包括吸附气含量和游离气含量，是评价页岩气的重要参数之一，其影响因素较多。

对于页岩地层吸附气含量而言，主要的控制因素为地层总有机碳含量及有机质成熟度，并且受地层压力、地层温度的影响。目前，通常利用兰格缪尔方程来计算地层吸附气含量。

对于游离气而言，有效孔隙度和含气饱和度是评价游离气的主要参数，这点与常规气藏是一致的，但与常规气藏不同的是，页岩储层要计算游离气含量，需要从井下储层条件换算到地面标准条件下（1个大气压、25℃）每吨岩石所含游离气的体积，故与地层的压力和温度及天然气的压缩因子等有关。

1）吸附气含量计算

在国外，页岩吸附气含量因井的深浅、总有机碳含量的大小而变化。一般吸附气含量占总含气量的 20%～80%，根据国内外研究结果，浅层的页岩，压力对吸附气含量影响较大，而深层页岩的温度对吸附气含量影响更大。

（1）兰格缪尔方程。

兰格缪尔等温吸附方程[9]是法国化学家兰格缪尔一百年前建立的物质吸附气体的经典公式，对于煤层气、页岩气乃至水蒸气等在物质表面的吸附均适用。其基本理论认为，吸附在干酪根表面上的甲烷与页岩中的游离甲烷处于平衡状态，兰格缪尔等温线是用来描述某一恒定温度下的这种平衡关系的［图5-25（a）］。

该关系涉及两个重要参数：兰氏体积和兰氏压力，前者描述的是无限大压力下的气体体积，而后者描述含气量等于一半兰氏体积时的压力，在一定的温度条件下，对于任一压力条件下吸附的气体体积可用如下公式表示：

$$V_a = \frac{pV_L}{p + p_L} \tag{5-17}$$

式中　V_a——吸附气含量，m³/t；

　　　p——储层压力，MPa；

　　　p_L——兰氏压力，吸附气量达到饱和吸附量一半时的压力，MPa；

V_L——兰氏体积，达到饱和吸附时的吸附气量，m^3/t。

（2）建立兰格缪尔参数模型。

图 5-61 为四川盆地 N1 井和 W2 井所做的等温吸附实验样品的曲线图，表明吸附气量随 TOC 增大而增大，因此进行吸附气量计算时需要进行 TOC 校正。

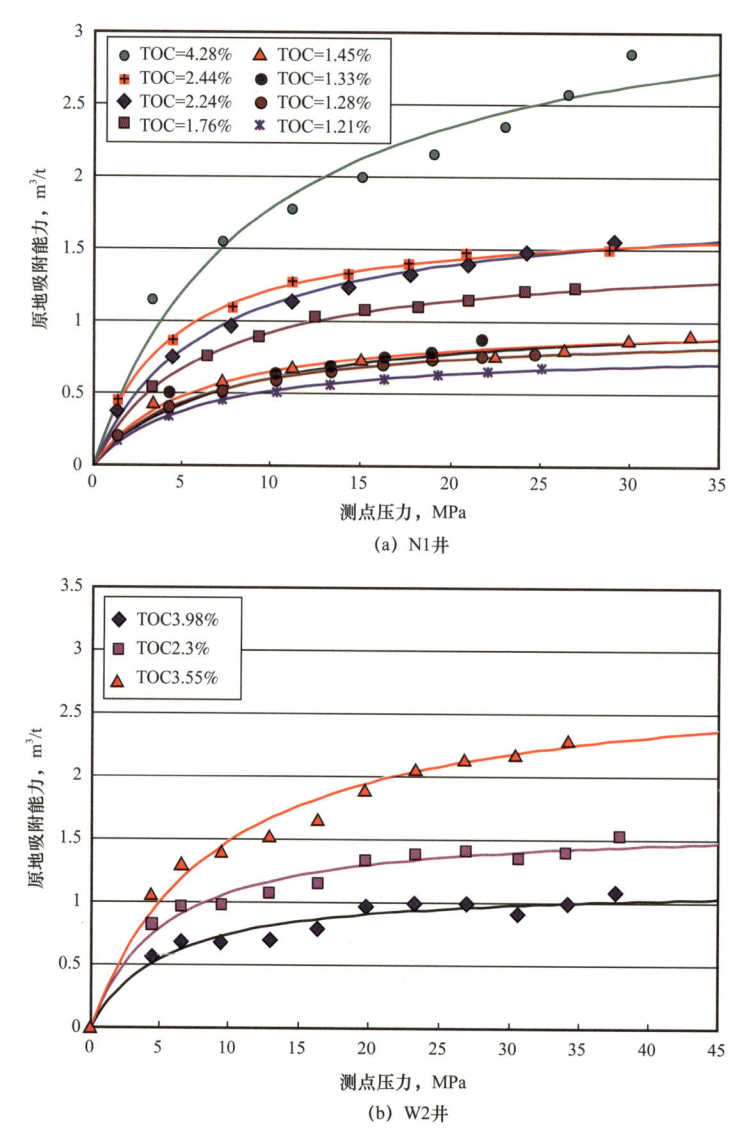

(a) N1井

(b) W2井

图 5-61 四川盆地龙马溪组页岩岩心等温吸附曲线图

吸附气含量的影响因素包括地层温度、压力、页岩孔隙度、总有机碳含量、湿度等，而页岩吸附性质可以用兰格缪尔方程来描述，因此，这些因素对吸附气量的影响可以通过等温吸附参数来体现，也就是说通过大量的岩心等温吸附实验建立基于测井参数的等温吸附参数计算模型。

图 5-62 是四川盆地页岩兰氏体积（V_L）与有机碳含量关系图，表明兰格缪尔体积与有机碳含量呈正相关关系。进一步利用有机碳含量 TOC 建立兰氏体积（V_L）的计算模型：

$$V_L = A \cdot \text{TOC}^B \tag{5-18}$$

式中　A，B——区域模型参数。

图 5-63 是兰氏压力（p_L）与有机碳含量的关系图，表明兰氏压力与有机碳含量呈正相关，根据以上分析，进一步利用有机碳含量 TOC 建立兰氏压力（p_L）的计算模型：

$$p_L = C \cdot \text{TOC}^D \tag{5-19}$$

式中　C，D——区域模型参数。

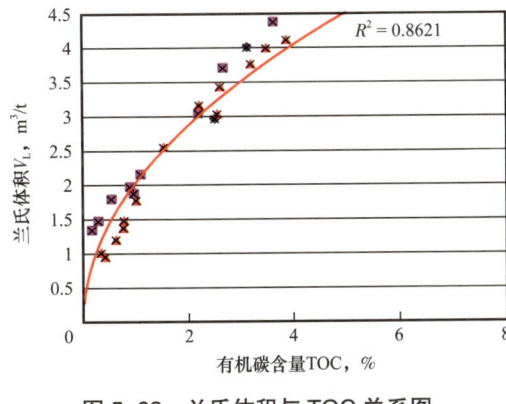

图 5-62　兰氏体积与 TOC 关系图

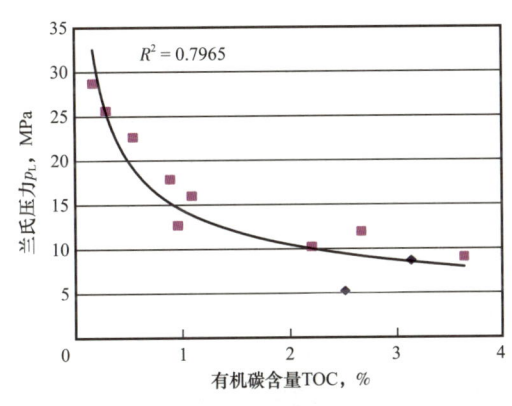

图 5-63　兰氏压力与 TOC 关系图

2）游离气含量计算

相对于吸附气而言，游离气含量的计算方法较为简单，其主要与有效孔隙度和含气饱和度有关。

（1）地层压力和地层温度。

区域上地层的压力系数和地温度梯度已知后，近似地计算出解释井段的地层压力和井温，另外，从测井资料也可以知道储层的温度。

$$T_{\text{lg}} = T_0 + \frac{\text{DEP} \cdot D}{100} \tag{5-20}$$

$$p_{\text{lg}} = \frac{\text{DEP} \cdot Y}{100} \tag{5-21}$$

式中　T_{lg}——储层温度，℃；

　　　T_0——地表年平均温度，℃；

D——地温梯度，℃/100m；

H——井深，m；

p_{lg}——储层压力，MPa；

Y——地层压力系数，MPa/100m。

（2）地层条件下游离气含量。

$$Q_f = \frac{\phi S_g}{\text{DEN}} \tag{5-22}$$

式中　Q_f——储层温度压力下游离气含量，m³/t；

　　　ϕ——储层孔隙度；

　　　S_g——含气饱和度；

　　　DEN——地层体积密度，g/cm³。

（3）吸附气含量对游离气含量校正。

根据相关文献[11]调研，国内外较多学者认为吸附态甲烷是占一定孔隙空间的，即在计算游离气含量时，需要剔除吸附态甲烷所占的孔隙空间，计算模型如5-64图所示。Ray J Ambrose 等于2012年通过分子动力学理论模拟甲烷的吸附态密度，认为甲烷的吸附态密度约为 0.34g/cm³，Haydel 和 Kobayashi 于1967年研究认为甲烷吸附态密度为 0.37g/cm³，Mavor 等于2004年研究认为甲烷吸附态密度为 0.42g/cm³。

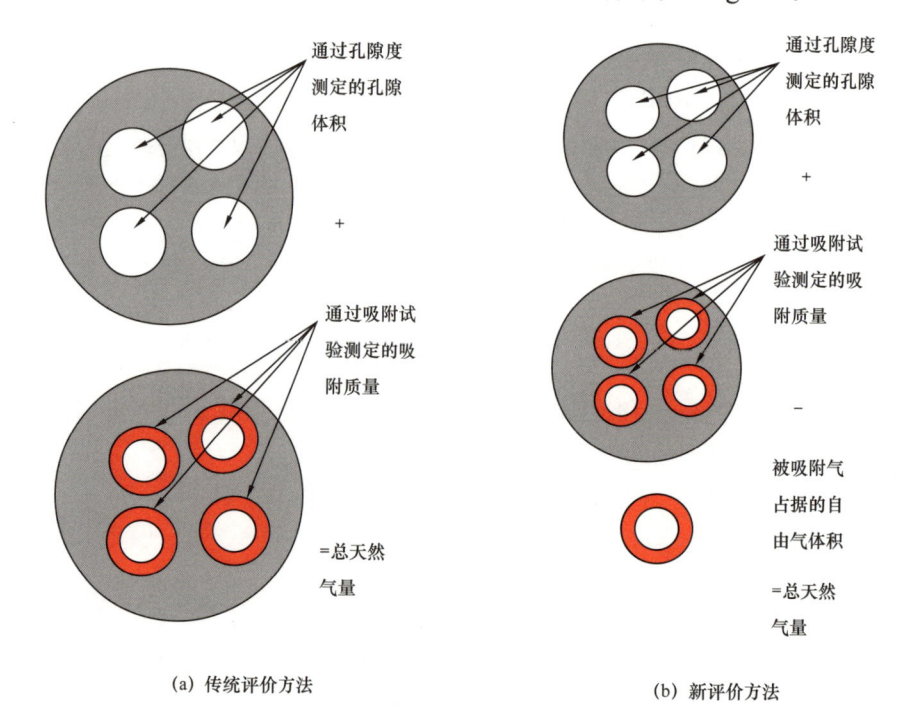

(a) 传统评价方法　　　　(b) 新评价方法

图 5-64　含气量计算模型

通过调研国内外研究成果，认为甲烷吸附态密度为 0.34~0.42g/cm³，平均为 0.38g/cm³，根据甲烷吸附态密度数据，假设页岩样品密度为 2.5g/cm³，针对不同吸附态密度的吸附气含量 Q_f，计算吸附态所占孔隙度（表 5-11），计算结果表明甲烷密度取 0.38g/cm³ 时，1m³/t 吸附气量占孔隙度为 0.47%，2m³/t 吸附气量占孔隙度为 0.94%，3m³/t 吸附气量占孔隙度为 1.41%。

表 5-11 吸附态所占页岩孔隙度计算数据

吸附态密度 ρ_s g/cm³	吸附态所占孔隙度，% （计算条件页岩密度为 2.5g/cm³）		
	$Q_f = 1m^3/t$	$Q_f = 2m^3/t$	$Q_f = 3m^3/t$
0.42（最大）	0.43%	0.85%	1.28%
0.34（最小）	0.53%	1.05%	1.58%
0.38	0.47%	0.94%	1.41%

由上可见甲烷吸附态是占一定孔隙体积的，如果忽略甲烷吸附态所占体积，计算游离气含量偏大，因此，计算游离气含量时需要考虑吸附态所占体积影响。等温吸附实验方法计算游离气时，利用孔隙度、含气饱和度、地层温度和地层压力等实验基础数据，还考虑吸附态密度和吸附气含量对游离气含量进行校正，校正方法如下：

$$Q_f = \frac{\phi(1-S_w)-\phi_s}{\text{DEN}} \quad (5-23)$$

$$\phi_s = \frac{0.1 V_s \text{DEN} M_{\text{CH4}}}{V_{\text{CH4}} \rho_s} \quad (5-24)$$

式中 ϕ——储层孔隙度，%；

S_w——含水饱和度，%；

DEN——岩石密度，g/cm³；

ϕ_s——吸附气所占孔隙度，%；

V_s——吸附气含量，m³/t；

M_{CH4}——甲烷的摩尔质量，g/mol；

V_{CH4}——标准状况下甲烷的摩尔体积，L/mol；

ρ_s——甲烷的吸附态密度，g/cm³。

（4）换算到标准条件下游离气含量。

换算到 1 个大气压和 20℃ 的标准条件下游离气的含量，由气体物质平衡方程得知以下的换算公式：

$$V_{\mathrm{f}} = \frac{Q_{\mathrm{f}} p_{\mathrm{lg}}(20+273)}{p_0(T_{\mathrm{lg}}+273)Z} \tag{5-25}$$

式中 V_{f}——游离气含量，m^3/t；

p_{lg}——地层压力，MPa；

T_{lg}——地层温度，℃；

p_0——1个标准大气压，0.1013MPa；

Z——气藏原始天然气偏差系数，通过高压物性实验或页岩气组分和相对密度经温压校正得到。

3）总含气量计算

页岩储层某一深度点的总含气量计算公式：

$$V_{\mathrm{t}} = V_{\mathrm{a}} + V_{\mathrm{f}} \tag{5-26}$$

式中 V_{t}——总的含气量，m^3/t；

V_{a}——吸附气含量，m^3/t；

V_{f}——游离气含量，m^3/t。

8. 页岩脆性指数测井计算方法

页岩气藏勘探开发潜力巨大，但因其基质具有超低渗透特点，使得开发过程中需要进行大规模水力压裂，裂缝网络是获得工业性气流的关键。实验表明，岩石的脆性是页岩缝网压裂时所要考虑的重要岩石力学特征参数。因此，脆性是页岩储层评价的关键参数之一，计算方法主要包括弹性参数法和脆性矿物含量法。

1）弹性参数法

岩石脆性理论上是岩石的两个固有弹性参数，泊松比和杨氏模量的综合体现。这两个分量（泊松比和杨氏模量）结合起来能够反映岩石在应力（泊松比）下破坏和一旦岩石破裂时维持一个裂缝张开（杨氏模量）的能力。脆性页岩受力时更容易破碎，除本身就可能发育天然裂缝外，在水力压裂时也能够取得很好的改造效果。因此，有必要把岩石脆性因素用一种结合了页岩力学性质的方式予以量化，即岩石力学测井解释法。这种方法不同于其他主要依靠岩心测量结果来确定脆性的矿物学方法。

图5-65是这种理论的示意图[12]，即岩石的泊松比越低，杨氏模量越大，岩石越脆。该理论指出塑性页岩点将落在交会图的东北角，而页岩越脆越靠向西南角。由于泊松比和杨氏模量的单位是很不相同的，因此必须对每个分量引起的脆性进行归一化处理，然后进行平均从而计算出作为百分数的脆性指数。

对岩石脆性进行定量评价的脆性指数一般采用以下计算模型得到。

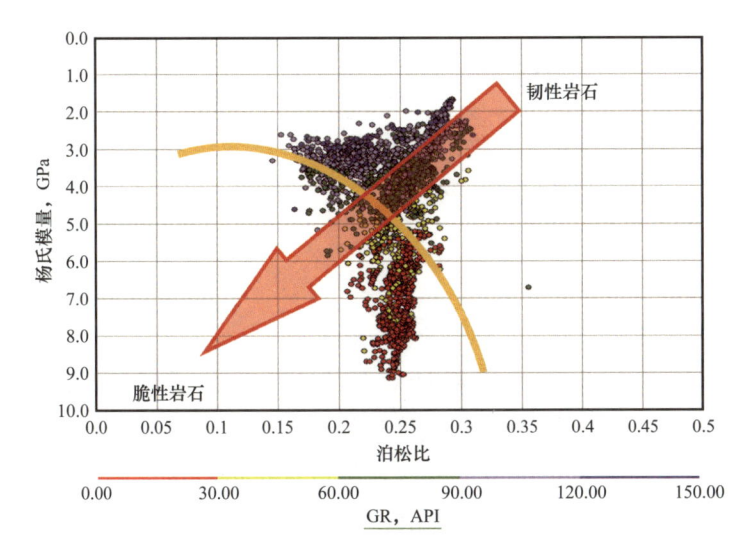

图 5-65 泊松比与杨氏模量交会图

（1）杨氏模量和泊松比归一化计算：

$$YM\_BRIT = (Y-YM_{min})/(YM_{max}-YM_{min}) \times 100 \quad (5-27)$$

$$PR\_BRIT = (PR-PR_{max})/(PR_{min}-PR_{max}) \times 100 \quad (5-28)$$

（2）泊杨脆性指数计算模型：

$$BRIT = (YM\_BRIT + PR\_BRIT)/2 \quad (5-29)$$

式中　BRIT——泊杨脆性指数；

　　　YM_BRIT——杨氏模量脆性指数；

　　　PR_BRIT——泊松比脆性指数；

　　　YM——杨氏模量，MPa；

　　　YM_{min}——杨氏模量最小值（最具弹性的），MPa；

　　　YM_{max}——杨氏模量最大值（最具脆性的），MPa；

　　　PR——泊松比；

　　　PR_{min}——泊松比最小值（最具脆性的）；

　　　PR_{max}——泊松比最大值（最具弹性的）。

以上参数取值可根据区域脆性特征优化。

2）脆性矿物含量法

研究表明，石英、长石等脆性矿物含量高有利于后期的压裂改造形成裂缝；碳酸盐矿物中白云石含量高的层段，易于溶蚀产生溶孔。根据页岩岩石矿物组分与岩心脆性实验结果分析，该地区脆性矿物主要包括石英、白云石和方解石。因此，脆性矿物含量法计算脆性指数模型如下：

$$\mathrm{BRIT}_{\text{矿物}} = \frac{V_{\text{quartz}} + V_{\text{dolo}} + V_{\text{calc}}}{V_{\text{quartz}} + V_{\text{dolo}} + V_{\text{calc}} + V_{\text{clay}}} \quad (5\text{-}30)$$

式中　$\mathrm{BRIT}_{\text{矿物}}$——矿物法脆性指数；

　　　V_{quarz}——石英和长石总含量，%；

　　　V_{calc}——方解石含量，%；

　　　V_{dolo}——白云石含量，%；

　　　V_{clay}——黏土含量，%。

采用上述方法用阵列声波资料计算的W201井龙马溪组岩石脆性指数剖面（图5-66）。从图中可以看出，页岩的脆性特征在纵向上存在较大的差异，而这种脆性特征的差异决定了纵向上各小层段形成网状裂缝的可能程度，脆性越大，越容易形成网状裂缝；而脆性越小，则意味着更强的塑性特征，形成网状裂缝的可能性越小，且一定程度上阻碍了网状裂缝的扩展。W201井微地震监测结果分析（图5-67），破裂点分布主要集中在上、下射孔段，两段对应的脆性指数相对较大，表明测井计算页岩脆性指数在工程压裂上有一定的指导作用。

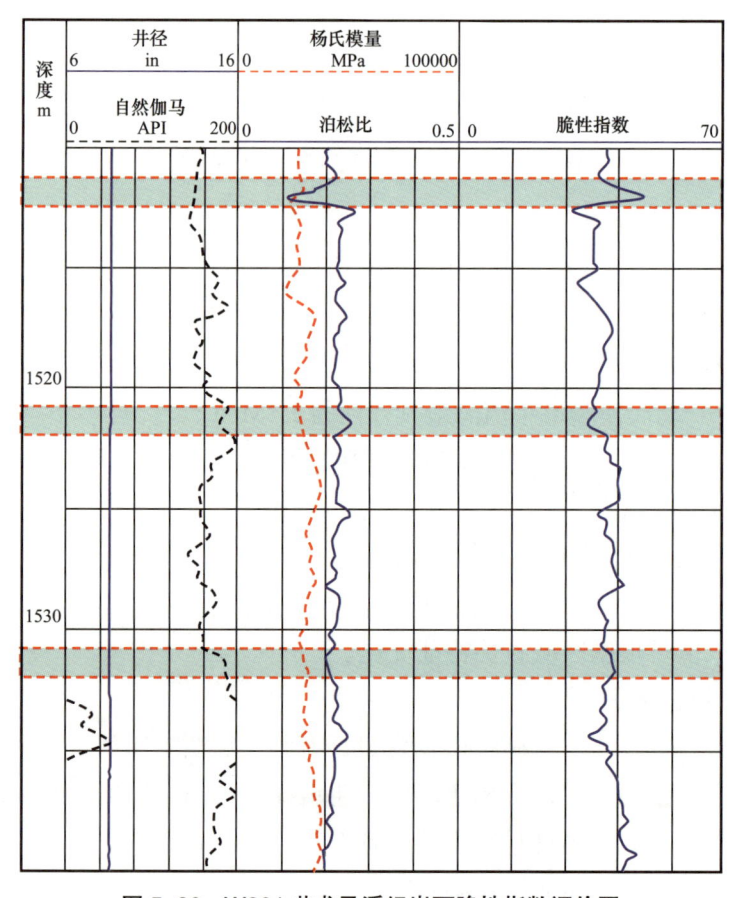

图5-66　W201井龙马溪组岩石脆性指数评价图

(a) 侧面 (yz) 投影

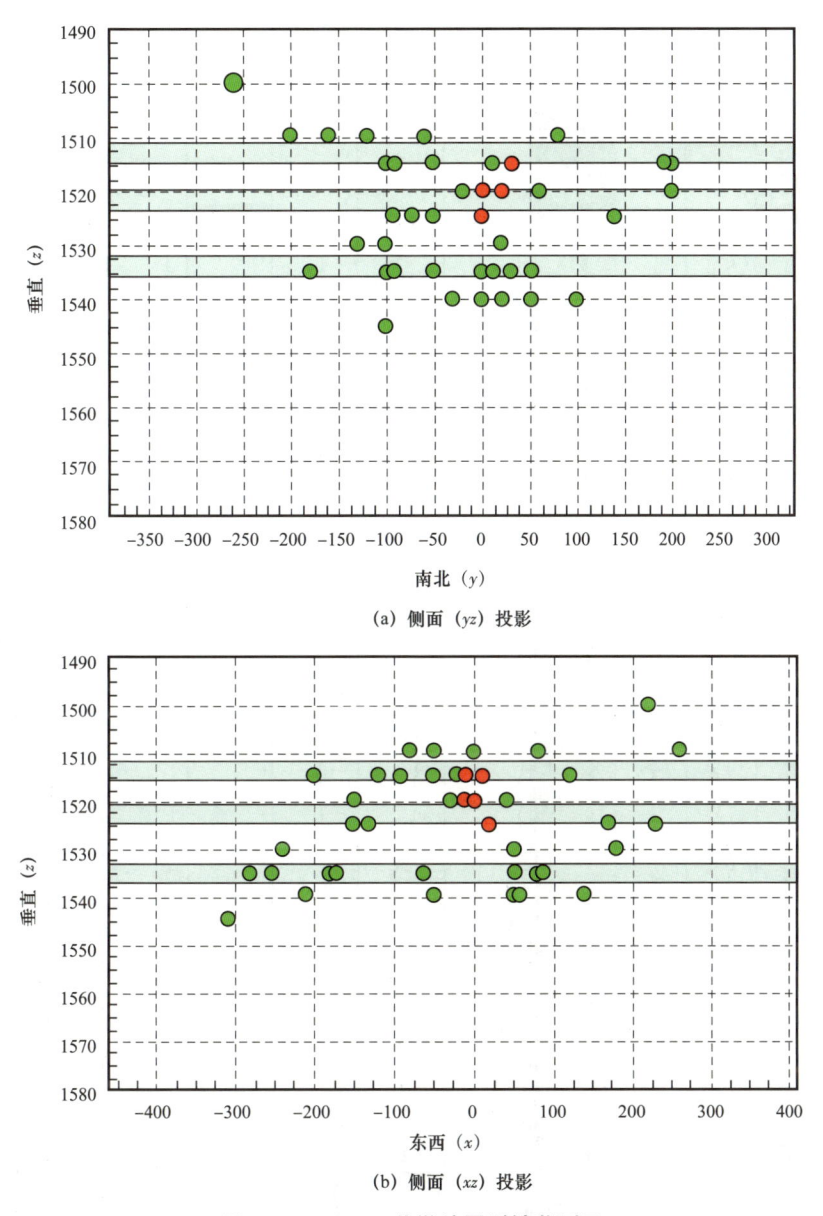

(b) 侧面 (xz) 投影

图 5-67　W201 井微地震裂缝监测图

9. 页岩储层测井处理评价

四川盆地根据页岩的测井响应特征和页岩参数的解释模型，采用数字处理软件，主要采用 Geolog 软件平台、复杂岩性最优化处理模块及自主研制的页岩储层参数处理方法软件，同时考虑区域页岩地质特性合理选取参数，经过精细处理获得页岩储层参数的矿物组分、有机碳含量、孔隙度、渗透率、含水饱和度、吸附气含量、总含气量，工程参数杨氏模量、泊松比及脆性指数等（图 5-68）。

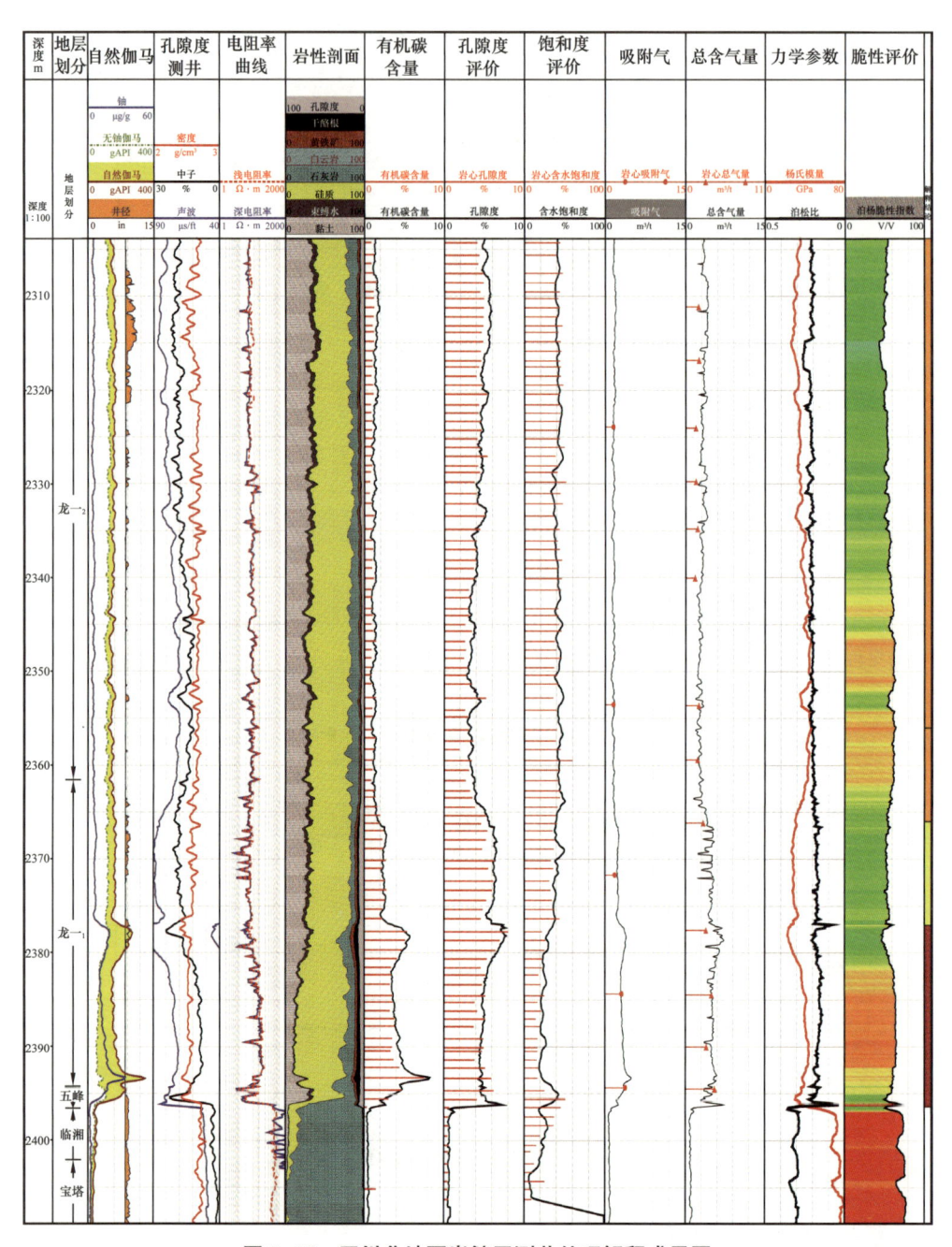

图 5-68　四川盆地页岩储层测井处理解释成果图

第四节　地震预测评价技术

目的层构造、埋深、储层和天然裂缝等关键地质参数贯穿于页岩气勘探开发的全过程，为有利区优选、井位部署、水平钻井和压裂优化设计提供支撑。为了得到上述关键参数，需要利用高精度三维地震资料，通过地震技术手段深入挖掘地震信息[13]。本节将从地震采集、处理和解释环节介绍页岩气三维地震技术。

一、页岩气地震采集技术

四川盆地页岩气勘探开发主要目的层为奥陶系五峰组—志留系龙马溪组，主要区域分布于四川盆地南部，区域经济发达，人口稠密，城区和工业区集中。该区属于川南低陡褶皱带，由许多北东—南西走向的条状山体组成，海拔一般为300~800m，谷地中多低丘与平坝，海拔200~500m，属典型山地—丘陵地貌。地表大面积出露侏罗系沙溪庙组、自流井组砂泥岩地层，其次出露三叠系须家河组石英砂岩，部分区域少量出露三叠系雷口坡组、嘉陵江组石灰岩。

1. 复杂山地观测系统设计技术

1）观测系统参数论证

根据工区内实钻地质资料，建立地球物理模型，以目的层底界为采集目标进行观测系统参数论证。

（1）最高保护频率论证。

页岩气优质储层的厚度通常在10~40m之间，考虑至少要分辨厚度为10m的页岩气储层，根据建立的地球物理模型进行理论计算确定对应的最高保护频率。当目的层埋深4600m时，分辨厚度为10m的页岩气储层，要求理论计算最高保护频率高达159Hz。

（2）面元论证。

首先计算偏移不产生假频的面元尺寸时需要考虑偏移噪声的产生取决于偏移算子的陡度，因此，为避免偏移噪声，应充分考虑对绕射波场充分采样。当上覆地层近似水平层状时，30°的偏移孔径能收敛95%的绕射能量，因此，在地层倾角较小的地区，绕射波能量收敛决定了面元边长，而倾角大于30°的地区，最大倾角决定了面元边长。依据的计算公式：

$$b = V_{int}/(4F_{max}\sin\theta) \quad (5-31)$$

式中　b——面元边长，m；

V_{int}——上一层层速度，m/s；

F_{max}——最高无混叠频率，Hz；

θ——地层倾角，(°)。

其次要满足横向分辨率的要求，采用保证良好横向分辨率面元或CMP边长的经验公式：

$$b = V_{int}/(2F_{dom}) \qquad (5-32)$$

式中 F_{dom}——优势频率，Hz。

采用较小的面元有利于有效波和规则干扰波的充分采样及陡倾角地层的成像，如果工区内构造为线性，则顺构造方向面元可适当放大。综合考虑页岩气地震勘探三维观测系统面元通常采用20m×20m。

（3）覆盖次数论证。

通常情况下利用已知的二维地震资料来论证（图5-69），将二维线（总覆盖次数60次）利用抽炮的方式分别产生15次、30次、45次、60次覆盖叠加剖面，并进行成像对比，当覆盖次数大于30次以上时，剖面成像变化不大，因此为保证剖面成像质量，同一方位覆盖次数需达到30次以上。如果三维叠前处理按6分方位，则覆盖次数需达到30次×6=180次以上。由于四川盆地页岩气探区普遍存在地腹构造复杂、断层发育，且原始采集资料存在噪声，为了进一步精细刻画构造细节、断层展布特征，应尽可能压制噪声，提高储层预测分辨率。

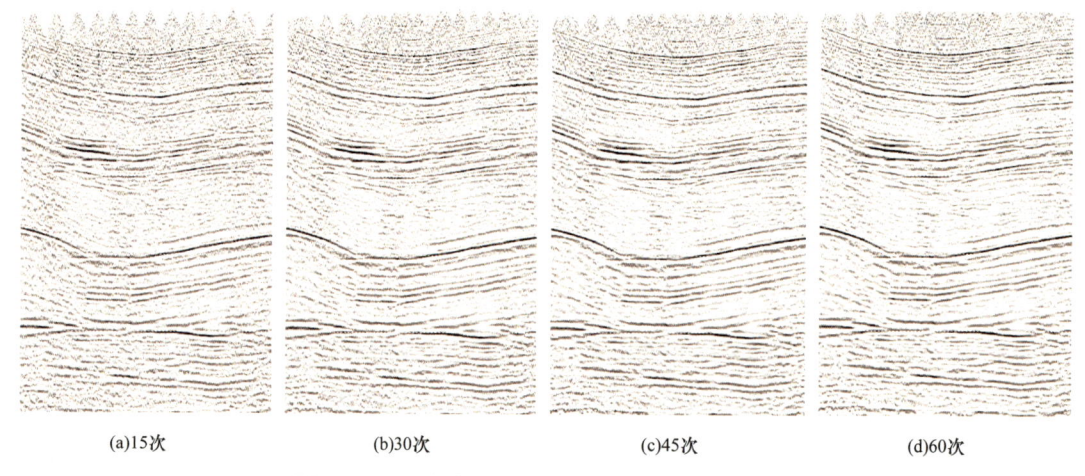

(a)15次　　(b)30次　　(c)45次　　(d)60次

图5-69　二维地震不同覆盖次数叠加剖面对比图

综合上述因素，对于常规井炮覆盖次数不可低于60次，对于可控震源，由于能量和信噪比相对低，故覆盖次数应当进一步提高。

（4）最大炮检距的选择。

首先按照最大炮检距不小于目的层埋深的原则选取最大炮检距。其次考虑目的层最大埋深，在满足12.5%的动校拉伸畸变量和5%的速度分析精度要求之下，要保证反射系数稳定，需要避免入射角过大而引起反射畸变和寄生折射，最后通过绕射能量收敛度分析、模型照明度分析、模型能见度分析、二维地震资料分析等多种方法综合分析确定最大炮检距。

(5)接收线距优选。

接收线距的选择为保证线内插的真实性，一般不大于垂直入射时的菲涅尔带半径，计算公式如下：

$$R = \left[\frac{v^2 t_0}{4 f_p} + \left(\frac{v}{4 f_p} \right)^2 \right]^{1/2} \quad (5-33)$$

式中　R——接收线距，m；

　　　v——平均速度，m/s；

　　　t_0——双程旅行时，s；

　　　f_p——主频，Hz。

观测方向的选择：

观测方位（联络测线的方位角）的选择一般主要考虑区块内构造主应力的方向和小断层及裂缝发育方向，通常选择垂直构造、断层走向进行观测，有利于准确落实构造。

(6)偏移孔径。

考虑工区地腹构造倾角最大可能角度，偏移孔径按照收集最大可能出射角范围内的绕射能量所需要的距离，即不能小于第一菲涅尔带半径进行估算，则：

$$\text{MA} \geq H \tan\theta \quad (5-34)$$

式中　MA——偏移孔径，m；

　　　H——地层埋深，m；

　　　θ——构造最大倾角。

(7)观测系统类型选择。

四川盆地页岩气勘探开发区块地表地形起伏大、出露岩性横向变化大，同时页岩地层平面非均质性强，页岩气勘探开发要求查清构造和储层参数分布之外，还需要开展天然裂缝检测、地质力学参数的预测等工作。为保证获取信息充分准确，确保线束观测系统利于野外施工组织、质量控制，资料处理，需要均匀的方位角及偏移距分布和对较宽的方位角观测系统，因此通常采用宽方位正交束线观测系统[14]。

2）观测系统设计

根据参数论证结论，结合邻区已实施三维地震勘探资料效果，开展三维地震观测系统优化设计。为了获得高品质的地震采集资料，四川盆地页岩气三维地震勘探的观测系统设计普遍采用"两宽一高"观测系统[13]，即宽频带、宽方位、高密度（表5-12）。

表 5-12 四川盆地典型页岩气三维地震观测系统设计参数表

名称	参数	名称	参数
观测方式	正交	观测系统	28L7S224R
纵向排列方式	4460-20-40-20-4460	接收道数，道	6272
纵向面元，m	20	纵向覆盖次数	14
横向面元，m	20	横向覆盖次数	14
面元，m×m	20×20	覆盖次数	196
道距，m	40	激发点距，m	40
激发线距，m	320	最大炮检距，m	5924.66
接收线距，m	280	最小炮检距，m	28.28
束间滚动距，m	280	最大最小炮检距，m	425.21
横纵比	0.87	最大非纵距，m	3900
主要目的层横纵比	1.00	道密度，万道/km^2	0.0089
炮道密度，万道/km^2	49	炮密度，炮/km^2	78
采样间隔，ms	1	记录长度，s	6

2. 采集试验及表层结构调查

1）采集试验技术

（1）试验目的。

在开展三维地震采集时，可以借鉴邻区成功采集的激发、接收等关键参数，为了保证原始单炮品质，实现精细勘探，需要进一步寻找到最优采集参数，故不能直接引用以往三维的激发参数。因此，在每个三维勘探中需要开展系统性的试验工作，为了提高该地层单炮资料信噪比，进一步优化激发药量，提高地震资料品质。

（2）试验内容及方法。

为了明确不同地表岩性的激发和接收情况，需要开展不同出露岩性情况下，不同井深、不同药量的采集试验；为了个性化制定激发参数提供依据，观测系统单个试验点采用近、远排列两条线接收，224道接收（表5-13）。

为弥补人口稠密区井炮丢失，可以采用井炮和可控震源混采，从而保证整个观测系统属性均匀。在需要采用可控震源的工区，为确保震源施工参数合理和震源激发效果，在正式生产前进行系统的震源参数点、线试验。试验参数包括震源台数、扫描次数、长度、频带等（表5-14）。

表 5-13 页岩气三维井炮激发参数试验表

目 的	地层岩性	井深试验	药量试验
针对不同岩性	须家河组石英砂岩	10m/12m/15m/20m	5kg/7kg/9kg/11kg
	自流井组砂岩	10m/12m/15m/20m	4kg/6kg/8kg/10kg
	下沙溪庙组砂岩	8m/10m/15m/20m	3kg/5kg/7kg/9kg
	上沙溪庙组砂泥岩大于4000m（来苏向斜）	—	2kg/3kg/4kg/5kg
针对不同构造埋深	上沙溪庙组砂泥岩小于4000m	—	2kg/3kg/4kg/5kg
需做井深试验和药量试验的井数		12	20

表 5-14 页岩气三维可控震源激发参数试验设计表

震源台数，台	扫描次数，次	扫描长度，s	扫描频带，Hz
1，2	1，2，3，4，5，6，7，8	16	3～96
			3～80
			4～112
		20	3～96
			3～80
			4～112
		24	3～96
			3～80
			4～112

（3）试验结论。

根据试验结果，并结合工区以往资料情况，确定施工参数：

上沙溪庙组：井深 8m、药量 2kg。

下沙溪庙组：井深 10m、药量 4kg。

自流井组：井深 12m、药量 4kg。

须家河组：井深 12m、药量 6kg。

嘉陵江组：井深 15m、药量 8kg。

2）表层结构调查技术

（1）部署原则。

根据地表岩性分布及相邻工区表层控制点分布情况，结合以往表层资料成果综合

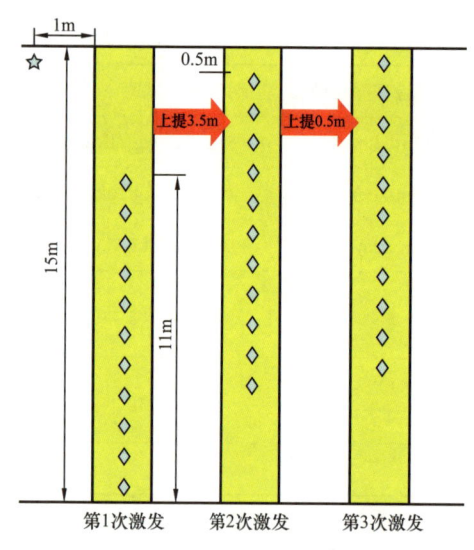

图 5-70 微测井施工方法示意图

分析考虑，为试验及激发因素的选择提供依据，为建立静校正量提供精确的基础数据。

（2）微测井施工方法。

为了摸清地表表层情况，需要采用微测井方法（图 5-70），明确表层速度分布情况，具体实施如下：

① 采用地面激发（重锤敲击）、井下接收的方式；

② 在生产井中进行采集，微测井井深 ≥15m；

③ 每个微测井点激发 3 次，激发点距离井口 1m，0~8m 井段观测点距为 0.5m，其余井段观测点距为 1m。

对工区内表层调查控制点进行连片成图，成果与地表岩性出露和地形情况基本一致，通过微测井明确低速层厚度和速度、高速层的厚度和速度。四川盆地一般是三叠系地层高速层速度较高，达到 3000~3400m/s，根据具体低速层针对性设计激发井深，以保证在高速层中激发，最大限度得到高质量采集数据。

二、页岩气地震资料处理解释技术

四川盆地优质页岩气埋深 3500m 以浅地区主要分布在四川盆地南部，通常地表为山地地形，大面积出露三叠系的砂岩和石灰岩，激发接收条件较差，受地表激发接收因素的影响，存在有效信号能量弱，各种干扰波（如面波、线性干扰、异常振幅等）发育，以及远近排列能量差异大，资料信噪比低的特点。因此，四川盆地页岩气地震资料处理面临如下的主要问题：

（1）工区地表起伏剧烈，表层结构及岩性变化大，存在严重的静校正问题，影响微幅构造成像，微幅构造的准确成像关系到水平井钻遇率的提升。

（2）由于激发、接收岩性多变，原始单炮各种干扰波发育，振幅、频率差异明显，在处理过程中对保真保幅要求高，保真保幅资料是页岩气地质工程"甜点"预测的基础。

（3）对于部分工区断裂相对发育，背斜核部地层倾角较大的地区，建立合理的速度场是确保目的层成像及小断层识别的关键。

通过试验研究建立了适用于四川盆地页岩的地震资料处理流程（图 5-71）。

地震资料处理的重点在静校正、去噪和成像方面。

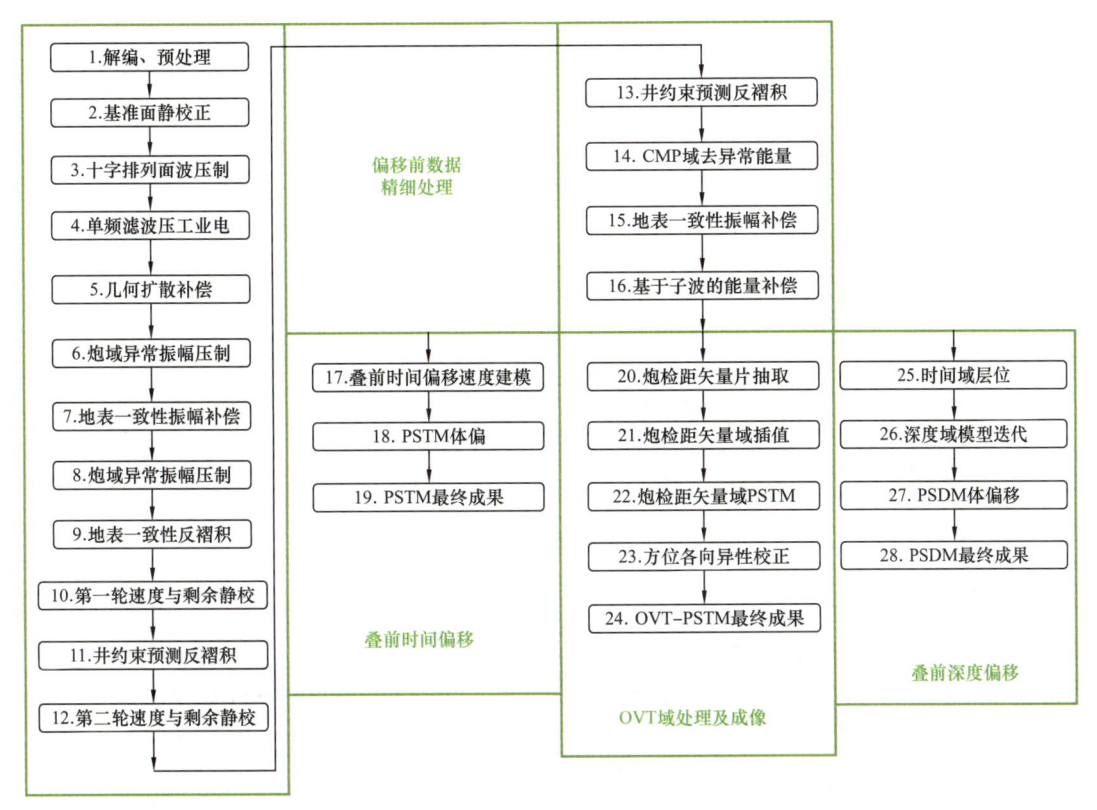

图 5-71　四川盆地页岩气地震资料处理技术流程图

1. 高精度组合静校正技术

四川盆地页岩气区块属于典型的"双复杂"地区，静校正问题十分严重，静校正的好坏直接决定着地震资料处理的成败；另外，静校正问题是引起微幅构造成像假象的重要原因，因此页岩气地震资料处理十分重视静校正问题。采取基于初至的层析反演基准面静校正方法加地表一致性剩余静校正和速度分析迭代处理的静校正方案能较好地解决基本静校正问题（图 5-72）。

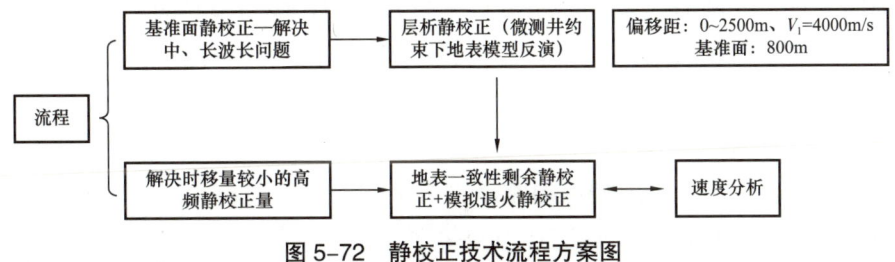

图 5-72　静校正技术流程方案图

初至拾取质量影响静校正计算精度，通过初至拾取和基准面静校正迭代可以获得更准确的初至波。在静校正计算过程中，首先在高精度单炮初至拾取基础上，利用微测井成果作为静校正计算约束条件，优选计算参数，反演近地表模型，运用层析静校正方法解决中、长波长的静校正问题。微测井约束层析静校正成果明显优于方法高程静校正，同向轴更加连续、微幅构造更加清晰合理，较好地解决了由地形和低降速带引起的静校正问题（图5-73、图5-74）。

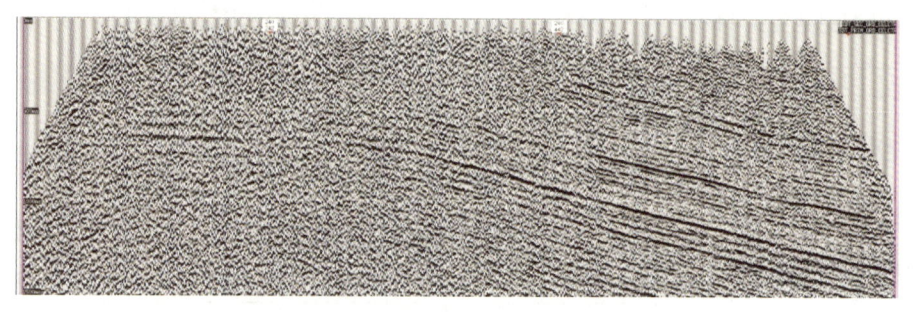

图5-73 高程静校正后的叠加剖面

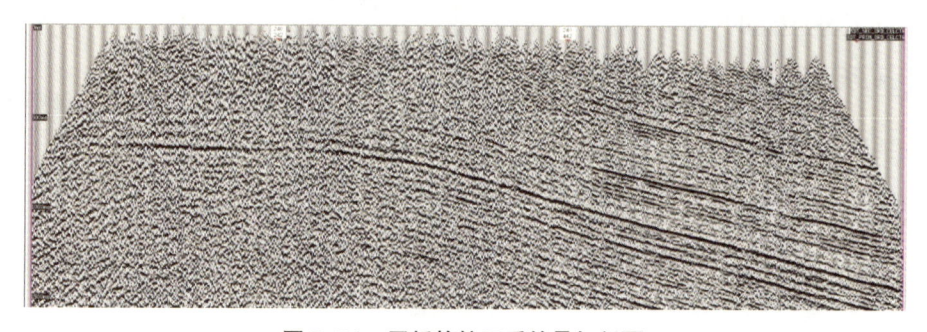

图5-74 层析静校正后的叠加剖面

经过基准面静校正后，解决了影响构造形态的低频分量和大部分中短波长静校正问题，但还有一部分残余的短波长，需要通过地表一致性剩余静校正等方法继续解决残余的短波长剩余静校正问题，通常采用分频迭代来实现反射波剩余静校正。

地表一致性剩余静校正较好地解决了残留静校正问题，整体资料的信噪比有了明显提高，连续性更好，同相轴更加连续光滑，保证了地下构造的成像效果（图5-75）。通过基准面静校正和地表一致性剩余静校正组合应用，能较好地解决四川盆地页岩气地震资料处理的静校正问题。

2. 多域组合去噪技术

四川盆地页岩气勘探开发地区通常激发、接收条件差别较大，主要干扰波为面波、近炮点强能量、异常振幅、50Hz工业电流等，干扰因素复杂。另外，页岩气地质工程"甜点"预测的主要工具是叠前反演，它需要高保幅保真的叠前道集；加之小断裂、微幅构造等的精确成像对水平井钻井和压裂施工具有重要的指导作用，它们产生的弱能量绕射信号对成像非常重要，是保护的重点。因此页岩气地震资料去噪必须做到保幅保真。不同的噪声类型有不同特征，可以针对性地选取各自的去噪方法，采用渐进、多域的去噪思路，因此振幅相对保持下的叠前多域保真去噪，是提高信噪比的关键。

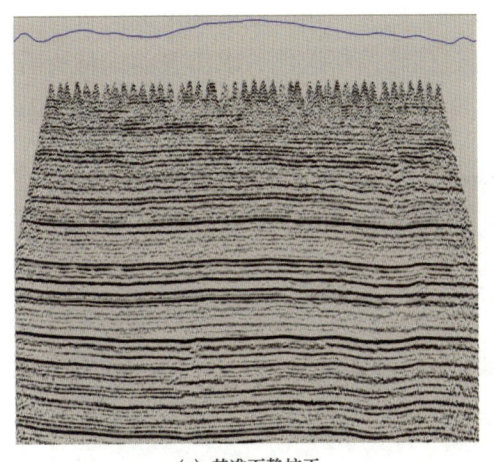

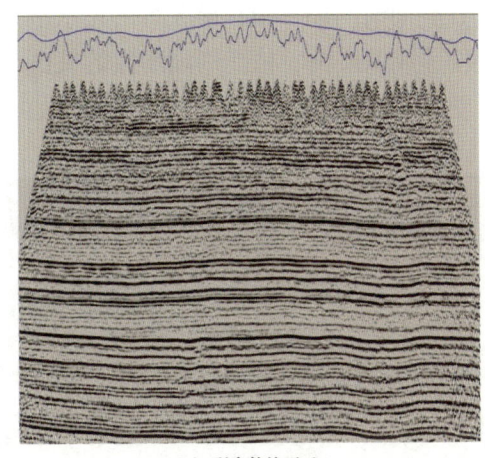

(a) 基准面静校正　　　　　　　　(b) 剩余静校正后

图 5-75　剩余静校正前后叠加剖面对比

对于面波和线性干扰：采用十字排列锥形滤波将面波转变成三维锥体形状，从而将炮集上的非线性面波转换成线性干扰，再通过三维 $F—K$ 滤波将其削除。对于近炮点强能量和异常振幅干扰，采用了"多道识别，单道去噪"的思想，在不同的频带内自动识别地震记录中存在的强能量干扰，确定出噪声出现的空间位置，根据用户定义的门槛值以空变的方式予以压制。通过系列叠前去噪，有效地去除了面波干扰及近炮点强能量干扰，使资料的信噪比有了明显的提高（图 5-76）。

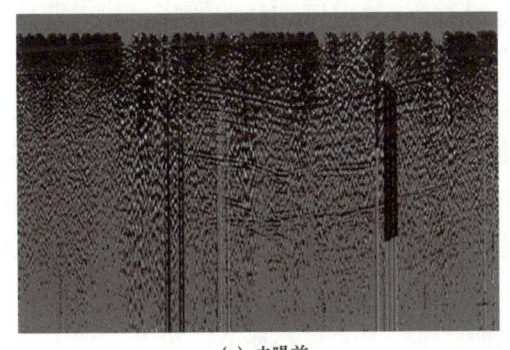

(a) 去噪前　　　　　　　　(b) 去噪后

图 5-76　某页岩气叠前去噪前后叠加剖面对比

3. 高精度地震成像技术

1) 叠前时间偏移

地震勘探的终极目标是落实地下目标体成像，所以偏移归位是最终落实地下构造形态及断裂系统这一目标最为关键的环节，能够实现真正的共反射点成像。叠前时间偏移方法取消了输入数据为零炮检距的假设，避免了 NMO 校正叠加所产生的畸变，因此会得到比叠后时间偏移更为理想的效果。

在叠前时间偏移中，最关键的是求准速度场，建立高精度速度场是提高页岩气地震资料偏移成像质量、精细刻画断裂的关键。经过多轮偏移迭代，求出叠前偏移所需速度场（图 5-77），通过偏移孔径等偏移参数的试验，确定偏移参数进行全数据体的偏移。

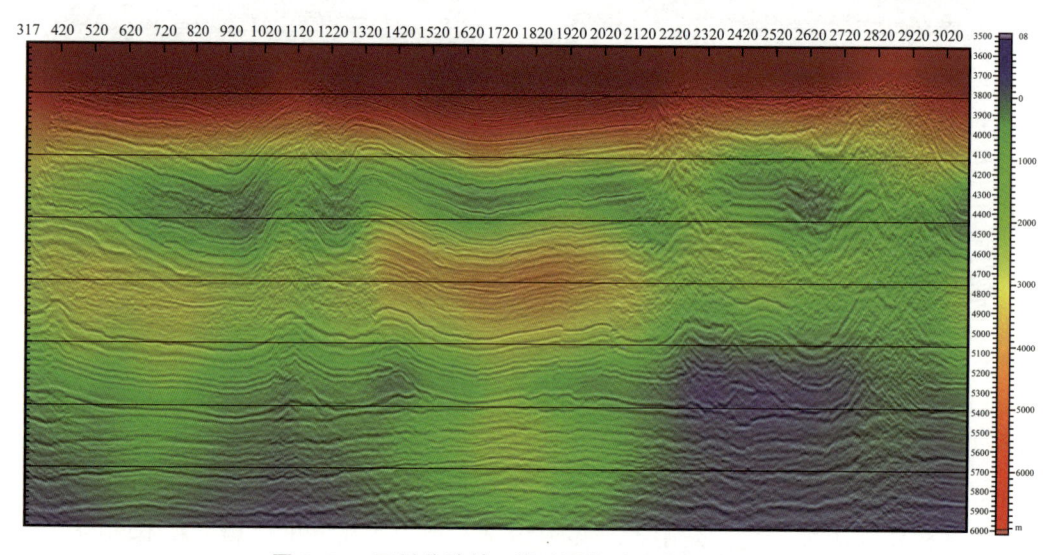

图 5-77 四川盆地某三维地震偏移速度场剖面图

2）叠前深度偏移

目前，使用的时间偏移方法的基本假设是均匀介质或水平层状介质，由于页岩气目的层的非均质性，速度沿横向均有变化，射线路径随速度变化而变化，绕射曲线的极小点并不在绕射点的正上方，存在一定的偏差，此偏差既有纵向上的偏差，又有横向上的偏差。纵向上的偏差可以通过井资料进行校正，但横向上的偏差时间偏移资料很难解决，并且目的层横向上的展布特征预测对水平井钻井更加重要。当速度存在剧烈的横向变化、速度分界面不是水平层状时，只有叠前深度偏移能够实现共反射点的叠加和绕射点的归位，使复杂构造或速度横向变化较大的地震资料正确成像，可以修正陡倾地层和速度变化产生的地下图像畸变[15]。

速度—深度模型的建立及优化是叠前深度偏移技术的核心环节，也是对地下地质构造和速度场认识和再认识的过程。速度—深度模型的优化主要是通过目标测线叠前深度偏移的速度分析和层析成像反复迭代来完成。首先利用初始速度—深度模型进行目标测线的叠前深度偏移，在目标测线的偏移剖面上沿层拾取剩余速度，然后通过层析成像修改速度，形成新的速度—深度模型；利用新的速度—深度模型重新进行目标测线叠前深度偏移，如此反复迭代。在页岩气水平井钻井过程中，还可以根据已钻地层信息，进一步优化速度模型，从而进行快速叠加深度偏移，进一步提高地震成像精度（图 5-78）。在井资料较多的页岩气区块，可以充分利用井资料来进行各向异性深度偏移处理，以提高深度预测精度。

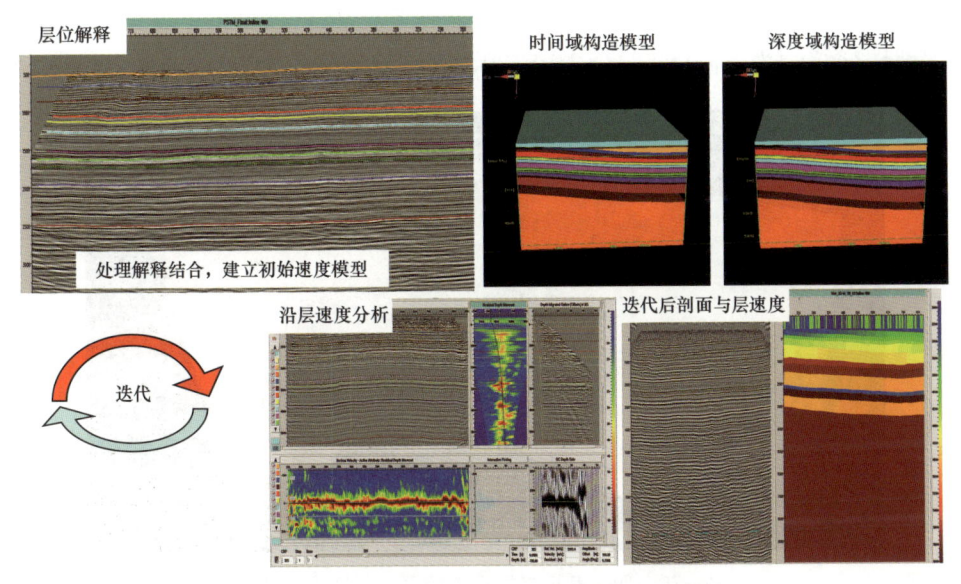

图 5-78 叠前深度模型的迭代及优化流程图

4. 低幅构造及地层倾角解释技术

页岩气气藏的开采主要依赖水平钻井，水平井轨迹的设计、跟踪和调整对地层倾角及低幅构造的解释精度要求较高。因此，构造精细解释在页岩气勘探开发中起着重要的作用。

1）低幅构造解释

页岩气勘探开发过程中部分设计深度与钻井实钻深度误差较大，与页岩气建产区能应用于速度建场的直井较少和时深转换方法有一定的关系。速度场建立是否精细，影响构造成图的精度。通常针对工区面积大，可应用钻井少的区块，为提高构造成图精度，可采用"层位控制法"进行变速成图。其方法流程为：以地震资料处理中的叠加速度为基础速度数据；以 t_0 层位解释结果为基础模型数据；以井资料为基础约束数据；建立起符合目标区地质特点的层速度模型，并对大套层速度进行平滑、约束，进而计算平均速度，最终得到三维速度场（图 5-79）。根据目标层位的 t_0 数据和对应的井约束校正后的速度场进行变速时深转换，得到构造图。

2）地层倾角估算

在水平井井轨迹设计和钻进中，由于水平巷道较窄（8～10m），因此，地层产状的变化影响水平井的中靶率，预测水平井井轨迹地层视倾角的变化显得尤为重要。

地层倾角的估算是依据高精度的叠前深度偏移（或时深转换）资料开展的。如图

5-80所示，从入靶点（A点）到出靶点（B）地层倾角大约有四段变化，从A点出发约1025m范围内，地层下倾，倾角约5°～6°；之后在630m范围内，地层变缓为下倾3°～4°；然后在425m范围内，地层变陡为下倾8°～9°；最后的630m范围内（到达B点），地层变缓约为下倾2°～3°（图5-80）。

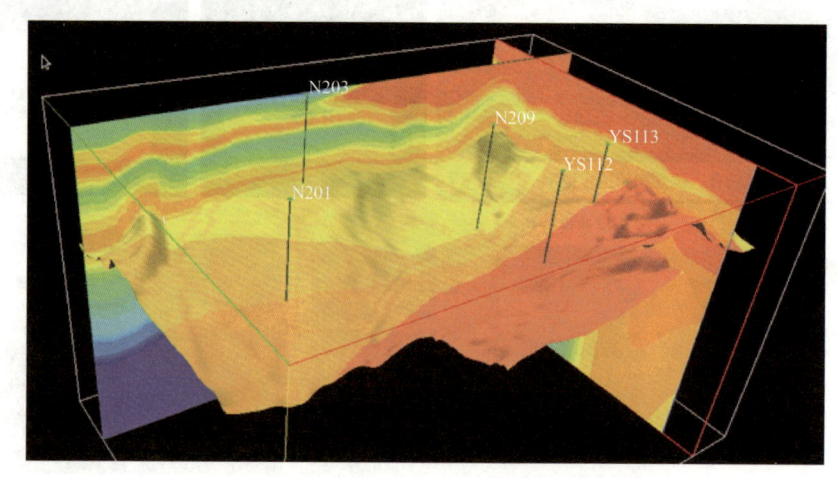

图 5-79 四川某页岩气三维地震工区速度模型图

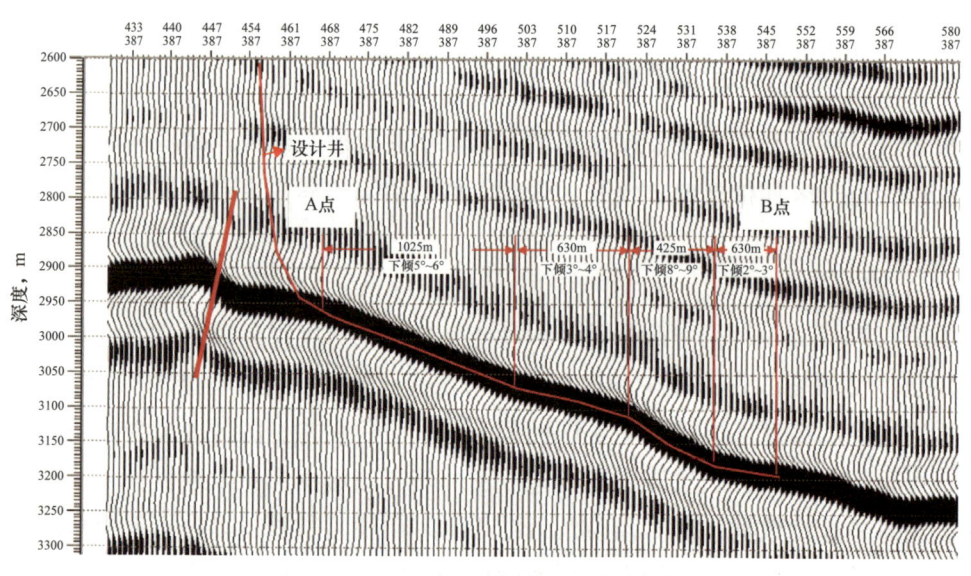

图 5-80 沿水平井设计井轨迹深度剖面

三、页岩气储层地质参数预测

1. 岩石物理敏感参数分析

根据完钻井岩石物理分析可知，龙马溪组页岩气地层具有低速度、高自然伽马值、高总有机碳含量、高总含气量、高孔隙度、低纵横波速度比和低泊松比的特点。利用岩石物理实验数据刻度后的测井数据,针对页岩气层总有机碳含量、总含气量和孔隙度开展岩石物理敏感参数分析。

通过总有机碳含量与纵波阻抗、横波阻抗和纵横波速度比交会图分析。可以看出,总有机碳含量和总含气量与纵横波速度比均有较好的相关性(图5-81),通过纵横波速度比反演进行总有机碳含量和总含气量的预测是可行的。

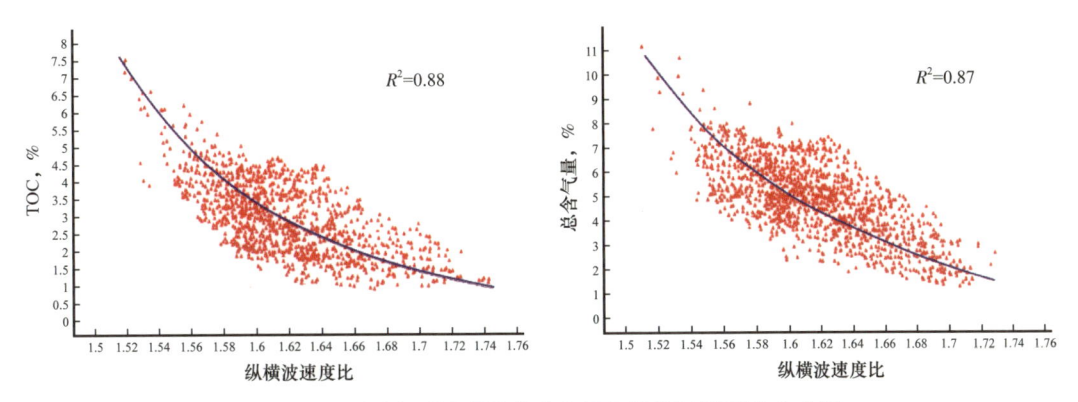

图5-81 总有机碳含量和总含气量与纵横波速度比交会图

孔隙度与纵波速度有很好的相关性,随着纵波速度的减小,孔隙度明显增大,相关系数达到了0.89,通过速度反演可以进行孔隙度的预测(图5-82)。

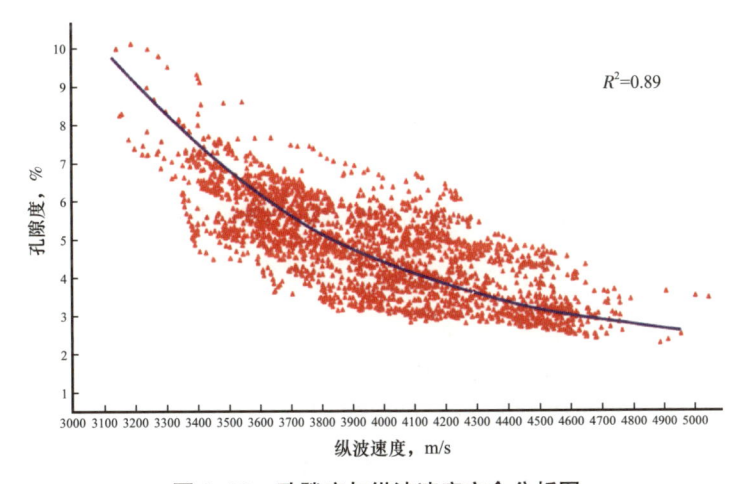

图5-82 孔隙度与纵波速度交会分析图

2. 页岩气储层总有机碳含量、含气量、孔隙度预测

叠前同时反演技术理论上是较好的预测技术,它是利用叠前CRP道集数据、速度数据和井数据,通过使用不同的近似式反演求解得到与岩性、含油气性相关的多种弹性参数的一种反演方法,用来预测储层岩性、储层物性及含油气性等。页岩气储层总体上

表现为高自然伽马值、低密度、低波阻抗的特征，页岩储层关键储层参数与纵横波速度比具有较好的相关关系，因此叠前反演技术是预测页岩气储层参数的关键技术。

叠前同时反演首先通过对页岩气层的精细标定和分析，确定页岩气层在地震剖面上的空间位置。建立良好的地震与测井间的关系，为叠前同时反演打基础。通常叠前同时反演需要3个及以上不同入射角范围的部分叠加数据体，使各数据体间的振幅、相位、频率保持较好的相对关系。在子波提取时要保持各角度的子波振幅、频率、相位特征稳定（图5-83），这有利于叠前同时反演的结果稳定收敛。

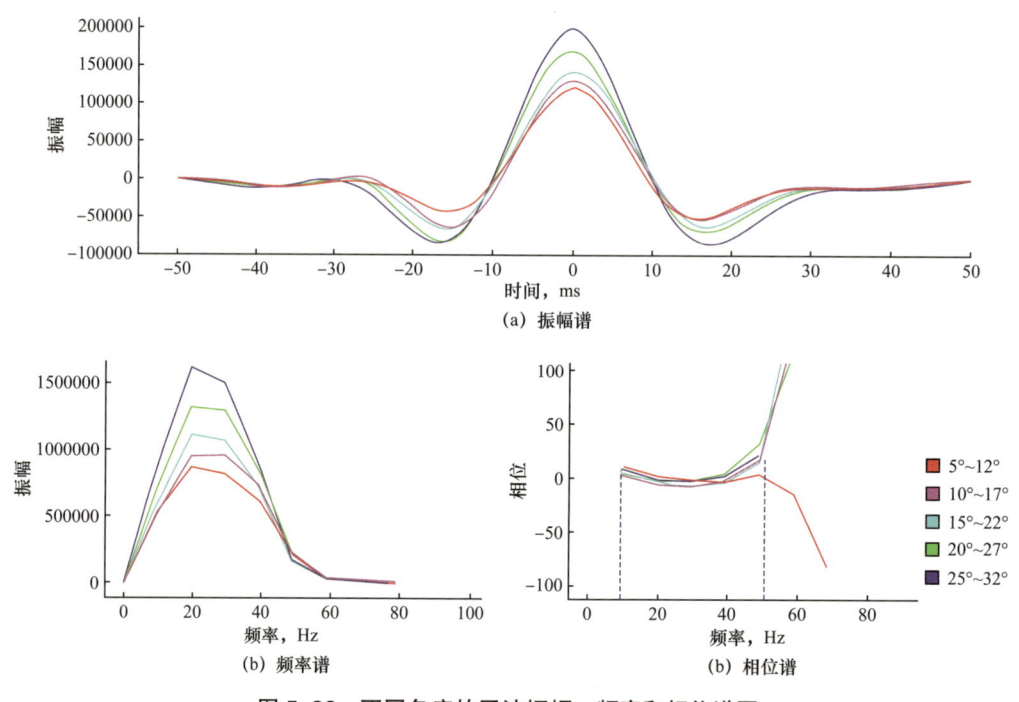

图5-83 不同角度的子波振幅、频率和相位谱图

3. 应用实例

四川盆地某页岩气工区的气层总厚度在70～86m，纵向上五峰组—龙一$_1$亚段连续，龙一$_1$亚段—龙一$_2$亚段有间断，页岩气层总体具有较高总有机碳含量、高脆性矿物含量、较高孔隙度和高总含气量的特点。在五峰组—龙一段页岩气层中，Ⅰ类、Ⅱ类页岩气层发育在五峰组—龙一$_1$亚段，与奥陶系宝塔组石灰岩相接。

总有机碳含量与纵横波速度比之间有着良好相关性，通过叠前同时反演技术得到纵横波速度比剖面，利用总有机碳含量与纵横波速度比之间的相关性，进而预测页岩气储层总有机碳含量（图5-84），利用页岩气储层总含气量与纵横波速度比之间的相关性，预测页岩气储层总含气量（图5-85），利用纵波速度与孔隙度的相关关系计算得到孔隙度剖面（图5-86）。

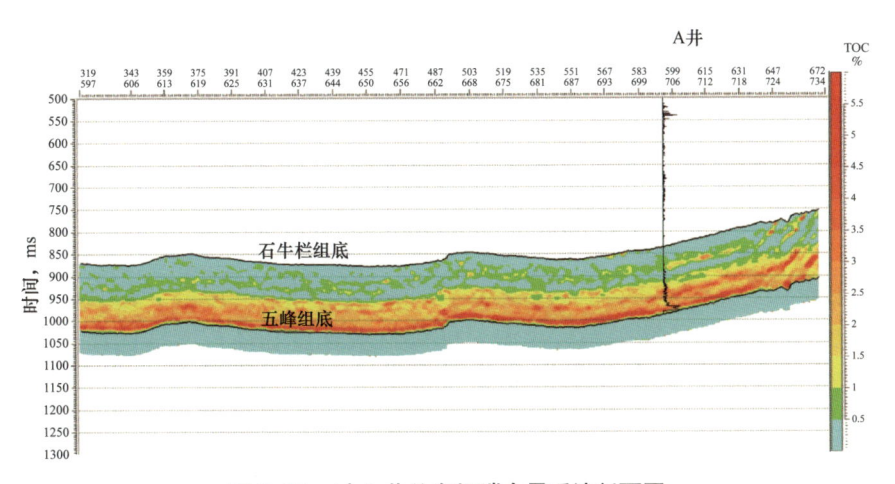

图 5-84　过 A 井总有机碳含量反演剖面图

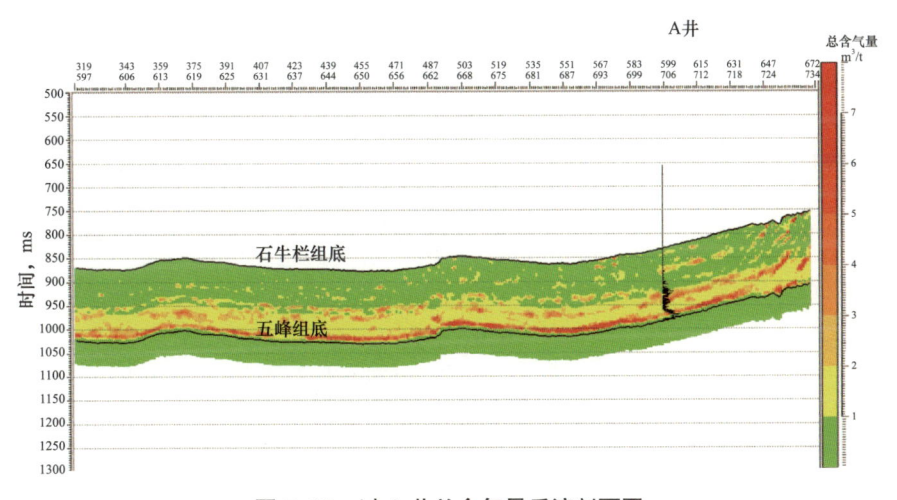

图 5-85　过 A 井总含气量反演剖面图

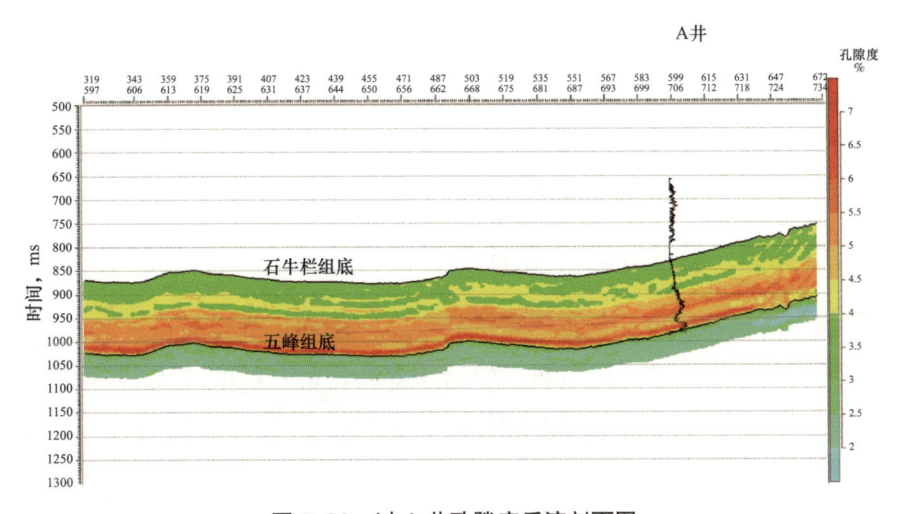

图 5-86　过 A 井孔隙度反演剖面图

四、页岩气储层工程参数预测

页岩气的开采需要采用大型水力压裂来形成人造气藏,从而获得较高的产量,并进行规模商业开采,因此页岩气储层的岩石力学参数预测尤为重要。

1. 页岩气储层岩石力学计算

岩石的弹性模量不仅可以根据岩样在施加载荷条件下的应力—应变关系得到,而且也可以利用弹性波的传播关系,由测量的弹性波速度和体积密度计算得到,由此得到的岩石的弹性模量称为动态弹性模量。

依据式(5-35)至式(5-37),可由弹性波速和体积密度资料计算获得地层动态弹性参数的关系。

杨氏模量:

$$E = \frac{V_s^2 \left(3V_p^2 - 4V_s^2\right)}{\rho \left(V_p^2 - V_s^2\right)} \times a \tag{5-35}$$

剪切模量:

$$\mu = V_s^2 \rho \times a \tag{5-36}$$

体积模量:

$$K = \frac{3V_p^2 \rho - 4V_s^2 \rho}{3} \times a \tag{5-37}$$

式中 V_p——纵波速度,m/s;

V_s——横波速度,m/s;

ρ——密度,g/cm³;

a——标定因子。

依据实验测试得到的纵、横波速度及密度,计算各岩心试样的弹性模量,并分析动、静态弹性模量之间的关系(图 5-87)。分析结果表明:实验所得静态弹性模量与动态弹性模量之间具有较好的相关性。

2. 页岩气储层岩石脆性指数预测

页岩本身具有低孔隙度、低渗透率的特征,一般而言都需经过大规模压裂改造才能获得商业产能,遴选高品质页岩时,脆性指数是必要的评价指标。Rickman 于 2008 年提出基于弹性参数的脆性指数(Britt1eness Index,简称 BI)的概念,利用 BI 进行五峰组龙马溪组一段页岩气层的脆性预测。

利用 Rickman 公式及杨氏模量和泊松比反演数据体,计算得到脆性指数反演数据体,其具体公式如下。

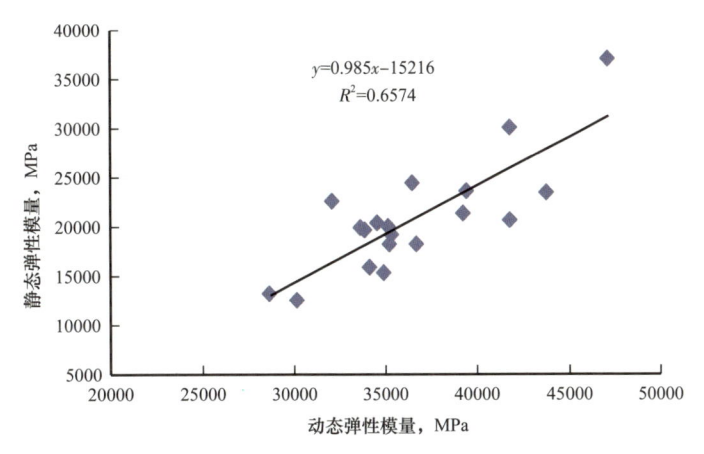

图 5-87　岩石动、静态弹性模量交会图

（1）根据反演叠前参数计算杨氏模量和泊松比：

$$r = \left(\frac{V_p}{V_s}\right)^2 \tag{5-38}$$

$$\sigma = \frac{r-2}{2r-2} \tag{5-39}$$

$$G = \frac{\rho\left(3V_p^2 - 4V_s^2\right)}{\left(\dfrac{V_p^2}{V_s^2} - 1\right)} \tag{5-40}$$

式中　V_p——纵波速度，m/s；

　　　V_s——横波速度，m/s；

　　　G——杨氏模量，Pa；

　　　σ——泊松比；

　　　ρ——密度，g/m³；

　　　r——系数值。

（2）泊松比、杨氏模量在最大值和最小值范围的百分比组合：

$$\text{Brittleness} = \frac{\dfrac{YM - YM_{min}}{YM_{max} - YM_{min}} + \dfrac{PR - PR_{max}}{PR_{min} - PR_{max}}}{2} \times 100 \tag{5-41}$$

式中　Brittleness——脆性指数；

　　　YM——杨氏模量，Pa；

　　　YM_{min}——研究区最小杨氏模量，Pa；

　　　YM_{max}——研究区最大杨氏模量，Pa；

PR——泊松比；

PR$_{min}$——研究区内最小泊松比；

PR$_{max}$——研究区内最大泊松比。

利用 Rickman 公式及杨氏模量和泊松比反演数据体，计算得到脆性指数反演数据体，预测长宁地区五峰组—龙一段页岩层段脆性指数普遍大于 40，横向展布稳定，表明页岩气层具有很好的压裂品质，较一般页岩可压性要好，便于后期压裂改造的实施（图 5-88）。

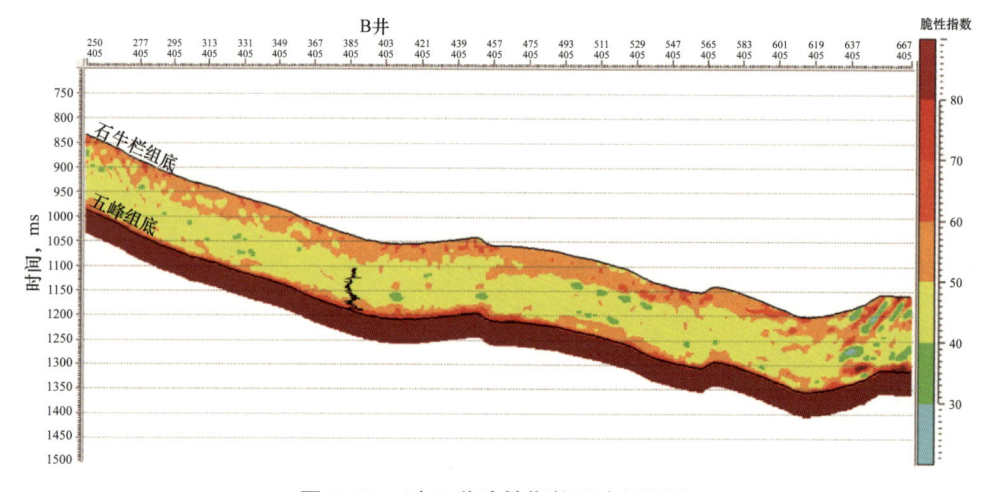

图 5-88 过 B 井脆性指数反演剖面图

五、多级天然裂缝预测技术

1. 多级断裂叠后地震预测技术

页岩层系中多尺度天然裂缝是重要的储集空间和输导体系[16]，但天然裂缝的识别和预测比较困难，一直是石油工业研究的一个难点，其中，基于地震资料的裂缝识别与预测是一个非常重要的研究领域。通过对四川盆地页岩气勘探开发区块天然裂缝带展布特征的实际研究，提出了一套适用于刻画页岩储层多级断裂的叠后地震预测技术（图 5-89）。该技术在"逐级剖分、分级刻画"思想指导下，对地震剖面上同相轴明显错断的情况，即断距大于 20m 的断层采用相干属性进行描述；对地震剖面上同相轴出现微幅弯曲的情况，即断距小于 20m 的小断层或地层发生挠曲而形成的天然裂缝带采用曲率属性进行描述；对地震剖面上同相轴无明显响应的情况，即微细裂缝带采用最大似然体属性进行描述。

四川盆地页岩气勘探开发实践表明，基于三维叠后地震数据的多级断裂刻画技术在地质—工程一体化中具有较大的应用潜力，尤其在页岩储层体积压裂施工前的套变点预警上已初见成效。下面就从各预测方法的原理出发，对该技术体系及其实际应用情况进行深入介绍。

图 5-89　多级断裂叠后地震预测技术流程图

1）相干体预测技术

相干体预测技术是由相干技术公司（CTC）和 Amoco 公司于 1995 年向国际地球物理界公布，该技术应用于地震资料解释已有近 20 年的时间，在地质异常体的检测中有非常好的效果。

在地震剖面中见到的地震波形特征在横向上是有变化的，即阻抗（地层速度和密度的乘积）差的横向变化会导致波形特征的横向变化。而相干性正是地震波形（道）之间相似性的度量，可用于检测地震波形的变化。

目前，相干体算法已从第一代基于互相关的算法（简称 C1）、第二代利用多道相似性的算法（简称 C2），发展到第三代基于特征结构的相干算法（简称 C3）。C1 算法适用于高品质地震资料，不适用于存在相干噪声的地震资料；沿倾角计算的多道 C2 算法具有较强的抗噪能力，但分辨率低；而 C3 算法则具有最佳的横向分辨率，并兼具抗噪力强的优点。

2）曲率体预测技术

曲率体预测技术是一种利用地层的弯曲程度进行构造解释和储层裂缝发育情况分析的方法，它对构造形变引起的弯曲很敏感，对各种复杂断层、裂缝、河道等特殊地质体的刻画能力优秀，曲率是曲线的二维性质，描述的是曲线上任一点处的弯曲程度[17]。最初的曲率属性是直接从人工解释的层数据中提取，它与地震数据并没有直接的联系，这样得到的结果容易受到人为噪声的干扰，而现在发展出了直接从地震数据体中提取曲率属性的方法。

将曲率这个概念引入地震属性分析，需要做两方面的扩展：第一，地层的弯曲方向可以表示背斜或者向斜，具有一定的地质意义，在绝对曲率值上加上正、负号予以区别；第二，由于地下界面是二维展布的，是定义在三维空间的曲面，在用于表征地震属性时需要定义三维曲率。

在地震数据解释中，应用到的曲率有关的属性有十多个，而大量学者的研究成果表明，这些曲率属性中最有用的是最大正曲率（K_{pos}）和最小负曲率（K_{neg}），它们在断层和裂缝预测中具有显著的效果。

3）最大似然体预测技术

最大似然体（Likelihood）是一种计算相邻地震道相似性、统计各点间最小相似程度的一种地震属性，是概率学在地震断裂检测中的应用。最大似然体在相似性属性的基础上，放大了各数据点之间的差异性，从而突出断裂识别效果。

常规相似性属性是相邻地震道之间地震反射特征（波形、振幅、相位）的对比关系，为了压制噪声，突出断裂成像，前人提出了以突出断裂识别为导向的相似性属性 Semblance（值域范围 0~1），其表达式为：

$$\text{Semblance} = \frac{\left[(g)_s^2\right]_f}{\left[(g^2)_s\right]_f} \quad (5-42)$$

式中　g——三维地震数据；

$(\cdot)_s$——对三维地震数据进行构造导向滤波；

$[\cdot]_f$——沿断裂走向、倾向方向再进行一次平滑滤波，这次滤波主要用来增强 Semblance 属性的稳定性。

根据定义，最大似然体属性计算公式为：

$$\text{Likelihood} = 1 - \text{Semblance}^8 \quad (5-43)$$

当同相轴连续性越好时，相似性属性越大，最大似然体属性越小，表示断裂发育的可能性就越小；与之相反，相似性属性越小，最大似然体属性越大，表示断裂发育的可能性越大。该方法对微细裂缝识别能力较好，常用于页岩储层微细裂缝的检测中[18]。

2. 叠前地震预测技术

为了充分利用地震数据未经叠加等处理的原始信息，除上述叠后地震预测技术外，还可以采用叠前地震数据对裂缝发育带进行描述。一般地下储层含有裂缝时是典型的各向异性介质，即各个方位的速度有所不同。四川盆地页岩储层裂缝带较为发育，可视为具有较强各向异性的介质。在这样的介质中表征裂缝带发育情况，可利用叠前反演技术和叠前地震属性分析技术。

常用叠前地震属性有反射振幅、旅行时、AVO 梯度和衰减属性等。它们在极坐标系下表现为椭圆形式（图 5-90），通过椭圆拟合，以扁率来表示裂缝带密度，长轴或短轴来表示裂缝带走向。

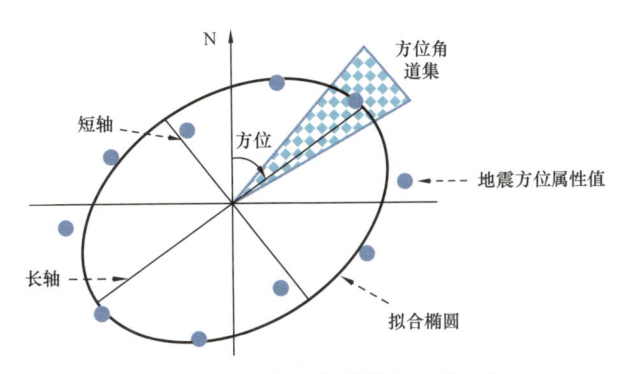

图 5-90 方位属性椭圆拟合示意图

此外，还可以利用 AVAZ（Amplitude Variation with Angle and Azimuth）叠前反演技术来反演 Thomsen 各向异性参数 ε、δ 和 γ，并用这些参数来描述裂缝带的发育情况。其中，ε 表示纵波的各向异性程度；δ 表示纵波在横向和垂向之间各向异性变化的快慢程度；γ 表示快慢横波速度的差异程度。

3. 应用实例

应用多级断裂预测技术对四川盆地某页岩气区块开展研究，按照大、中、小尺度三个层次，融合相干、曲率、最大似然体等地震属性表征技术实现了该区的多级断裂刻画。预测结果表明，该区断裂整体呈北—东、北—西走向，且存在局部裂缝带发育方向受断层影响的现象，工区东部大、中尺度裂缝带发育，中、西部微细裂缝发育，局部发育较大尺度裂缝带（图 5-91）。

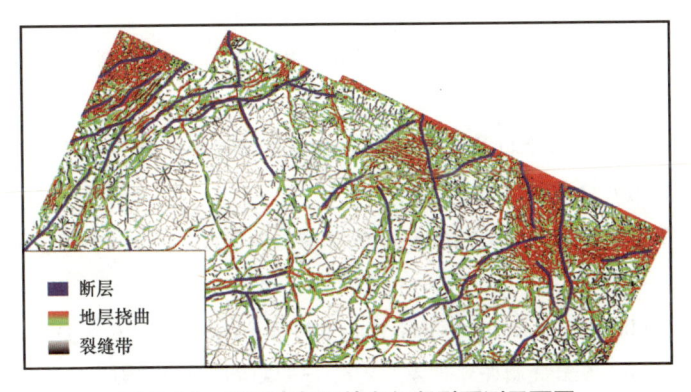

图 5-91 某页岩气区块多级断裂预测平面图

应用叠前地震预测技术对某页岩气井区域裂缝发育密度开展预测工作。预测结果表明，该区域东南角裂缝带相对发育，西北角次之，中部区域裂缝带欠发育或不发育（图 5-92）。

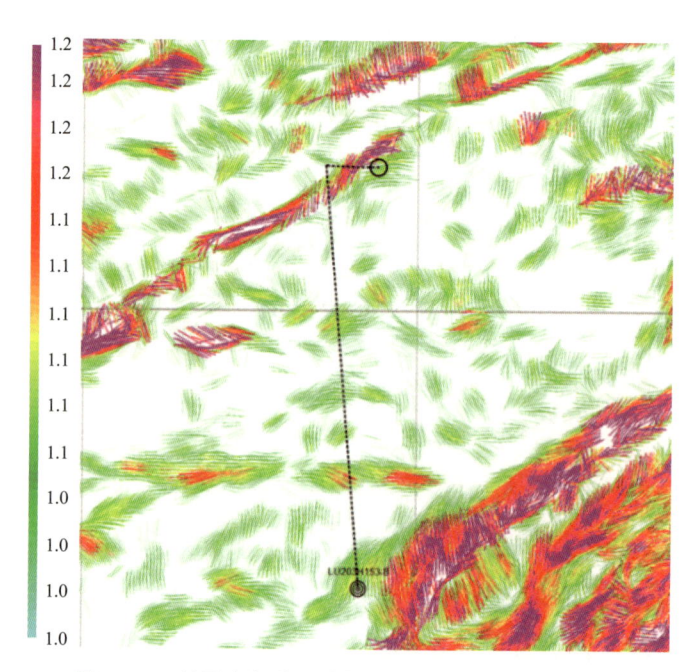

图 5-92　某页岩气井区域叠前裂缝密度预测平面图

参 考 文 献

［1］许怀先，蒲秀刚，韩德馨.地表砂岩样品含油气显示与确认——以青藏高原措勤、比如、昌都、可可西里盆地为例［J］.石油实验地质，2004，26（1）：68-72.

［2］王羽，金婵，汪丽华，等.基于 SEM 图像灰度水平的页岩孔隙分割方法研究［J］.岩矿测试，2016，35（6）：595-602.

［3］宫伟力，李晨.煤岩结构多尺度各向异性特征的 SEM 图像分析［J］.岩石力学与工程学报，2010，29（1）：2681-2689.

［4］黄誉，李治平.川南地区五峰—龙马溪组页岩储层微观储集孔隙空间特征［J］.科学技术与工程，2018，18（19）：195-202.

［5］戚明辉，李君军，曹茜.基于扫描电镜和 JMicroVision 图像分析软件的泥页岩孔隙结构表征研究［J］.岩矿测试，2019，38（3）：260-269.

［6］黄力，何顺利，张小霞，等.超低渗透储层产能主要影响因素确定方法研究［J］.科学技术与工程，2010，10（30），7408-7413.

［7］Bob Cluff，Mike Miller. Log evaluation of gas shale a 35-yr perspective［C］. DWLS Luncheon，2010.

［8］钟光海，谢冰，周肖.页岩气测井评价方法研究——以四川盆地蜀南地区为例［J］.岩性油气藏，

2015, 27（4）: 96-102.

[9] Matt B, Bill G. Special techniques tap shale gas［J］. Exploration and Production in Hart Energy, 2007, 80（3）: 89-93.

[10] Amie M. Lucier, Ronny Hofmann, L. TarasBryndzia. Evaluation of variable gas saturation on acoustic log data from the Haynesville Shale gas play, NW Louisiana, USA［J］, The Leading Edge, 2011, 30（3）: 300-311.

[11] Ray J Ambrose, Robert C.Hartman, et al. New pore-scale considerations for shale gas-in-place Calculations［C］. SPE 131772, 2010.

[12] 刁海燕. 泥页岩储层岩石力学特性及脆性评价［J］. 岩石学报, 2013, 29（9）: 3300-3306.

[13] 张慕刚, 骆飞, 等."两宽一高"地震采集技术工业化应用的进展［J］.地质勘探,2017,37(11): 1-8.

[14] 刘建红, 孟小红, 李合群.西部山地复杂地震资料处理技术研究［J］.地球物理学进展,2008,23(3): 229-233.

[15] 陈骁, 董霞, 等.叠前深度偏移在复杂构造成像研究中的应用——以川东三岔坪高陡构造为例［J］. 地质勘探, 2013, 33（3）: 15-18.

[16] 刘喜武, 刘宇巍, 等.页岩层系天然裂缝地震预测技术研究［J］.石油物探, 2018, 57（4）: 611-617.

[17] 盛新丽.基于三维地震曲率的小断裂识别方法［J］.中国煤炭地质, 2018, 30（S1）: 1674-1803.

[18] 甄宗玉, 郑江峰, 孙佳林, 等.基于最大似然属性的断层识别方法及应用［J］.地球物理学进展, 2020, 35（1）: 374-378.

第六章

四川盆地海相页岩气资源量和储量评价技术

页岩气作为聚集于烃源岩层系的连续型天然气藏，赋存状态以游离气和吸附气为主，在页岩气资源量和储量评价时要考虑这两种相态的气体。目前，国内外页岩气资源评价方法主要有类比法、体积法和统计法等，在勘查阶段主要采用类比法和体积法。页岩气地质储量评价方法主要有静态法（体积法和容积法）、动态法和概率法等，目前主要采用静态法评价。

第一节 页岩气资源量和储量定义

根据 GB/T 19492—2020《油气矿产资源储量分类》，油气矿产资源包括石油、天然气、页岩气和煤层气，指在地壳中由地质作用形成的、可利用的油气自然聚集物。以数量、质量、空间分布来表征，其数量以换算到 20℃、0.101MPa 的地面条件表达，可进一步分为资源量和地质储量两类（图 6-1）。

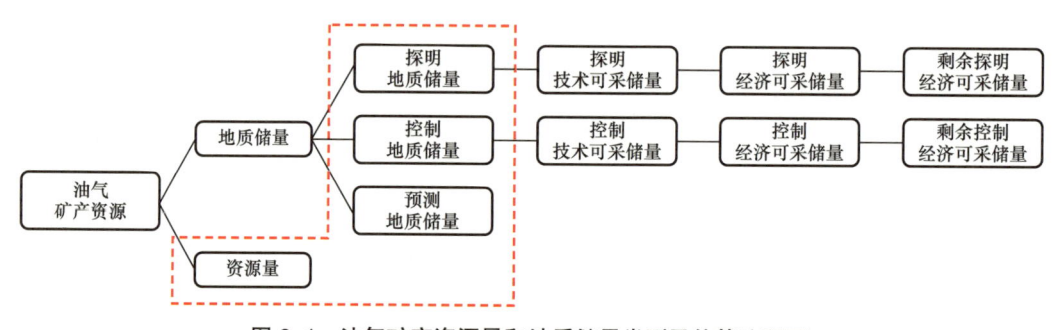

图 6-1 油气矿产资源量和地质储量类型及估算流程图

页岩气资源量指待发现的未经钻井验证的，通过页岩气地质条件、地质规律研究和地质调查，推算的页岩气数量。资源量不再分级。

页岩气地质储量指在钻井发现页岩气后，根据地震、钻井、录井、测井和测试等资料估算的页岩气数量，包括预测地质储量、控制地质储量和探明地质储量，这三级地质储量按勘探开发程度和地质认识程度确定性依次由低到高排列。

页岩气预测地质储量指钻井测试获得页岩气流或综合解释有页岩气层存在，对有进一步勘探价值的页岩气藏所估算的页岩气数量，其确定性低。

页岩气控制地质储量指钻井测试获得页岩气工业气流，经进一步钻探初步评价，对可供开采的页岩气藏所估算的页岩气数量，其确定性中等。

页岩气探明地质储量指钻井获得页岩气工业气流，并经钻探评价证实，对可供开采的页岩气藏所估算的页岩气数量，其确定性高。

页岩气技术可采储量指在地质储量中按开采技术条件估算的最终可采出的页岩气数量。

页岩气经济可采储量指在技术可采储量中按经济条件估算的可商业采出的页岩气数量。

页岩气剩余经济可采储量指页岩气经济可采储量减去页岩气累计产量。

第二节 页岩气资源评价方法及实例

国内外页岩气资源评价方法主要有类比法、体积法和统计法等，在勘查阶段主要采用类比法和体积法。本节以四川盆地五峰组—龙马溪组页岩气为例，介绍页岩气资源评价主要流程。

一、页岩气资源评价方法

目前我国页岩气勘探开发程度较低，主要采用静态法和类比法来评价页岩气资源[1-4]。本书主要介绍体积法、容积法、资源丰度类比法和 EUR 类比法。

1. 静态法

1）体积法

体积法是目前最常用的一种页岩气资源量估算方法，其评价基础考虑了页岩气的赋存方式，即页岩气主要以游离气和吸附气的形式蕴藏在页岩的基质孔隙和裂缝空间内以及吸附在有机质和黏土矿物颗粒表面。因此，体积法估算的是页岩孔隙、裂缝空间内的游离气体积与有机质和黏土矿物颗粒表面的吸附气体积之总和。

其计算公式如下：

$$Q_t = 0.01 Ah\rho q \tag{6-1}$$

式中 Q_t——页岩气资源量，$10^8 m^3$；

A——含气页岩面积，km^2；

h——有效页岩厚度，m；

ρ——页岩密度，t/m^3；

q——含气量，m^3/t。

2）容积法

页岩层段中的游离气主要储集在页岩基质孔隙和夹层孔隙中，可以采用容积法进行计算游离气资源量，该方法计算需要储层厚度、孔隙度、含气饱和度和天然气体积系数等参数。

公式如下：

$$G_y=0.01A_g h\phi S_{gi}/B_{gi} \quad (6-2)$$

式中　G_y——页岩气游离气地质储量，$10^8 m^3$；

　　　A_g——含气面积，km^2；

　　　h——有效厚度，m；

　　　ϕ——有效孔隙度；

　　　S_{gi}——原始含气饱和度；

　　　B_{gi}——原始页岩气体积系数。

页岩吸附气资源量可用体积法计算，计算需要储层厚度、吸附气含量和页岩密度等参数。页岩游离气和吸附气资源量之和即为总的页岩气资源量。此种方法需要计算参数较多，主要适用于低—中勘探程度。

2. 类比法

1）资源丰度类比法

资源丰度类比法是一种由已知区资源丰度推测未知区资源量的方法，即由已知页岩气区（往往以高勘探程度区作为刻度区）单位面积的页岩气资源量，类比确定评价区（往往是低勘探区或未勘探区）单位面积的页岩气资源量，然后计算得到评价区页岩气资源总量的方法。因此，通过对已知勘探成熟区页岩气藏的解剖，建立页岩气藏类比刻度区，在与刻度区成藏地质条件类比的基础上，可以对评价区的页岩气资源量进行估算。资源丰度类比法的计算公式如下：

$$Q=\sum_{i=1}^{n}(A_i f_i a_i)/n \quad (6-3)$$

式中　Q——评价区页岩气资源量，$10^8 m^3$；

　　　A_i——第 i 评价单元面积，km^2；

　　　f_i——第 i 个评价单元所对应的刻度区页岩气资源丰度，$10^8 m^3/km^2$；

　　　a_i——第 i 评价单元与其所对应的刻度区的相似系数，$0<a_i\leq 1$；

　　　n——评价单元个数。

2）EUR 类比法

由刻度区单井 EUR（Estimated Ultimate Recovery）值推测评价单元的单井 EUR

值，再根据预测的钻井数，计算评价区页岩气资源量的一种方法，其计算公式如下：

$$Q=\sum_{i=1}^{n}A_i N_i \text{EUR}_i a_i \qquad (6-4)$$

式中　Q——评价区页岩气资源量，$10^8 m^3$；

　　　A_i——第 i 个评价单元面积，km^2；

　　　N_i——第 i 个评价单元单位面积钻井密度，口$/km^2$；

　　　EUR_i——第 i 个评价单元对应的刻度区 EUR 平均值，$10^8 m^3$；

　　　a_i——第 i 评价单元与其所对应的刻度区的相似系数，$0<a_i\leqslant 1$；

　　　n——评价单元个数。

（1）单位面积井数。根据评价区的类型，类比确定单位面积钻井数量。

（2）EUR 值确定。选择相似的刻度区，采用类比法，确定 EUR 值分布曲线或 EUR 平均值、最小值和最大值。

3. 国内外页岩气资源评价方法对比

通过对比各种页岩气资源评价方法的特点及影响因素，总结出各方法的适用阶段（表 6-1）。

表 6-1　国内外主要页岩气资源评价方法对比表

方法类别	方法名称	特点	影响因素	适用阶段
静态法	体积法（含气量法）	计算过程简单；未考虑储层平面上的非均质性；评价结果不直观	页岩储层参数及含气量	低勘探程度
	小面元容积法	充分利用地质资料；尽量减少非均质性的影响；评价结果可视化	各个地质参数及原始体积系数	低—中勘探程度
类比法	资源丰度类比法	计算过程简单；对地质条件的认识程度要求较高	评价区的地质条件；刻度区的地质条件；评价区与刻度区的相似系数	低—中勘探程度
	EUR 类比法（FORSPAN 法）（美国）	需要大量生产井数据；计算结果更精确	评价单元的选取；最终潜在储量（EUR 值）的估算；变量之间的独立性假设	高勘探程度
	ACCESS 法（美国）	需要大量生产井数据；计算结果更精确；考虑了资源估算的不确定性	评价单元的选取；最终潜在储量（EUR 值）的估算；变量之间的独立性假设	高勘探程度
统计法	递减曲线法（美国、加拿大）	未考虑地质因素，无法预测结果的空间分布特征	递减曲线函数模型选取	中—高勘探程度
	油气资源空间分布预测法（加拿大）	地质因素和统计方法的综合	各个地质参数的空间分布特征	高勘探程度

二、四川盆地五峰组—龙马溪组页岩气资源评价实例

1. 评价单元划分

1）纵向评价单元

根据前人对四川盆地志留系五峰组—奥陶系龙马溪组页岩的研究成果[5-9]，结合岩心观测、分析化验数据和测井曲线等资料进行综合研究，认为五峰组—龙马溪组底部黑色页岩有机碳含量高、孔隙度高、含气量高、脆性矿物含量高（图6-2），是目前四川盆地页岩气勘探开发的主力层段。五峰组和龙马溪组在四川盆地为连续沉积、整合接触，可将两套地层作为一个纵向计算单元。因此，本次资源评价的纵向计算单元为五峰组—龙马溪组优质页岩段（有机碳含量不小于2%）。

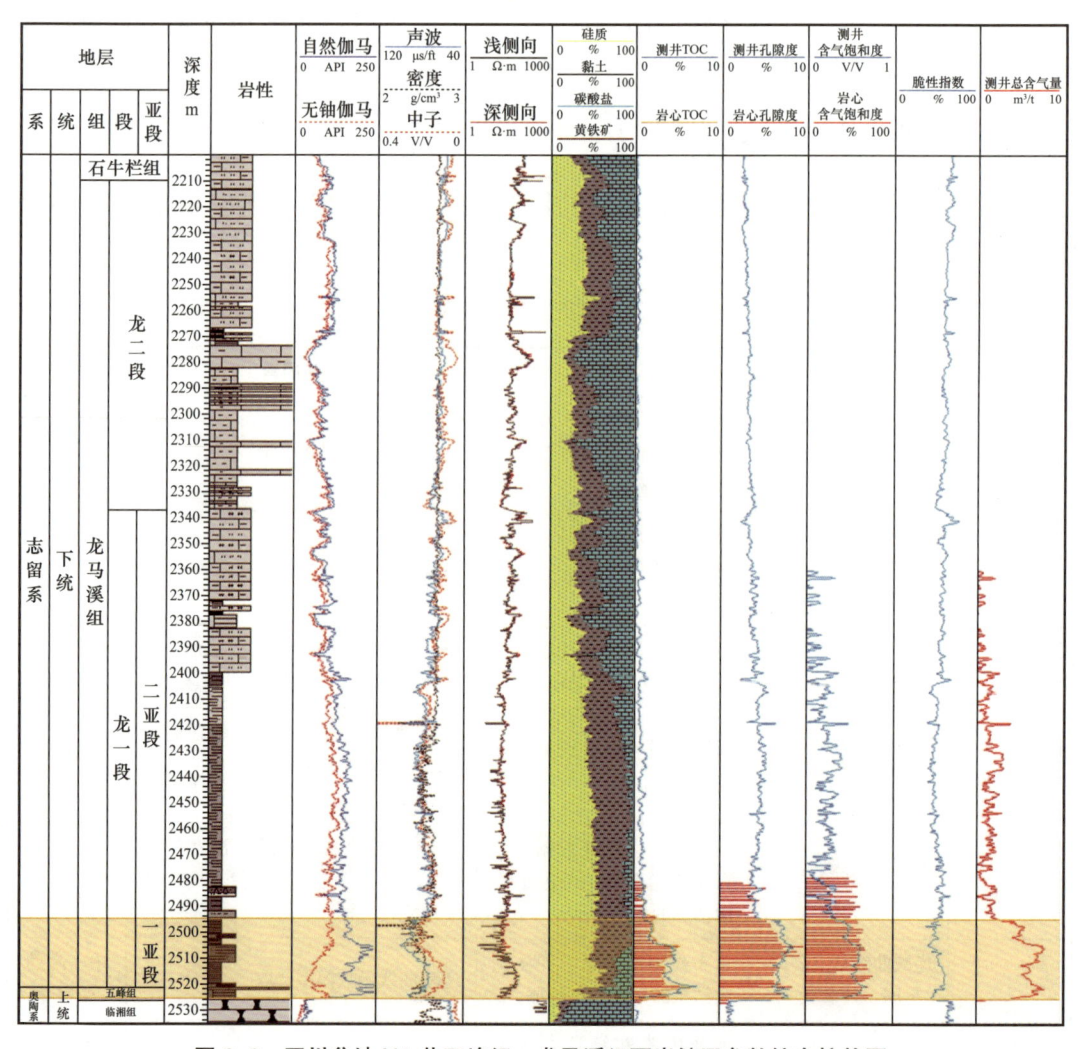

图6-2 四川盆地N1井五峰组—龙马溪组页岩储层参数综合柱状图

2）平面评价单元

根据四川盆地五峰组—龙马溪组构造特征、沉积特征、地层特征和埋深条件等因素，可将四川盆地五峰组—龙马溪组埋深4500m以浅范围划分为威远—泸州、长宁、涪陵、巫溪和川东高陡五个区带（图6-3）。

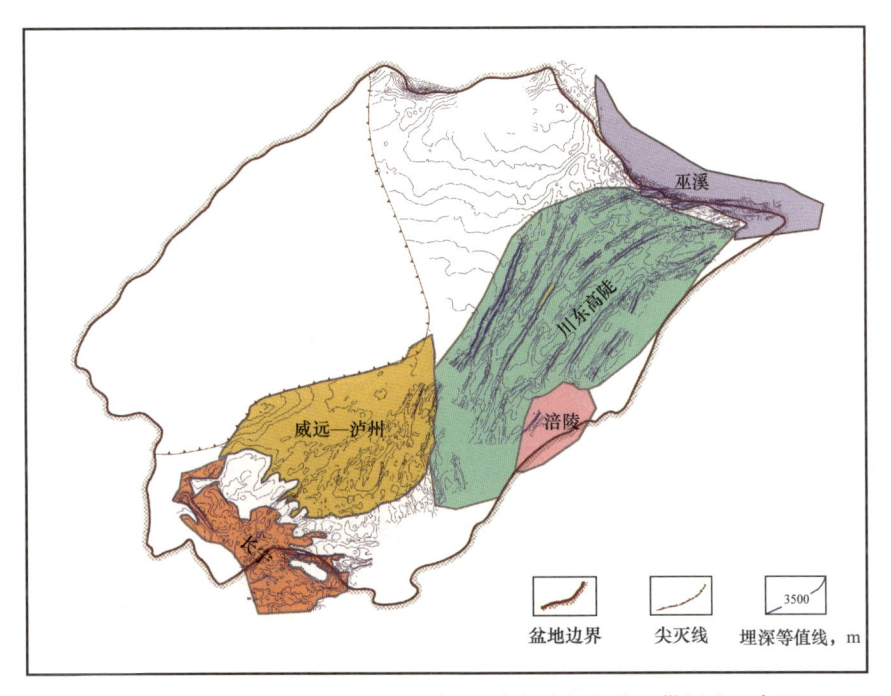

图6-3 四川盆地五峰组—龙马溪组页岩气资源评价区带划分示意图

为进一步对各区带内评价区进行分类评价，本书结合前人页岩气有利区优选标准[10-12]，建立了四川盆地海相页岩气评价区等级划分标准（表6-2）。根据五峰组—龙马溪组优质页岩的沉积、储层、保存和埋深等特征，可将四川盆地五个区带进一步划分为12个评价区（图6-4），其中Ⅰ类区3个、Ⅱ类区4个、Ⅲ类区5个（表6-3）。

表6-2 四川盆地海相页岩气评价区等级划分标准

参数		Ⅰ类区	Ⅱ类区	Ⅲ类区
沉积相		深水陆棚	深水陆棚	深水陆棚
储层条件	有效页岩厚度，m	>30	20~30	<20
	TOC，%	>3	2~3	<2
	R_o，%	1.1~3.5	3~3.5	3.5~4
	有机质类型	Ⅰ	Ⅰ	Ⅰ
	脆性矿物含量，%	>55	35~55	<35
	孔隙类型	基质孔隙和裂缝	基质孔隙为主，少量裂缝	基质孔隙

续表

参数		I 类区	II 类区	III 类区
储层条件	孔隙度, %	>4	2~4	<2
	含气量, m³/t	>3	2~3	<2
保存条件	构造	稳定区, 存在区域盖层, 大断裂不发育	较稳定区, 存在区域盖层, 大断裂不发育	改造区, 靠近剥蚀区, 发育大断裂
	压力系数	>1.2	<1.0~1.2	<1.0
埋深, m		1500~4000	500~1500 或 4000~4500	<500 或 4000~4500

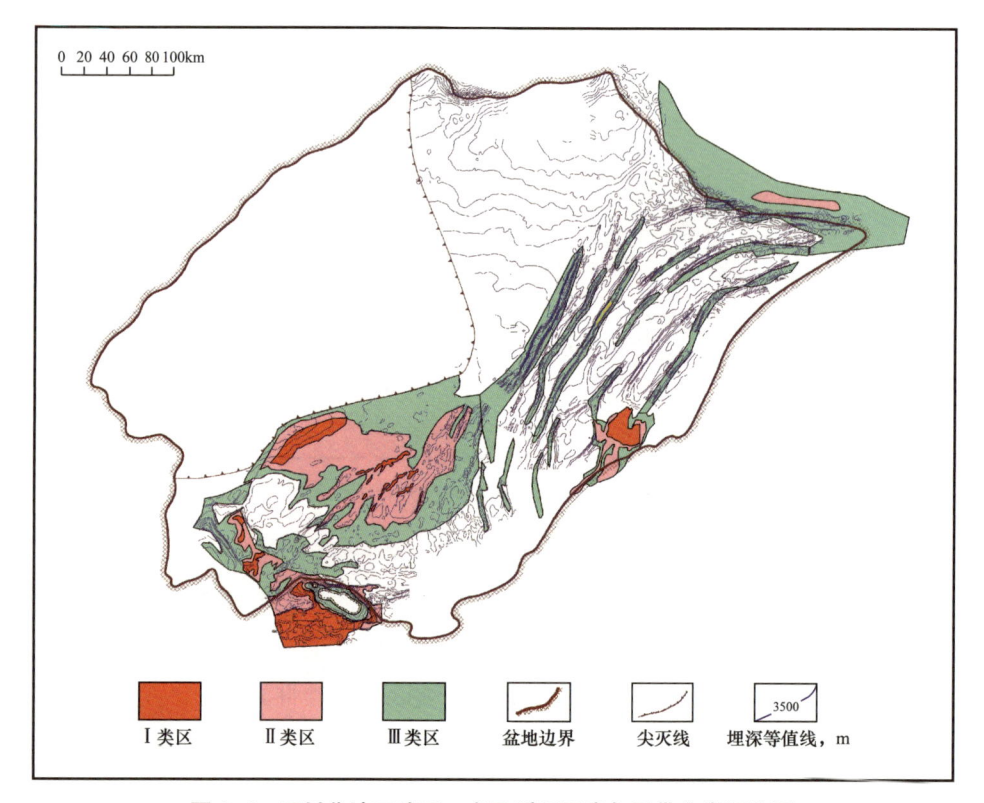

图 6-4 四川盆地五峰组—龙马溪组页岩气区带分类评价图

2. 资源丰度类比法估算资源量

在资源丰度类比法中,优选勘探开发程度高的区块作为页岩气刻度区,与其他评价区进行类比。

1) 页岩气刻度区的建立

类比刻度区的确定遵循以下原则:

(1) 类比刻度区应具备"三高"条件,即勘探程度较高、研究认识程度较高,以及资源探明程度高。

（2）类比刻度区的选择应对不同类型地质评价单元的资源评价具有指导意义。

（3）对各类刻度区按资源丰度进一步细分。

表6-3 四川盆地页岩气有利区带划分结果

资源类型	层系	序号	区带名称	评价区数量		
				Ⅰ类区	Ⅱ类区	Ⅲ类区
页岩气	五峰组—龙马溪组	1	威远—泸州	1	1	1
		2	长宁	1	1	1
		3	涪陵	1	1	1
		4	巫溪	0	1	1
		5	川东高陡	0	0	1
合计				3	4	5

目前长宁、威远、昭通和礁石坝区块是四川盆地页岩气勘探程度最高的区块，本次选取了长宁和威远两个区块作为重点解剖区进行分析（图6-5）。

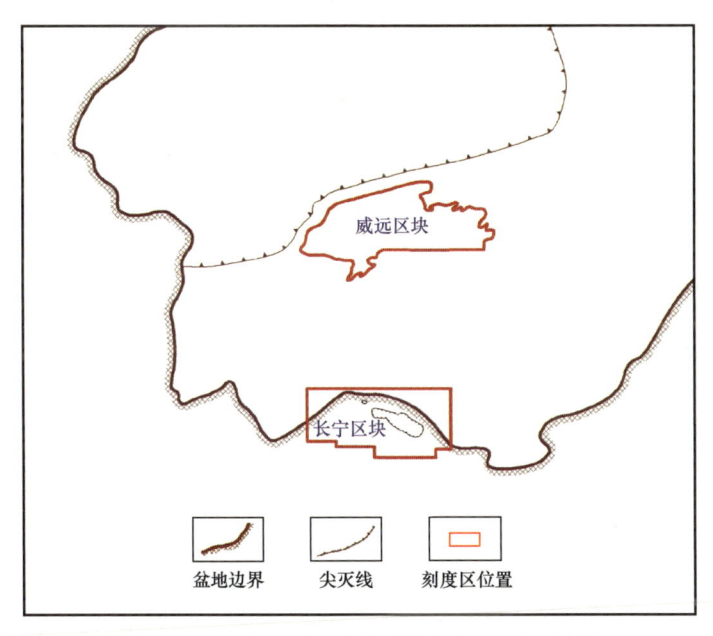

图6-5 长宁、威远区块页岩气解剖区示意图

根据评价区等级划分标准，对长宁、威远解剖区进行详细划分，绘制了长宁、威远页岩气刻度区块等级划分图（图6-6、图6-7），并形成长宁、威远页岩气刻度区资源估算参数表（表6-4）。

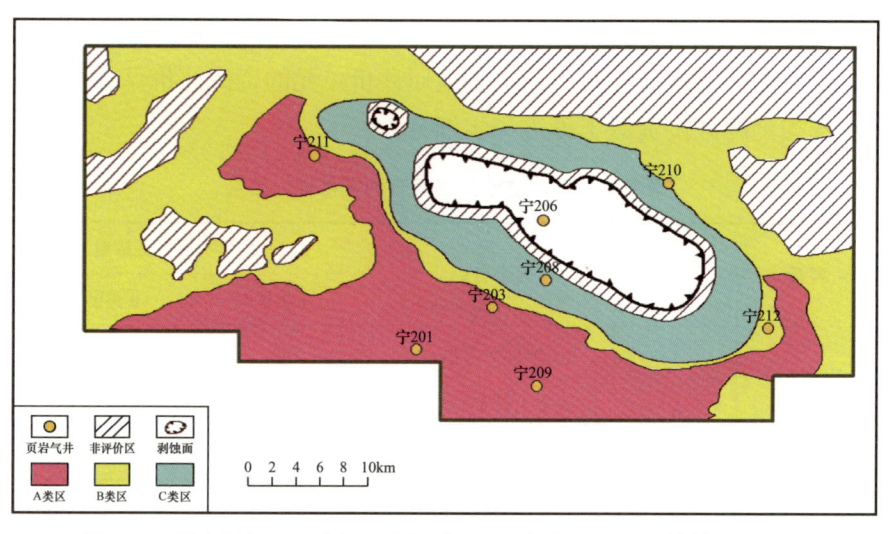

图 6-6 长宁解剖区五峰组—龙马溪组页岩气资源评价区块等级划分图

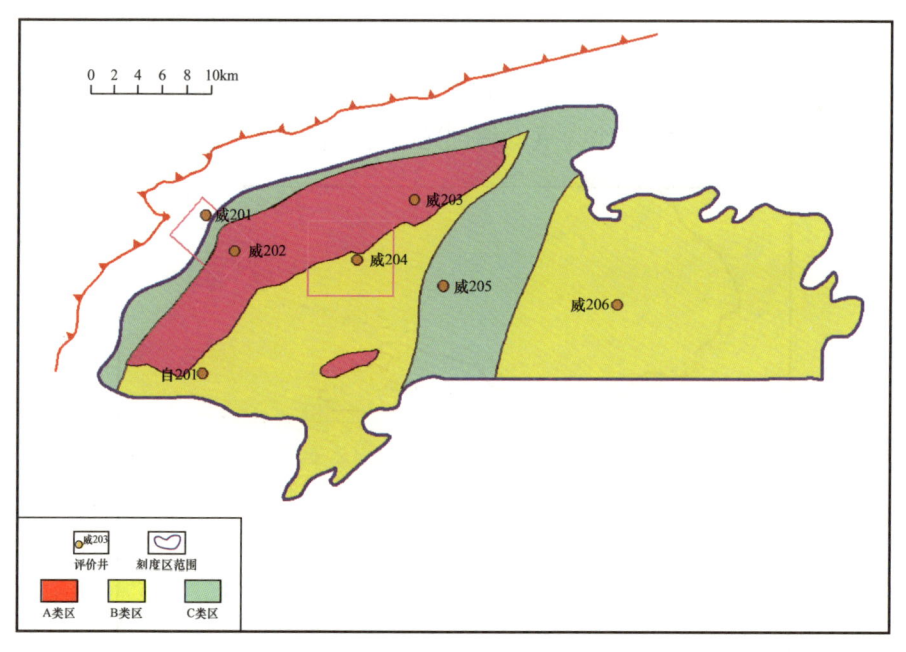

图 6-7 威远解剖区五峰组—龙马溪组页岩气资源评价区块等级划分图

表 6-4 长宁、威远区块页岩气刻度区资源估算参数表

重要参数		威远区块	长宁区块
地层条件沉积环境岩相	页岩地层	五峰组—龙马溪组	五峰组—龙马溪组
	深水陆棚	深水陆棚	
	硅质页岩、钙质硅质混合页岩、硅质黏土质混合页岩	硅质页岩、钙质硅质混合页岩、硅质黏土质混合页岩	

续表

重要参数			威远区块	长宁区块
页岩储层参数	厚度和分布面积	有效页岩面积，km²	4550	2995
		有效页岩厚度（区间/平均）m	37～51/44	20～64/43
	地化参数	TOC（区间/平均），%	1.02～9.64/2.74	1.25～10.56/3.32
		有机质类型	I	I
		有机质成熟度（区间/平均）%	1.78～2.26/2.02	2.40～2.95/2.68
	物性参数	孔隙度（区间/平均），%	3.80～4.80/4.50	3.50～6.28/4.80
		含气饱和度（区间/平均），%	18.73～97.43/60.00	18.73～61.80/55.00
		岩石密度（区间/平均）g/cm³	2.35～2.73/2.52	2.47～2.71/2.55
		天然裂缝发育程度	一般—较差	一般—较差
	含气性参数	总含气量，m³/t	2.41～4.8/3.57	1.58～6.47/3.96
	脆性参数	脆性矿物含量（区间/平均）%	18.5～86.7/76.0	15.6～80.7/65.0
	力学参数	泊松比（区间/平均）	0.16～0.30/0.21	0.16～0.30/0.21
		杨氏模量（区间/平均）	1.1×10^4～5.9×10^4/2.8×10^4	1.1×10^4～5.9×10^4/2.8×10^4
		水平应力差（区间/平均）MPa	15.90～36.17/26.00	15.90～36.17/26.00
保存条件		地层压力系数（区间/平均）	1.20～2.03/1.68	1.00～2.00/1.54
埋藏条件		页岩埋深（顶—底界/平均）m	500～5259/4000	500～3500/2500
I类区页岩气资源丰度，10⁸m³/km²			9.36	9.71
II类区页岩气资源丰度，10⁸m³/km²			6.44	5.77
III类区页岩气资源丰度，10⁸m³/km²			2.58	1.65

2）参数取值及依据

首先按照四川盆地海相页岩气有利区评价参数与标准对五个区带12个评价区的储集条件、烃源条件、含气性和保存条件进行打分，最终得到加权评价分，再计算相似系数，与长宁解剖区I类区、II类区、III类区进行类比，根据相似系数和刻度区的面积资源丰度，求出评价区地质资源量（表6-5、表6-6）。

表 6-5 四川盆地海相页岩气区带评价参数打分表一

地质条件	参数名称	权重系数	长宁 Ⅰ类区 分值	长宁 Ⅱ类区 分值	长宁 Ⅲ类区 分值	威远—泸州 Ⅰ类区 分值	威远—泸州 Ⅱ类区 分值	威远—泸州 Ⅲ类区 分值
储层条件	有效页岩厚度, m	0.4	4	4	4	4	4	4
	微裂缝发育程度	0.1	2	2	2	3	3	1
	孔隙类型	0.1	4	4	4	4	4	3
	有效孔隙度, %	0.3	4	3	4	4	4	4
	脆性矿物含量, %	0.1	4	4	4	4	3	3
烃源条件	烃源层厚度, m	0.4	3	3	3	4	4	4
	TOC, %	0.2	3	3	4	4	2	2
	R_o, %	0.2	4	4	4	4	4	4
	有机质类型	0.2	4	4	4	4	4	4
保存条件	构造活动强度	1	3	2	1	3	2	1
含气性	页岩气含气量, m^3/t	1	4	3	2	4	3	3
加权平均分			3.55	2.98	2.60	3.73	3.10	2.78
资源丰度, $10^8 m^3/km$			9.36	6.44	2.58	9.71	5.77	1.65

表 6-6 四川盆地海相页岩气区带评价参数打分表二

地质条件	参数名称	权重系数	涪陵 Ⅰ类区 分值	涪陵 Ⅱ类区 分值	涪陵 Ⅲ类区 分值	巫溪 Ⅰ类区 分值	巫溪 Ⅱ类区 分值	川东高陡 Ⅲ类区 分值
储层条件	有效页岩厚度, m	0.4	4	4	4	4	4	4
	微裂缝发育程度	0.1	4	3	3	2	2	3
	孔隙类型	0.1	4	4	3	4	3	2
	有效孔隙度, %	0.3	4	4	3	1	1	4
	脆性矿物含量, %	0.1	4	4	3	4	3	2
烃源条件	烃源层厚度, m	0.4	4	4	4	4	4	4
	TOC, %	0.2	4	4	4	3	3	4

续表

地质条件	参数名称	权重系数	涪陵 I类区 分值	涪陵 II类区 分值	涪陵 III类区 分值	巫溪 I类区 分值	巫溪 II类区 分值	川东高陡 III类区 分值
烃源条件	R_o，%	0.2	4	4	4	4	4	4
	有机质类型	0.2	4	4	4	4	4	4
保存条件	构造活动强度	1	3	1	1	2	1	1
含气性	页岩气含气量，m^3/t	1	4	2	1	2	1	1
	加权平均分		3.80	2.77	2.32	2.63	2.07	2.35
	资源丰度，$10^8m^3/km$		9.83	5.89	2.25	5.59	2.01	2.28

3）资源量估算结果

通过资源丰度分级类比评价计算，四川盆地五峰组—龙马溪组页岩气地质资源量为 $17.81×10^{12}m^3$（表6-7），长宁区块为 $4.92×10^{12}m^3$，威远—泸州区块为 $7.47×10^{12}m^3$，涪陵区块为 $1.31×10^{12}m^3$，巫溪区块为 $2.11×10^{12}m^3$，川东高陡 $2.00×10^{12}m^3$。

表6-7 四川盆地五峰组—龙马溪组页岩气资源量统计表（资源丰度类比法）

区块	地质资源量计算结果，10^8m^3 I类区	II类区	III类区	小计
长宁	23250	15186	10728	49164
威远—泸州	11146	45906	17634	74686
涪陵	5935	5452	1721	13108
巫溪	0	3063	18034	21097
川东高陡	0	0	20001	20001
合计	40331	69607	68118	178056

I类区地质资源量 $4.03×10^{12}m^3$，长宁区块为 $2.33×10^{12}m^3$，威远—泸州区块为 $1.11×10^{12}m^3$，涪陵区块为 $0.59×10^{12}m^3$。

II类区地质资源量 $6.96×10^{12}m^3$，长宁区块为 $1.52×10^{12}m^3$，威远—泸州区块为 $4.59×10^{12}m^3$，涪陵区块为 $0.55×10^{12}m^3$，巫溪区块为 $0.31×10^{12}m^3$。

III类区地质资源量 $6.81×10^{12}m^3$，长宁区块为 $1.07×10^{12}m^3$，威远—泸州区块为 $1.76×10^{12}m^3$，涪陵区块为 $0.17×10^{12}m^3$，巫溪区块为 $1.80×10^{12}m^3$，川东高陡 $2.00×10^{12}m^3$。

3. 体积法估算资源量

1）参数取值和依据

体积法涉及的关键参数为有效页岩面积、有效页岩厚度、含气量和页岩密度。

（1）有效页岩面积。

对于有效页岩分布面积的选取，按照本文评价参数和指标，采用了多参数叠加法，将有机质丰度（TOC≥2.0%）、地层埋深（4500m以浅）和地表保存条件（构造平缓、无大的断层）等条件进行叠加，最终确定有效页岩储层分布面积（表6-8）。

表6-8 四川盆地龙马溪组页岩气资源量参数取值表（体积法）

区带	面积，km^2	有效厚度，m 低值	中值	高值	含气量，m^3/t 低值	中值	高值	密度，g/cm^3 低值	中值	高值
威远—泸州	19791	30	38.5	54	2.4	4.4	7.2	2.32	2.55	2.66
长宁	9000	30	34	49	2.5	4.5	7.3	2.37	2.53	2.72
涪陵	2295	35	40	45	2.43	5	6.9	2.47	2.57	2.73
川东高陡	8775	30	41	50	2.5	3.2	5.6	2.47	2.57	2.73
巫溪	9530	38	42	55	—	2.76	—	2.4	2.55	2.6

（2）有效页岩厚度。

四川盆地五峰组—龙马溪组底部优质页岩发育，这里统计的有效页岩厚度为五峰组—龙一$_1$亚段TOC大于2%的页岩厚度，有效页岩厚度范围为30～55m，平均厚度40余米。

（3）页岩含气量。

根据四川盆地各区带内评价井的现场含气量测试和测井解释资料，得到各区带五峰组—龙马溪组页岩含气量取值。

（4）页岩密度。

根据四川盆地各区带内评价井的岩心密度实验和测井解释资料，得到各区带五峰组—龙马溪组页岩密度取值。

2）资源量估算结果

四川盆地五峰组—龙马溪组页岩气地质资源量$14.29×10^{12}$～$29.52×10^{12}m^3$，期望值$21.16×10^{12}m^3$。其中威远—泸州区块地质资源量期望值为$9.48×10^{12}m^3$；长宁区块地质资源量期望值为$4.11×10^{12}m^3$；涪陵区块地质资源量期望值为$1.14×10^{12}m^3$；巫溪区块地质资源量期望值为$2.98×10^{12}m^3$；川东高陡区块地质资源量期望值为$3.45×10^{12}m^3$（表6-9）。

表 6-9　四川盆地五峰组—龙马溪组页岩气资源量（体积法）

区带	面积，km²	概率，%	地质资源量，10⁸m³
威远—泸州	19791	95	58810
		50	92520
		5	138600
		期望值	94820
长宁	9000	95	26316
		50	40218
		5	59116
		期望值	41135
涪陵	2295	95	7431
		50	11450
		5	15150
		期望值	11370
巫溪	9530	95	26220
		50	29450
		5	34310
		期望值	29760
川东高陡	8775	95	24110
		50	33610
		5	48070
		期望值	34470
合计	49391	95	142887
		50	207248
		5	295246
		期望值	211555

4. 资源量综合评价

通过对资源丰度类比法和体积法的资源量结果进行加权计算，本次资源丰度类比法的权重取 0.8，体积法权重取 0.2，计算出四川盆地五峰组—龙马溪组页岩气地质资源量为 $18.48 \times 10^{12} m^3$。其中威远—泸州区块为 $7.87 \times 10^{12} m^3$，长宁区块为 $4.76 \times 10^{12} m^3$，巫溪区块为 $2.28 \times 10^{12} m^3$，涪陵区块为 $1.28 \times 10^{12} m^3$，川东高陡区块 $2.29 \times 10^{12} m^3$（表 6-10）。

表 6-10 四川盆地五峰组—龙马溪组页岩气资源量统计表

区块	地质资源量，$10^8 m^3$
威远—泸州	78713
长宁	47557
涪陵	12760
巫溪	22830
川东高陡	22895
合计	184755

第三节 页岩气储量评价方法及实例

依据目前页岩气行业标准，页岩气储量评价要求气井产量、储层参数、勘探程度和地质认识程度满足起算要求。页岩气储量评价方法主要有静态法（体积法和容积法）、动态法和概率法等，目前主要采用静态法评价。本书以四川盆地典型页岩气田为例，介绍页岩气储量评价主要流程。

一、储量起算标准

根据 DZ/T 0254—2020《页岩气资源量和储量估算规范》，页岩气储量起算标准包括：试采 3 个月的单井平均产气量下限、页岩含气量下限、总有机碳含量下限、镜质组反射率下限、页岩中脆性矿物含量下限、勘探程度和地质认识程度要求等有关起算标准。另行估算的起算标准应不低于规范的起算标准。

储量起算标准分别如下：

（1）试采 3 个月的单井平均产气量下限标准见表 6-11。其中，试采 3 个月的单井平均产气量下限是进行储量估算应达到的最低经济条件，各地区可根据当地价格和成本等测算求得只回收开发井投资的试采 3 个月的单井平均产气量下限；也可用平均的操作费和气价求得平均井深的试采 3 个月的单井平均产气量下限，再根据实际井深求得不同井深的试采 3 个月的单井平均产气量下限。

表 6-11 试采 3 个月的单井平均产气量下限标准

气藏埋深，m	直井产气量，$10^4 m^3/d$	水平井产气量，$10^4 m^3/d$
≤500	0.05	0.5
500~1000	0.1	1.0
1000~2000（不含 1000）	0.2	2.0

续表

气藏埋深，m	直井产气量，$10^4 m^3/d$	水平井产气量，$10^4 m^3/d$
2000～3000（不含 2000）	0.4	4.0
>3000	1.0	6.0

注：试采 3 个月的单井平均产气量指试采前 3 个月获得的单井平均日产气量。

（2）页岩含气量下限标准见表 6-12。

（3）总有机碳含量下限标准 TOC≥1%。

表 6-12 含气量下限标准

页岩有效厚度，m	含气量，m^3/t
>50	1
50～30	2
<30	4

（4）镜质组反射率下限标准 R_o≥0.7%。

（5）页岩中脆性矿物含量下限标准，即脆性矿物含量≥30%。

（6）勘查程度和地质认识程度要求（表 6-13）是进行储量计算的地质可靠程度的基本条件。

表 6-13 页岩气各级地质储量勘查程度和认识程度要求
（引自 DZ/T 0254—2020《页岩气资源量和储量估算规范》）

储量分级	探明地质储量	控制地质储量	预测地质储量
勘查程度	（1）关于页岩气层的地震、钻井、测井等工作量，按照 DZ/T 0217—2020《石油天然气储量估算规范》中有关天然气的要求执行。 （2）有一定能满足储量计算要求的页岩气参数井；页岩气参数井页岩层段全部取心，建立完整取心剖面，收获率>80%；进行了地球物理测井，查明储层裂隙发育情况。在钻井资料控制下，精确解释储层含气量、TOC、地应力方向等参数；通过实验和测试获得分析化验资料，TOC、矿物成分、物性、含水饱和度等关键参数分析化验资料，含气量关键参数规定见 DZ/T 0254—2020。 （3）页岩气层已进行了小型直井井网和水平井组开发实验，若评价井取心资料与压裂效果较好的井对比类似，则该评价井可不压裂，直接侧钻为水平井；经试采 3 个月以上已取得了关于气井压力、产气量等动态资料；在建产区完成三维地震（受地表条件限制，未完成三维地震地区，需进行高密度测网二维地震），精确查明建产区构造形态和单元、断层发育、岩石力学参数和 TOC 平面分布等特征；应有一定数量试采井，若气藏地质条件一致，可借用试采或生产成果	已钻页岩气参数井，根据需要进行了页岩气层取心和测井，并获得了关于地应力方向、岩性、含气量、气水性质、页岩气层物性、压力等资料	关键部位有参数井，页岩气层已有取心资料，进行了岩心分析、地化分析、含气量、气水性质、压力等分析，获得了相关资料

续表

储量分级	探明地质储量	控制地质储量	预测地质储量
认识程度	储层的构造形态清楚，查明断层发育情况，顶底地层岩性和水层分布、储层厚度、TOC、压力系数、R_o、孔隙度、渗透率、含水饱和度、脆性矿物、岩石力学参数、地应力分布、矿物成分等分布变化情况清楚，储量参数研究深入，选值可靠；经过试采取得了生产曲线，获得了气井产能认识；完成了初步开发设计或正式开发方案，确定了合理的开发井型、井距、适用的钻井压裂工艺技术和单井合理产量，有五年开发计划，经济可采储量经济评价后开发是经济的	页岩气层构造形态、厚度、TOC、R_o、产层物性、脆性矿物含量等情况基本清楚；进行了储量参数研究，选值基本可靠；经试采取得了生产曲线，基本了解气井产能；进行了初步经济评价或开发评价，完成了开发概念设计，开发是经济的或次经济的	初步查明了页岩气层构造形态、厚度、TOC、R_o、产层物性、脆性矿物含量等分布变化；由气田钻井合理推测或少数参数井初步确定了储量参数；未进行试采，通过类比求得气井产能；只进行了地质评价

二、储量计算单元划分原则

储量计算单元划分应充分考虑构造、页岩气层非均质性等地质条件，结合井控等情况综合确定。

1. 纵向计算单元

计算单元纵向上一般按含气页岩层段，结合含气量、孔隙度、脆性矿物含量、总有机碳含量和压裂技术（纵向压裂缝长）等因素确定计算单元。一般单个计算单元不超过100m。

2. 平面计算单元

计算单元平面上一般按井区确定。面积很大的气藏，视不同情况可细分单元；当气藏类型、页岩气层类型相似，且含气连片或叠置时，可合并为一个计算单元。含气面积跨两个及以上的矿业权证或省份的，按矿业权证或省份细化计算单元。含气面积与自然保护区等禁止勘查开采区域有重叠的，应分重叠区和非重叠区划计算单元。

三、储量评价方法

页岩气以吸附气、游离气和溶解气三种状态储藏在页岩层段中，页岩气总地质储量为游离气、吸附气和溶解气的地质储量之和；当页岩层段中不含原油时则无溶解气地质储量。根据DZ/T0254—2020《页岩气资源量和储量估算规范》，页岩气地质储量估算方法主要采用静态法和动态法；可采用确定性方法，也可采用概率法。

静态法包括体积法和容积法，其精度取决于对气藏地质条件和储层条件的认识，也取决于有关参数的精度和数量。吸附气地质储量采用体积法估算，游离气和溶解气地质储量采用容积法估算。

当页岩气勘探开发阶段已取得较丰富的生产资料时，可采用动态法估算，根据产量、压力数据的可靠程度，划分探明地质储量和控制地质储量。

1. 静态法

目前页岩气地质储量主要以静态法计算，采用体积法计算吸附气地质储量，容积法计算游离气地质储量，二者之和为总地质储量。

1）体积法

计算页岩气层中的吸附气地质储量：

$$G_x = 0.01 A_g h \rho_y C_x \tag{6-5}$$

2）容积法

计算页岩气层中的游离气地质储量：

$$G_y = 0.01 A_g h \phi S_{gi}/B_{gi} \tag{6-6}$$

页岩气藏的地质储量 G_z：

$$G_z = G_x + G_y \tag{6-7}$$

式中　G_z——页岩气总地质储量，$10^8 m^3$；

G_x——页岩吸附气地质储量，$10^8 m^3$；

G_y——页岩游离气地质储量，$10^8 m^3$；

A_g——含气面积，km^2；

h——有效厚度，m；

ρ_y——页岩密度，t/m^3；

C_x——页岩吸附气含量，m^3/t；

ϕ——有效孔隙度；

S_{gi}——原始含气饱和度；

B_{gi}——原始页岩气体积系数。

2. 动态法

主要采用物质平衡法、弹性二相法和产量递减法估算页岩气地质储量（SY/T 6098—2010《天然气可采储量计算方法》）。

（1）物质平衡法：采用物质平衡法的压降图（视地层压力与累计产量关系图）直线外推法，废弃视地层压力为零时的累计产量即为页岩气地质储量。

（2）弹性二相法：采用井底流动压力与开井生产时间的压降曲线图直线外推法，废弃相对压力为零时可估算单井控制的页岩气地质储量。

（3）产量递减法：对于处于递减阶段生产的气藏，可采用产量与时间的统计资料估算页岩气地质储量，可根据驱动类型和开发方式等选择合理的估算方法，估算页岩气技术可采储量和选取技术采收率，由此求得页岩气地质储量。

3. 概率法

概率法主要要求如下：

（1）根据构造、储层、地层与岩性边界、气藏类型等，确定含气面积的变化范围。

（2）根据地质条件、下限标准、测井解释等，分别确定有效厚度和单储系数的变化范围。

（3）根据储量估算参数的变化范围，求得储量累积概率曲线，按规定概率值估算各类地质储量。

四、储量计算参数确定

1. 含气面积

根据 DZ/T 0254—2020《页岩气资源量和储量估算规范》要求，含气面积边界的圈定要充分利用地震、钻井、测井和测试（含试气和试采）等资料，综合研究气藏分布规律，确定气藏边界，编制反映气藏（储集体）顶（底）面形态的海拔高度等值线图，圈定含气面积。

储量计算单元的边界，由查明的页岩气藏的各类地质边界，如断层、地层变化（变薄、尖灭、剥蚀、变质等）边界确定；若未查明含气边界，主要由达到储量起算下限（单井平均产气量下限、含气量下限等）的页岩气井圈定，也可以由矿权区边界、自然地理边界或人为划定的储量计算线等圈定。

根据地质储量级别的不同，含气面积可分为探明含气面积、控制含气面积和预测含气面积，不同含气面积圈定的要求不同，主要就页岩气探明地质储量计算中的探明含气面积的圈定进行论述。

页岩气探明地质储量计算应达到 DZ/T 0254—2020《页岩气资源量和储量估算规范》中对页岩气各级地质储量勘查程度和认识程度要求。探明含气面积的圈定原则有以下三点：

（1）依据测试资料证实的流体界面圈定的含气面积。

（2）钻井和测井、地震综合确定的页岩气藏边界（即断层、尖灭、剥蚀等地质边界），达到储量起算标准（单井平均产气量下限、含气量下限等）的下限边界。

（3）当地质边界或含气边界未查明时，沿边部页岩气井（达到产气量下限标准）外推，探明面积边界外推距离不大于开发井距的1～1.5倍，可分以下情况：① 1口井达到产气量下限值时，以此井为中心外推1～1.5倍开发井距。② 在有多口相邻井达到产气量下限值时，若其中有两口相邻井井间距离超过3倍开发井距，可分别以这两口井为中心外推1～1.5倍开发井距。③ 在有多口相邻井达到产气量下限值时，若其中有两口相邻井井间距离超过2倍开发井距，但小于3倍开发井距时，井间所有面积都计为探明面积，同时可以这2口井为中心外推1～1.5倍开发井距作为探明面积边界。④ 在有多口相邻井达到产气量下限值，且井间距离都不超过两个开发井距时，探明面积边界可以边缘井为中心外推1～1.5倍开发井距。⑤ 由于特殊原因也可由矿权区边界、自然地理边界或人为储量计算线等圈定。作为探明面积边界距离边部页岩气井（达到产气量下限标准）不大于1～1.5倍开发井距。

控制、预测含气面积的边界在未查明时，也可沿边部页岩气井（达到产气量下线标准）外推，具体外推距离视页岩气层稳定程度和构造复杂程度确定，控制含气面积边界一般为探明含气面积边界外推距离的2倍，预测含气面积边界一般为控制含气面积边界外推距离的2倍。

2. 有效厚度

探明地质储量的有效厚度标准的确定应制定气层划分标准；应以岩心分析资料和测井解释资料为基础，以测试资料为依据，在研究岩性、物性、电性与含气性关系后，确定其有效厚度划分的岩性、页岩含气量、总有机碳含量、镜质组反射率、脆性矿物含量等下限标准；有效厚度应主要根据钻井取心、测井、试气试采等资料划定，井斜过大时应进行井斜和厚度校正。

以测井解释资料划分有效厚度时，应对有关测井曲线进行必要的井筒环境（如井径变化等）校正和不同测井系列的归一化处理。以岩心分析资料划分有效厚度时，气层段应取全岩心，收获率不低于80%。储量区有效厚度取值可采用井点值算术平均法、等值线面积权衡法和井点控制面积法等。

3. 页岩吸附气含量

吸附气含量可通过等温吸附实验法得到。等温吸附实验法：通过页岩样品的等温吸附实验来模拟样品的吸附过程及吸附量，通常采用兰格缪尔模型描述其吸附特征。根据该实验得到的等温吸附曲线可以获得不同样品在不同压力（深度）下的最大吸附含气量，也可通过实验确定该页岩样品的兰格缪尔方程估算参数。储量区吸附气量取值可采用井点值算术平均法、等值线面积权衡法和井点控制面积法等。

4. 页岩质量密度

页岩质量密度为视页岩质量密度，可由取心实验测定方法获得。含气页岩层段可采用平均页岩质量密度。页岩质量密度通常平面上变化一般较小，取值可采用井点值算术平均法和井点控制面积法等。

5. 有效孔隙度

通过对岩心样品进行气测校正、覆压孔隙度校正，在此基础上刻度测井，开展单井有效孔隙度精细计算与评价，获取可靠的测井精细解释成果。储量区孔隙度取值可采用井点值算术平均法、等值线面积权衡法和井点控制面积法等方法。

6. 含气饱和度

单井含气饱和度是结合页岩气层分类标准，利用测井解释有效厚度、有效孔隙度进行厚度、孔隙度权衡后计算的平均含气饱和度。储量区含气饱和度取值可采用井点值算术平均法、等值线面积权衡法和井点控制面积法等方法。

7. 原始天然气体积系数

在单井已取得天然气高压物性资料的情况下，可以根据实验分析数据来确定气藏页岩气体积系数换算因子。

在未取得高压物性资料的情况下，可以通过获取的地层温度和地层压力数据，结合实验所测的页岩气组分和相对密度求得原始气体偏差因子，并通过公式得到原始页岩气体积系数：

$$B_{gi}=p_{sc}Z_iT/p_iT_{sc} \tag{6-8}$$

式中 B_{gi}——原始页岩气体积系数；

p_{sc}——地面标准压力，MPa；

p_i——原始地层压力，MPa；

Z_i——原始气体偏差系数；

T——地层温度，K；

T_{sc}——地面标准温度，K。

储量区原始天然气体积系数取值可采用井点值算术平均法、等值线面积权衡法和井点控制面积法等方法。

五、四川盆地页岩气地质储量计算实例

1. 储量计算方法

本节以四川盆地 W 页岩气田 W2 井区五峰组—龙马溪组一段页岩气探明储量计算为例，采用静态法（体积法和容积法）。

2. 储量计算单元

1）纵向计算单元

W 页岩气田 W2 井区五峰组—龙一段气藏具有自生自储、大面积层状分布、整体含气的特点。通过对气层纵向发育特点分析认为，可将五峰组—龙一段纵向作为一个计算单元开展储量计算，其主要依据如下：

（1）纵向上气层集中发育，主力气层跨度小于 100m。

W 页岩气田评价井资料显示五峰组—龙一段气层主要集中在五峰组—龙一段下部，气层跨度集中在 35~50m 范围内，纵向上页岩气层连续性好，页岩气层间没有明显的致密隔层和夹层，主力气层跨度小于 100m（图 6-8），根据储量规范，可视为一个计算单元。

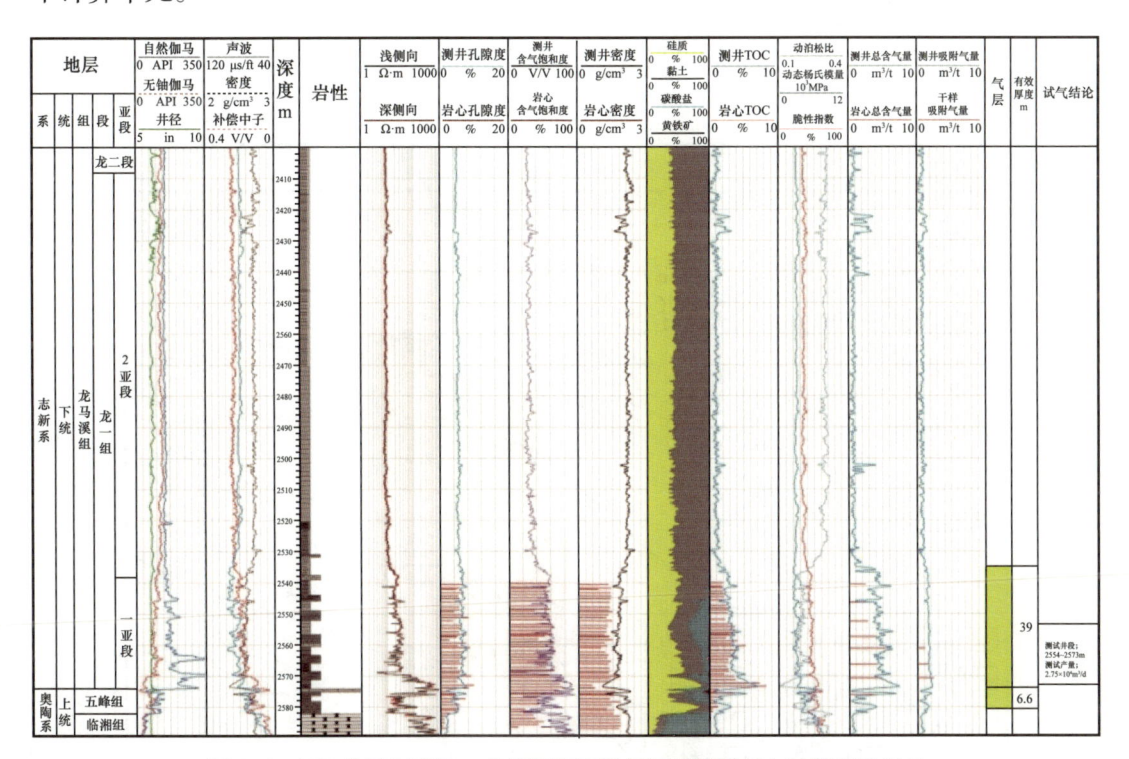

图 6-8　W2 井区五峰组—龙马溪组页岩气探明储量纵向计算单元划分

（2）纵向计算单元储层参数满足规范要求。

区内计算单元有效储层厚度在23.3~47.5m之间，含气量在2.4~7.3m³/t之间，TOC为1.6%~3.4%，R_o>2%，储层参数满足储量规范所要求的"当有效储层厚度为30~50m，含气量≥2m³/t，TOC≥1%，R_o≥0.7%，脆性矿物含量≥30%"。

（3）水平井压裂改造裂缝高度，能有效连通纵向计算单元。

通过W区块水平井压裂微地震监测结果显示压裂缝高为60~100m，表明通过有效的水力压裂改造，所形成的人工裂缝能有效地连通纵向计算单元的页岩层段，整个计算单元的页岩层段对气井产气都有贡献。

因此，本次储量计算纵向上可将五峰组—龙一段作为一个储量计算单元。

2）平面计算单元

W页岩气田W2井区五峰组—龙一段页岩储层大面积连续分布，厚度较稳定，测井解释含气量较高。高分辨率三维地震储层反演预测也表明W2井区五峰组—龙一段页岩储层大面积连续发育，厚度稳定。W页岩气田W2井区离剥蚀区相对较远，保存条件较好，压力系数均大于1.2。

本次探明储量申报范围以W2井区试采井、正试井和正钻井所能控制的含气区，将本次探明储量申报区划分为一个储量计算单元：W2井区（表6-14、图6-9）。

表6-14 W2井区五峰组—龙马溪组一段页岩气计算单元划分表

区块	纵向单元	平面单元
W页岩气田	五峰组—龙一段	W2井区

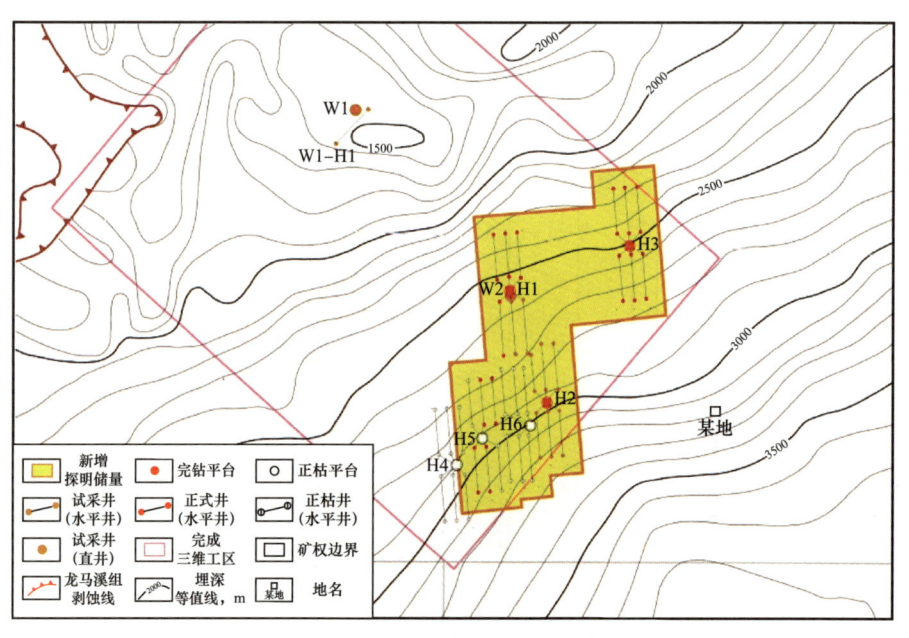

图6-9 W2井区页岩气探明储量含气面积图

3. 地质储量计算参数取值

1）含气面积

根据储量规范中探明地质储量含气面积圈定原则，在 W 页岩气田内钻井、测试成果基础上，依据精细构造解释、页岩储层地震预测、页岩储层综合评价及气藏特征分析等成果认识，综合确定 W 页岩气田 W2 井区五峰组—龙一段页岩气探明储量含气面积 48.23km²（图 6-9）。

2）储层参数

W 页岩气田 W2 井区五峰组—龙一段页岩气藏有效厚度、孔隙度、含气饱和度、吸附气量和原始天然气体积系数等储量计算参数主要采用井点算术平均法和等值线网格面积权衡法（图 6-10）两种方法，综合分析确定出合理的储量计算参数（表 6-15）。

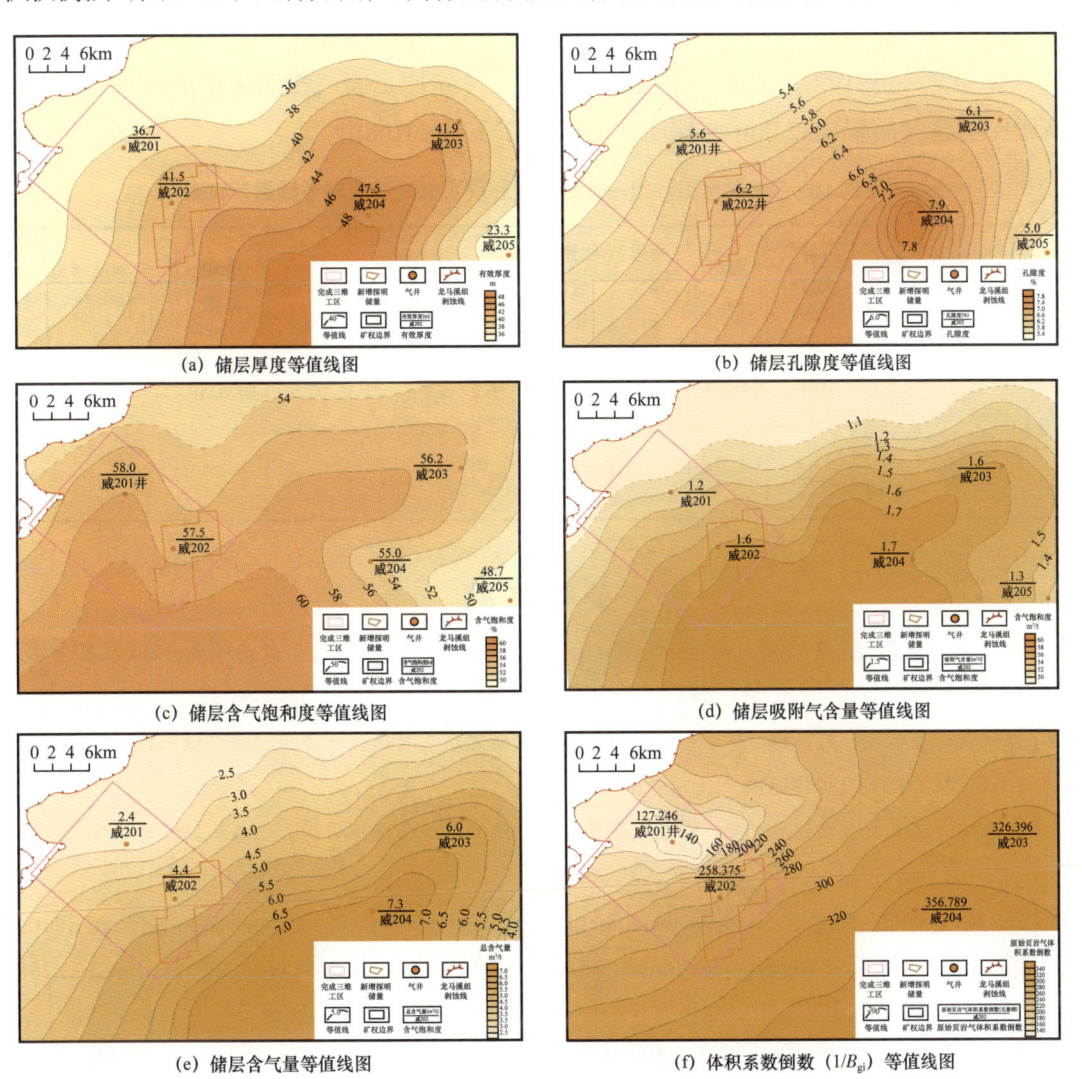

(a) 储层厚度等值线图

(b) 储层孔隙度等值线图

(c) 储层含气饱和度等值线图

(d) 储层吸附气含量等值线图

(e) 储层含气量等值线图

(f) 体积系数倒数（$1/B_{gi}$）等值线图

图 6-10　W2 井区五峰组—龙马溪组一段储量计算参数等值线图

表 6-15　W2 井区五峰组—龙一段储量计算参数取值表

储量计算参数	井点算术平均法	等值线网格面积权衡法	综合取值
有效厚度，m	41.5	41.6	41.5
有效孔隙度，%	6.2	6.2	6.2
含气饱和度，%	57.5	58.09	57.5
吸附气含量，m³/t	1.6	1.6	1.6
岩石密度，g/cm³	2.57	—	2.57
体积系数	—	0.00359	0.00359

4. 地质储量计算结果

W 页岩气田 W2 井区五峰组—龙马溪组一段新增页岩气探明地质储量见表 6-16，新增探明含气面积 48.23km²，探明地质储量 273.51×10⁸m³。

表 6-16　W2 井区五峰组—龙马溪组一段页岩气探明地质储量计算表

储量类别	层位	计算方法	页岩气赋存状态	面积 km²	有效厚度 m	吸附气含量 m³/t	孔隙度 %	密度 g/cm³	含气饱和度 %	体积系数	地质储量 10⁸m³/km²
探明	五峰组—龙一段	容积法	游离气	48.23	41.5		6.2		57.5	0.00359	198.76
		体积法	吸附气	48.23	41.5	1.6		2.57			74.75
											273.51

参 考 文 献

[1] 郭秋麟，周长迁，陈宁生，等. 非常规油气资源评价方法研究[J]. 岩性油气藏，2011，23（4）：12-19.

[2] 郭秋麟，陈宁生，刘成林，等. 油气资源评价方法研究进展与新一代评价软件系统[J]. 石油学报，2015，36（10）：1305-1314.

[3] 陈新军，包书景，侯读杰，等. 页岩气资源评价方法与关键参数探讨[J]. 石油勘探与开发，2012，39（5）：566-571.

[4] Pan S, Zou C, Yang Z, et al. Methods for shale gas play assessment : a comparison between Silurian Longmaxi Shale and Mississippian Barnett Shale[J]. Journal of Earth Science, 2015, 26（2）：285-294.

[5] 陈更生，董大忠，王世谦，等. 页岩气藏形成机理与富集规律初探[J]. 天然气工业，2009（5）：17-21.

［6］王兰生，廖仕孟，陈更生，等.中国页岩气勘探开发面临的问题与对策［J］.天然气工业，2011，31（12）：119-122.

［7］张金川，徐波，聂海宽，等.中国页岩气资源勘探潜力［J］.天然气工业，2008，28（6）：136-140.

［8］王世谦，陈更生，董大忠，等.四川盆地下古生界页岩气藏形成条件与勘探前景［J］.天然气工业，2009，29（5）：51-58.

［9］刘成林，车长波.常规与非常规油气资源评价方法与应用［M］.北京：地质出版社，2012.

［10］王世谦，王书彦，满玲，等.页岩气选区评价方法与关键参数［J］.成都理工大学学报：自然科学版，2013，40（6）：609-620.

［11］王社教，杨涛，张国生，等.页岩气主要富集因素与核心区选择及评价［J］.中国工程科学，2012，14（6）：94-100.

［12］张鉴，王兰生，杨跃明，等.四川盆地海相页岩气选区评价方法建立及应用［J］.天然气地球科学，2016（3）：433-441.

第七章
四川盆地海相页岩气有利区优选技术

只有在优选出的有利区进行页岩气勘探开发，才有可能成功地实现页岩气商业开采。世界上的每套页岩层系都有不同的特点，本书根据北美地区页岩气勘探开发经验，结合四川盆地海相页岩的特点和开采实践，提出了页岩气有利区选区评价的 5 大类参数指标与阈值，并优选了四川盆地及周缘五峰组—龙马溪组、筇竹寺组的有利区，其中多数有利区已实现了规模效益开发。

第一节 页岩气有利区优选方法及指标

借鉴美国已商业性开采页岩气田的有利区优选方法和基本参数，结合四川盆地海相页岩的勘探开发成功经验、动静态参数和在不同地区的页岩气勘探实践，初步提出四川盆地现阶段海相页岩的有利区优选标准。

一、有利区优选方法

国外油公司根据自身所辖探区的地质条件和勘探开发技术的不同，主要使用 3 种优选方法，即以雪佛龙、HESS、哈丁歇尔顿等能源公司为代表的地质参数图件综合分析法，以埃克森美孚公司为代表的边界网络节点法（Boundary Nerwork Node，BNN）和以 BP 公司、新田公司为代表的综合风险分析法（CCRS）[1]。本书主要使用的是地质参数图件综合分析法。

一般来说，页岩气勘探开发分为两个大阶段。第一阶段，一般重点关注页岩气藏的地质因素，比如有机质丰度、有效厚度、成熟度、孔隙度、含气量、脆性、保存条件等，主要是利用野外露头、老井和评价井的资料，在这个阶段需要将每套页岩的地质情况摸清，选择地质条件最好的页岩进行有利区初步优选，快速圈定出该套页岩的有利区带，该阶段即为"有利区优选"，筇竹寺组即处于该阶段。第二阶段，则需要将早期的地质因素参数约束得更严格，结合测井和地震技术分析结果及第一阶段优选的有利区内的地面条件和地表设施等，优选出适合的潜在建产有利区带，继续实施评价井，并开展先导试验，若页岩气评价井和先导试验井的情况较好，则可以考虑实施"工厂化"多井平台开发,五峰组—龙马溪组即处于该阶段。只有经历了这两大阶段,才能实现页岩气的规模、效益开发,北美地区的页岩气核心区,如 Barnett、Haynesville 和 Marcellus 页岩气区均经历了这些阶段[2-4]。

二、有利区优选指标

页岩气有利区优选的核心是建立一套考虑页岩其本身所处的地质条件的指标参数体系,这也就是不同的学者或油气公司对页岩气有利区优选没有统一的标准及标准下限的原因。本书列举了 BP（2010）和哈里伯顿（2010）等一些公司的页岩气区块筛选参数与标准（表 7-1）,这些参数与指标为四川盆地海相页岩气有利区优选提供一些经验和指导。四川盆地海相页岩气藏与美国商业开发的页岩气藏具有相似性,但与北美地区相比至少存在 4 个不利因素:（1）四川盆地所处扬子地台经历的构造运动次数多而且剧烈,所以页岩气藏经历的改造历史和保存条件显然不同于北美地区地台。（2）四川盆地页岩气有利区有机质演化程度处于高—过成熟阶段,而美国页岩气主要处于高成熟阶段。随着成熟度增加,页岩气藏的成藏条件会有哪些变化目前还不十分清楚。（3）四川盆地页岩气藏埋深小于 3000m 的范围相对较少,部分页岩储层埋深可超过 5000m,而美国泥盆系、密西西比系页岩埋深范围介于 1000～3500m 之间。（4）中国南方页岩气有利区多处于丘陵—低山地区,地表条件比美国复杂得多。鉴于此,必须要有一套"本土化"的页岩气有利区优选指标参数体系。

表 7-1　国外公司页岩气选区评价参数

公司	评价参数	个数
雪佛龙	有机碳含量、热成熟度、黑色页岩厚度、脆性物质含量、深度、压力、沉积环境、构造复杂性	8
埃克森美孚	热成熟度、页岩有机碳含量、气藏压力、页岩净厚度、页岩空间展布、页岩碎裂性（可压裂性）、裂缝及其类型、吸附气及游离气比例、基质孔隙类型及大小、埋深、有机质含量、岩性、非烃气体分布	13
哈丁歇尔顿	地质因素：页岩净厚度、有机质丰度、热演化程度、岩石脆性、孔隙度、页岩矿物组成、三维地震资料、构造背景、页岩的连续性、渗透率、压力梯度； 钻井因素：钻井现场条件、天然气管网； 环境因素：水源、水处理、环保	16
BP	TOC（>4%）、分布面积（分布面积大）、脆性矿物含量（存在有利于压裂措施的硅酸盐岩石）、压力系数（地层超压）、成熟度（R_o>1.2%）、孔隙度（4%～6%）、有效厚度（75～150m）	7
哈利伯顿	TOC（>2%）、脆性矿物（>40%）、黏土矿物（<30%）、成熟度（R_o>1.1%）、孔隙度（>2%）、渗透率（>100nD）、有效厚度[30～50m（不含30m）]	7

根据北美地区页岩气勘探开发经验，结合四川盆地海相页岩的实际地质情况和开采实践，认为有利区优选可以依据沉积条件、热演化条件、储集条件、保存条件、工程及地面条件等5个方面18项参数指标来进行综合分析，其中沉积相带的U/Th大于1.25连续厚度、压力阻隔层、破裂压裂、水平应力差值、距剥蚀线和断层距离等指标是新增指标。

1. 沉积条件

沉积相带控制了页岩的有机碳含量、高有机碳含量页岩的连续厚度（储层有效厚度）、矿物组成等。这些参数均是页岩气有利区优选的常用参数（表7-1）。

1）有机碳含量

页岩中的有机质是天然气生产的物质基础，有机质含量通常用残余有机碳含量这一参数来表征。页岩有机碳含量越高，生烃潜力就越大。另外，有机质含量越高，其生烃作用后产生的有机孔隙也会越多[5]，为页岩气的富集提供了吸附的介质和游离的孔隙。因此，有机碳含量越高的地区对页岩气成藏越有利。

从图7-1中可以看出，长宁—威远示范区页岩TOC与页岩孔隙度、渗透率、含气饱和度及总含气量等各项参数之间存在着较好的相关关系。页岩中的TOC越高，储层品质越好。从整个示范区范围来看，高伽马页岩层段与TOC大于2.0%的富有机质页岩层段具有较好的一致性。龙马溪组底部伽马值最高的龙一$_1$亚段页岩储层段的TOC一般在3%以上，也是储层质量最佳的层段，其评价指标基本上达到了表7-1所列核心区标准。从北美地区页岩气的开采情况来看，美国Marcellus、Haynesville等6套主力页岩气藏的页岩产气层TOC都在2%以上，而且大多数是在3%以上[6]。

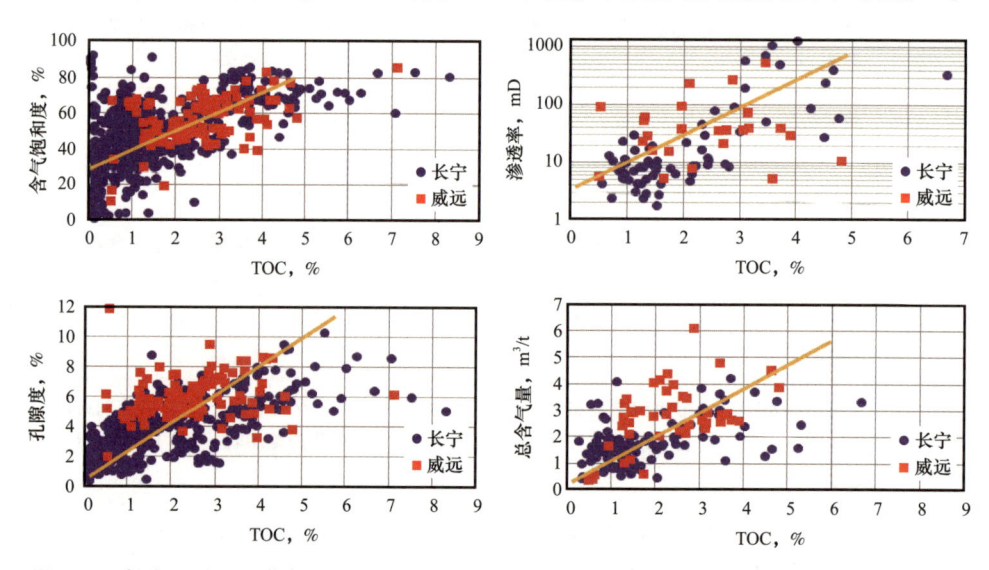

图7-1 长宁—威远示范区龙马溪组页岩有机质含量（质量分数）与各储集参数关系曲线图

2）储层有效厚度

与常规油气类似，要形成工业性的页岩气藏，页岩储层必须达到一定的厚度从而成为有效的烃源岩和储层。根据北美地区已开发的 6 套主力页岩气藏统计资料，页岩储层的厚度一般都在 30m 以上。页岩储层厚度越厚，页岩气资源越丰富，其勘探潜力亦越大。根据北美地区的勘探实践情况，满足商业开采的页岩储层厚度一般在 15m 以上，核心区一般在 30~50m。

长宁—威远示范区五峰组—龙马溪组页岩储层主要分布在龙一$_1$亚段（含五峰组），其厚度一般分布在 30~50m 之间，尤其是底部伽马值最高段的龙一$_1$亚段下部有机质最丰富（TOC 一般 3%~6%），厚度一般分布在 15~25m 之间，为目前勘探的主要目的层段。

3）脆性矿物含量

由于页岩储层极为致密，其基质渗透率一般为纳达西级，需要依靠水力压裂产生的裂缝网络来提高页岩中气体的渗流能力。因此，从压裂增产工程的角度讲，为获得理想的压裂增产效果，要求页岩储层应该具有较强的脆性和较高的硬度，以利于加砂压裂施工并形成复杂的裂缝网络[7]。从图 7-2 也可以看出，页岩脆性指数越高，压裂增产改造的效果越好，页岩产气率就越高。

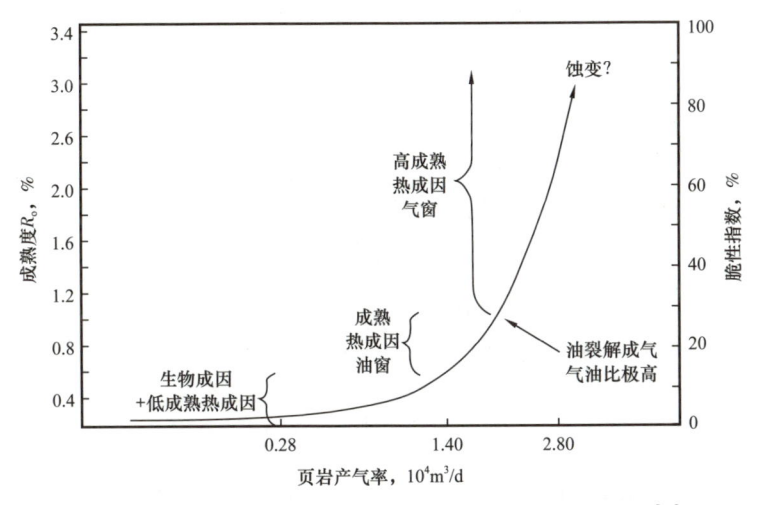

图 7-2 页岩产气率与热成熟度和脆性指数的关系曲线[8]

X 射线衍射分析结果表明，示范区龙一$_1$亚段页岩储层具有较高的脆性，石英矿物含量平均在 55% 以上，而黏土含量一般小于 30%，脆性指数平均大于 50%。尤其是龙一$_1$亚段下部页岩储层的石英含量和脆性指数更高，黏土含量更低。而且，示范区龙马溪组页岩的有机质含量与石英含量之间存在明显的相关关系（图 7-3）。目前开发的龙一$_1$亚段页岩气层不仅黏土含量低，而且黏土组成中不含蒙皂石，伊/蒙混层

（I/S）一般小于15%，导致这套页岩储层的岩石脆性极强，膨胀性极低，有利于水力加砂压裂的增产改造。

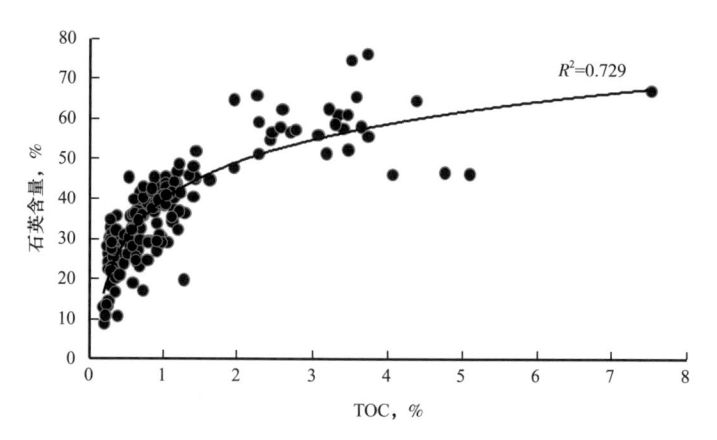

图7-3　宁203井页岩有机质含量与石英含量关系曲线

4）黏土矿物含量

由于页岩气开采主要依靠水力压裂来提高单井产量，压裂液一般采用滑溜水，因此黏土矿物的含量一般要求<30%（斯伦贝谢公司，2010年，内部交流资料），而且黏土矿物中的膨胀性矿物（如蒙皂石）含量越低越好。

黏土矿物按结构不同，可分为高岭石、蒙皂石、伊利石、绿泥石、伊/蒙混层。四川盆地海相页岩储层中主要以伊利石、伊/蒙混层和绿泥石为主，含少量高岭石，不含蒙皂石，龙一$_1$亚段黏土矿物总含量一般不超过50%。

5）U/Th大于1.25连续厚度

U/Th大于1.25连续厚度可以指示水体相对深浅，半深水区和相对深水区的U/Th大于1.25连续厚度一般大于2m，半深水区和相对深水区的相带更优、储层连续厚度更大，此外，U/Th大于1.25的页岩段一般TOC较高、脆性较好。因此，将U/Th大于1.25连续厚度>2m作为沉积条件中最重要的指标来优选有利区。

2. 热演化条件

页岩气从成因上来讲可以分为热成因、生物成因及两者的混合。目前北美地区已发现的绝大多数页岩气藏为热成因气藏，北美地区的页岩气统计结果表明，有机质成熟度处在高成熟热成因气窗范围内时，页岩气井产量明显增加（图7-2）[8]。

通过反射率测定分析，示范区龙马溪组页岩的热成熟度已达高成熟—过成熟阶段，经页岩沥青反射率换算的R_o一般分布在2.0%~2.5%之间，未达到可能会产生蚀变作用的演化阶段（R_o>3%）。压裂产出的天然气均属干气，甲烷含量一般大于95%。

但目前在四川盆地及周缘筇竹寺组页岩气勘探认识来看，盆地周缘页岩气矿权区内筇竹寺组有机质成熟度过高，其勘探效果均不理想，有些评价井产氮气或甲烷含量不高而非烃气体含量高，因为有机质成熟度高于3.5%之后，有机质对甲烷的吸附能力下降，同时有机质生气以氮气和二氧化碳为主，这些非烃气体会占据一定的孔隙空间，而且这两者在有机质表面的吸附能力均强于甲烷[9]。还有研究认为，随着成熟度的增加，页岩中孔隙度会先增加后减小。因此过高的成熟度不利于页岩气的富集，比较适合页岩气富集的有机质成熟度区间是1.35%～3.5%。

3. 储集条件

储集条件代表了页岩本身能装多少气，装了有多少气，储集条件包含了孔隙度、渗透率和含气性。

1）孔隙度

尽管页岩气的商业开采在很大程度上有赖于对页岩储层的压裂增产改造，但是页岩自身良好的物性条件及发育的天然裂缝无疑会极大地提高压裂增产的效果及页岩气的产能规模。

GRI页岩物性分析结果表明，示范区龙一$_1$亚段页岩储层的物性条件总体上较好，平均孔隙度大于5%，平均含气孔隙度大于3%，平均基质渗透率大于240nD，这与北美地区几大页岩气区的储层孔隙度、渗透率条件具有一定的可比性，仅含气饱和度偏低，可能与示范区页岩气成藏经历了多期构造运动而造成龙马溪组页岩气的扩散与散失作用有关。页岩孔隙度随有机质含量的增加而逐渐增加。这可能意味着除基质孔隙外，干酪根在生烃过程中产生的有机孔隙对页岩孔隙空间的增加作出了重要贡献。因此，尽管龙一$_1$亚段页岩储层的埋深更大，但由于有机质更富集，其孔隙度较上部有机质低丰度页岩层段的孔隙度更高，储层物性条件更佳。

2）渗透率

在页岩气藏的开发过程中，会产生次生裂缝[10]。页岩的渗透率比煤层气储层或致密气储层都低，正因为如此，页岩是许多常规油气藏的盖层。所以，并不是所有的页岩都可以维持经济的产量。从这个角度来说，页岩的渗透率是影响页岩气持续开采的最重要的参数。要把页岩气年产量维持在一定的水平，页岩气必须从低渗的页岩基质扩散到诱导裂缝或者天然裂缝中。一般而言，基质渗透率越高，扩散到裂缝中的速度越快，流到井筒的速度也越快[11]。另外，裂缝发育程度比较高的页岩（即裂缝间距较短），在基质渗透率足够高的情况下，就会有比较高的页岩气产量、较高的采收率和较大的泄气面积。物性条件较好的页岩基质渗透率一般分布在10^{-5}～10^{-3}mD之间，核心开发区的基质渗透率最好不低于10^{-4}mD。

3）储层含气性参数

在钻井过程中，页岩具有较高的气测值，频繁出现的气侵、井涌甚至井喷等油气显示，以及页岩岩心取出后直接冒气等现象，都指示页岩具有较好的含气性，可作为页岩气选区评价的一个重要指标。页岩含气量是计算原始含气量的关键参数，对页岩含气性评价、资源储量预测具有重要的意义。在进行有利区选择时，页岩含气量越大则资源潜力越大。页岩的含气量及资源或储量丰度可以直接反映页岩气藏的规模和产能大小，也是页岩气选区评价的一个重要参数指标。北美地区页岩气藏的含气量从 $0.85m^3/t$ 到 $8.5m^3/t$ 均有分布，但一般要求页岩含气量大于 $2m^3/t$（Rimrock 能源公司，2008 年内部资料）。

4. 保存条件

页岩气虽然能依靠自身的毛细管力、固体表面吸附力封闭成藏，但是页岩气的甲烷分子半径小、活动性强，良好的保存条件是形成具有工业价值页岩气藏的重要条件之一。页岩气的保存条件主要包括致密岩性的封盖层和异常高压及地质构造活动。

1）地层压力

一般而言，页岩气藏若呈现出异常高压特征，可能意味着页岩中已生成的大量油气在漫长的地质历史时期，未发生过大规模运移或破坏、散失而被更多地保存下来。在异常高压条件下，页岩储层的孔隙度、渗透率及含气量均可增加。因此，一般情况下，页岩储层品质随压力梯度的增加而增加。从页岩气开采的角度来看，具有较高压力的气井，其游离气一般可以快速采出，而吸附气的采出时间则滞后，由此可以快速回收投资，获取更好的经济效益。从北美地区页岩气藏的勘探结果来看，埋藏深度较浅（一般小于1500m）的 Antrim、Ohio、New Albany 和 Lewis 等页岩气藏一般具有低压或欠压特征，压力梯度均小于 1.0MPa/100m，其平均含气量均小于 $2.5m^3/t$，而且页岩气初始产量也较低[12]。与此相反，埋藏较深、储层压力异常高压的 Haynesville、Barnett、Marcellus 和 Eagle Ford 等页岩气藏，则具有较高的含气量（$3\sim10m^3/t$）、初始产量、EUR 及年产量特征[13]。

从四川盆地页岩气勘探开发的成果来看，示范区页岩气井的压力测试结果表明，龙一$_1$亚段页岩储层压力较高，一般都具有异常压力特征，而且储层压力系数随着与地层出露区或缺失区距离的增加而增加（图7-4）。威远区块龙一$_1$亚段页岩储层的压力系数由西北部的龙马溪组缺失区向东南方向逐渐增加；而长宁区块龙一$_1$亚段页岩储层的压力系数则由长宁地区背斜构造顶部的页岩出露区逐渐向构造南北两翼增加。从勘探结果来看，1500m以浅的页岩储层一般表现为低压、低含气量的特征，其初始产量亦往往较低；而2000m以深的页岩储层多表现出异常高压特征，其水平井平均每一段的产气量随压力系数的增加呈现增加的趋势（图7-5）。

(a) 长宁区块

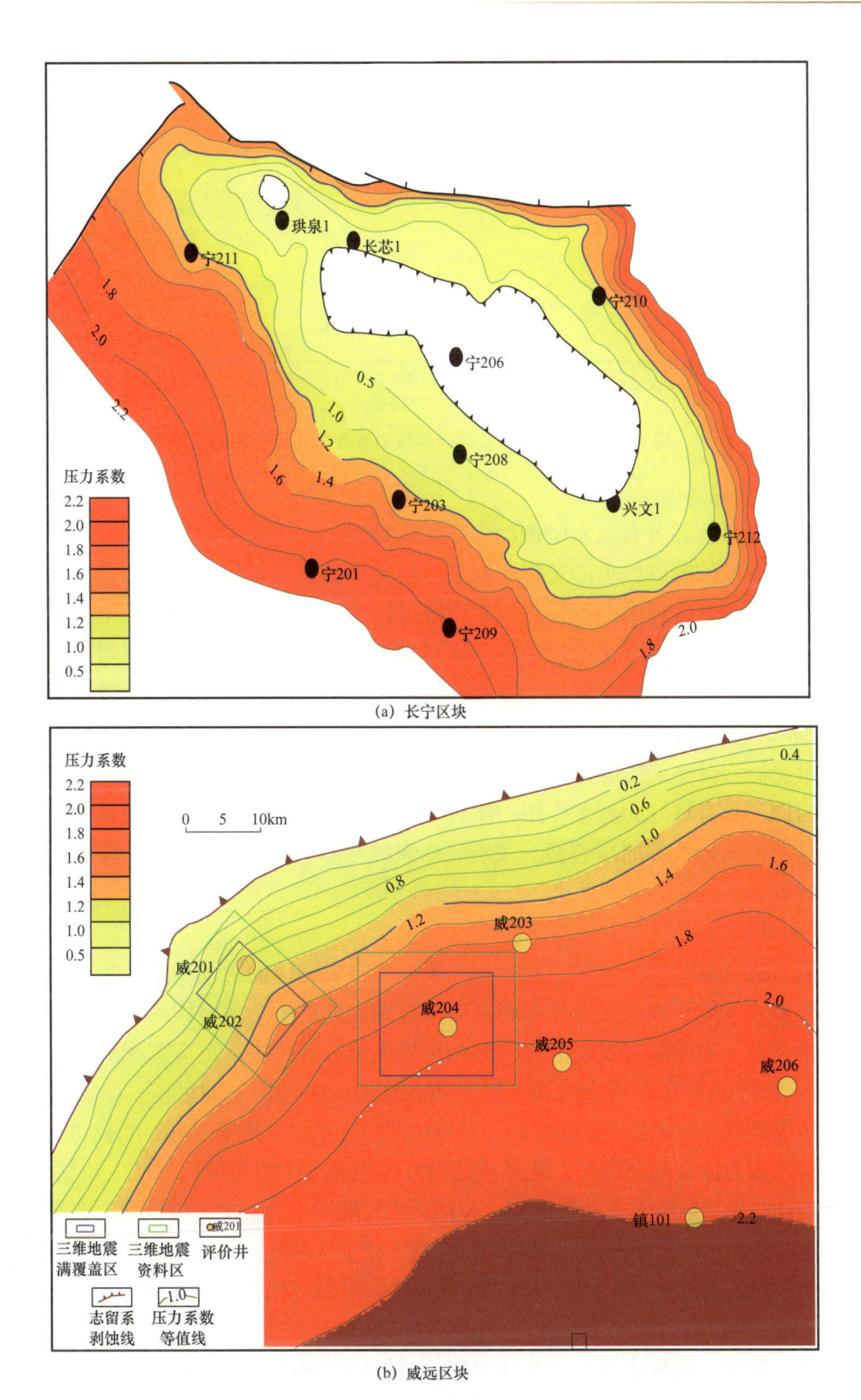

(b) 威远区块

图 7-4　长宁—威远示范区龙一$_1$亚段页岩储层压力系数等值线图

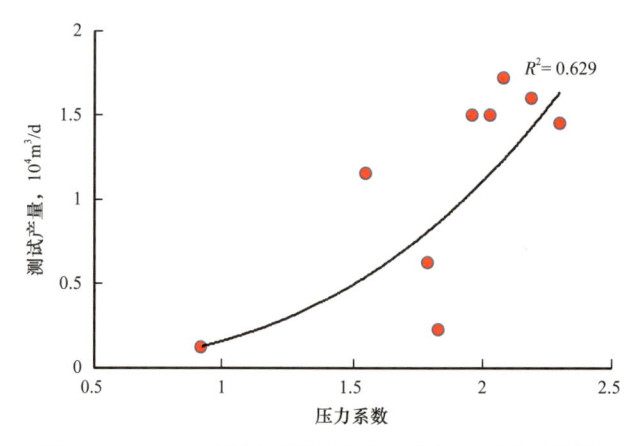

图 7-5　龙一$_1$亚段页岩储层压力系数与产量关系曲线

2）压裂阻隔层

页岩储层段顶底若有致密坚硬的岩石作隔挡层，一方面可以较大限度地阻止页岩气（特别是其中的游离气）的运移与散失，使更多的页岩气尽可能地保存下来；另一方面，在加砂压裂过程中，可以起压裂阻隔层作用，使"人工"裂缝集中产生在页岩储层内部，从而防止将下伏可能存在的水层与页岩气层沟通，避免水层对页岩气生产造成不利影响。如前所述，纵向上龙一$_1$亚段页岩储层段的底板为抗压强度和杨式模量更大的临湘组和宝塔组石灰岩，其顶部则为龙一$_2$亚段及龙二段200～400m厚、有机质含量更低、岩性更致密的一般页岩和（泥质）粉砂岩。这种岩性组合不仅对龙一$_1$亚段页岩储层具有良好的封盖作用，而且对压裂过程中产生的裂缝起到有效的阻隔作用。从示范区页岩气井的压裂情况来看，压裂缝基本上限制在龙一$_1$亚段页岩储层段内，由此取得了较好的压裂效果。

3）构造作用

尽管页岩气藏具有生、储、盖、运、聚、保自成一体的含油气系统特征，但保存条件仍是页岩气能否成藏或者是影响页岩气成藏规模的一个关键因素，特别是在构造挤压变形强烈、逆冲断层发育的南方海相页岩气选区评价中，更应重视页岩气的保存问题[14]。南方海相几十年来的油气勘探实践证明，在经历了加里东、印支和燕山等多期多阶段强烈的构造活动改造之后，其中包括隆升剥蚀、褶皱变形、断裂切割、地表水的下渗及压力体系的破坏等，几乎已使南方海相地层中的大量油气散失殆尽[15]。油气保存条件已成为制约南方油气勘探（包括页岩气勘探）的一个关键因素。在南方海相发育深大断裂和上冲断块的构造复杂区，构造不稳定区的地面构造特征多表现为背斜宽缓，向斜窄陡，断裂发育，页岩岩系多出露地表，页岩气保存条件无疑较差。

对长宁—威远示范区和昭通示范区构造特征的研究结果表明，威远区块内构造形态简单、平缓，总体表现为一个西北高东南低的大单斜，区内断层不发育，无大型断裂构造，仅局部分布一些小断层，其断距一般小于10m，长度小于1km。从页岩储层的压力系数区域变化情况来看,威 201 井距离页岩缺失线仅 8~9km,目的层埋深约 1500m,其压力系数小于 1.0,向东南方向至威 204 井区,目的层埋深急剧增加 2000m,压力系数也随之增加到 2.0 左右,异常高压特征明显,表明页岩气充注和保存条件甚佳。

长宁和昭通区块内,主体构造顶部龙一$_1$亚段页岩储层已完全出露地表,存在明显的泄压区。但是,长宁地区构造以南为宽缓的斜坡区和向斜区,地层平缓,断层不发育、构造较为稳定。深大断裂主要发育于长宁地区构造西缘及工区南缘,主要受滇东、黔北褶皱带的影响。在目前开展页岩气开采试验的宁 201—宁 203 井区,龙一$_1$亚段页岩储层压力系数分布在 1.35~2.0,具有异常高压特征,显示出良好的页岩气保存条件。

4)距剥蚀线距离

实际钻探发现,距离剥蚀线或断层越近,页岩储层的含气性也会越差,即便储层的有机质丰度、成熟度、物性、矿物成分等特征有利于开发页岩气,也不能获得好的开发效果。长宁地区 H 井,位于长宁地区背斜南翼,井旁并无大的断裂构造,该井距离龙马溪组剥蚀线仅 3km,龙马溪组有机碳大于 2% 的页岩厚度为 38.2m,有机碳含量为 2.7%,有效孔隙度为 4.3%,硅质含量为 54.9%,黏土含量为 35.3%,含气量为 0.5~4.0m^3/t,渗透率为 1.22×10^{-5}~2.68×10^{-4}mD,各项指标均较好,但经压裂后测试仅获微气;威远区块 A 井距离志留系龙马溪组剥蚀区距离约为 7km,测试日产量 0.26×10^4m^3,而其他距离剥蚀区较远的井,不仅测试产量较好,而且地层压力系数也较大。表明在评价页岩储层时,距离剥蚀区距离是不能忽视的重要因素,综合考虑距离剥蚀线应该在 7km 以上。

5)距断层距离

与常规气不同,靠近断层的页岩气井产量存在不确定性,部分靠近断层的页岩气井,由于天然裂缝发育,可能会获得较高的产量,但是靠近断层的井,也会由于断层的存在,导致页岩气的运移,使保存条件变差,同时,距离断层过近,也可能使压裂液大量进入断层而降低压裂改造的效果,导致页岩气井产量降低。例如:长宁地区 J 井,位于长宁地区背斜北翼,龙马溪组有机碳含量大于 2% 的页岩厚度为 49m,有机碳含量为 2.8%,有效孔隙度为 4.2%,硅质含量为 57.0%,黏土含量为 33.0%,含气量为 3.2m^3/t,各项指标均较好,该井在压裂后获得了 0.99×10^4m^3 的天然气,但很快就出水,可能是由于该区存在断层,距离井口 1.5km,离井位较近,沟通了震旦系的水层,因此综合考虑在选区评价时距离断层应该超过 1.5km。

5. 工程条件

四川盆地地貌复杂,主要为山地及丘陵,因此有利区带初选时,不作为必要的条件，地表情况决定了是否可以开展页岩气平台化作业施工，是作为第二阶段有利区优选时所必须考虑的。工程条件主要表现为埋深、岩石力学特征是否适用于现有钻井、压裂工艺技术水平。

1）埋藏深度

北美地区商业性开发的页岩气，大部分埋深在1500～3500m之间。如果埋深太大，则开采技术成本过高，不具有经济价值。目前页岩气年产量最高的Barnett页岩，埋藏深度为1900～2600m。考虑到我国页岩气尚处于起步阶段，且主力页岩气资源分布在南方海相，而且南方多为不稳定区和改造区，保存条件显得尤为重要，在确定深度下限时，埋深小于4500m为宜。

2）杨氏模量和泊松比

杨氏模量是页岩最重要、最具特征的力学性质之一。是表征物体弹性变形难易程度的指标，其值越大，发生一定弹性变形的应力也越大，发生弹性变形越小。页岩沿载荷方向产生伸长（或缩短）变形的同时，在垂直于载荷的方向会产生缩短（或伸长）变形，垂直方向上的应变与载荷方向上的应变之比的负值称为泊松比，一般为常数。高杨氏模量和低的泊松比一般更利于压裂。

在岩石力学性质方面，石英、长石和白云石等脆性矿物含量高而黏土含量低的页岩具有高杨氏模量和低泊松比的特征；这类脆性页岩易于形成天然裂缝，也容易进行压裂改造，更有利于形成复杂的裂缝网络。在岩石力学参数上，一般要求页岩储层的杨式模量应大于2×10^4MPa，静态泊松比应低于0.25（Rimrock能源公司，2008年内部资料；斯伦贝谢公司，2010年内部交流资料）。

从长宁—威远国家级页岩气示范区多口页岩取心井的页岩三轴岩石力学实验结果表明，龙一$_1$亚段页岩储层的岩石力学性质变化范围较大（表7-2），这反映出页岩储层的非均质性较强。总体来看，示范区内页岩储层均具有较高的抗压强度和杨式模量（平均值大于2×10^4MPa），而泊松比较低（平均值小于0.25），意味着龙马溪组页岩储层的岩石力学性质有利于压裂工程的实施。区域上，长宁区块页岩储层的抗压强度和杨式模量均明显高于威远区块，这与两个区块页岩储层在矿物组成上存在的差异性是一致的，长宁地区区块的页岩脆性矿物含量高于威远区块。

表7-2 长宁—威远国家级页岩气示范区龙一$_1$亚段页岩储层三轴岩石力学实验统计数据表

区块	抗压强度 MPa 分布范围	平均值	杨氏模量 10^4MPa 分布范围	平均值	泊松比 分布范围	平均值
长宁	181.73～321.74	238.65	1.55～5.60	3.06	0.16～0.33	0.21
威远	95.20～444.5	199.97	1.00～5.65	2.05	0.12～0.30	0.22

三、有利区优选参数下限

结合四川盆地海相页岩地质特征，本书梳理了页岩气有利区选区评价的5大类10余项参数指标与阈值（表7-3）。需要说明的是，随着四川盆地页岩气勘探开发数据的不断增多，这些参数指标还应不断补充、修正与完善。

表7-3 四川盆地海相页岩有利区优选参数及阈值

条件分类	参数	有利区标准
沉积条件	有机质含量，%	>1.0
	脆性矿物含量，%	>50
	黏土矿物含量，%	<50
	有效厚度，m	>25
	U/Th 大于 1.25 连续厚度，m	>2
热演化条件	热成熟度，%	1.5~3.5（不含1.5、3.5）
储集条件	充气孔隙度，%	>3.0
	基质渗透率，mD	>0.00001
	天然裂缝发育情况	存在
	总含气量，m³/t	>3
保存条件	顶底压裂隔挡层	存在
	埋藏深度，m	500~4500
	距剥蚀线距离，km	>7
	距离大断层，km	>0.7
	压力系数	>1.2
工程及地面条件	泊松比	<0.25
	杨氏模量，10^4MPa	>2
	地表	平原、丘陵、低山

第二节 页岩气有利区优选实例

采用两种指标在五峰组—龙马溪组和筇竹寺组开展了有利区优选，其中五峰组—龙马溪组共优选三个有利区，筇竹寺组共优选四个有利区。

一、五峰组—龙马溪组有利区优选

通过钻井、露头及样品测试资料综合分析，对四川盆地及周缘五峰组—龙马溪组优质页岩的分布和发育情况进行刻画，结合选区评价参数综合分析，优选了四川盆地及其周缘的3个有利区，分布于川南地区和渝东、渝东南。有利区内现已建成长宁、威远、昭通、涪陵国家级页岩气示范区和一批页岩气田。

1. 川南地区

川南地区有利区位于威远—自贡—富顺—宜宾—水富—沐川—绥江—盐津—叙永—泸州合江—江津—合川一带，面积34000km^2，有利区TOC大于1.0%，脆性矿物含量>50%，页岩有效厚度>25m，U/Th>1.25连续厚度大于2m，1.5%<R_o<3.5%，孔隙度>3.0%，渗透率>0.00001mD，天然裂缝发育，总含气量>3m^3/t，埋深<4500m，一级断层和大断裂不发育，仅在高县、水富一带较发育，压力系数普遍>1.2，地表主要是丘陵和低山。中国石油将川南地区按照构造部位和构造级次划分为长宁地区、威远地区、泸州地区、渝西地区和昭通地区。

1）长宁地区

长宁地区地理位置介于四川盆地南缘以南的筠连、珙县、兴文、叙永、屏山及其以东、宜宾以南及其周边地区。该区块筠连、珙县、兴文、叙永一线龙马溪组底界埋藏深度在2000~3500m，有利区面积约6800km^2，区内有长宁地区国家级页岩气示范区，已有建产区面积约1138.3km^2，连续有效页岩厚度25~36m，TOC范围为3.9%~4.8%，R_o范围为2.01%~2.87%，平均值为2.45%，含气量范围为0.55~4.50m^3/t，平均值为2.23m^3/t。屏山及其以东、宜宾以南一线龙马溪组底界埋藏深度在2000~5000m，其中马边以西地层压力系数普遍低于1.2，区内4500m以浅地层压力系数在1.2~1.7之间，区内断层较发育，连续有效页岩厚度为25~35m；TOC介于3.3%~4.2%，R_o平均值均超过3.0%，含气量平均值超过3m^3/t。

2）威远地区

区块地理位置位于川南地区中部的自贡及其以东、永川及其以西、泸县以北、内江以南。该地区龙马溪组底界埋藏深度在2200~4400m，有利区面积约5500km^2，区内有威远国家级页岩气示范区和中国石化威荣页岩气田，区内已有建产区面积约2080km^2，其中靠近剥蚀区范围内地层压力系数普遍低于1.2，区内压力系数在1.2~2.1之间，区块内构造简单，断层不发育，地面及水源情况良好，区块内连续有效页岩厚度为25~42m，TOC范围为3.0%~4.0%，R_o范围为1.93%~2.21%，平均值为2.11%，含气量范围为0.29~13.02m^3/t，平均值为3.34m^3/t，区内W213井TOC大于2%页岩累计厚54.9m，TOC平均值为3.0%，含气量平均为6.7m^3/t。

3）泸州地区

区块地理位置介于纳江安—纳溪—合江以北—隆昌—荣昌以南区域内。该区块龙马溪组底界埋藏深度在3000～5000m之间，有利区面积约5700km²，区内已有一个页岩气建产区和一个深层试采区。区内4500m以浅地层一级断层不发育，压力系数在1.8～2.4之间，TOC在3.0%～3.2%之间，R_o在2.5%～3.4%之间，连续有效页岩厚度超过50m，含气量范围平均值超过3.5m³/t。区块内泸203井埋深3819.9m，TOC大于2%页岩累计厚度31.9m，TOC平均值为3.4%，含气量平均为5.4 m³/t，测试产量为137.90×10^4m³/d，EUR为2.46×10^8m³，是页岩气测试产量标杆井，该井开启了深层页岩气勘探大场面。

4）渝西地区

区块地理位置位于合川以南—璧山—江津—合江以北区域内。该区块龙马溪组底界埋藏深度在2200～5000m之间，有利区面积约6000km²，已有一个页岩气建产区和一个深层试采区。区内4500m以浅地层构造复杂，发育8条一级断层，地面及水源良好，压力系数在1.2～1.7之间，TOC范围为2.4%～3.1%，R_o范围为2.4%～2.5%，连续有效页岩厚度为20～35m，含气量范围为3.4～4.9m³/t。区内ZU203井埋深4111.5m，TOC大于2%页岩累计厚度37.4m，TOC平均为3.0%，含气量平均为4.3m³/t，测试产量21.3×10^4m³/d。

5）昭通地区

区块地理位置位于盐津—古蔺一线。区内龙马溪组底界埋藏深度在500～4500m之间，有利区约10000km²，页岩埋深总体偏浅，埋深小于2000m区域占有利区总面积的65%，属于浅层页岩气。区内有昭通国家级页岩气示范区，有利区近2000km²。有利区整体属于"强改造、过成熟、剪应力"山地页岩气类型，虽然埋藏浅，但压力系数仍达到1.20～1.68，地面及水源良好，TOC范围为2.1%～6.7%，R_o范围为1.99%～3.08%，连续有效页岩厚度大于20m，含气量范围为3.81～5.34m³/t。区内Y102井埋深780m，TOC大于2%页岩累计厚度41.2m，TOC平均为3.0%，含气量平均2.4m³/t，直井测试产量为0.96×10^4～1.12×10^4m³/d，同井眼水平井Y101H1-1井，水平段长750m，测试产量为9.29×10^4m³/d。

2. 渝东地区

渝东地区位于涪陵—南川—石柱—建始—巫山一带，埋深500～4500m，有利区面积约7400km²，中国石化已在该区块内建立国家级页岩气示范区（焦石坝示范区），有利区TOC范围为2.00%～5.89%，平均值为3.56%；R_o范围为2.42%～2.80%，平均值为2.59%；连续有效页岩厚度为20～38m；含气量范围为3.28～6.89m³/t，平均值为4.27m³/t。

3. 渝东南

渝东南地理位置位于武隆—彭水北—道真西一带，介于四川盆地东缘以东的武隆及其以东、彭水以北、黔江以西的地区，有利区面积约5900km²，TOC范围为1.00%～7.24%，平均值为3.21%；R_o范围为2.29%～3.26%，平均值为2.78%；连续有效页岩厚度超过30m；含气量平均值超过2.5 m³/t。

二、筇竹寺组有利区优选

四川盆地筇竹寺组由于目前仍处于风险勘探阶段，勘探程度较低、资料相对较少，且筇竹寺组储层品质整体略逊于五峰组—龙马溪组，综合考虑将筇竹寺有利勘探区优选参数精简为优质页岩厚度、地层埋深、页岩含气量、页岩有机碳含量、页岩孔隙度等5个指标，建立了筇竹寺组页岩气有利区优选方法（表7-4）。

表7-4 四川盆地筇竹寺组页岩有利区优选参数及阈值

指标	优选条件
优质页岩厚度，m	≥10
地层埋深，m	≤5500
页岩含气量，m³/t	≥1.5
页岩有机碳含量，%	≥1.0
页岩孔隙度，%	≥2.0

整体来说，四川盆地筇竹寺组有利区集中发育于德阳—安岳裂陷槽内中北部，部分发育于裂陷槽中部西缘威远地区和裂陷槽中部东缘磨溪地区（图7-6）。①号储层有利区主体位于裂陷槽中段的中心至西部资5井一带，部分零星分布于裂陷槽南段，有利区面积为6703km²，其中裂陷槽内面积3820km²，裂陷槽外面积2883km²。②号储层有利区整体位于裂陷槽中段中心资阳1井—高石17井一带，部分位于裂陷槽西缘，裂陷槽南部未见有利区。有利区面积为2624km²，其中裂陷槽内面积2461km²，裂陷槽外面积163km²。③号储层有利区整体分布范围较广，主体位于裂陷槽中段中心，少部分位于裂陷槽两侧边缘。有利区面积为6714km²，其中裂陷槽内面积5797km²，裂陷槽外面积917km²。④储层有利区面积分布最广，主体位于裂陷槽中段西侧，且部分位于裂陷槽外川西南金页1井周缘。有利区面积为7151km²，其中裂陷槽内面积4263km²，裂陷槽外面积2888km²。

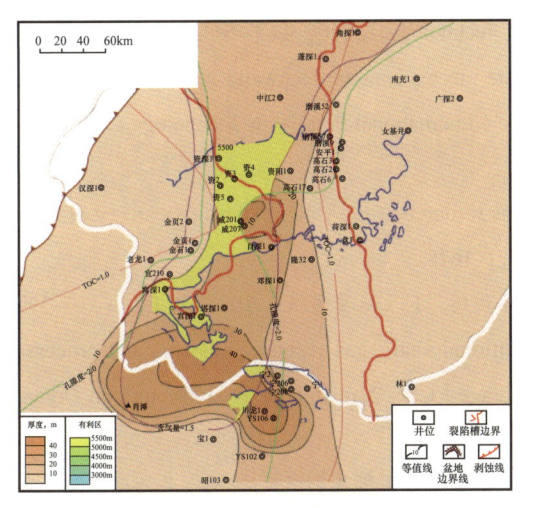

(a) 四川盆地下寒武统筇竹寺组①号储层有利区优选图 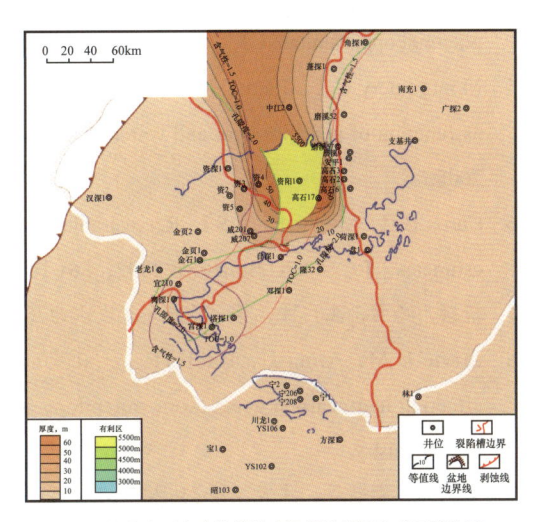　　(b) 四川盆地下寒武统筇竹寺组②号储层有利区优选图

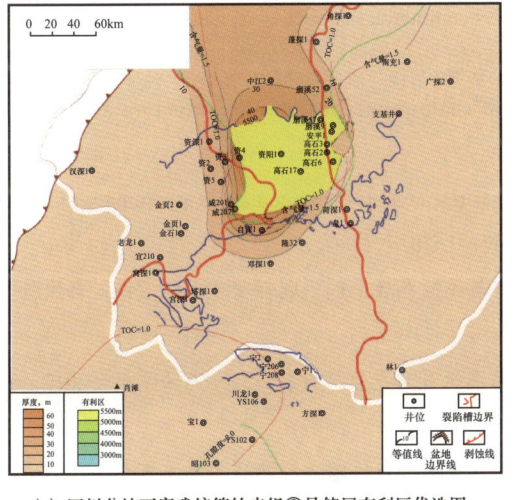

(c) 四川盆地下寒武统筇竹寺组③号储层有利区优选图 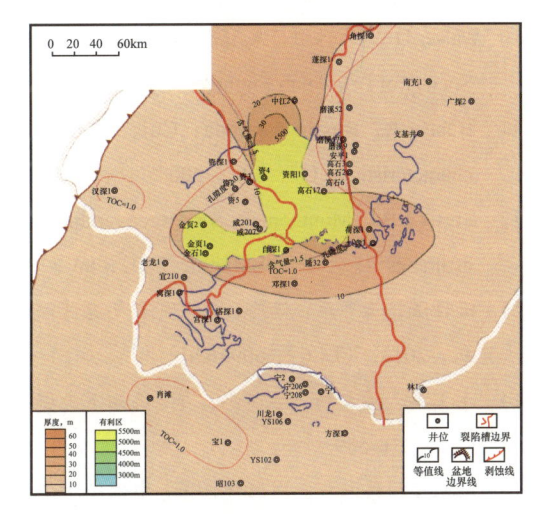　　(d) 四川盆地下寒武统筇竹寺组④号储层有利区优选图

图 7-6　四川盆地筇竹寺组有利勘探区带预测图

参 考 文 献

[1] 李延钧, 刘欢, 刘家霞, 等. 页岩气地质选区及资源潜力评价方法 [J]. 西南石油大学学报: 自然科学版, 2011, 33 (2): 28-34.

[2] Montgomery S L, Jarvie D M, Bowker K A, et al. Mississippian Barnett Shale, Fort Worth basin, north-central Texas: Gas-shale play with multi-trillion cubic foot potential [J]. AAPG Bulletin, 2006, 90 (6): 963-966.

[3] Kaiser M J, Yu Y. Haynesville shale well performance and development potential [J]. Natural Resources Research, 2011, 20 (4): 217-229.

[4] Kargbo D M, Wilhelm R G, Campbell D J. Natural gas plays in the marcellus shale: challenges and

potential opportunities［J］. Environmental Science & Technology，2010，44（15）：5679.

［5］Montgomery C T, Ramos R , Gil I R, et al. Failure mechanisms in deepwater chalks：rock stability as function of pore pressure and water saturation［C］. International Petroleum Technology Conference，2005.

［6］Curtis B C, Montgomery S L. Recoverable natural gas resource of the United States：summary of recent estimates［J］. AAPG Bulletin，2002，86(10)：1671-1678.

［7］唐颖, 唐玄, 王广源, 等. 页岩气开发水力压裂技术综述［J］. 地质通报，2011，30（2）：393-399.

［8］Jarvie D M, Alimi H, RubleTE, et al. Unconventional shale-gas resource systems and processes affecting hydrocarbon generation, retention, and storage［C］. 23rd International Meeting on Organic Geochemistry.

［9］王玉满, 李新景, 陈波, 等. 海相页岩有机质炭化的热成熟度下限及勘探风险［J］. 石油勘探与开发，2018，45（3）：29-39.

［10］Walser D W, Pursell D A. making mature shale gas plays commercial：process vs. natural parameters［C］. Society of Petroleum Engineers Eastern Regional Meeting，2007.

［11］Bustin R, Bustin Amanda, Cui, et al. Impact of shale properties on pore structure and storage characteristics［C］. SPE，2008.

［12］Curtis J B , Montgomery S L. Recoverable natural gas resource of the united states：summary of recent estimates［J］. Aapg Bulletin，2002，86（10）：1671-1678.

［13］王世谦, 王书彦, 满玲, 等. 页岩气选区评价方法与关键参数［J］. 成都理工大学学报：自然科学版，2013，40（6）：609-620.

［14］王玉满, 董大忠, 李建忠, 等. 川南下志留统龙马溪组页岩气储层特征［J］. 石油学报，2012，33（4）：551-559.

［15］马永生, 楼章华, 郭彤楼, 等. 中国南方海相地层油气保存条件综合评价技术体系探讨［J］. 地质学报，2006（3）：406-417.